Handbuch der Ziehtechnik

Handbuch der Ziehtechnik

Planung und Ausführung, Werkstoffe
Werkzeuge und Maschinen

Von

Dr.-Ing. Walter Sellin

Mit 371 Textabbildungen

Springer-Verlag Berlin Heidelberg GmbH 1931

ISBN 978-3-662-32088-4   ISBN 978-3-662-32915-3 (eBook)
DOI 10.1007/978-3-662-32915-3

Meinem verehrten

Herrn Geheimen Hofrat C. Prinz

Professor an der Technischen Hochschule München

für seine Förderung wissenschaftlicher Forschung auf dem

Gebiet der spanlosen Blechbearbeitung

ergebenst zugeeignet.

Vorwort.

Die gute Aufnahme, die das anspruchslose Büchlein „Ziehtechnik“, Heft 25 der Werkstattbücher, bei seinem Erscheinen im Jahre 1925 gefunden hat, gab die Veranlassung, den jenem zugrunde liegenden Gedanken einer sachgemäßen Zusammenfassung von Erfahrung und Forschung auszubauen, um eine zuverlässige Unterlage für alle wichtigen Fragen zu haben, die bei ziehtechnischen Arbeiten, ihrer Verbindung mit andern Formgebungsarbeiten und bei wissenschaftlicher Forschung regelmäßig wiederkehren.

Aus diesem Grund sind auch im vorliegenden Buch die Ausführungen auf Grundsätzliches beschränkt und die Beispiele zu den Ausführungen sorgfältig ausgesucht, unterstützt durch den Gedanken, daß nur durch die Erfassung des Wesentlichen eine Beherrschung der immer neuen Arbeiten gefördert werden kann, nicht aber durch beliebige Beispiele, die bei noch so großer Häufung doch nicht ·erschöpfend sein, sondern nur verwirren können.

Die Ordnung des Stoffs wurde im Sinn der Behandlungsfolge bei Entwurf und Ausführung der Zieharbeiten vorgenommen, um dadurch eine Gliederung zu bekommen, die den Gebrauch des Buchs bei der täglichen Arbeit erleichtert. Damit soll auch zum Ausdruck kommen, daß das Buch trotz der Betonung wissenschaftlicher Arbeit und wissenschaftlichen Denkens in enger Anlehnung an die Bedürfnisse des Betriebs geschrieben ist und bestimmt sein soll, eine dort fühlbare Lücke zu schließen.

Schramberg, im Januar 1931.

Dr.-Ing. Walter Sellin.

Inhaltsverzeichnis.

A. Ziehbleche.

Seite

I. Einführung ... 1
  1. Der Begriff „Ziehen" ... 1
  2. Faltenbildung und Faltenverhütung ... 1
  3. Pressenbau ... 4
  4. Die Bedeutung des Ziehblechs ... 5

II. Beanspruchung des Ziehblechs ... 6
  5. Spannungseignung und Ziehfähigkeit ... 6
  6. Die Umformung ... 8
  7. Nachweis des Fließzustandes ... 9
  8. Darstellung der Werkstoffwanderung ... 14
  9. Berechnung der größten Beanspruchung und der Ziehkraft ... 16
  10. Ziehkraftdiagramme ... 30

III. Auswahl und Prüfung des Ziehblechs ... 31
  11. Grundlagen der Auswahl ... 31
  12. Die Edelmetalle ... 33
  13. Nickel und Nickellegierungen (Neusilber) ... 38
  14. Kupfer, Zink und Legierungen ... 38
    a) Kupfer 38. — b) Messing 38. — c) Walzbronze 39. — d) Zink 39.
  15. Leichtmetalle ... 39
    a) Aluminium 39. — b) Aluminiumlegierungen 46. — c) Elektronblech 47.
  16. Stahl und Eisen ... 48
    a) Einteilung 48. — b) Einfluß der Fertigung 49. — c) Rostgefahr 53.
  17. Handelsformen des Ziehblechs ... 54
    a) Tafelblech 54. — b) Endloses Band 55. — c) Scheibenform 55.

IV. Prüfung des Ziehblechs ... 56
  18. Aufgaben der Prüfung ... 56
  19. Aussehen und Form ... 56
  20. Chemische Eigenschaften ... 57
  21. Physikalische Eigenschaften ... 58
  22. Mechanische Eigenschaften ... 58
    a) Festigkeitsprüfung 58. — b) Härteprüfung nach Brinell 60. — c) Härteprüfung nach Rockwell 62.
  23. Gefüge ... 62
    a) Makroskopische Prüfung 62. — b) Mikroskopische Prüfung 63.
  24. Technologische Eigenschaften ... 65
    a) Biegeprobe 65. — b) Tiefungsprobe 67. — c) Ziehprobe 71.

V. Die Erhaltung der Tiefziehfähigkeit ... 72
  25. Rekristallisation ... 72
  26. Glühen und Beizen ... 72

B. Zuschnittsermittlung.

Seite

VI. Rechnerische Ermittlung des Zuschnitts von Umdrehungskörpern 78

    27. Grundlagen der Zuschnittsermittlung 78

    28. Umdrehungshohlgefäße mit einfachen Teilformen 79
    a) aus einer oder zwei einfachen Teilformen 87. — b) mit beliebig vielen einfachen Teilformen 88.

    29. Umdrehungshohlgefäße mit beliebigen Teilformen 89
    a) Umdrehungshohlgefäße aus Kurven mit bekanntem Schwerpunkt 89. — b) Erleichterung durch graphisches Rechnen 93. — c) Umdrehungshohlgefäße aus einem beliebigen Teil einer Kurve mit bekannter Gleichung 95.

VII. Die zeichnerisch-rechnerische Zuschnittsermittlung . . . 98

    30. Hohlgefäß mit einer stetig sich ändernden Oberfläche 98

    31. Hohlgefäß aus mehreren Flächen. 100

VIII. Rein zeichnerische Zuschnittsermittlung 102

    32. Aufgaben der rein zeichnerischen Zuschnittsermittlung 102

    33. Zeichnerische Ermittlung der Achsabstände der Teilkurvenschwerpunkte. 102

    34. Zeichnerische Ermittlung des Schwerpunktabstands für eine erzeugende Kurve aus den Schwerpunktsabständen für Teilkurven mit den Längen L_n 103

    35. Zeichnerische Ermittlung des Zuschnittdurchmessers 104

    36. Vorteile der rein zeichnerischen Zuschnittsermittlung 105

IX. Zuschnittsermittlung und Blechdehnung 105

    37. Ursachen der Blechdehnung 105
    a) Die Ziehgeschwindigkeit 106. — b) Werkzeug 107. — c) Ziehstück und Erstellung 107.

    38. Die Bedeutung der Blechdehnung 110

    39. Die Berücksichtigung der Blechdehnung bei der Zuschnittsermittlung 111

    40. Zuschnittsermittlung bei ungleicher Wandstärke. 116

X. Zuschnittsermittlung beliebig geformter Hohlkörper mit zwei und mehr Symmetrieachsen 117

    41. Zusammenhang mit den Umdrehungshohlgefäßen 117

    42. Hohlgefäß mit elliptischem Grundriß 118

    43. Hohlgefäße mit rechteckigem Grundriß 120
    a) Die Ermittlung der Durchschnittsfläche 120. — b) Ermittlung der Zuschnittsform 121. — c) Ermittlung des Inhalts der Zuschnittsfläche und des Gewichts der Zuschnittsscheibe 126.

    44. Hohlgefäße mit nach außen offenen Grundrißkurven (offener Achter) 127
    a) Ermittlung der Zuschnittsfläche 127. — b) Suchen des stetigen Übergangs bei sich überschneidenden Zuschnittsflächen 128.

    45. Hohlgefäße mit beliebigem Grundriß 129

XI. Zuschnittsermittlung ähnlicher Hohlkörper 131

    46. Ermittlung der Zuschnittsgröße ähnlicher Umdrehungshohlgefäße 131

    47. Bestimmung der Formen ähnlicher Umdrehungshohlgefäße . . 131

    48. Anwendung auf Hohlgefäße mit beliebigem Grundriß 132

X   Inhaltsverzeichnis.

C. Schneiden der Ziehscheiben.

Seite

XII. Schneiden mit allgemeinen Schneidwerkzeugen und Schneidmaschinen (Schneiden mit Schermessern und Scherrollen). 132

49. Begriff des Schneidens 132
50. Handscheren 133
51. Scheren für begrenzten geraden Schnitt (Tafelscheren, Parallel-scheren, Kurbelscheren) 133
52. Scheren für unbegrenzten geraden und kurvenförmigen Schnitt (Kreisscheren) 136
53. Der Blechbedarf beim Schneiden mit allgemeinen Schneidwerk-zeugen und Schneidmaschinen, Einzelschnitt. 138

XIII. Schneiden mit besonderen Schneidwerkzeugen, Schnitten. 141

54. Schneidvorgang. 141
55. Schnittbau 145
     a) Freischnitte 145. — b) Schnitte mit Plattenführung 149. — c) Mehrfachschnitte 152.
56. Der Werkstoffverbrauch beim Schneiden mit Schnitten 152
     a) Beim Einfachschneiden 152. — b) Beim Doppeltschneiden, Schneiden auf Umschlag 153.
57. Die Bedeutung der Schrittstellung 156
58. Werkstoffersparnis beim Vielfachschneiden. 157
59. Mehrfachwerkzeuge 161
60. Die Schnittmaschinen 161
     a) Arbeitsweise, Bau und Verwendung 161. — b) Leistungsver-gleich der Pressen 172.

XIV. Selbstkosten des Schneidens 178

61. Umfang der Selbstkosten 178
62. Die Werkstoffkosten. 178
63. Die Werkzeugkosten. 179
64. Die Maschinenkosten 180
65. Der Schnittlohn 181
66. Die Betriebsunkosten 182
67. Wirtschaftliches Schneiden. 184

D. Ziehen.

XV. Die Berechnung der Ziehwerkzeuge. 185

68. Die Ziehkraft. 185
69. Die Ziehkantenrundung 185
70. Die Stufung der Hohlzylinder im Anschlag 198
     a) Der Einfluß des Gefäßdurchmessers 201. — b) Der Einfluß der Blechsorten 201. — c) Der Einfluß der Rundungen 203. — d) Werkstoff und Weite des Ziehwerkzeugs, Ziehgeschwindig-keit und Schmierung 205.
71. Die Stufung von Hohlgefäßen mit zwei Symmetrieachsen im Anschlag. 205
72. Die Stufung beim Weiterschlag von Hohlzylindern 207
73. Die Stufung beim Weiterschlag von Hohlgefäßen mit zwei Sym-metrieachen 214
74. Stufung von Umdrehungshohlgefäßen mit nach oben sich erwei-ternder, sonst beliebig geformter Erzeugungskurve 215

Seite

XVI. Die Weite des Ziehwerkzeugs 218
    75. Einfluß der Weite 218
    76. Richtige Weite 219
    77. Kegelige Gefäße und Halbkugeln 221
    78. Ziehen mit Blechschwächung 223

XVII. Entwerfen der Ziehwerkzeuge 226
    79. Einteilung der Ziehwerkzeuge 226
    80. Anschlagwerkzeuge 226
      a) Anschlagwerkzeug ohne Niederhalter 226. — b) Aufgeschraubte Platte als Niederhalter 227. — c) Gefederter Niederhalter 228. — d) Elastischer Niederhalter 231. — e) Luftgepreßter Niederhalter 231. — f) Mechanisch betätigter Niederhalter 232.
    81. Weiterschlagwerkzeuge 234
      a) Weiterschlag ohne Niederhalter 234. — b) Weiterschlag mit Niederhalter 237.
    82. Schneiden 237
    83. Stanzen 241
      a) Formgebung als Anschlag 241. — b) Formgebung als Weiterschlag 245. — c) Flanschen und Rollen 245. — d) Stauchen 247. — e) Mechanisches Ausbauchen 249. — f) Ausbauchen mit Gummi (Gummi-Stauchen-Pressen) 252. — g) Ausbauchen mit Flüssigkeitsdruck 254. — h) Prägen 257. — i) Flachstanzen 258.
    84. Pressen . . . . : 258
    85. Drücken, Walzen, Sicken 260
    86. Folgewerkzeuge 265
    87. Verbundwerkzeuge 269
      a) Anschlag und Weiterschlag 269. — b) Anschlag und Schnitt 271. — c) Anschlag und Stanzen 276. — d) Anschlag und Prägen 277. — e) Anschlag und Flachstanzen 277. — f) Weiterschlag und Formgebung 278.
    88. Mehrfachwerkzeuge 278
    89. Führungen, Abstreifer, Auswerfer und Anschläge 279

XVIII. Der Bau der Ziehwerkzeuge 281
    90. Werkstoff 281
    91. Das Härten der Werkzeugteile 283
      a) Das Finden der Umwandlungstemperatur 283. — b) Richtiges Abschrecken 284.
    92. Die Bearbeitung der Werkzeuge 285
    93. Stücklohn im Werkzeugbau 293
    94. Zusammenbau von Ziehwerkzeugen 295
    95. Normalisierung und Verwaltung der Werkzeuge 297

XIX. Die Ziehpressen 300
    96. Einteilung 301
    97. Einfach wirkende Pressen 301
      a) Fallhämmer 301. — b) Spindelpressen 301. — c) Friktionspressen 301. — d) Exzenterpressen 302. — e) Kurbelpressen 303. — f) Einfach wirkende hydraulische Pressen 309.
    98. Doppelt wirkende Pressen (Ziehpressen) 309
      a) Allgemeines 309. — b) Kniehebelziehpressen 310. — c) Kurvenscheibenziehpressen 311. — d) Doppelt wirkende hydraulische Ziehpressen 315.

Seite

99. Einfach wirkende Folgepressen 315
    a) Revolverziehpressen 315. — b) Einfach wirkende Stufen-
    presse 318.
100. Doppelt wirkende Folgepressen 322
101. Verbundpressen 322
    a) Allgemeines 322. — b) Verbundpressen mit Luftpolstern 325.—
    c) Mechanische Verbundpressen 326.
102. Mehrfachpressen 327

XX. Die Zieharbeit 327
103. Arbeitsvorbereitung und Arbeitslauf 327
104. Arbeitsausführung 329
    a) Arbeitskräfte 329. — b) Einstellen der Ziehwerkzeuge 329. —
    c) Schmierung der Ziehbleche 334.
105. Maschinenwartung 335

XXI. Arbeitsbeschleunigung, Arbeitssicherheit, Förderung . . 336
106. Allgemeines 336
107. Selbstätige Zuführungen 336
    a) Grundsätzliches 336. — b) Halbautomatische Zuführungen
    338. — c) Vollautomatische Zuführungen 340.
108. Sicherheitsvorrichtungen 343
109. Maschinenaufstellung und Werkstatttransport 345
110. Ziehgeschwindigkeit 350

XXII. Veredlungsarbeiten 351

XXIII. Schluß 351

Literaturverzeichnis 354

Sachverzeichnis 356

Zeichen und Abkürzungen.

mm = Millimeter	g = Gramm	^{0}C = Grad Celsius
mm^2 = Quadratmilli- meter	kg = Kilogramm	cal = Kalorien
	g/cm^3 = Gramm je Ku- bikzentimeter	% = Prozent, Hun- dertteile, vom
mm^3 = Kubikmillimeter		Hundert
cm = Zentimeter	kg/mm^2 = Kilogramm je	> = größer als
cm^2 = Quadratzenti- meter	Quadratmilli- meter	< = kleiner als
cm^3 = Kubikzentimeter	sek = Sekunde	÷ = bis

DIN = Deutsche Industrie-Norm   Metallw. = Metallwaren

Al = Aluminium	K = Kalium	Ni = Nickel
C = Kohlenstoff	Li = Lithium	O = Sauerstoff
Cl = Chlor	Mg = Magnesium	P = Phosphor
Cr = Chrom	Mn = Mangan	S = Schwefel
Cu = Kupfer	N = Stickstoff	Si = Silizium
Fe = Eisen	Na = Natrium	Sn = Zinn

A. Ziehbleche.

I. Einführung.

1. Der Begriff Ziehen.

Unter „Ziehen" versteht man in der Blechbearbeitung die Umformung einer ebenen Blechscheibe, „Ziehscheibe" genannt, unter Verwendung eines geeigneten Werkzeugs in ein oben offenes Hohlgefäß. Solche Hohlgefäße sind u. a. Waschschüsseln, Eimer, Kochtöpfe, Backformen, Flaschen, Dosen, Trinkbecher, Kannen, Schalen, Vasen, Uhrgehäuse, Glasreife, Glocken, Schutzgehäuse, Badewannen, Särge, Geschoßmäntel, Kartuschen, Sockel u. a. m. Einen Teil zeigen Abb. 1 und 1 a.

Die Vielseitigkeit der Anwendung kennzeichnet die Bedeutung des Ziehens für die Blechbearbeitung; ja man kann ohne weiteres sagen, daß eine Massenfertigung von Blechteilen ohne die Ziehtechnik gar nicht mehr zu denken ist. Und doch wurde die Ziehtechnik im Schrifttum bis vor wenigen Jahren stark vernachlässigt und ihr erst neuerdings die Rolle und die Bedeutung zugewiesen, die sie sich in der Fertigung schon lange erobert hatte.

Früher wurde das Ziehen meist mit dem Stanzen in einen Topf geworfen, und erst durch die Arbeiten des Unterausschusses für Stanzereitechnik im Normenausschuß des Vereins deutscher Ingenieure wurden die Begriffe „Stanzen" und „Ziehen" klar geschieden durch die Erläuterung, daß unter Stanzen ein „Werkstoffumformen" zu verstehen ist, das sich vom Ziehen mittels „Zug" besonders dadurch unterscheidet, daß beim Ziehen eine „Werkstoffwanderung" auftritt.

2. Faltenbildung und Faltenverhütung.

Das einfachste Werkzeug zur Umformung, Abb. 2, besteht aus einem Unterteil *1*, einem ganz einfachen Ring, dessen obere Kante *a*, und einem zylindrischen Stempel *2*, dessen untere Kante *b* gerundet ist. Zur Umformung legt man die Blechscheibe *3* auf den Unterteil *1* und treibt nun mit irgend einer Energiequelle, z. B. einem Hammer, besser aber einer Maschine den Stempel in der Pfeilrichtung in den Unterteil hinein. Da der Stempel *2* so bemessen ist, daß zwischen ihm und dem Unterteil *1* nur die Werkstoffdicke *s* Platz hat, kann bei der Arbeit nichts anderes entstehen als ein oben offener zylindrischer Körper *4* von einer

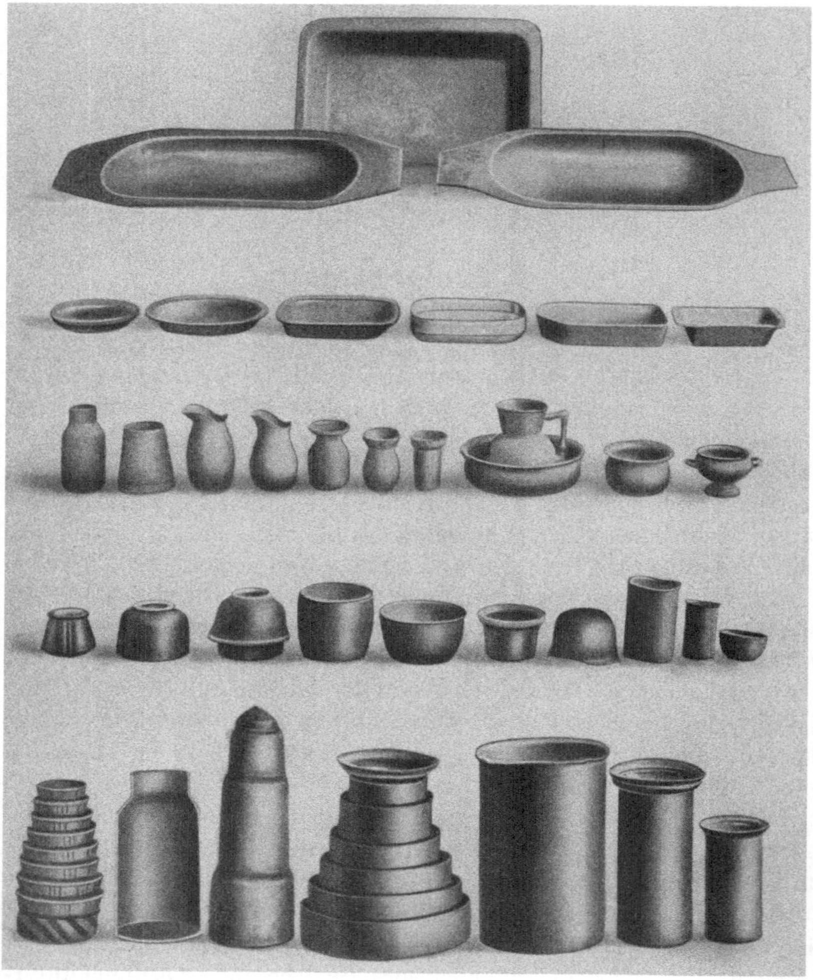

Abb. 1. Ziehteile.

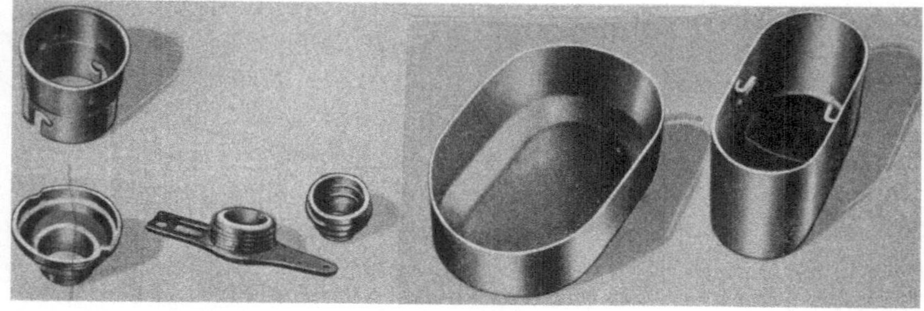

Abb. 1a. Ziehteile.

Wandstärke, die gleich ist der Dicke s der Blechscheibe. Ganz einfach ist die Arbeit allerdings nicht, denn bei dem Versuch, die Scheibe 3 vom Durchmesser D in den Unterteil 1 vom kleineren Durchmesser d_1 zu drücken, entstehen Falten (Abb. 3 a u. b). Das zeigt schon der einfache Versuch, eine ebene Papierscheibe in die Öffnung eines Trinkglases zu drücken, aber auch ganz klar die Überlegung, daß bei der Fertigung eines Zylinders vom Durchmesser d_1, Abb. 4, aus einer Scheibe vom Durchmesser D, Abb. 4 und 5, um eine geschlossene Wand zu erzielen, nur die Flächen $a, a_1, a_2, \ldots, a_n$ hochgeklappt zu werden brauchten. Die schraffierten Flächen $b, b_1, b_2, \ldots, b_n$ sind überflüssig, ja sogar störend, weil sie bei der Umformung beseitigt werden

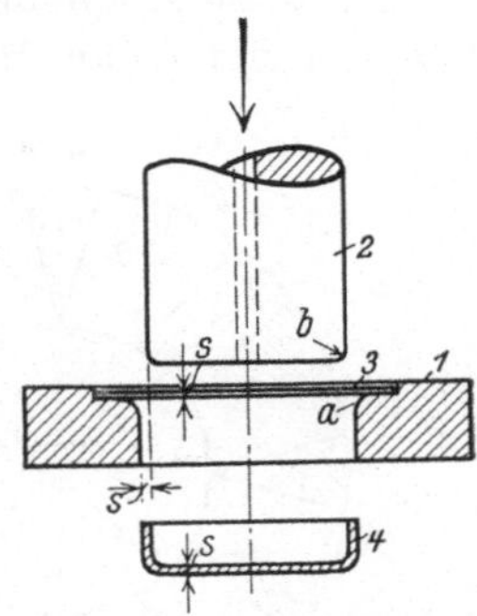

Abb. 2. Einfachstes Werkzeug zur Blechumformung.

müssen, damit die Flächen a von der Biegungsstelle an auf der ganzen Länge zusammenstoßen können. Die Beseitigung kann nur durch Werkstoffwanderung (-Verdrängung) erfolgen, deren Erzwingung und Ermöglichung deshalb mit Recht als besonderes Merkmal der Ziehtechnik anzusehen ist.

Die Werkstoffwanderung kann auf zwei Weisen erzwungen werden: 1. wie bei dem einfachen Werkzeug Abb. 2 dadurch, daß man den Raum zwischen Stempel 2 und Unterteil 1 nicht größer macht als die Blechstärke s, also die Falten nicht in die Ziehöffnung, den Spalt zwischen Stempel und Unterteil, eintreten läßt, sondern sie streckt, 2. dadurch, daß man sie gar nicht erst entstehen läßt, sondern den Teil der Ziehscheibe 3, der auf dem Unterteil 1 während des Zuges aufliegt, so stark auf diesen preßt, daß das Blech sich nicht wirft, sondern gezwungen wird, in radialer Richtung auszuweichen, zu wandern. Die Pressung wird erreicht, Abb. 6, entweder einfach durch Auflegen eines entsprechend schweren Gewichts P

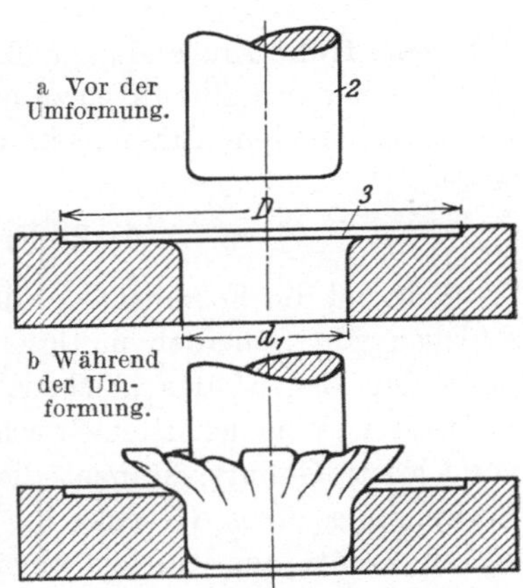

Abb. 3. Faltenbildung bei einfachster Blechumformung.

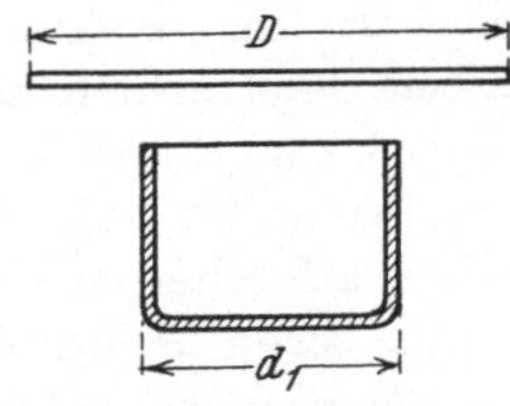

Abb. 4. Umformungsaufgabe.

oder durch Einspannen der Scheibe mit einer entsprechenden Vorrichtung 5

1*

oder durch mechanische Druckwirkung über eine Platte *5* mittels einer Maschine, der Ziehpresse.

Alle diese Möglichkeiten wurden schon angewandt, und zuerst natürlich das einfachste Mittel, das so einfach und selbstverständlich ist,

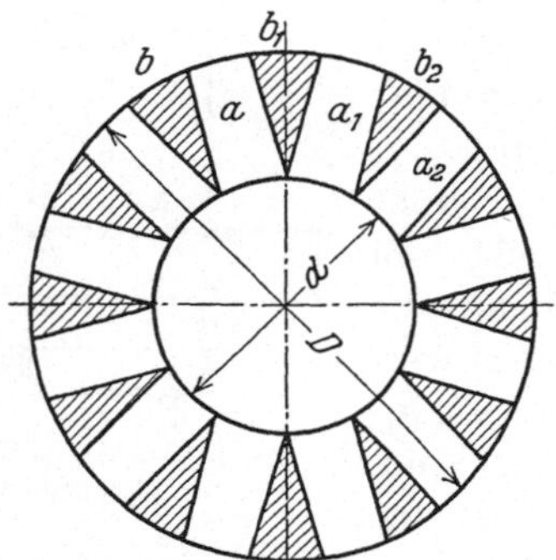

Abb. 5. Ziehscheibe, unterteilt in während der Umformung ruhende Abschnitte *a* und wandernde *b*.

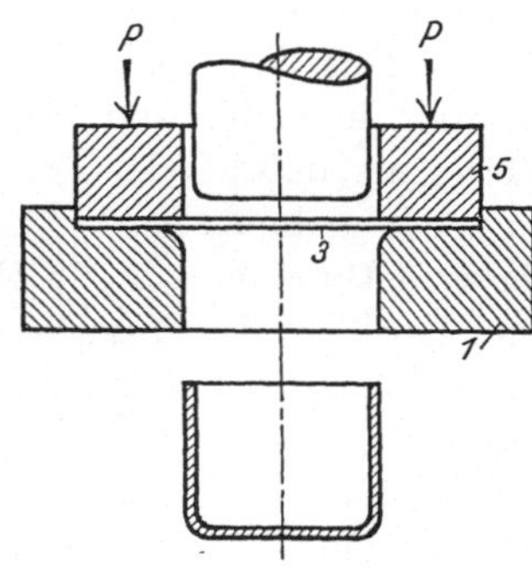

Abb. 6. Ziehwerkzeug mit Niederhalter.

daß seine frühe Anwendung nicht als Wunder erscheint. Die Entwicklung führte dann allmählich zu bestimmten Wegen der Anwendung und schuf verschiedene Maschinen, die heute den Sammelnamen Pressen tragen.

3. Pressenbau.

Während die Formgebung mittels Gesenken, d. h. das einfache Einschlagen von Scheiben in Gesenke mittels Hammer, das nicht mehr unter den Begriff des „Ziehens", sondern unter den des „Stanzens" gehört, schon bei den alten Griechen bekannt war, wenigstens 800 Jahre vor Christi Geburt, stammt die erste verbürgte Nachricht über die Verwendung eines Gesenks in Verbindung mit einem Stempel und dessen Betätigung mittels einer Maschine, die durch eine Führung den Stempel sicher in den Gesenkunterteil zwang, aus dem 15. Jahrhundert; sie wurde von einem deutschen Schlosser zur Herstellung von Türbeschlägen benützt. Offenbar handelt es sich hier um eine Schneidarbeit. 1796 erhielt dann ein Franzose De Vere ein Patent für ein Gesenk zum Stanzen und Ziehen von Blechen. 1827 nahm M. Gazalott ein Patent für eine Presse und Werkzeuge zur Herstellung von Geschoßkartuschen aus Kupferblech. Die dabei verwendeten Maschinen hatten schon nahezu die gleiche grundsätzliche Form wie die heutigen.

Wenn auch nachgewiesen werden kann, daß die Arbeitsweise im 16. Jahrhundert schon in Deutschland vorgekommen ist, so muß man doch den Franzosen zugestehen, daß sie die Werkzeuge verbessert, vervollkommnet und in die allgemeine Praxis eingeführt haben.

Ein großer Aufschwung trat ein, als anfangs der 60er Jahre des 19. Jahrhunderts zwei französische Arbeiter das Holzmodell einer Ziehpresse, an der sie in Frankreich gearbeitet hatten, nach Amerika brachten. Durch diese wurde die Maschine ihrem Schwager Henry Marchaud bekannt, einem geschickten Mechaniker, dem es nach manchen Schwierigkeiten gelang, die Firma Higgins & Marchaud Co. zu gründen, zum Bau und zur Ausnützung der Maschine. Die erste Maschine war eine einfach wirkende Kurvenscheibenpresse, bei der die Kurvenscheibe den Stempel durch den Unterteil drückte, während der Niederhalter mittels eines 1360 kg-Gewichts auf die Scheibe drückte. Nach der Arbeit wurde der Blechhalter mittels eines langen, durch die Mauer ragenden Hebels gehoben. Das erste Ziehstück war eine Waschschüssel. Die zweite Maschine brachte eine wesentliche Verbesserung, der lange Hebel fiel, für ihn wurden zur Betätigung des Niederhalters seitlich zwei Kurvenscheiben angebracht.

In Deutschland wurde angeblich in Fraunlautern (Rheinland) noch in den 70er Jahren mit einer eigenartigen Ziehpresse gearbeitet; ob auch noch in andern Orten, ist schwer festzustellen, denn die ersten Pressen wurden wohl von den Metallwarenfabriken selbst gebaut und geheim gehalten. Von Maschinenfabriken gebaut und in den Handel gebracht wurden sie erst in den 80er Jahren in Sachsen. Bei der Konstruktion wurden noch Holzbalken mit Gewichten als Ausgleich verwendet. Später kam die Holzkonstruktion auch in Deutschland in Wegfall; der Tisch wurde mit Exzentern bewegt. Der Bau war zwar noch immer schwer und massig, aber das Prinzip war aufgestellt, nach dem die Maschinen heute noch gebaut werden, wenn natürlich auch die Form und die Ausbildung der Einzelteile sich wesentlich geändert hat. Die Fertigung der Ziehpressen, die, wie so viele Arbeitsmaschinen, den Erzeugern von Fertigwaren zu verdanken ist, ist heute ein Fabrikationszweig für sich allein geworden, in dem im Deutschen Reich eine große Zahl von Fabriken wetteifern. Der durch den Wettbewerb bedingte Kampf hat dazu geführt, daß die Ziehpressen in den letzten Jahrzehnten rasch entwickelt und auf einen hohen Stand technischer Güte und Zuverlässigkeit gebracht worden sind.

4. Die Bedeutung des Ziehblechs.

Wenn aber die Fortschritte in der Ziehtechnik noch größer sind als nach dem Stand des Maschinenbaus gerechtfertigt wäre, so ist dies der Entwicklung der Blecherzeugung zu danken, die sowohl nach der Steigerung der Maßgenauigkeit als auch nach der Gleichmäßigkeit der Verarbeitungsmöglichkeit, als endlich nach der chemischen Zusammensetzung einen großen Schritt vorwärts getan hat. Da die wissenschaftliche Untersuchung der Werkstoffbeschaffenheit eine Errungenschaft der letzten Jahre ist, sind durch sie mit Sicherheit in den nächsten Jahren weitere wesentliche Fortschritte zu erwarten. Diese werden aber nicht allein gefördert durch die Untersuchungen in den Blech erzeugenden Industrieen, sondern ebensosehr durch die in der Blech verarbeitenden Industrie, denn nur durch die genaue Kenntnis der Beanspruchung, der der Werkstoff beim Verbrauch unterworfen wird, kann bei der Blecherzeugung die Technik entwickelt und die Zusammensetzung gewählt werden, die das Blech gerade gegen die Beanspruchung widerstandsfähig machen, die es aushalten soll.

Daher können die Vorgänge der Ziehtechnik, ohne die die Blechbearbeitung gar nicht mehr zu denken ist, nicht weit und allgemein genug bekannt werden. Darum und besonders, weil bei jeder Ziehaufgabe die erste Frage dem Blech gilt, sei das Ziehblech als erster der den Ziehvorgang bestimmenden 3 Haupteinflüsse genannt, die aus dem bisher Gesagten bekannt sind, als:

1. das Ziehblech,
2. das Werkzeug,
3. die Maschine.

II. Beanspruchung des Ziehblechs.

5. Spannungseignung und Ziehfähigkeit.

Zum Ziehen eignen sich viele Stoffe, in erster Linie alle Metalle, aber auch Nichtmetalle, wie Pappe, Papier und sogar Holz; jedoch eignen sich nicht alle Stoffe gleich gut, ja nicht einmal jedes Metall gleich gut. Es kommt wesentlich auf den Zustand des Stoffes an und die Größe der zulässigen Beanspruchung.

Der Zustand eines Stoffes wird am besten dargestellt durch das Spannungsdiagramm, d. h. die graphische Darstellung der Veränderungen im kalten Zustand unter dem Einfluß einer Beanspruchung, insbesondere der Längenänderung $\lambda = l_1 - l_0$ eines Blechstreifens unter Zugbeanspruchung σ, wo l_0 die Länge des Streifens vor dem Zug, l_1 nach dem Zug ist, Abb. 7. Hierbei sind die Längenänderungen $\varepsilon = \dfrac{\lambda}{l_0}$ auf der Abszisse in mm, die Belastungen σ auf der Ordinate in kg/mm² aufgetragen. Bei zunehmender Belastung bis zur Größe σ_p (in Punkt P) ändert sich die Länge des Stabs proportional mit der Belastung; bei nachfolgender Entlastung nimmt der Stab seine ursprüngliche Länge wieder ein, ist also vollkommen elastisch. P heißt darum die Elastizitätsgrenze oder Proportionalitätsgrenze. Von der Belastung σ_f (in Punkt F) an ändert sich die Länge viel mehr als der Zunahme der Belastung entspricht, der Stab beginnt zu fließen; der Punkt F heißt darum die Fließgrenze. Von der Belastung F ab bis zur Belastung B wächst die

Länge dauernd rascher bis zum Einsetzen des Bruchs mit der Belastung σ_b (in Punkt B). B heißt darum die Festigkeitsgrenze.

In der Einführung wurde gezeigt, daß beim Ziehen der Werkstoff zum Wandern bzw. Fließen gezwungen werden muß, so daß nach den eben gemachten Ausführungen ohne weiteres ersichtlich ist, daß der Ziehvorgang bei einer Werkstoffbeanspruchung vor sich gehen muß, der den Werkstoff normalerweise[1] im kalten Zustand in den Fließbereich bringt, den Zustand, der im Spannungsdiagramm Abb. 7 in dem schraffierten Bereich zwischen F und B liegt.

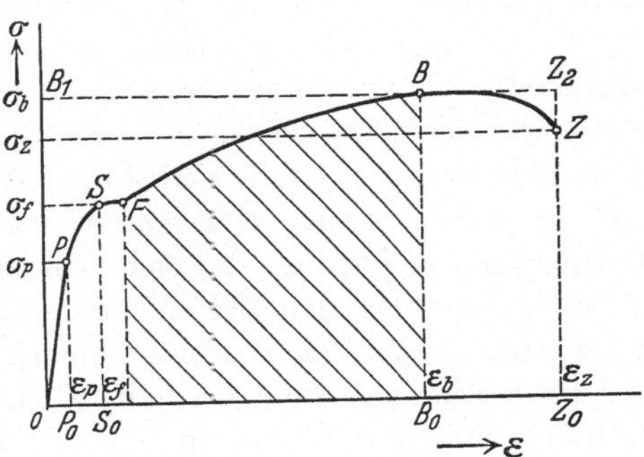

Abb. 7. Spannungsdiagramm.

Da es aber nicht gleichgültig ist, ob zum Ziehen viel Kraft oder wenig Kraft notwendig ist, kann weiter gesagt werden, daß es gut ist, wenn der Werkstoff schon bei geringer Beanspruchung in den Fließzustand übergeht und, da es von Vorteil ist, wenn dem Werkstoff viel zugemutet werden darf, d. h. die Beseitigung starker Faltenbildung, es gut ist, wenn die Bruchgrenze erst bei hoher Beanspruchung erreicht wird. Je bälder der Fließzustand und je später die Bruchgrenze erreicht wird, eine um so größere Scheibe läßt sich in eine gegebene Öffnung ziehen.

So ist also das Spannungsdiagramm jedes Stoffes charakteristisch für seine Eignung zum Ziehen durch Darstellung der Ziffer, die die Zugfestigkeit K_z des Werkstoffs in kg/mm² angibt und die Darstellung der Stabdehnung λ in Hundertteilen mit $\lambda = 100 \dfrac{l_b - l_0}{l_0}$, wo l_b die Länge nach erfolgtem

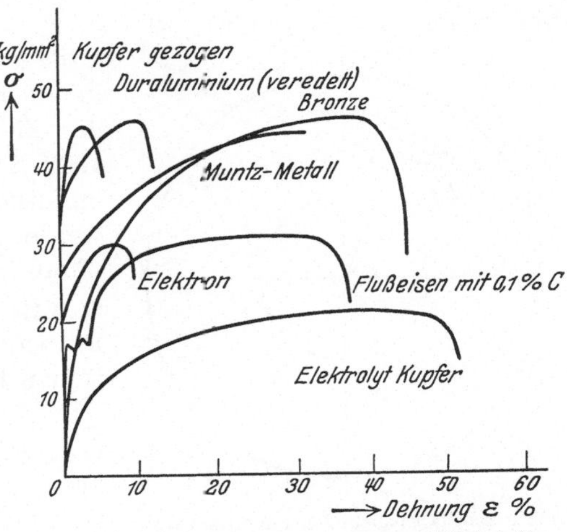

Abb. 8. Spannungsdiagramm verschiedener Werkstoffe.
(Aus Werkstoffhandbuch: Nichteisenmetalle.)

---

[1] In Sonderfällen, insbesondere bei sehr schweren Zieharbeiten werden die Ziehscheiben vor dem Einlegen in das Ziehwerkzeug erwärmt, um das Fließen zu begünstigen.

Bruch, l_0 die ursprüngliche Stablänge bedeutet, zumal da die Darstellung des Spannungsdiagramms sinngemäß auch für Druckbeanspruchung gilt.

Zu beachten ist allerdings, daß aus den Spannungsdiagrammen nicht unmittelbar Ziehwerte, sondern nur Vergleichswerte abgelesen werden können; doch sprechen auch die Vergleichswerte deutlich für die Zieheignung, wie die Spannungsdiagramme (Abb. 8) verschiedener Werkstoffe zeigen. Man kann zwar nicht sagen, wie tief ein Werkstoff bei einem bestimmten Spannungsbild gezogen werden kann, doch ohne weiteres, daß Werkstoffe mit gleichen Diagrammen gleich gut zu ziehen sind. Das erstere ist das Ziel aller theoretischen Betrachtungen, doch ist das Ziel noch recht fern, weil es bis jetzt noch nicht gelungen ist, den Spannungszustand des Ziehstücks während des Zugs darzustellen, auch nicht einmal, die zum Umformen einer bestimmten Scheibe in ein bestimmtes Hohlgefäß erforderliche Zugkraft rechnungsmäßig zu ermitteln, von der aus auf den Spannungszustand geschlossen werden könnte. Dennoch sollen der Wichtigkeit wegen die bisher beschrittenen Wege und angestellten Betrachtungen kurz gezeichnet werden.

6. Die Umformung.

Das Verdienst, als erster theoretische Betrachtungen über das Ziehen angestellt zu haben, wird allgemein dem Ing. K. Musiol aus Warschau zugewiesen. Er hat sie in einem Aufsatz „Die Kalibrierung der Ziehpreßwerkzeuge" im Jahre 1907 in „Stahl und Eisen" veröffentlicht. Diese Untersuchungen werden in fast allen späteren Veröffentlichungen lobend erwähnt, so von Kurrein, Brasch, Ruhrmann, Sommer. Musiol betrachtet ein Element T einer Ziehscheibe, Abb. 9, das sich aus dem Quader $ABCDEFGH$ vor dem Ziehen in das Stück der Wandung $A'B'C'D'E'F'G'H'$ nach den drei Koordinatenachsen xyz ändert, Abb. 10.

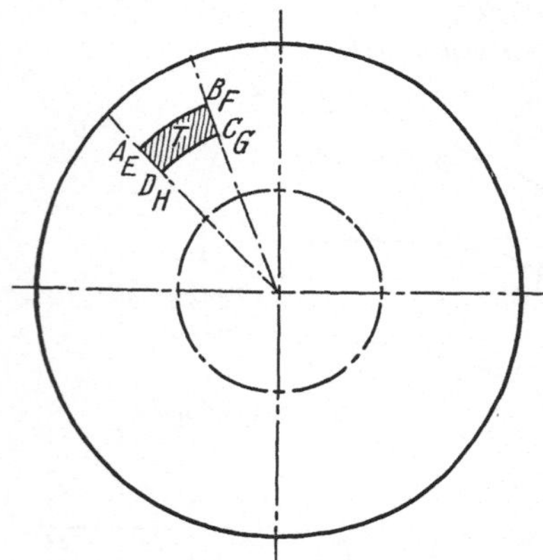

Abb. 9. Scheibenelement T vor der Umformung.

Die spezifischen Dehnungen der Kanten sind den Achsen entsprechend ε_x, ε_y, ε_z, die der Diagonale ε_d, so daß, wenn D der Durchmesser und s die Blechstärke vor dem Ziehen, d_n der Durchmesser und s_n die Blechstärke nach dem Ziehen:

$$EB' = EB\,(1 - \varepsilon_d)$$

und
$$s_n = s\,(1 + \varepsilon_z).$$

Weiter, da

$$\frac{1}{\pi^2} = \sim 0{,}1 \,,$$

$$\frac{d_n}{D} = \sqrt{(1 - \varepsilon_d)^2 - \frac{s^2}{10\,d^2}\left[(1 + \varepsilon_z)^2 - (1 - \varepsilon_d)^2\right]} \,.$$

Mit

$$(1 - \varepsilon_d)^2 - (1 - \varepsilon_x)^2 = m^2$$

und

$$[1 + \varepsilon_z)^2 - (1 - \varepsilon_d)^2] = n^2 \,,$$

wird

$$\frac{d_n}{D} = \sqrt{m^2 - \frac{s^2\,n^2}{10\,D^2}} \,. \tag{1}$$

Das Ergebnis dieser Rechnung ist genau betrachtet recht mager, es stellt eigentlich nur dar, daß der Werkstoff nach 3 Achsen beansprucht wird[1], sagt aber nichts darüber, wie man von dem Ausschnitt der Scheibe auf die Gesamtumformung schließen soll, und verlangt sogar für den Ausschnitt die Bestimmung der spezifischen Dehnung, die nur möglich ist, wenn man genau das gleiche Arbeitsverfahren anwendet, das zur Erzeugung des gewünschten Hohlgefäßes dient, also

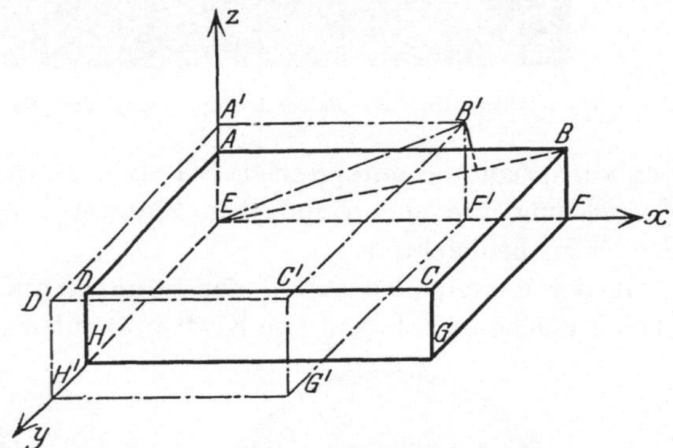

Abb. 10. Scheibenelement vor und nach der Umformung.

durch Versuche ermittelt, was man errechnen will. So ist also der einzige Schluß, den man aus der Rechnung ziehen kann, nur der, daß man zwar versuchen und nichts rechnen kann; er bestätigt also die Richtigkeit des Verfahrens, das die Praktiker von jeher geübt haben.

7. Nachweis des Fließzustandes.

Kurrein selbst bemüht sich nicht um weitere theoretische Erklärungen, sondern begnügt sich[2] mit dem Beweis, daß das Fließen des Metalls ganz bestimmten Gesetzen folgt, daran zu erkennen, daß bei gleichmäßiger Beanspruchung eines Körpers durch Gleiten kleinster Teile auf seiner Oberfläche regelmäßige Liniensysteme entstehen, z. B.

---

[1] Musiol: Die Kalibrierung der Ziehwerkzeuge. Stahleisen 1907, S. 477 ff.

[2] Kurrein: Die Werkzeuge und Arbeitsverfahren der Pressen. Berlin: Julius Springer 1912.

bei flachen Blechen zwei unter einem Winkel größer als 45⁰ zueinander
geneigte Liniensysteme, Abb. 11.

Bei gleichzeitiger Beanspruchung auf Zug und Druck, wie sie beim
Ziehen von Hohlkörpern vorkommt, erscheinen wulstartige Linien und
Furchen, Abb. 12, wobei jene einer Druckbeanspruchung, diese einer

Abb. 11. Fließlinien bei einfacher Beanspruchung eines flachen Blechs nach Kurrein.

Zugbeanspruchung entsprechen. Bei einer Beanspruchung mittels einer
Vorrichtung, die einem einfachen Ziehwerkzeug entspricht, sind drei
Stufen zu beobachten:

in der ersten, also sobald der Stempel anfaßt, entstehen auf der
oberen Fläche radiale wulstige Kraftlinien über eine Länge gleich einem

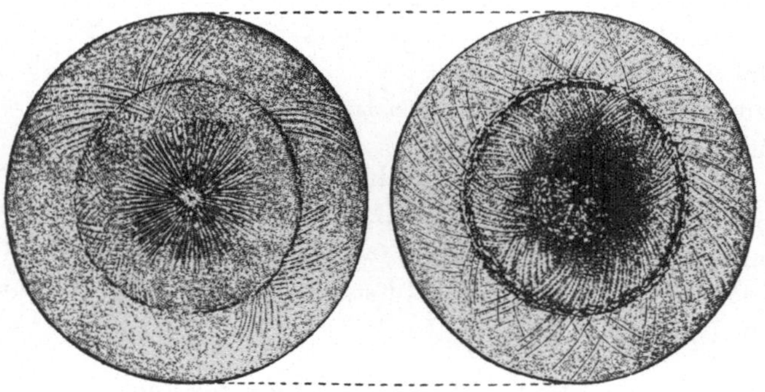

Abb. 12. Fließlinien bei gleichzeitiger Beanspruchung auf Zug und Druck.

Drittel des Halbmessers, auf der unteren Furche bis zur Hälfte des
Halbmessers, so daß die obere Hälfte auf Druck, die untere auf Zug
beansprucht scheint;

in der zweiten gehen vom Grenzkreis der radialen Kraftlinien
logarithmische aus, nach denen die obere Fläche wieder gedrückt,
die untere wieder gezogen erscheint;

in der dritten erscheint auf der oberen Fläche wieder ein Wulst rings um das Werkzeug, aber es erscheinen auch Anzeichen, die auf eine Zugbeanspruchung schließen lassen; die untere Fläche behält ihren Charakter bei.

Kurrein nimmt an, daß dieser Zustand dem des gleichmäßigen Fließens entspricht, wie es in der Ziehpraxis vorliegt oder erreicht werden soll. In Wirklichkeit kann dieser Versuch dem praktischen Ziehen nicht ganz entsprechen, da er die Faltenbildung nicht verhütet, sondern nur die Art der Beanspruchung zeigt, insbesondere mit einem rechteckigen Stempel die Stellen der stärksten Beanspruchung, die mit den Ecken zusammenfallen, Abb. 13.

Der Verfasser suchte im Heft 25 der Sammlung der Werkstattsbücher diesen Beweis noch anders zu führen und ging zu diesem Zweck vom wirklichen praktischen Zug aus. Schon eingangs wurde durch die Abb. 5 dargelegt, daß bei der Umformung einer Blechscheibe in einen Hohlkörper die Dreiecke $a_1 b_1 c_1$ nicht nur überflüssig sind, sondern sogar stören, weil bei der Umformung die Flächen abc das Bestreben haben, sich aneinanderzuschließen und dabei die Dreiecke $a_1 b_1 c_1$ zu Falten zusammendrücken, die beseitigt werden müssen. Liegt nun der Niederhalter so auf dem Blechflansch, daß keine Falten auftreten können, so treten die Druck-

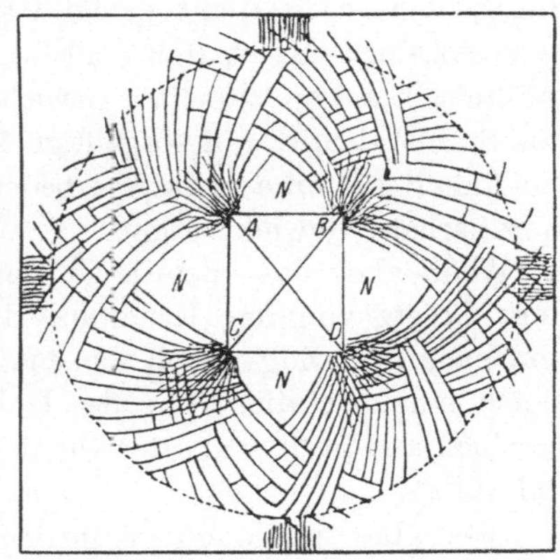

Abb. 13. Fließlinien an den Ecken eines eckigen Hohlgefäßes.

kräfte in tangentialer Richtung dennoch auf und es liegt der Schluß nahe, daß sie so stark werden, daß der Werkstoff in sich zusammengestaucht und also dicker wird. Würde sich der Vorgang in Wirklichkeit so abspielen, dann müßte die Wandstärke des Hohlkörpers vom Boden aus nach dem Rand zu immer größer werden, weil der Boden dem Kreis der Scheibe entspricht, auf dem die Spitzen der Dreiecke liegen, die den überschüssigen Werkstoff vorstellen, also der Zone der geringsten radialen Stauchug, und der Rand dem äußeren Durchmesser der Ziehscheibe mit der Grundlinie der Dreiecke, also der Zone der stärksten radialen Stauchung. Die Wandstärke ließe sich rechnen; z. B. müßte für einen Hohlkörper vom lichten Durchmesser $d_1 = 46$ mm, gezogen aus einer Scheibe vom Durchmesser $D = 82$ mm und der Dicke $s = 1{,}15$ mm, die Wandstärke am Boden $s_b = 1{,}15$ mm, die Wandstärke am Rand

$$s_r = \frac{D \cdot s}{d_1} = \frac{82 \cdot 1{,}15}{46} = 2{,}05 \qquad (2)$$

werden. Dies würde einer Verdickung am Rande von

$$\frac{s_r - s}{s} \cdot 100 = \frac{0{,}90 \cdot 100}{1{,}15}\,\% = 78\,\% \tag{3}$$

entsprechen.

In Wirklichkeit mißt am gezogenen Gefäß die Wandstärke am Boden 1,06 mm, am Rand 1,21 mm; sie ist also am Boden schwächer, am Rand zwar dicker als die ursprüngliche Blechstärke, aber weniger als die Rechnung erwarten ließ.

Es wäre nun noch möglich, daß Metalle Stoffe mit lockerem Gefüge sind, schwammartige Gebilde, die durch entsprechenden Druck verdichtet werden können, besonders wenn man daran denkt, daß es möglich ist, Blei durch Metall hindurchzupressen, was beweist, daß dieses nicht ganz dicht gefügt ist, sondern Hohlräume hat zwischen den einzelnen Kristallen, mit andern Worten porös ist. Aber das müßte sich am spezifischen Gewicht äußern. Dieses wurde beim Ziehen von Stahlstäben durch sorgfältige Messungen untersucht, ohne daß sich ein Anhalt für eine praktisch bedeutsame Änderung von Volumen und spezifischem Gewicht ergab.

Wenn aber das spezifische Gewicht gleichgeblieben ist und nach dem Gesetz von der Erhaltung der Materie das Gesamtgewicht vor und nach dem Zug gleich sein muß, muß auch das Werkstoffvolumen gleich und also die Höhe des Hohlgefäßes größer sein als der Ziehscheibenrand breit war, der vor dem Ziehen auf dem Werkzeug-Unterteil auflag.

Dies alles ist auch eigentlich ganz natürlich, wenn man den Ziehvorgang richtig verfolgt. Bei diesem macht der Niederhalter die erste Bewegung und setzt sich mit einem gewissen Druck auf die Ziehscheibe. Der Ziehstempel eilt dem Niederhalter nach und trifft ungefähr im Augenblick seiner größten Geschwindigkeit, also mit großer Wucht, auf die Ziehscheibe auf. Der Stärke des Stoßes entsprechend ist im Augenblick des Aufpralls infolge Reaktionswirkung auch der Widerstand der Ziehscheibe gegen das Herausziehen unter dem Niederhalter groß; die Wirkung ist in diesem Fall mit dem Anfahrwiderstand zu vergleichen, der den Widerstand während der Bewegung wesentlich übersteigt. Darum muß die ganze Wucht vom Dehnungsvermögen des Teils der Ziehscheibe aufgenommen werden, der sich zwischen dem Stempel und dem Unterteil bzw. dem Ziehring befindet, allenfalls noch von dem unter dem Stempel liegenden Teil. Dieser Teil a, Abb. 14 und 14a, wird abgebogen und so lange gestreckt, bis die Elastizitätsgrenze überschritten ist und der Werkstoff zu fließen beginnt. Der Fließzustand beginnt also auch hier von einer Stelle aus und nicht gleichzeitig auf der ganzen Scheibe, wie bei einem auf Zug beanspruchten Stab[1],

---

[1] Kurrein: S. 251 u. 253.

und wie bei diesem ist es notwendig, daß der Zug nicht zu rasch erfolgt, sondern so langsam, daß sich nicht eine zu starke Schwächung des Blechs an dieser Stelle oder gar ein Teilbruch oder Vollbruch ausbildet, sondern der Fließzustand sich über die ganze Ziehscheibe ausbreiten kann. Ist dies erreicht, dann ist auch der Ziehwiderstand überwunden und die Scheibe wird unter dem Niederhalter vor-, in den Ziehring hineingezogen.

In diesem Augenblick beginnt auch schon das Stauchen und Verdicken des Blechs, die tangentiale Druckbeanspruchung infolge des überschüssigen Werkstoffs, die sich in einer Verdickung des Blechflansches unter dem Blechhalter und damit einer Werkstoffanhäufung an der Ziehöffnung auswirkt. Da aber die Ziehöffnung nur die Breite s gleich Blechstärke hat, kann die Wand des Hohlzylinders nicht größer werden, so daß die Moleküle in dem noch übrigen Scheibenrand, dem Flansch, zu einer radialen Wanderung von innen nach außen gezwungen sind. Die Stauung der Moleküle und die nun notwendig werdende starke Abbiegung des Werkstoffs über die Ziehkante erhöht den Ziehwiderstand, fordert also das Auftreten neuer Kräfte, die eine weitere Dehnung des Blechs zur Folge haben.

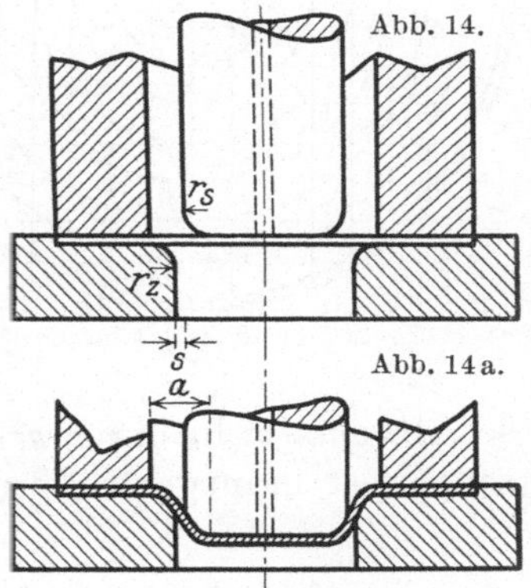

Abb. 14. Auftreffen des Ziehstempels auf die Ziehscheibe.
Abb. 14a. Wirkung des Auftreffens auf das Ziehblech.

Die Dehnung des Ziehblechs geht aber nicht bis zum Ende des Ziehgangs weiter, sondern verringert sich allmählich, wird Null und kehrt um in eine Verdickung. Unter dem Niederhalter hat sich das Ziehblech, wie schon gesagt, unter dem Einfluß der tangentialen Schubbeanspruchung zusammengestaucht und verdickt und dabei seine Zug- und Druckfestigkeit erhöht, dagegen wird infolge der Abnahme der Flanschbreite sein Ziehwiderstand geringer, d. h. das Ziehblech erfährt beim Fortschreiten des Ziehvorgangs eine immer schwächer werdende Beanspruchung auf Dehnung und wird daher immer weniger gedehnt. So wird die Dehnung des Ziehblechs „Null". Beachtet man nun noch, daß jedem Werkstoff bei jeder Beanspruchung, auch wenn sie über das Gebiet der elastischen Formänderung hinausgeht und in das der bleibenden hinübergeht, ein gewisser Grad von Elastizität bleibt, so versteht man, daß der oberste Rand eines gezogenen Hohlgefäßes, der beim Ziehen die geringste Dehnungs-, aber die größte Stauchbeanspruchung erfahren hat, infolge der innewohnenden elastischen Nachwirkung sich beim Austreten aus der Ziehöffnung, entgegen der Verschwächung bzw. Dehnungsbeanspruchung, wieder verdickt, so daß er dicker wird als die Ziehöffnung breit ist.

8. Darstellung der Werkstoffwanderung.

Nach der Beschreibung des Ziehvorgangs, in der dargelegt wurde, daß die Höhe des Hohlgefäßes größer wird als der Ring der Ziehscheibe, der verformt wurde, breit war, weil infolge der tangentialen

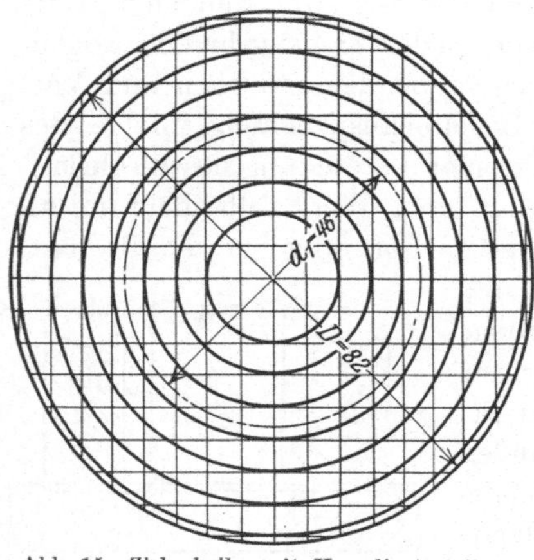

Abb. 15. Ziehscheibe mit Koordinatenteilung.

Schub- und der radialen Zugbeanspruchung die Moleküle eine radiale Wanderung unternehmen, liegt die Frage nahe: Wie wandern die Moleküle, d. h. wie fließt das Blech, und wohin? Die Frage drängt sich lebhafter auf, wenn man sich an die Ausführungen Kurreins erinnert, wonach der Fluß nach regelmäßigen Linien erfolgen soll, weil man sich sagt, daß demnach die Darstellung verhältnismäßig einfach sein muß. Wenn man die Frage so stellt, daß sie lautet: „Welchem bestimmten Punkt der Ziehscheibe entspricht ein gewählter Punkt des Zylinders?", dann ist sie schon fast beantwortet, denn die Lagenbestimmung eines Punktes in

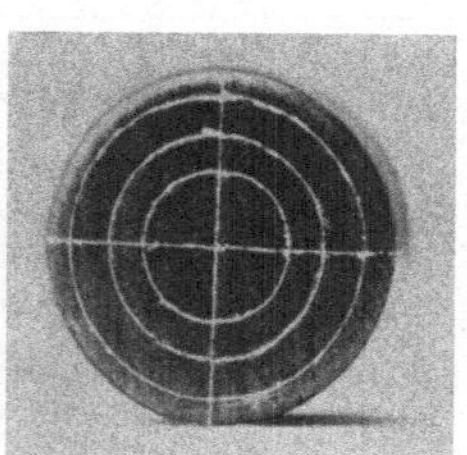

Abb. 16. Lage konzentrischer Kreise der Ziehscheibe nach der Umformung auf Boden und Wand eines Hohlgefäßes.

einer Ebene erfolgt mittels eines Systems von parallelen und senkrechten Geraden bzw. konzentrischen Kreisen, bei denen als Maß der Abstand von zwei bestimmten senkrechten Geraden, den Achsen, genommen wird bzw. der radiale Abstand vom gemeinsamen Mittelpunkt in Verbindung mit dem Winkel der Abstandsgeraden zu einer beliebig gewählten Nullinie. Solche Systeme sind Koordinatensysteme. Man braucht diese also nur auf eine Ziehscheibe aufzutragen, und zwar am besten gitterförmig nach Abb. 15, so daß die Lagen einzelner Punkte direkt abzulesen sind.

Die konzentrischen Kreise der Scheibe bleiben auf dem Boden des Gefäßes konzentrisch und werden parallel auf der Zylinderwand, Abb. 16. Während die Abstände der Kreise auf dem Boden sich gegenüber denen auf der Scheibe vor dem Ziehen nicht oder wenigstens praktisch nicht oder, bei stärkster Beanspruchung bei der Umformung,

nur sehr wenig ändern, werden sie auf der Zylinderwand nach dem Rand
der Gefäßöffnung zu größer und zeigen dadurch die Größe der radialen
Wanderung in den verschiedenen Blechabschnitten an. Daß auf der Zylinderwand Parallelkreise entstehen, ist nicht ohne weiteres zu erwarten,
denn wenn man die Abb. 5 betrachtet, die den überschüssigen Werkstoff
und die Notwendigkeit des Auftretens von tangentialen Stauchkräften
zeigt, könnte man glauben, daß unter ihrer Einwirkung bei der ein-
tretenden Werkstoffwanderung die Kreise ihre Gestalt verlieren, und
zwar die, die in den überschüssigen Dreiecken liegen, weil Teile von
ihnen die Wanderung mitmachen müssen. Wenn nun wider Erwarten
die Kreisform erhalten
bleibt, so kann daraus nur
abgeleitet werden, daß
kein Punkt der Scheibe
vor einem andern auf dem
gleichen konzentrischen
Kreis liegenden ausge-
zeichnet ist. Ob aber
die Werkstoffwanderung
auch gleichmäßig über
die ganze Blechdicke hin-

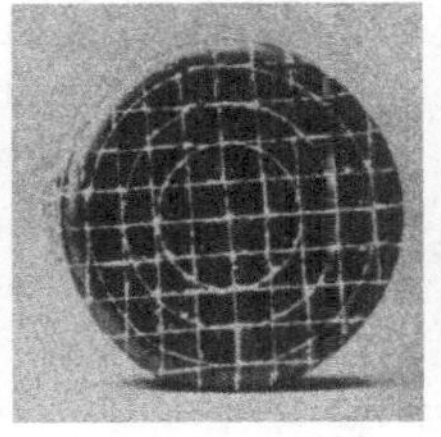

Abb. 17. Lage paralleler Geraden auf der Ziehscheibe, nach
der Umformung auf Boden und Wand eines Hohlgefäßes.

durch erfolgt, ist damit noch nicht erwiesen. Wenn man den Fließzustand der Metalle zwischen Niederhalter und Ziehring mit dem
Fließen des Wassers zwischen zwei Ufern vergleichen darf, so müßte
für die Mitte des Blechs die Fließgeschwindigkeit größer sein, weil
auch bei Flüssen, wo an den Ufern auf beiden Seiten die Reibung
des Wassers größer ist als die der Flüssigkeitsteile gegeneinander.
Die Erfahrungen bei Stauchversuchen (s. Abb. 23) sprechen für die
Ähnlichkeit der Verhältnisse. Da es sich jedoch beim Ziehen in den
meisten Fällen um ein dünnes Blech, also um kleine Uferabstände
handelt, geht man wohl nicht fehl mit der Annahme, daß durch die
ganze Blechdicke hindurch gleiche Fließgeschwindigkeit angenommen
werden kann.

Die Bestimmung der Lage eines Scheibenpunktes auf dem Zylinder
läßt sich nun mit Hilfe der konzentrischen Kreise, Parallelkreise auf
dem Zylinder, und der senkrechten Kreisdurchmesser, senkrechte
Mantellinien auf dem Zylinder, leicht durchführen. Aber noch leichter,
wenn man das Gitter der Geraden dazu nimmt, das eine feinere Unterteilung der Scheiben- bzw. der Zylinderoberfläche ergibt. Die Geraden
der Scheibe werden auf dem Zylinder zu hyperbolischen, sich überschneidenden Kurvenscharen, wobei die Verzerrung der ursprünglichen
Gitterquadrate die Dehnung sowohl als auch die Stauchung des Materials
angeben, Abb. 17.

9. Berechnung der größten Beanspruchung und der Ziehkraft.

Aus dem bisher Gesagten ist zu ersehen, daß das Ziehblech im Verlauf des Ziehprozesses

erst auf Zug, beim Aufprall des Stempels,

dann auf Biegung, beim Abbiegen über die Kante des Ziehrings, die Ziehkante,

dann auf Druck, unter dem Blechhalter,

und endlich auf Reibung, beim Fluß unter dem Blechhalter, beansprucht wird.

Zwischen den Beanspruchungsarten, die auch gleichzeitig auftreten können, wie zuerst Zug und Biegung, dann Zug, Biegung, Druck und Reibung, muß sich ein Gleichgewichtszustand herausbilden, derart, daß die Zugbeanspruchung erst gleich ist der Biegungsfestigkeit und dann gleich der durch den Reibungswiderstand vermehrten Druckbeanspruchung. Es wäre natürlich sehr erwünscht, die Größe der Beanspruchung und insbesondere der maximalen Beanspruchung zu kennen, denn von ihr aus wäre es wohl möglich, über das Spannungsdiagramm einen Schluß zu ziehen auf die Eignung eines Blechs zum Ziehen oder auf die Zulässigkeit der Beanspruchung und die Möglichkeit der Stufung für ein bestimmtes Blech. Darum wurde in neuerer Zeit verschiedentlich versucht, diese Größe zu ermitteln.

Auf die Veröffentlichungen des Ing. Joh. Blume[1] braucht hier nicht eingegangen zu werden, denn seine Absicht, die Größe der am Ziehstempel und am Niederhalter wirkenden Kräfte durch Versuche zu bestimmen, ist nicht praktisch versucht worden. Blume wollte den Niederhalterdruck und den Ziehstempeldruck ermitteln durch Zwischenschalten von Meßdosen, die die während des Ziehzustands herrschenden Drücke graphisch aufzeichnen sollten, wie dies aus Abb. 18 so deutlich

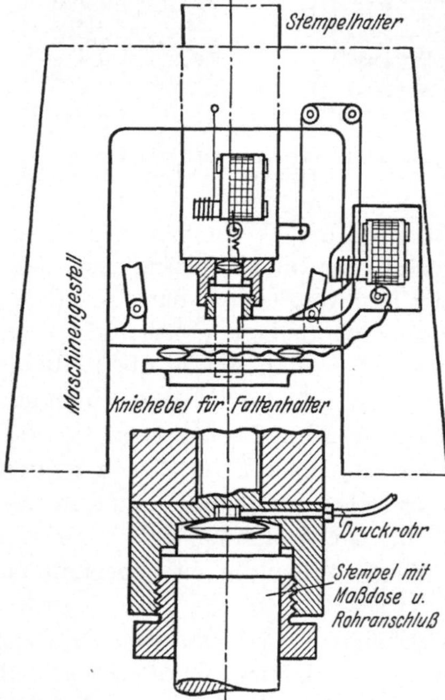

Abb. 18. Versuchsanordnung zur graphischen Ermittlung von Niederhalterdruck und Ziehstempeldruck.

<hr>

[1] Blume, Joh., Ing.: Versuch zur Entwicklung einfacher Formeln zur Berechnung von Ziehwerkzeugen. Z. Masch.-Bau vom 25. 7. 1921, H. 14, S. 187.

hervorgeht, daß eine weitere Erläuterung sich erübrigt. Über die mögliche Verwertung der aus dieser Versuchsanordnung sich ergebenden Größen läßt Blume im Unklaren, denn mit der Gleichung, die er aufstellte, ist nichts anzufangen, zumal der vorausgegangene Begleittext nicht ohne weiteres klar und verständlich ist.

Viel gründlicher geht Dr.-Ing. Sommer, Bernburg, vor in seiner Dissertation: Versuche über das Ziehen von Hohlkörpern, ein Versuch zur technologischen Mechanik[1]. Er erkennt die Beanspruchung, die das Blech erfährt — wie sie oben angegeben ist —, zerlegt in

1. Stauchkraft,
2. Reibungskraft,
3. Biegekraft,

und darum lohnt es sich seinen Ausführungen zu folgen.

Betrachtet man den Ausschnitt $ABCD$, bestimmt durch den Winkel $d\varphi$ der Blechscheibe vom Halbmesser r_1, in irgendeinem Augenblick des Zugs, nach Abb. 19 in dem Augenblick, wo der äußere Rand AD um a_1 nach innen bis EF gewandert ist, so wirken auf die Seitenflächen in tangentialer Richtung Stauchkräfte σ_t, deren Summe S gegeben ist durch die Gleichung:

$$S = \int_{r_2+a_2}^{r_1} \sigma_t \, df \, . \qquad (4)$$

Auf die Fläche $EBCF$ selbst drückt der Niederhalter mit der Kraft

$$dH = \frac{H}{2\pi} d\varphi \, , \qquad (5)$$

wenn angenommen wird, daß sich die Halterkraft H gleichmäßig auf die ganze Fläche verteilt. Die Halterkraft dH bestimmt die Größe der Reibungskraft dR derart, daß mit Annahme einer durchschnittlichen konstanten Reibungszahl μ für Fläche und Ziehkante, Ruhe und Bewegung ist:

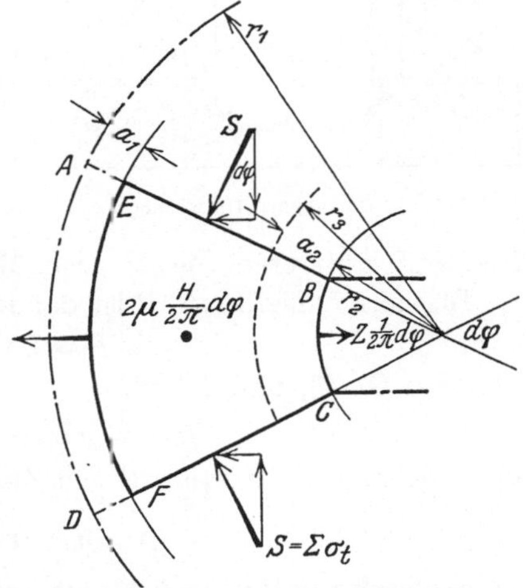

Abb. 19. Beanspruchung eines Ziehscheiben-Elements während des Zugs.

$$dR = \mu \, dH \, ,$$

und mit Gl. (5) $\qquad\qquad dR = \mu \frac{H}{2\pi} d\varphi \, . \qquad\qquad (6)$

Bezeichnet man die Kraft, die den Blechausschnitt horizontal nach

<hr>

innen zieht, mit dZ', so ist, da die Reibung auf der oberen und der unteren Fläche, die Stauchung auf beiden Seiten wirksam ist:

$$dZ' = 2\,dS \cdot \sin\frac{d\varphi}{2} + 2\,dR\,.$$

Bei gleichmäßiger Verteilung von Z' ist

$$dZ' = \frac{Z'}{2\,\pi}\,d\varphi\,,$$

also auch:

$$\frac{Z'}{2\,\pi}\,d\varphi = 2\,\frac{\mu\,H}{2\,\pi}\,d\varphi + 2\,S \cdot \sin\frac{d\varphi}{2}\,,$$

oder für den ganzen Scheibenring:

$$Z' = 2\,\mu H + 2\,\pi S\,. \tag{7}$$

Abb. 20 zeigt die zu Abb. 19 gehörige Stempelstellung, bei der das Blech durch die Stempelkante c über die Ziehringrundung b um den

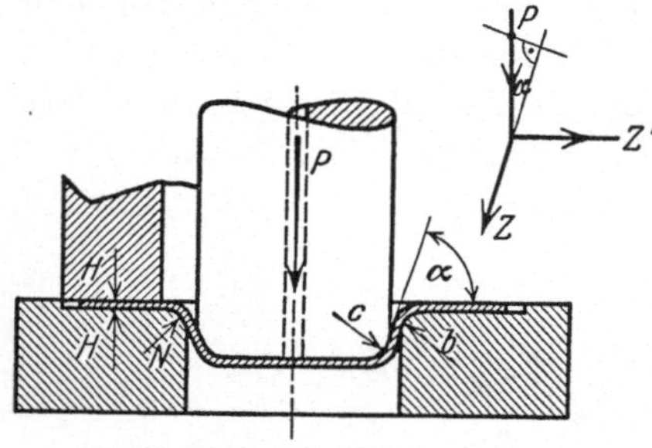

Abb. 20. Beginn der Umformung.

Winkel α abgebogen ist. Betrachtet man den Blechring zwischen b und c, so findet man das Gleichgewicht seiner Spannungen unter der Bedingung, daß die Zugkraft in Richtung α

$$Z = Z' \cdot e^{\mu\,\alpha}\,, \tag{8}$$

sofern zum Biegen keine Kraft erforderlich ist. Diese Annahme ist zulässig, da starke Normalkräfte N auftreten, denen gegenüber die Biegekraft klein wird.

Die nötige Ziehkraft P ist damit bestimmt durch die Gleichung

$$P = Z \cdot \sin\alpha\,. \tag{9}$$

Mit den Gl. (8) und (7) wird

$$P = 2\,(\mu H + \pi S)\,e^{\mu\,\alpha}\sin\alpha\,,$$

oder, da schon bei sehr kleinen Ziehtiefen $\alpha = \pi/2$,

$$P = 2\,(\mu H + \pi S)\,e^{\mu\frac{\pi}{2}}\,. \tag{10}$$

Diese Gleichung für die Ziehkraft ermöglicht eine Entscheidung über die Durchführbarkeit eines Ziehprozesses durch einen Vergleich der Ziehkraft mit der Zugfestigkeit des Wandquerschnittes des gezogenen Gefäßes. Wenn kein Bruch eintreten soll, darf die Ziehkraft die Zugfestigkeit des Wandquerschnitts nicht überschreiten. Es muß also, da K_z nach dem Spannungsdiagramm die spezifische Zugfestigkeit ist, sein:

$$P = K_z \cdot \pi \cdot d \cdot s\,, \tag{11}$$

$$2\,(\mu H + S)\,e^{\mu\frac{\pi}{2}} = K_z \cdot \pi \cdot d \cdot s\,. \tag{12}$$

In dieser Gleichung ist auf der rechten Seite K_z bekannt aus dem Spannungsdiagramm, das bei einem Zerreißversuch eines Stabs mit den gleichen Werkstoffeigenschaften wie das Ziehblech mit einer Zerreißmaschine erhalten wurde. Dabei nimmt man mit Rücksicht auf die Übertragung der Druckbeanspruchung das effektive Spannungsdiagramm Abb. 21, das sich von dem früher gezeigten dadurch unterscheidet, daß die Belastungen nicht auf den Anfangsquerschnitt, sondern auf den veränderten, während des Zugversuchs tatsächlich vorhandenen Querschnitt bezogen sind. Die Spannung der Zugfestigkeit ist hier dadurch gekennzeichnet, daß von ihr ab die Dehnung proportional der Spannung zunimmt.

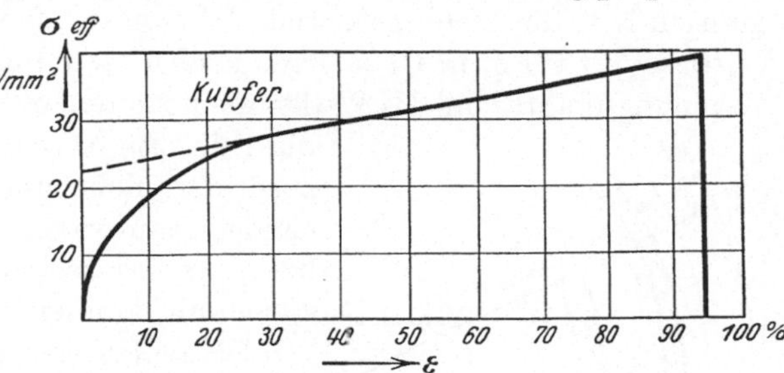

Abb. 21. Effektives Spannungsdiagramm von Kupfer.

Auf der linken Seite ist bekannt die Stauchkraft S aus der Gl. (4), während die Größen μ und H abhängig sind von den Eigenschaften der Maschinen, insbesondere der Ziehgeschwindigkeit, und der Werkzeuge, insbesondere der Oberflächenbearbeitung und dem Lochdurchmesser und daher für jede Maschine einmal ermittelt werden müssen.

Wie dies geschieht, wird später durch ein Beispiel gezeigt, hier sollen μ und H als ermittelt angenommen werden. Damit ist auch die linke Seite bestimmt, wenn die Größe von S errechnet, d. h. das Integral

$$\int_{r_2+a_2}^{r_1} \sigma_t \, df$$

ausgewertet ist.

Dies ist aber nicht einfach, weil die Stauchbeanspruchung des Ziehblechs nicht einfach ist, da sie nicht nur in der Ebene der Fläche liegt, sondern

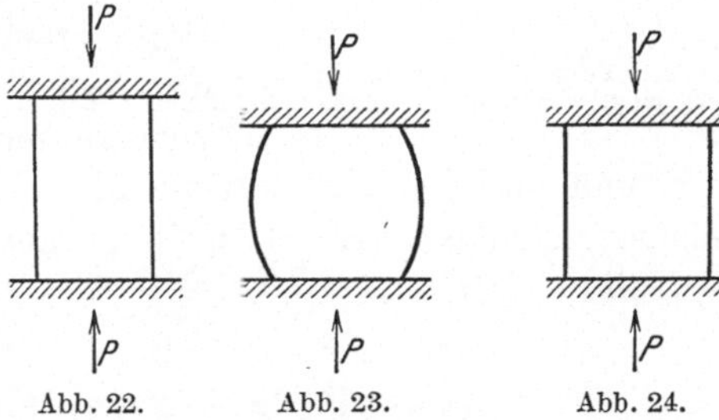

Abb. 22.　　　Abb. 23.　　　Abb. 24.

Abb. 22 bis 24. Druckbeanspruchung eines Zylinders.

ebenso gut senkrecht dazu. Betrachtet man den Stauchversuch eines Stabs, beispielsweise von zylindrischem Querschnitt, Abb. 22, dann ist zu sehen, daß er mit fortschreitender Druckbeanspruchung immer mehr die Tonnenform der Abb. 23 annimmt. Diese Form wird aber nur verursacht durch die Reibung der Druckflächen auf den Endflächen des Stabs. Je mehr man diese verringert, desto mehr verschwindet die Tonnenform und geht in die zylindrische der Abb. 24 über, die man rein erhält, wenn die Druckflächenreibung Null geworden ist.

Beim Ziehvorgang ist aber infolge des Drucks des Niederhalters starke Reibung neben der Stauchwirkung vorhanden, was sehr zur Verwicklung der Beanspruchung beiträgt. Sommer vergleicht daher, im Bewußtsein, daß eine grobe Annäherung zu erreichen ist, den verwickelten mehrachsigen Spannungszustand mit einem einfachen Druckversuch auf einer Festigkeitsmaschine und verweist zur Rechtfertigung dabei auf Vergleiche, die Ludwik zwischen dem Zug- und Druckversuch einerseits und dem Kaltwalzen und Drahtziehen andererseits gezogen hat, die eine annähernde Übereinstimmung ergeben haben.

Der Wert für σ_t in Gl. (4) kann nach diesen Annahmen aus demselben Spannungsdiagramm des Werkstoffs genommen werden, aus dem man oben die Zugfestigkeit nahm. Da es sich aber hier nicht um Maximalspannungen handelt, muß man die Werkstoffdehnung bzw., was dasselbe ist, die Werkstoffstauchung kennen.

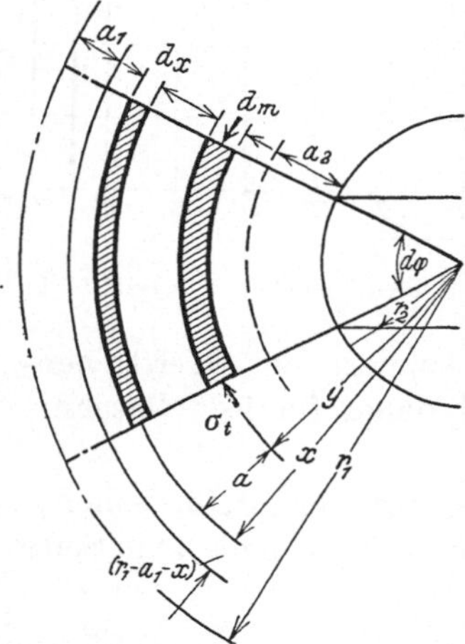

Abb. 25. Verwendung eines Scheibenrings während des Zugs.

Betrachtet man, um von dieser ein Bild zu gewinnen, die Veränderungen, denen ein beliebiger schmaler Ring vom mittleren Halbmesser x und der Breite dx bei einer Verschiebung des äußeren Scheibenrandes um die Strecke a_1 nach innen unterworfen ist, mit Hilfe der Abb. 25, so findet man, daß er um die Strecke a nach innen gewandert ist, der mittlere Halbmesser von x auf $(x-a)$ abgenommen, aber seine Breite von dx auf dm zugenommen hat.

Nimmt man an, daß sich die Blechdicke nicht ändert, so muß bei Volumengleichheit der beiden Ringe auch Flächengleichheit bestehen, also sein:

$$x^2 - (x-a)^2 = r_1^2 - (r_1 - a_1)^2\,,$$
$$(x-a)^2 = x^2 - 2\,r_1\,a_1 + a_1^2\,,$$
$$x - a = \sqrt{x^2 - 2\,r_1\,a_1 + a_1^2}\,,$$
$$a = x - \sqrt{x^2 - 2\,r_1\,a_1 + a_1^2}\,,$$

und ähnlich

$$a_2 = \sqrt{r_2^2 + 2\,r_1\,a_1 - a_1^2} - r_2\,.$$

Außerdem ist nach Abb. 25

$$df = s \cdot dm\,,$$
$$dm = \frac{x}{x-a}\,dx\,,$$
$$df = s\,\frac{x}{x-a}\,dx\,,$$

womit aus Gl. (4) wird

$$S = \int\limits_{r_2 + a_2}^{r_1} \sigma_t\, s\, \frac{x}{x - a}\, dx,$$

$$S = \int\limits_{r_2 + a_2}^{r_1} \sigma_t \cdot s\, \frac{x}{\sqrt{x^2 - 2\, r_1\, a_1 + a_1^2}}\, dx. \tag{13}$$

Die σ_t bestimmende Stauchung des Flächenstreifens, der sich um a nach innen geschoben hat, ist, da der Zentriwinkel $d\varphi$ erhalten bleibt,

$$\varepsilon_t = \frac{x \cdot d\varphi - (x - a)\, d\varphi}{x\, d\varphi} = \frac{a}{x},$$

oder mit dem Wert für a

$$\varepsilon_t = \frac{x - \sqrt{x^2 - 2\, r_1\, a_1 + a_1^2}}{x} = 1 - \frac{\sqrt{x^2 - 2\, r_1\, a_1 + a_1^2}}{x}. \tag{14}$$

Zur Auswertung des Integrals sind für die verschiedensten Verschiebungen a_1 die Werte ε_t zu ermitteln und für jedes ε_t die zugehörigen σ_t aus dem effektiven Zerreißdiagramm zu entnehmen. Außerdem ist für jedes a_1 der Wert des Integrals für S zu bestimmen, der begrenzt ist durch die Abszissen r_1 und $r_2 + a_2$. Der Inhalt des Flächenstücks ist dann ein Maß der gesuchten Stauchkraft. Die Kurve, die die einzelnen, der Stauchkraft S entsprechenden Punkte verbindet, hat ein Maximum. Die mit ihm zu ermittelnde Ziehkraft darf die Festigkeit des Werkstoffs nicht übersteigen.

Um die einzelnen Stufen der Rechnung zu zeigen und dadurch das Vorgehen besser zu erklären, wird im folgenden das von Sommer vorgeführte Beispiel wiedergegeben.

Für die Durchführung einer Berechnung sind bekannt: der Durchmesser der fertigen Form $d = 2r$ (Lochdurchmesser), der Werkstoff und die Blechdicke s. Zu ermitteln ist die größte Ziehtiefe, die bei den gegebenen Werten im Anschlag zu erreichen ist. Bekannt müssen nach den obigen Ausführungen zu dieser Rechnung sein:

1. Das effektive Zerreißdiagramm des betreffenden Werkstoffs, und zwar des Normalzugstabes,

2. die aufzuwendende Halterkraft H für die betreffende Ziehpresse und den betreffenden Werkstoff als Funktion des Lochdurchmessers,

3. die Reibungszahl μ für die betreffende Ziehpresse und den betreffenden Werkstoff.

Es seien nun gegeben:

Lochdurchmesser: $d = 2r = 100$ mm,

Werkstoff: geglühtes Kupfer,

Blechdicke: $s = 0{,}5$ mm.

Zahlentafel 1.

$$a_2 = \sqrt{r_2^2 + 2\,r_1 a_1 - a_1^2} - r_2. \qquad r_1 = 100 \text{ mm}, \quad r_2 = 50 \text{ mm}.$$

1	2	3	4	5	6	7
a_1	a_1^2	$2\,r_1 a_1$	$r_2^2 + 2\,r_1 a_1$	$r_2^2 + 2\,r_1 a_1 - a_1^2$	$\sqrt{r_2^2 + 2\,r_1 a_1 - a_1^2}$	a_2
1	1	200	2700	2699	52,0	2,0
5	25	1000	3500	3475	59,0	9,0
10	100	2000	4500	4400	66,4	16,4
15	225	3000	5500	5275	72,7	22,7
20	400	4000	6500	6100	78,2	28,2
30	900	6000	8500	7600	87,2	37,2
40	1600	8000	10500	8900	94,4	44,4
50	2500	10000	12500	10000	100,0	50,0

Zahlen-

$$S = \int\limits_{r_2 + a_2}^{r_1} \sigma_t \cdot s \frac{x}{\sqrt{x^2 - 2\,r_1 a_1 + a_1^2}}\, dx$$

1	2	3	4	5	6
a_1	x	x^2	$x^2 - 2\,r_1 a_1 + a_1^2$	$\sqrt{x^2 - 2\,r_1 a_1 + a_1^2}$	$\dfrac{x}{\sqrt{x^2 - 2\,r_1 a_2 + a_1^2}}$
mm	mm	mm²	mm²	mm	
1	100	10000	9801	99,0	1,010
	90	8100	7901	89,0	1,012
	80	6400	6201	78,8	1,015
	70	4900	4701	68,6	1,020
	60	3600	3401	58,3	1,028
	52	2699	2500	50,0	1,040
5	100	10000	9025	95,0	1,053
	90	8100	7125	84,4	1,066
	80	6400	5425	73,6	1,086
	70	4900	3925	62,7	1,116
	59	3475	2500	50,0	1,181
10	100	10000	8100	90,0	1,111
	90	8100	6200	78,8	1,142
	80	6400	4500	67,1	1,191
	70	4900	3000	54,8	1,278
	66,4	4400	2500	50,5	1,327
15	100	10000	7225	85,0	1,176
	90	8100	5325	73,0	1,233
	80	6400	3625	60,2	1,329
	72,7	5275	2500	50,0	1,454
20	100	10000	6400	80,0	1,250
	90	8100	4500	67,1	1,340
	78,2	6100	2500	50,0	1,564
30	100	10000	4900	70,0	1,428
	87,2	7600	2500	50,0	1,744
40	100	10000	3600	60,0	1,667
	94,4	8900	2500	50,0	1,889

Dann ist gesucht:

größtmögliche Ziehtiefe oder, was dem entspricht — wie am Schluß gezeigt wird —, größtmöglicher Außendurchmesser der Blechscheibe.

Die erforderlichen Grundlagen sind:

effektives Zerreißdiagramm für geglühtes Kupfer (Abb. 21).

Halterkraft nach den Versuchen Sommers $H = 1000$ kg.

Reibungszahl (für geschmierte Flächen) $\mu = 0,15$.

Zur Berechnung der Stauchkraft S nach der Gleichung:

$$S = \int_{r_2 + a_2}^{r_1} \sigma_t\, s\, \frac{x}{\sqrt{x^2 - 2\,r_1\,a_1 + a_1^2}}\, dx$$

tafel 2.

$$\varepsilon_t = 1 - \frac{\sqrt{x^2 - 2\,r_1\,a_1 + a_1^2}}{x}$$

7	8	9	10	11
$\dfrac{\sqrt{x^2 - 2\,r_1\,a_1 + a_1^2}}{x}$	ε_t	σ_t kg/mm²	$\sigma_t = \dfrac{x}{\sqrt{x^2 - 2\,r_1\,a_1 + a_1^2}}$ kg/mm²	$\dfrac{S}{s}$ kg/mm
0,990	0,009	6,0	6,06	
0,989	0,011	6,0	6,08	
0,986	0,014	7,0	7,11	Fläche A
0,981	0,019	8,5	8,67	auf Abb. 26
0,973	0,027	9,5	9,78	375
0,962	0,038	10,5	10,92	
0,950	0,050	13,0	13,70	
0,938	0,062	14,5	14,46	
0,921	0,079	16,0	17,38	Fläche B
0,896	0,104	18,3	20,42	734
0,847	0,153	21,5	25,40	
0,900	0,100	18,0	20,00	
0,876	0,124	20,0	22,85	
0,840	0,160	22,0	26,32	Fläche C
0,783	0,217	24,5	31,31	868
0,754	0,246	25,6	34,00	
0,8501	0,150	22,5	26,48	
0,812	0,188	23,5	29,00	Fläche D
0,753	0,247	25,7	34,10	862
0,688	0,312	27,5	40,00	
0,800	0,200	24,0	30,00	Fläche E
0,746	0,254	26,0	34,90	800
0,640	0,360	28,5	44,60	
0,700	0,300	27,5	39,30	Fläche F
0,574	0,426	29,6	51,60	575
0,600	0,400	29,0	48,40	Fläche G
0,530	0,470	30,5	58,00	293

ist ein Außendurchmesser D der Blechscheibe nach der Erfahrung anzunehmen und hiermit die Rechnung durchzuführen. Es wird angenommen:

$$D = 2\,r_1 = 200\,\text{mm}\,.$$

Zur Lösung des Integrals, d. h. zur Aufstellung der Integralkurve für S werden die Randverschiebungen

$$a_1 = 1,\ 5,\ 10,\ 15,\ 20,\ 30,\ 40,\ 50\,\text{mm}$$

zugrunde gelegt. Zur Bestimmung der unteren Grenze des Integrals muß a_2 für die Randverschiebungen a_1 errechnet werden, was in Zahlentafel 1 ausgeführt ist.

Spalte 6 in Zahlentafel 1 gibt die untere Grenze des Integrals für jede Randverschiebung a_1 (Spalte 1, Zahlentafel 1) an. Die obere Grenze ist stets $r_1 = 100\,\text{mm}$.

Nun wird in Zahlentafel 2 und der dazugehörigen Abb. 26 für jede Randverschiebung a_1 das Integral für S graphisch gelöst. Dabei werden die einzelnen Werte tabellarisch mit dem Rechenschieber, dessen Genauigkeit für die annäherungsweise Rechnung ausreichend ist, bestimmt.

In Spalte 8 der Zahlentafel 2 ist die tangentiale Stauchung errechnet. Aus dem effektiven Zerreißdiagramm (Abb. 21) ist für

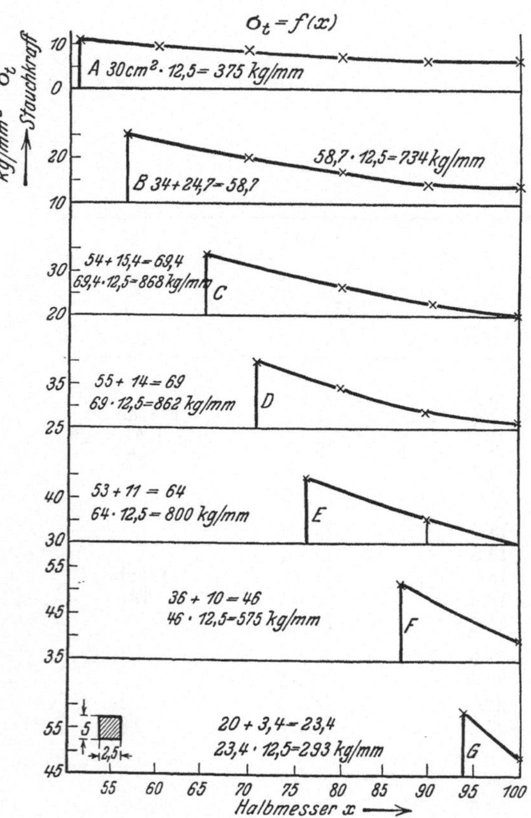

Abb. 26. Stauchkräfte bei verschiedener Randverschiebung.

jedes ε_t die dazugehörige Spannung entnommen und in Spalte 9 eingetragen. Dann ist der Wert des Integrals, der in Spalte 10 errechnet ist, als Funktion von x in Abb. 26 aufgetragen und die Fläche unter der durch die aufgetragenen Punkte gelegten Kurve innerhalb der Grenzen des Integrals ausgemessen. Der Flächeninhalt ist gleich dem Wert $\dfrac{S}{s}$ für die betreffende Randverschiebung a_1.

Sind auf diese Weise für die Randverschiebungen a_1 die Werte $\dfrac{S}{s}$ bestimmt, so trägt man sie in einem Diagramm als Funktion von a_1 (Abb. 27) auf, um das Maximum zu interpolieren. Es liegt in unserem Beispiel zwischen $a_1 = 10$ und $a_1 = 15$ und beträgt:

$$\frac{S}{s} = 880 \ \text{kg/mm} \,.$$

Hat man diesen Wert errechnet, so ist die Ziehkraft aus Gl. (9) einfach, wie folgt, auszurechnen:

$$P = 2\, e^{\mu \frac{\pi}{2}} (\mu H + \pi S) = 2 \cdot 1{,}265 \,(0{,}15 \cdot 1000 + 3{,}14 \cdot 440)$$

$$= 2{,}53 \,(150 + 1380) \,,$$

$$P = 3880 \ \text{kg} \,,$$

da $H = 1000 \ \text{kg}$; $\quad \dfrac{S}{s} = 880 \ \text{kg}$; $\ s = 0{,}5 \ \text{mm}$; $\ S = 440 \ \text{kg}$; $\ \mu = 0{,}15$,

und $\quad e^{\mu \frac{\pi}{2}} = e^{0{,}15 \cdot 1{,}57} = e^{0{,}2355} = \sin \varphi + \cos \varphi = 1{,}2647$.

Der Querschnitt, der durch diese Kraft auf Zug beansprucht wird, ist sehr angenähert $\pi \cdot d \cdot s$ (s. Abb. 3). Daraus ergibt sich die größte bei der errechneten Ziehkraft im Blech auftretende Zugspannung zu

$$\sigma_{\max} = \frac{P}{\pi\, d\, s} = \frac{3880}{3{,}14 \cdot 100 \cdot 0{,}5} = 24{,}70 \ \text{kg/mm}^2 \,. \tag{15}$$

Diese Zugspannung ist größer als die Zerreißfestigkeit des geglühten Kupfers, die 21 bis 23 kg/mm² beträgt, d. h. also der gewählte Außendurchmesser der Blechscheibe $D = 200$ mm ist zu groß; das Blech würde reißen.

Die Rechnung muß daher mit einem kleineren Außendurchmesser wiederholt werden, bis der errechnete Wert unter der Zerreißfestigkeit des Werkstoffs liegt. Das ist jedoch nicht für sämtliche Werte der Randverschiebung a_1 erforderlich, sondern, wie ein Blick auf Abb. 27 zeigt, nur für Werte, zwischen denen das Maximum der Stauchkraft S liegt. In unserem Beispiel $a_1 = 10$ und $a_1 = 15$ mm.

Da die gefundene Höchstspannung nur wenig über der Zerreißfestigkeit liegt, so braucht der Außendurchmesser D nur um etwas verkleinert werden.

Es werde deshalb angenommen: $D = 2r_1 = 190$ mm.

Es ist also ratsam, in unserem Beispiel den Außendurchmesser noch kleiner zu wählen.

Wie groß die hierbei errëichte Ziehtiefe wird, ist nicht von Belang, da hier nur gezeigt werden sollte, wie es möglich ist, die größte bei einem Ziehgang erreichbare Abstufung im voraus zu errechnen.

Bei der Berechnung der Stauchkräfte, abhängig von der Randverschiebung, ist Sommer einer Täuschung zum Opfer gefallen. Er nimmt nämlich an, daß bei einer Randverschiebung von a_1, erst von dem Halbmesser $(r_2 + a_2)$ ab, also dem, der nach der Randverschiebung a_1 gerade in den Halbmesser r_2 übergegangen ist, Stauchung eintritt, und kommt so zu dem verblüffenden Ergebnis, daß die Stauchkraft bei einer großen Randverschiebung kleiner ist als bei einer kleinen Randverschiebung. Die Stauchkräfte wirken aber schon vom Radius r_2 ab, also von da ab, wo eine Durchmesserverringerung eintreten muß. Sie sind bei r_2 noch 0 und wachsen mit der Umfangverringerung ε_t

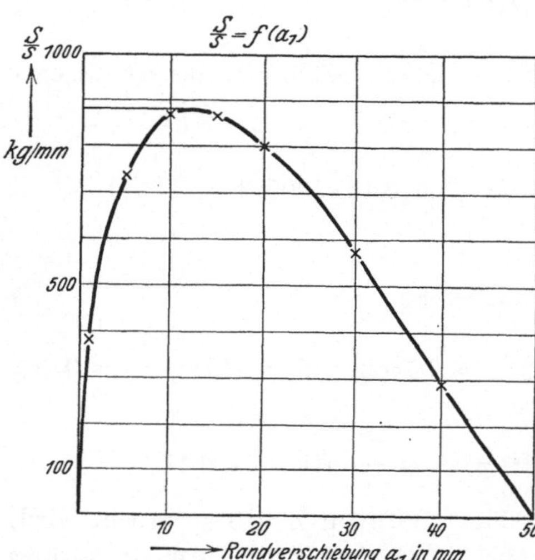

Abb. 27. Stauchkraftänderung während des Zugs.

entsprechend dem effektiven Spannungsdiagramm. Es dürfte daher wohl richtiger sein, die Stauchkraft als Mittelwert der Einzelkräfte aufzufassen, d. h. als Breite des Rechtecks, das der Fläche des effektiven Spannungsdiagramms von 0 bis zur Begrenzung durch die maximale Stauchung

$$\varepsilon_t = \frac{r_1 - r_2}{r_1} = 1 - \frac{r_2}{r_1},$$

mit
$$r_2 = 0,5\,r_1,$$
$$\varepsilon_t = 0,5$$

gleich ist.

Diese Stauchung führt schon in den Bereich der kritischen Dehnung, ein Zeichen dafür, daß man an die Grenze der Ziehmöglichkeit gelangt. Sucht man nach dem Mittelwert, so erhält man für die Stauchspannung σ

$$\sigma = 22 \, \text{kg/mm}^2,$$

$$\frac{S}{s} = 22 \cdot 50 = 1100 \, \text{kg/mm},$$

$$S = 0,5 \cdot 1100 \, \text{kg},$$

$$S = 550 \, \text{kg}.$$

Damit wird

$$P = 4500\,\text{kg}\,,$$

$$\sigma_{\max} = \frac{2{,}6 \cdot 550}{100 \cdot 0{,}5} = 28{,}6\,, \qquad D = 2\,d\,.$$

Nach dem effektiven Zerreißdiagramm für geglühtes Kupfer ist

$$\sigma_{\max} = 28\,\text{kg/mm}^2\,.$$

Der Zug müßte also an der Grenze des Möglichen sein.

Warum Sommer für geglühtes Kupfer eine andere Zerreißfestigkeit angenommen hat als aus dem von ihm selber angeführten Diagramm Abb. 21 zu entnehmen ist, ist nicht angegeben. Nach diesem Diagramm ist aber zweifelsohne die Zerreißfestigkeit 28 kg/mm², da von dieser Größe an die Spannungen linear mit den Dehnungen wachsen, was nach Ludwik im effektiven Spannungsdiagramm das Kriterium für die Zerreißfestigkeit ist.

Ruhrmann stellt (Bördeln und Ziehen in der Blechbearbeitungstechnik) ebenfalls Gleichungen für die Ziehkraft P auf, die mit den Bezeichnungen von Sommer folgende Form haben, wobei ebenfalls nur der Anschlag berücksichtigt wird

$$P = Z\,e^{\mu a}\,.$$

Hierbei wird Z bestimmt durch die Stauchkraft S und die Halterkraft H, so daß

$$Z = 2\,\pi\,S + 2\,\mu\,H\,,$$

$$Z = 2\,(\pi\,S + \mu\,H)\,,$$

$$P = 2\,(\pi\,S + \mu\,H)\,e^{\mu a} \qquad \text{und für } \alpha = \frac{\pi}{2}\,,$$

$$P = 2\,(\mu\,H + \pi\,S)\,e^{\mu \frac{\pi}{2}}\,. \tag{10}$$

Die Gleichung stimmt genau mit der von Sommer überein, aber im Weitergehen trennen sich die Wege. Während Sommer die Reibungszahl, die Halterkraft und die Stauchkraft zu ermitteln sucht, nimmt Ruhrmann die Reibungszahl $\mu = 0{,}128$ nach früher von Musiol angegebenen Werten an, bestimmt die Stauchkraft durch die Gleichung:

$$S = \frac{(D - d)}{2} \cdot s \cdot K\,,$$

deren Aufstellung nicht ohne Einwand bleiben kann, und durch willkürliche Annahme der Größe der Stauchfestigkeit K im Verhältnis zur Zugfestigkeit K_z mit $K = 0{,}5\,K_z$ und setzt schließlich ohne Begründung die Reibungskraft H der Stauchkraft S gleich, sodaß für die Ziehkraft die ganz einfache Gleichung gefunden wird:

$$P = 2{,}5 \cdot (D - d) \cdot \pi \cdot s \cdot K\,, \tag{16}$$

oder
$$P = 1{,}25\,(D - d)\,\pi \cdot s \cdot K_z. \tag{17}$$

Ruhrmann spricht nicht aus, was er mit seiner Ziehkraftformel will. Offenbar ist es ihm in der Hauptsache darum zu tun, Unterlagen für die Maschinenkonstruktion zu schaffen, wofür die Festigkeit des Gefäßquerschnitts eigentlich genügen dürfte. Interessant ist es aber, mit Ruhrmanns Annahme auch, wie Sommer es tut, die größte zulässige Abstufung zu ermitteln. Bei ihr darf die Zugkraft P die Zugfestigkeit P_z der Wand des gezogenen Zylinders nicht überschreiten, so daß sein muß:
$$P \leqq P_z.$$
Mit
$$P = 1{,}25\,(D - d)\,\pi \cdot s \cdot K_z$$
und
$$P_z = \pi \cdot d \cdot s \cdot K_z$$
wird
$$1{,}25\,(D - d) = d\,,$$
$$D = \frac{2{,}25\,d}{1{,}25} = 1{,}8\,d \tag{18}$$
oder
$$d = 0{,}55\,D\,, \tag{19}$$

wonach die Stufung unabhängig von Festigkeit und Blechdicke und allein abhängig vom Scheibendurchmesser wäre.

Wenn auch Ruhrmanns Annahmen, weil nicht oder nur dürftig begründet, recht roh gewählt sind, so ist doch ohne Zweifel der Gedanke richtig, daß die Halterkraft in einem Zusammenhang mit der Stauchkraft steht, denn es ist beim Ziehvorgang nicht so, daß der Niederhalter von vornherein mit einer gewissen Kraft H auf den Flansch des Ziehblechs drückt, sondern es genügt, wenn er vor dem Zug die Scheibe gerade, ohne Druck, berührt und während des Ziehvorgangs ganz starr gehalten wird, so daß er nicht im geringsten nachgeben kann. Der Niederhalterdruck, der in diesem Fall während des Ziehvorganges herrscht, ist nichts anderes als die Komponente der Stauchkraft, die während des Fließzustandes eine Verdickung des Blechs hervorrufen würde. Mit andern Worten, man hat es bei der Blechbeanspruchung durch den Zug nicht mit einem ebenen, sondern mit einem räumlichen, dreiachsigen Spannungszustand zu tun. Dabei müßte, wenn während des Fließzustandes des Metalls dieselben Gesetze gelten würden wie für Flüssigkeiten, die Drücke nach allen Richtungen die gleichen, die Halterkraft = der Stauchkraft, also
$$H = \pi\,S$$
sein.

Damit wird aus Gl. (10)

$$P = 2\,(\mu\,\pi\,S + \pi\,S)\,e^{\mu\frac{\pi}{2}} = 2\,\pi\,S\,(\mu + 1)\,e^{\mu\frac{\pi}{2}}$$

und mit $\quad S = \left(\dfrac{D-d}{2}\right) \cdot s \cdot k,$

$$P = \pi\,(D-d) \cdot s \cdot K\,(\mu+1)\,e^{\mu\frac{\pi}{2}} \cdot$$
$$P = 1{,}25\,\pi\,(D-d)\,(\mu+1) \cdot s \cdot K.$$

Es besteht kein Grund, mit der Beanspruchung auf der Hälfte der Festigkeitsgrenze zu bleiben; nimmt man daher

$$K = 0{,}8 \cdot K_z, \quad \text{so wird mit } \pi = 0{,}128$$
$$P = 1{,}12 \cdot \pi\,(D-d)\,s \cdot K_z. \tag{20}$$

Andererseits muß sein:

$$P = \pi \cdot d \cdot s \cdot K_z,$$

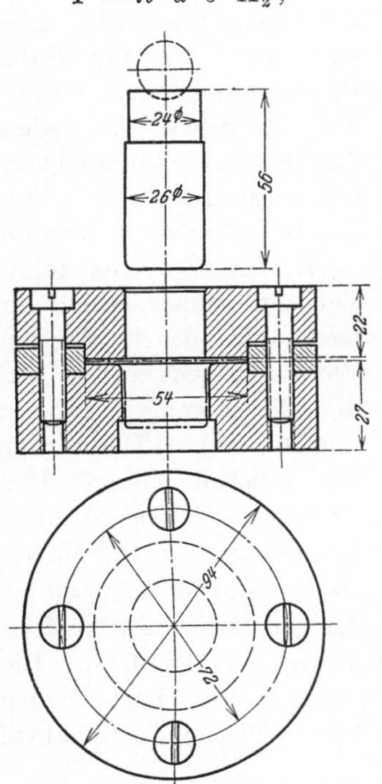

Abb. 28. Versuchsziehwerkzeug für eine Brinellpresse.

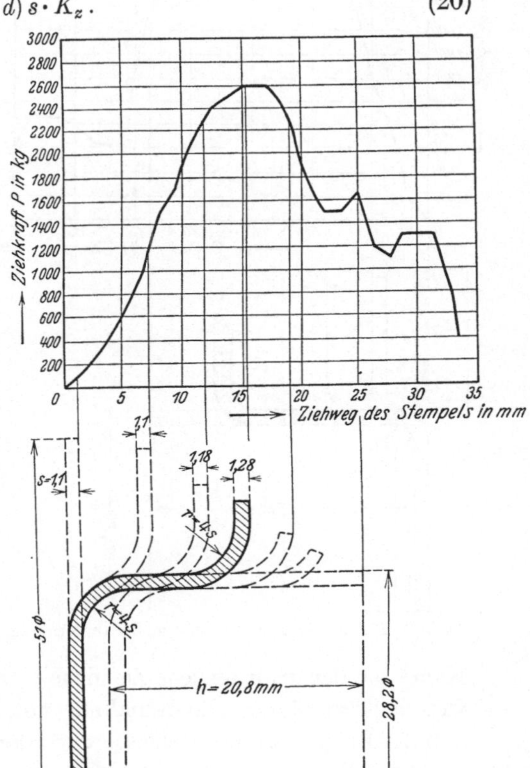

Abb. 29. Ziehdruckänderung während der Umformung.

so daß auch bei gleichzeitiger Vereinfachung:

$$d = 1{,}12\,(D-d),$$
$$d = \frac{1{,}12}{2{,}12}\,D,$$
$$\boldsymbol{d = 0{,}53\,D.} \tag{21}$$

10. Ziehkraftdiagramme.

Wie unzuverlässig die vorausgegangenen Betrachtungen und Rechnungen sind, wird grell beleuchtet, wenn man versucht, sie auf praktische Fälle anzuwenden und mit auf einer Brinellpresse gewonnenen Versuchswerten zu vergleichen. Als Werkzeug diente nach Abb. 28 ein einfacher Ziehring mit der Bohrung, die den Gefäßdurchmesser bestimmte und einer aufgeschraubten Scheibe als Niederhalter. Zum Arbeiten wurde eine Blechscheibe auf den Ziehring gelegt, dann der Niederhalter darauf geschraubt, so daß sie mit ihrer Bodenfläche den Blechflansch bis zum Ziehstempel bedeckte. Dieser war mit der Spindel der Presse verbunden. So konnte der Ziehdruck in jedem Augenblick des Stempelwegs abgelesen und in einem Diagramm festgehalten werden.

Bei den Versuchen zeigte sich eine starke Abhängigkeit des Ziehdrucks von den Werkzeugeigenschaften und der Einspannung. Abb. 29 und 30 sind zwei Diagramme für gleichen Niederhalterdruck, aber für verschiedene Rundungen der Ziehringkanten und der Ziehstempelkanten. Bei der schärferen

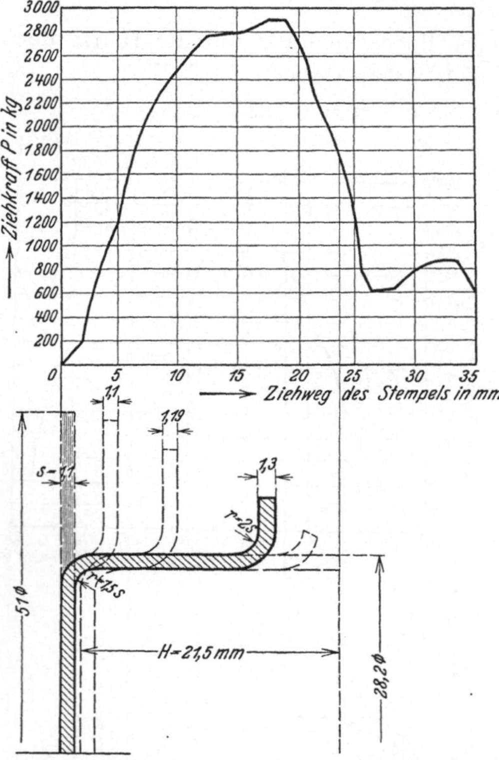

Abb. 30. Ziehdruckänderung während der Umformung.

Kante ist der erforderliche Ziehdruck um 300 kg = 11,0% höher. Dies widerlegt zunächst die Annahme von Sommer und Ruhrmann, daß die Biegekraft vernachlässigt werden darf. Will man die Ziehkraft nach der Formel

$$P = 1{,}25\,(\mu + 1) \cdot \pi \cdot (D - d) \cdot s \cdot K$$

errechnen, so steht man nun vor der Frage, welche Größen man für μ und K einsetzen will. Nimmt man mit Ruhrmann:

$$K = 0{,}5\,K_z \quad \text{und} \quad \mu = 0{,}128\,,$$

dann wird

$$P = 0{,}7\,\pi\,(D - d) \cdot s \cdot K_z\,.$$

Mit $K_z = 31$ kg/mm² errechnet sich P für den Fall der Abb. 29 und 30

$$D = 51, \qquad d = 28, \qquad s = 1,1$$

zu
$$P = 1720\ \text{kg}.$$

Wollte man die Rechnung in Übereinstimmung mit den Versuchen bringen, so müßte $K = 0,775$ bis $0,8\ K_z$ gewählt werden, und zwar die größeren Werte für die schärferen Rundungen. Dann ergäbe sich für die stumpfere Rundung durch die Rechnung:

$$P = 2590\ \text{kg} \quad \text{gegenüber } 2600\ \text{kg} \quad \text{beim Versuch}$$

und $\quad P = 2860\ \text{kg} \qquad \text{,,} \qquad 2850\ \text{kg} \quad \text{,,} \qquad \text{,,} \qquad$ für die schärfere.

Das sind Spekulationen, die im Einzelfall sehr erfreulich sein können, aber in einer Versuchsanstalt wissenschaftlich geprüft und für die verschiedensten möglichen Fälle angewendet werden müssen, so daß sie eine weitgehende Allgemeingültigkeit haben, bevor sie der Praxis zur Verwendung empfohlen werden können. Wenn es so weit kommen sollte, dann müssen dem Verbraucher alle Festigkeitseigenschaften bekannt gegeben werden, die er zur Handhabung der Formeln braucht, und zwar Festigkeitswerte, die denen des verwendeten Blechs entsprechen und nicht an einem Probestab ermittelt sind, der einer ganz anderen Bearbeitung unterworfen war.

Heute führt die Erfahrung, die man selber gemacht hat, in Verbindung mit der Sammlung der Erfahrungen, die in vielen Jahren in verschiedensten Werkstätten gemacht worden sind, am sichersten und schnellsten zum Erfolg. Der ist aber für die Wirtschaft ausschlaggebend und soll deshalb für die weiteren Ausführungen Richtung weisend sein.

III. Auswahl und Prüfung des Ziehblechs.
11. Grundlagen der Auswahl.

Wenn im Betrieb eine Ziehaufgabe gelöst wird, dann gilt die erste Frage der Art des zu verwendenden Blechs. Dieses ist zwar weitgehend bestimmt durch den Verwendungszweck des zu erstellenden Werkstücks, sei es nun:

1. durch den Wert, den es bekommen soll, wie bei Schmuckstücken oder Tafelgeräten;

2. durch die Korrosionsbeständigkeit, wie sie bei chemischen und medizinischen Geräten, Töpfen, Tiegeln und so weiter gefordert wird;

3. durch die Wärmeleitfähigkeit und Wärmebeständigkeit, die bei Kochgeräten wichtig ist;

4. durch das Gewicht, das im Fahrzeug- und Luftschiffbau ausschlaggebend sein kann,

5. durch den Abnützungswiderstand, der bei hauswirtschaftlichen Geräten und Transportmitteln, wie Wannen, Eimer, Tröge, Dosen und dgl., beachtet werden muß,

aber doch nicht so eindeutig, daß nicht immer verschiedene Werkstoffe zur Auswahl übrig blieben. Unter diesen ist dann weiter auszulesen nach den Eigenschaften, die die Fertigung bestimmen:

6. die Ziehfähigkeit, gekennzeichnet durch die Größe der zulässigen Formänderung,

7. die Leichtigkeit der Bearbeitung und Veredlung durch Drehen, Beizen, Schleifen, Polieren, Galvanisieren und Lackieren,

8. die Eignung für mechanische Verbindungen, wie Schweißen, Löten, Nieten.

Zuletzt spielt auch noch die Höhe der zu erwartenden Produktion eine Rolle.

Es sind also eine Menge von Überlegungen anzustellen, um ein für einen bestimmten Zweck geeignetes Werkstück mit möglichst kleinem Aufwand zu erzeugen. Diese Überlegungen sind nur möglich bei genauer Kenntnis der allgemeinen, der physikalischen und technologischen Eigenschaften der Werkstoffe. In der Literatur und von der Wissenschaft wurde den in Frage kommenden Eigenschaften trotz ihrer Bedeutung für die Praxis bis vor kurzem nicht die Beachtung geschenkt, die sie beanspruchen dürfen, weder hinsichtlich ihrer handelsüblichen Formen im allgemeinen, noch im Zusammenhang mit dem Ziehen im besonderen.

Dies war ein Mangel, der in der Praxis von jedem, der nicht eine jahrelange Erfahrung besaß, um so schwerer empfunden werden mußte, als die großen Erfolge der Ziehtechnik bei ihrem Eindringen in immer neue und größere Anwendungsgebiete, man denke an den Möbel-, Karosserie- und Wagenbau, in erster Linie der Verbesserung der Ziehfähigkeit der Werkstoffe zu danken sind. Die Erkenntnis des Mangels hat sicherlich viel dazu beigetragen, daß der Normenausschuß des Vereins deutscher Ingenieure sich mit anderen Stellen die Aufgabe gesetzt hat, die handelsüblichen Werkstoffeigenschaften mit Rücksicht auf die Verbraucher festzulegen, zu normalisieren. Die bisher geleistete Arbeit ist in verschiedenen Normblättern veröffentlicht und hat für die behandelten Werkstoffe erfreuliche Klärung geschaffen. Wichtige Unterlagen sind auch in den Werkstoffhandbüchern zu finden, von denen das für Nichteisenmetalle von der Deutschen Gesellschaft für Metallkunde durch den Beuthverlag in Berlin, das für Stahl und Eisen vom Verein deutscher Eisenhütteleute durch den Verlag Stahleisen m. b. H. in Düsseldorf herausgegeben wurde. Diese Bücher geben Auskunft über Werkstofferzeugung, Prüfung und Verarbeitung und stellen alles für den Betriebsmann Wissenswerte in knappster Form zusammen. In unserem Fall erscheint es dienlich, die für die Ziehtechnik geeigneten Bleche zusammenzustellen und deren wesentliche physikalische und mechanische Merkmale herauszuheben. Soweit die Größen zu erfahren waren, zeigen sie die Zahlentafeln 3 bis 7. Die Metalle sind ihrem Marktwert nach geordnet in 5 Gruppen:

1. Die Edelmetalle mit Platin, Gold und Silber.

2. Nickel und seine Legierungen mit Monelmetall, Neusilber und Nickeleisen.

3. Kupfer, Zink und Legierungen mit Messing und Walzbronze.

4. Leichtmetalle mit Aluminium, Aluminium- und Magnesium-Legierungen.

5. Stahl und Eisen verschiedenen Kohlenstoffgehalts und verschiedener Herstellung vom gewöhnlichen Falzblech bis zum rostfreien Stahlblech.

12. Die Edelmetalle.
(Hierzu Zahlentafel 3.)

Der Menge nach spielen die Edelmetalle beim Verbrauch eine geringe Rolle, Platin darf sogar unberücksichtigt bleiben, aber dem Wert nach müssen sie beachtet werden. Diesen kennzeichnet am besten der Wert der Produktion der Edelmetalle und Schmuckwarenindustrie, die vor dem Krieg mit 80000 Arbeitern eine Höhe von 270 Millionen Mark erreichte. Die Silbergewinnung in Deutschlands Bergwerken reicht bei weitem nicht aus, den Bedarf zu decken, und so muß ein großer Teil des Silbers neben allem Gold, das verarbeitet wird, aus dem Ausland eingeführt werden. Mit Rücksicht darauf und ganz besonders wegen des hohen Werkstoffwerts, der den Hauptanteil an den Gestehungskosten der Erzeugnisse ausmacht, ist die größte Sparsamkeit beim Verbrauch notwendig. Diese erfordert nicht nur eine sparsame Lagerhaltung und pünktliche Buchung von Werkstoffzugang und -abgang, sondern auch die Abschließung der Edelmetallwerkstätten von den übrigen, als Vorbedingung zu einer genauen Überwachung der Gewichtserhaltung der in Arbeit gegebenen Werkstoffmenge bis zu den fertigen Werkstücken derart, daß, wenn G das in Arbeit gegebene Blechgewicht, G_F das Gewicht des Fertigstücks, G_A das Gewicht des Abfalls ist, sein muß:

$$G = \sum (G_F + G_A).$$

(22)

Die Überprüfung erfolgt am besten nach jedem Arbeitsgang, der mit einem Arbeiterwechsel in der Bearbeitung verbunden ist, damit die Verantwortlichkeit ganz eindeutig ist und bei vorkommendem Fehler der Schuldige sofort gefunden und zur Ersatzleistung herangezogen werden kann. Mit dieser Überwachung ist die letzte Möglichkeit der

Zahlentafel 3.

				Platin
I. Physikal. Eigenschaften	1.	Spez. Gewicht in g/cm³		21,4
	2.	Schmelztemperatur ⁰C		1771
	3.	Wärmeleitfähigkeit $\dfrac{\text{cal}}{\text{cm}\cdot\text{sek}\cdot\text{Grad}}$		—
	3a.	Ausdehnungskoeffizient		—
II. Mechanische Eigenschaften		Brinellhärte in kg/mm²		5/500/90
	4.	do., geglüht		50
	5.	do., hartgewalzt		90
	6.	Zugfestigkeit kg/mm², geglüht		20
	7.	do., hartgewalzt		37
	8.	Dehnung in %, geglüht		45
	9.	do., hartgewalzt		3
	10.	Kritischer Verformungsgrad in %		—
	11.	Glühtemperatur dazu		1100
	12.	Glühtemperatur normal		blankglühen wegen Verlust
III. Technologische Eigenschaften	13.	Tiefzieheignung allgemein		Sehr gut
	14.	Erichsen-Wert für 1 mm dickes Blech		10,4 (0,53)
	15.	Beizflüssigkeit		—
	16.	Schmiermittel		—
	17.	Handelsübliche Blechform		—
IV.	18.	Besondere Merkmale		Platinfolien bis 0,0025 mm
V.	19.	Chemische u. metallurgische Eigenschaften		Phosphor macht Platin spröde. Schwefel u. Silizium schlecht; Ursache von Korrosion. Sonst sehr widerstandsfähig.

Edelmetalle.

Gold	Palladium	Golddoublé	Silber
19,3	12,0	—	10,5 ÷ 10,6
1063	1557	—	961
0,744	—	—	1,006
$15 \div 10^{-6}$	—	—	$20 : 10^{-6}$
—	—	—	—
—	—	—	—
58	—	—	40
—	—	—	—
20 ÷ 33	—	—	45
—	—	—	—
—	—	—	—
—	—	—	—
—	—	—	Am besten in elektr. oder Koksöfen
ebenfalls	ebenfalls	—	600 ÷ 700 blank glühen
Sehr gut	—	Sehr gut	Sehr gut
—	—	—	13,8 (1000 fein)
—	—	—	Wenig %ige Schwefelsäure
			2 Teile Natriumnitrat $NaNO_3$
			1 Teil Natriumchlorid NaCl
			100 Teile kaltes Wasser
			4½ Teile Schwefelsäure H_2SO_4 (66° Bé)
			0,5° C
—	—	—	0,50 C
Bänder echt Gold	—	Bänder u. Scheiben	Bänder und Scheiben
Zinn, Wismut, Antimon, Tellur und Blei machen Gold spröde.	—	—	Bei einer Glühtemperatur über 750° wird Silberblech spröde. Glühdauer ist abhängig von der Temperatur.
Legierungen mit Platin, Silber, Nickel, Kupfer, Palladium u. Kadmium zur Erhöhung der Festigkeit.	—	Bei echtem Doublé ist Gold bei Rotglut auf Silber aufgepreßt und dann mit dem Silber zusammen ausgewalzt, so daß auf einer Seite nur Gold ist. Bei unechtem ist statt Silber Kupfer verwendet.	Rekristallisation wird außer durch Verformungsgrad durch Metallzusätze beeinflußt. Eisen kann die Rekristallisation schon bei Zimmertemperatur verursachen. Kupfer und Aluminium erhöhen die Rekristallisationstemperatur. Kupfer verfeinert das Gefüge.

			Platin
	20.	Verwendung	Tiegel für sehr hohe Temperaturen. Schmuckwaren.
VI.			

Sparsamkeit noch nicht erschöpft. Mit einem geringen Verlust ist bei der Bearbeitung immer zu rechnen, und sei es nur durch kleinste Späne, die beim Verkehr durch die Werkstatt zertreten werden, in kleine Vertiefungen, Ritzen und Spalten des Bodens fallen oder in den Kleidungsstücken und an den Händen der Arbeiter hängen bleiben. Um diese Fehlerquellen weitestgehend zu erfassen, müssen alle Arbeiter vor Beginn und nach Beendigung der Arbeit ihre Kleider einschließlich der Schuhe mit der Arbeitskleidung

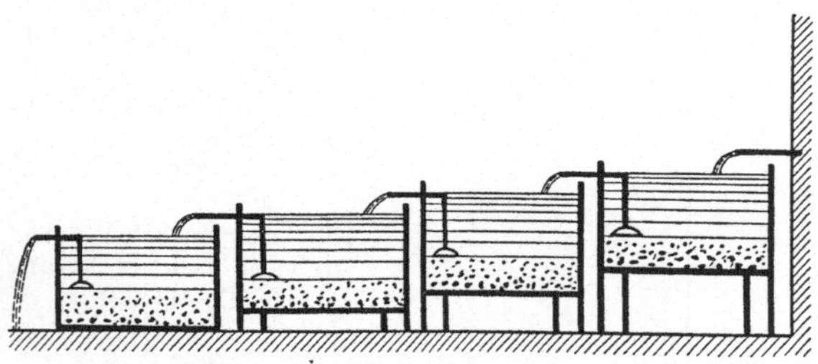

Abb. 31. Kläranlage zur Abfallgewinnung von Edelmetallen.

wechseln, die Eigentum der Fabrik sein muß und die Fabrik nicht verlassen darf. Die Kleider werden von zuverlässigen Leuten gewaschen, die dafür sorgen, daß das Wasser in eine Kläranlage gegossen wird, in die auch das tägliche Waschwasser der Arbeiter selbst und der bei der Werkstättenreinigung anfallende Kehricht geschüttet wird. Diese Kläranlage zeigt Abb. 31 im Schema, sie kann sehr einfach durch eine Anzahl Fässer gebildet werden, 4 in der Abbildung, durch die ständig Wasser hindurch fließt, das die leichten Teile mit sich fortnimmt, die schweren aber auf den Boden absitzen läßt. Von Zeit zu Zeit wird der sitzengebliebene Schlamm herausgenommen und an eine Scheideanstalt gesandt, welche durch entsprechende Verfahren selbst aus den ärmsten Rückständen die Edelmetalle und die mit ihnen legierten andern Metalle zurückgewinnt. Im allgemeinen geben die Rückstände eine ganz schöne Ausbeute, die die geringe aufgewendete Arbeit mehr als aufwiegt.

(Fortsetzung).

Gold	Palladium	Golddoublé	Silber
Hauptsächlich Legierungen mit Silber und Kupfer für Schmuckindustrie. Feingehalt wird angegeben in Karat oder Tausendteilen. In Deutschland üblich 14 u. 18 Karat oder 333 u. 750 Tausendstel für Schmuck- u. Taschenuhren-Industrie. Kunstgewerbe.	—	Für Schmuck- und Taschenuhren-Industrie. Kunstgewerbe.	Hauptsächlich Legierung mit Kupfer. Silbergehalt in Tausendteilen, in Deutschland normal $^{800}/_{1000}$ und $^{900}/_{1000}$.

Eine der wichtigsten Eigenschaften der Edelmetalle ist ihre Korrosionsbeständigkeit gegen Luft und Feuchtigkeit, von Gold auch gegen Säuren und Alkalien, ausgenommen Königswasser. Dies macht sie für technische Zwecke im Labatatorium und der chemischen Industrie geeignet.

Aber hier wie sonst sind die technisch verwendeten Edelmetalle nicht rein, sondern mit einem billigeren Edelmetall oder mit einem andern geringeren Metall legiert; so Gold vorwiegend mit Kupfer und Silber und neuerdings auch, der Farbe wegen, mit dem dem Platin verwandten Palladium, Silber und Kupfer.

Der Gehalt an Edelmetall kennzeichnet die Güte der Legierung und wird deshalb angegeben. Bei Gold wird er gewöhnlich nach 24 Teilen bemessen, und ein Teil ein Karat genannt. Gebräuchlich sind im Deutschen Reich 14 und 18 Karat, entsprechend 583 und 750 Tausendteilen. Bei Silberlegierungen wird der Feingehalt in Tausendteilen angegeben und gewöhnlich eine Legierung mit 800 oder mit 900 Tausendteilen gewählt.

Feinere und reinere Legierungen sind besser zu ziehen als die geringeren und unreineren. Wenn eine Silberlegierung z. B. nicht ganz rein war, entstehen beim Beizen schieferige Stellen, die durch Schaben beseitigt werden müssen.

Sehr beliebt ist auch das Golddoublee, das erhalten wird, indem man auf eine Unterlage, bei „echtem Doublee" aus Silber, bei unechtem aus Tombak, eine Goldplatte gleicher Größe auflegt, die beiden Teile zusammen auf Rotglut erhitzt und dann mit hohem Druck zusammenpreßt. Dadurch verschmelzen die beiden Schichten an der Berührungsstelle miteinander und können ausgewalzt werden, ohne daß sie sich trennen. Bei geeigneten Stärkeverhältnissen der zusammengelegten Scheiben ist die Goldschicht des ausgewalzten Blechs äußerst fein, aber doch zusammenhängend und dicht.

13. Nickel und Nickellegierungen (Neusilber).
(Hierzu Zahlentafel 4.)

Nickel tritt mit seinen Legierungen an die Stellen, wo die Edelmetalle ihres Wertes wegen nicht verwendet werden können, aber doch hohe Anforderungen an Korrosionsbeständigkeit und Widerstandsfähigkeit gegen Temperatur und chemische Einwirkung verlangen, denn Nickel ist, je reiner desto mehr, widerstandsfähig gegen Leitungswasser, Seewasser, Alkalien, Ammoniak, Phenole, Lacke, Laugen und mäßig konzentrierte organische Säuren. Diese Eigenschaften machen die Nickellegierungen besonders geeignet zur Verarbeitung in Geräte der chemischen Industrie und der Laboratorien, der Lack- und Seifenindustrie, in Kochkessel für Wäschereien und Speiseküchen, Marmeladefabriken und dgl., auch, wie Neusilber, zur Fertigung von Armaturen, Beschlägen, Tafelgeräten, Schmuckwaren, kunstgewerblichen Gegenständen usw. Für die technische Verarbeitung wichtig ist die gute Eignung zur galvanischen Veredlung, die insbesondere zur Herstellung von Silberüberzügen ausgenützt wird. Bei der Verarbeitung ist die Ausnützung des Verformungsgrades bis an die Grenze der Dehnungsfähigkeit zu empfehlen, eine Überbeanspruchung aber zu vermeiden.

14. Kupfer, Zink und Legierungen.
(Hierzu Zahlentafel 5.)

a) Kupfer (Druckqualität). Die gute Korrosionsbeständigkeit einerseits und die gute Wärmeleitfähigkeit und Wärmebeständigkeit andererseits lassen Kupfer an verschiedenen Stellen in Wettbewerb mit dem Nickel treten, z. B. bei der Fertigung von Kesseln jeglicher Art, Armaturen und Haushaltungsgeräten. Für Tiefzieharbeit ist ausdrücklich „Druckqualität" vorzuschreiben. Eine große Rolle spielt aber Kupfer auch in seinen Legierungen mit Zink, dem Messing, und mit Zinn, der Bronze.

b) Messing (Druckqualität) ist das Metall, das nirgends fehlt, wo mit Tiefzügen gearbeitet wird, sowohl wegen seiner leichten Drückbarkeit und großen Dehnungsfähigkeit bei einem guten Kupfergehalt von 63% mit der Bezeichnung Druckmessing, Kurzzeichen: Ms 63; von 67% mit der Bezeichnung Halbtombak, Kurzzeichen Ms 67; von 72% mit der Bezeichnung Gelbtombak, Kurzzeichen Ms 72, als auch wegen seiner leichten weiteren Verarbeitbarkeit beim Drehen, Beizen, Schleifen, Polieren und endlich wegen seiner Korrosionsbeständigkeit beim Galvanisieren. Es ist das Nichteisenmetall, das in erster Linie für die Massenfertigung von kleinen und großen Teilen verwendet wird, so in der Metallwarenindustrie, der elektrischen Industrie und insbesondere der Munitionsindustrie, in Fabriken für Haushaltungsgegenstände, in der Uhrenindustrie und im Kunstgewerbe.

Je nach dem Grad des Kaltwalzens bekommt das Messingblech verschiedene Härte; im allgemeinen unterscheidet man 4 Härtegrade, weich, halbhart, hart und federhart, doch sind auch Zwischenstufen zu erhalten, wie ¼ hart und ¾ hart. Wo es auf beste Tiefzieheignung ankommt, ist immer die weiche Qualität anzuwenden, entweder schwarz oder blankgebeizt.

Wenn es für besondere Verwendungszwecke vorteilhaft ist, so kann man das Messingblech auch ein- oder zweiseitig poliert oder dessiniert beziehen. Das ist dann zu empfehlen, wenn man durch diese Ausführung die wohl immer teurere Bearbeitung am einzelnen Stück erspart.

c) **Walzbronze** spielt bei Tiefzieharbeiten eine wesentlich geringere Rolle, ausgenommen bei Gongherstellung (Glocken), wohl wegen seiner ungünstigeren physikalischen Eigenschaften.

d) **Zink.** Wenn Zink für Tiefziehzwecke verwendet wird, so geschieht es der Billigkeit wegen an Stelle von Messing, z. B. bei Spielwaren, Beschlägen und Gehäusen der ganz billigen Weckeruhren, oder wegen der guten Eignung zum Lackieren nach vorausgegangenem Beizen, zu galvanischen Färbungen und Metallüberzügen. Bei einer Temperatur von 100 bis 150 ist Zink besonders geschmeidig. Die Korrosionsbeständigkeit ist gering, insbesondere bei salzsäurehaltiger Atmosphäre. Gefährlich in dieser Hinsicht sind Verbindungsstellen mit andern Metallen wegen der starken Neigung zur Bildung galvanisch-elektrischer Elemente, die die Korrosion sehr beschleunigen.

15. Leichtmetalle.
(Hierzu Zahlentafel 6.)

a) **Aluminium** hat sich vor allem als Werkstoff zur Herstellung von Küchengeräten und Sportgeräten in den letzten Jahren gut eingeführt, für jenen Zweck wegen seiner hohen Widerstandsfähigkeit gegen chemische Einflüsse und seiner relativ günstigen Wärmeleitfähigkeit, für diesen Zweck nicht zuletzt wegen seines geringen Gewichts. Die Billigkeit der Aluminiumwaren ist nicht auf den geringen Werkstoffpreis zurückzuführen, sondern in erster Linie auf die geringen Arbeitslöhne, weil Aluminium auch bei den Fertigstücken metallisch blank bleibt und weder Veredlung braucht noch irgend einen Schutzüberzug. Diesen verschafft es sich selbst schon bei normaler Temperatur und er verleiht ihm seine guten Eigenschaften. Wird die Schutzschicht selbst angegriffen, wie z. B. durch Salzlösungen, insbesondere chlorsalzige, dann ist Aluminium nicht mehr beständig. Man kann aber die Beständigkeit auch gegen solche Einflüsse erhöhen, wenn man Aluminium auf 480

Zahlentafel 4.

			Nickel
I. Physikal. Eigenschaften	1.	Spez. Gewicht in g/cm³	8,85
	2.	Schmelztemperatur ⁰ C	1400÷1450
	3.	Wärmeleitfähigkeit $\dfrac{cal}{cm \cdot sek \cdot Grad}$	180⁰ 0,142
	3a.	Ausdehnungskoeffizient	13·10⁻⁶
II. Mechanische Eigenschaften		Brinellhärte in kg/mm²	5/250/30
	4.	do., geglüht	80÷ 90
	5.	do., hartgewalzt	1,80÷220
	6.	Zugfestigkeit in kg/mm², geglüht	40÷ 45
	7.	do., hartgewalzt	70÷ 80
	8.	Dehnung in %, geglüht	40÷ 50
	9.	do., hartgewalzt	2
	10.	Krit. Verformungsgrad in % . .	—
	11.	Glühtemperatur dazu.	—
	12.	Glühtemperatur normal.	500÷950
III. Technologische Eigenschaften	13.	Tiefzieheignung allgemein	Sehr gut.
	14.	Erichsen-Wert für 1 mm dickes Blech	12,7
	15.	Beizflüssigkeit	Bei 60—80⁰ C 20%ige Schwefelsäure.
	16.	Schmiermittel . . , ...	Starke Seifenlauge mit Öl vermengt.
	17.	Handelsübliche Blechform . . .	Tafeldicke 400 + 1000, 1000 + 2000, DIN 1752. Bänder bei Kaltverformung Dehnungsfähigkeit möglichst ausnützen, aber nicht überschreiten. Glühen unter Luftabschluß. Galvanisch leicht zu behandeln.
IV.	18.	Besondere Merkmale	Geringste Spuren von Schwefel schädlich.
V.	19.	Chemische und metallurgische Eigenschaften	Legierungen mit: Chrom, Eisen und Kupfer. Legierung mit Kupfer heißt Neusilber.
VI.	20.	Verwendung	Rein für Kessel in der chemischen Industrie, Laboratoriumsgeräte, Pasteurisier- und Kühlvorrichtungen.

Nickel und Legierungen.

Monel	Neusilber	Nickeleisen
8,97	8,3÷8,7	8,1
1360	950÷1180	
0,184	0,6÷1,0	
$2,36 \cdot 10^{-6}$	$18 \div 21 \cdot 10^{-6}$	$12 \cdot 10^{-6}$ (bei 25% Ni).
—	5/250/30	—
—	60÷ 90	—
150÷190÷237	150÷200	—
55	35÷ 45	60
73÷90	60÷ 70	—
39	20÷ 40	35÷40
10	2÷ 6	—
8÷20	—	
Blankglühen 800÷900 2 bis 3 Stunden.	600÷750 reduzierte Atmosphären.	
Gut, ähnlich weichem Eisen.	Gut.	—
10	10,5 Mischung verdünnter Salpeter- und Schwefelsäure, 60° C.	—
	Wie Nickel.	—
Maschinenöl für dünne, Graphit und Talg für dicke Bleche. Tafeln 915 + 2440 bis 1220 + 3050, Dicke 0,45 bis 10 mm, zum Glühen in Holzkohle einbetten. Glühkisten abdichten.	Bänder und Tafeln.	—
Sehr korrosionsbeständig gegen Witterung, Seewasser, die meisten Säuren und Alkalien. Radien groß. Glühen bei Auftreten kleiner Risse.	Behandlung wie Nickel. Schleifen mit Bimstein und Rüböl. Polieren mit Wienerkalk und Stearinöl.	—
Ni 67% Cu 28% Mn und Fe 5%. Geringste Spuren von Schwefel schädlich.	Ni 12÷22% Cu 60÷65% Zn 18÷23%.	—
Chemische Industrie, Beizereien, Färbereien, Nahrungsmittelindustrie. Schiffsindustrie.	Hotel- und Tafelgeräte, Beschläge, Armaturen, Beleuchtungskörper, Uhrgehäuse, Schmuckwaren usw.	—

Zahlentafel 5.

			Kupfer
I. Physikal. Eigenschaften	1.	Spez. Gewicht in g/cm³	8,87÷8,9
	2.	Schmelztemperatur ⁰ C	1080
	3.	Wärmeleitfähigkeit $\dfrac{\text{cal}}{\text{cm}\cdot\text{sek}\cdot\text{Grad}}$.	0,92÷0,87
	3a.	Ausdehnungskoeffizient	$16,5\div10^{-6}$
II. Mechanische Eigenschaften	4.	Brinellhärte in kg/mm², geglüht . .	50
	5.	do., hartgewalzt	—
	6.	Zugfestigkeit in kg/mm², geglüht . .	21÷24
	7.	do., hartgewalzt	
	8.	Dehnung in %, geglüht	> 38
	9.	do., hartgewalzt	—
	10.	Krit. Verformungsgrad in %	
	11.	Glühtemperatur dazu	—
	12.	Glühtemperatur normal	650, 1 Stunde
III. Technologische Eigenschaften	13.	Tiefzieheignung allgemein	Sehr gut.
	14.	Erichsen-Wert für 1 mm dickes Blech	11,8
	15.	Beizflüssigkeit	Schwefelsäure 1 : 10.
	16.	Schmiermittel	Rüböl oder Seife in warmem Wasser gelöst mit gleichem Teil Rüböl.
	17.	Handelsübliche Blechform	Tafeln. Druckqualität vorschreiben DIN 1752.
IV.	18.	Besondere Merkmale	Glühen in Muffeln zur Vermeidung von Rissen und Brüchen.
V.	19.	Chemische und metallurgische Eigenschaften	Legierung mit Zink heißt Messing! Legierung mit Zinn heißt Bronze. Kaltreckung und Glühtemperatur bestimmen die Korngröße. DIN 1709, Bl. 1.
VI.	20.	Verwendung	Rohre, Kessel, Küchengeräte usw.

Kupfer und Legierungen.

Messing	Walzbronze	Zink
8,5 8,3÷8,9 890÷915	8,8 1050÷1200 0,099 $17 \cdot 10^{-6}$	7,2 419 —
50÷60 — 32 — 45÷50 — — 550÷580	77 170 40÷50 75÷50 60÷70 1÷5 — — 550÷600	— — 17÷19 — 15÷18÷30 — — —
Sehr gut, Ms. 63. 13,3 oder Gemisch von Schmier- fett und Bohremulsion. Rüböl. Bunde bis 600 und 650 mm breit, DIN 1751. Tafeln bis 5 × 1,5 m. Messingtafeln werden auch plangerichtet geschliffen, beidseitig oder einseitig po- liert oder dessiniert geliefert	Sehr gut. — — —	Schlecht. 8,1 Schwefelsäure 1 : 20. Kochendes Seifenwasser oder heißes Öl. Tafeln und Scheiben.
Mit 63÷72% Kupfer am besten zum Ziehen geeignet.	—	Bei 100÷150° geschmei- dig und daher leicht zu walzen. Leicht zu färben.
DIN 1709. Reißgefahr durch Ammoniak der Luft. Vermeiden durch Korro- sionsschutz oder besser durch Erwärmen auf 300° C.	Kupfer mit 6÷10% Zinn.	Verunreinigungen verschlechtern Tiefziehfähigkeit.
Am besten geeigneter Werk- stoff für Massenteile in der Elektrotechnik, Uhrenindu- strie, Metallwarenfabrika- tion, Apparatebau, Schmuckwarenindustrie u. Kunstgewerbe.	Zu Tiefzügen, vorwiegend in der Munitionsindustrie, zu Zündhütchen und Sprengkapseln, zu Stanz- teilen in der Uhrenindustrie und in der Elektrotechnik für Federn.	Beschlägefabrikation, Spielwaren- und Uhrenindustrie.

Zahlentafel 6.

			Aluminium	Duraluminium
I. Physikal. Eigenschaften	1.	Spez. Gewicht in g/cm^3	2,7	2,8
	2.	Schmelztemperatur ^{0} C.	658	650
	3.	Wärmeleitfähigkeit $\dfrac{\text{cal}}{\text{cm} \cdot \text{sek} \cdot \text{Grad}}$.	0,5	Gut.
	3a.	Ausdehnungskoeffizient.	$27 \div 10^{-6}$	—
II. Mechanische Eigenschaften		Brinellhärte in kg/mm^2	—	—
	4.	do., geglüht	$15 \div 25$	—
	5.	do., hartgewalzt	$45 \div 60$	—
	6.	Zugfestigkeit in kg/mm^2, geglüht .	$7 \div 11$	$22 \div 27$
	7.	do., hartgewalzt	$18 \div 28$	—
	8.	Dehnung in %, geglüht	$30 \div 45$	$25 \div 22$
	9.	do., hartgewalzt	$3 \div 5$	—
	10.	Krit. Verformungsgrad in % . . .	—	—
	11.	Glühtemperatur dazu	—	—
	12.	Glühtemperatur normal	$250 \div 350$	$250 \div 350$
III. Technologische Eigenschaften	13.	Tiefzieheignung allgemein	Sehr gut.	Schlecht.
	14.	Erichsen-Wert für 1 mm dickes Blech	10,4	—
	15.	Beizflüssigkeit		—
	16.	Schmiermittel	Billiges Vaselin.	—
	17.	Handelsübliche Blechform	Tafeln und Bänder DIN 1753. Auf Verlangen auch geschliffen, poliert u. dessiniert.	
IV.	18.	Besondere Merkmale	Korrosionsbeständigkeit.	Vergütbarkeit bis 43,7 kg/mm^2 Fetsigkeit durch Tauchen in Salzbad von 480 bis 500^0 C $15 \div 45$ Minuten lang und Abschrecken in Wasser von $20 \div 100^0$ C.

Leichtmetalle.

Aludur Nr. 533	Aludur Nr. 570	Lautar	Skleron	Elektron	
				Am 503	Z 3
$2,6 \div 2,7$	$2,75 \div 2,85$	2,75	$2,9 \div 3$	1,8	1,8
—	—	650	—	625	625
—	—	0,34	—	0,32	0,32
—	—	$23 \div 26 \cdot 10^{-6}$	—	$23 \div 27 \cdot 10^{-6}$	$23 \div 27 \cdot 10^{-6}$
10/150/60	10/150/60	5/250/30	—	—	—
$40 \div 50$	$50 \div 60$	$50 \div 55$	70	40	42
—	—	$100 \div 135$	120	55	60
$16 \div 22$	$18 \div 23$	$23 \div 25$	30	$22 \div 25$	$23 \div 24$
—	—	bis 60	$40 \div 50$	$28 \div 32$	$28 \div 32$
$27 \div 20$	$25 \div 28$	$18 \div 28$	$15 \div 20$	$14 \div 18$	$15 \div 18$
—	—	$15 \div 3$	$10 \div 15$	$2 \div 3$	$2 \div 3$
—	—	—	—	—	—
—	—	—	—	—	—
$350 \div 400$	$350 \div 400$	$350 \div 400$ langsam abkühlen.	$280 \div 300$	300^0 1 Stunde	300^0
Schlecht.	Schlecht.	Schlecht.	Schlecht.	Schlecht.	Schlecht.
—	—	—	—	—	—
—	—	—	—	15% K. Bichromat, 20% konzentrierte Salpetersäure 65% Wasser.	
—	—	—	—	Flüssiges Palmin von 200^0 C.	
Vergütbarkeit wie Duraluminium, aber nach Abschrecken Anlassen auf 130 bis 160^0 10 bis 30 Stunden. 25 bis 36 kg/mm² Festigkeit.	Wie 533, aber 38 bis 46 kg/mm² Festigkeit.	Vergütbarkeit durch Glühen bis 490 bis 510^0 C und Abschrecken in kaltem Wasser, „ungehärtete" Qualität. Zugfestigkeit 30 bis 35 kg/mm². „Normale" Qualität durch Anlassen bei $120 \div 130^0$ C 16 Stunden lang. Zugfestigkeit 38 bis 42 kg/mm².	Vergüten durch Glühen bis 470 bis 480^0 C ½ bis 3 Stunden lang. Abschrecken in Wasser etwa 4 Tage. An korrosionsgefährlichen Stellen nicht mit edleren Metallen zusammenbringen.	Zur Verformung Werkzeuge auf mindestens 300^0 C, besser aber 450 bis 500^0 C erwärmen, Ziehgeschwindigkeit $4 \div 5$ mm. Kleinster Rundungshalbmesser $r = 2 \times$ Blechstärke.	Gute Färbemöglichkeit. Werkzeuge wie bei Am 503.

			Aluminium	Duraluminium
V.	19.	Chem. und metallurg. Eigenschaften	Kaltbearbeitung. Glühtemperatur und Glühdauer be- bestimmen die Form- größen.	Aluminium mit 3÷4% Cu 0,5% Mg 0,25% Mn. Für Stanzzwecke 2÷3% Cu 0,5% Mg besser.
VI.	20.	Verwendung	Haushaltungs- gegenstände, Dosen, Apparatebau, Ka- rosseriebau u. dgl.	Flugzeug — Luft- schiff, Eisenbahn- wagen, Karosserie-, Yacht- und Motor- bootbau, Töpfe und Kamine, da auf Ge- tränke und Suppen kein schädlicher Ein- fluß.

bis 500⁰ erwärmt und rasch abkühlt. Dadurch wird verhütet, daß Silizium sich ausscheidet, Lokalelemente bildet und dadurch die Korrosionsgeschwindigkeit erhöht.

Lokalelemente können auch durch unzweckmäßige, mechanische Verbindungen mit anderen Metallen, Messing, Kupfer, gebildet werden, oder auch schon durch verschiedenartige Bearbeitung der Oberfläche, durch mit dem bloßen Auge nicht sichtbare Risse, Gräben und Verunreinigungen. Aluminium ist daher möglichst chemisch rein, 99% und 99,5%, und mit möglichst glatter, am besten polierter Oberfläche zu verwenden. Man bezieht in diesem Fall das Blech schon poliert, sofern man es nicht aus anderen Günden mit irgend einer Zeichnung (dessiniert) bestellen muß.

b) Aluminiumlegierungen. Bei diesen wird die Verunreinigung des Aluminiums bewußt verursacht, sie sind deshalb nicht so widerstandsfähig gegen chemische Einflüsse wie das reine Aluminium. Ihre Hauptbedeutung liegt auch weniger in der Verwendung zu Gebrauchsgegenständen als zu Baustoffen, zu denen sie sich wegen ihrer Vergütbarkeit eignen, d. h. der durch Wärmebehandlung im fertig bearbeiteten Zustand erreichbaren Verbesserung der Festigkeitseigenschaften. Diese Wärmebehandlung besteht in einer Erhitzung auf Temperaturen über 450⁰, je nach Werkstoffart mit Schwankungen von 10 bis 20⁰, in Salzbadöfen mit Salpeter und rascher Abkühlung in Wasser, mit nachfolgendem Altern, bei normaler Temperatur wie bei Duraluminium und Skleron, oder bei Anlassen auf Temperaturen von 50 bis 160⁰, wie bei Lautal, Aludur und Aëron. Tiefgezogene Gefäße mit dünnen Wänden

(Fortsetzung).

Aludur Nr. 533	Aludur Nr. 570	Lautar	Skleron	Elektron	
				Am 503	Z 3
—	—	Cu 4% Si 2% Al. Rest.	Zn 12% Cu 3% Mn 0,6% Si 0,5% Fe 0,4% Li 0,1% Al. Rest.	Al 0,2÷0,5% Zn 0,1÷0,3% Mn 0,5÷1 % Mg Rept.	Zn 3% Mg Rest.
Maschinen u. Apparate, Karosserie,- Luftschiff-, Flugzeug-, Schiffs- und Bootsbau. Uhrenindustrie, optische Geräte, Rahmen usw.	Rohre, Glocken, Krankenhausmöbel, medizinische Apparate, weil Schutzanstrich nicht notwendig.			Karosserie-, Öltanks-, Flugzeugbau.	Massenartikel.

erwärmt man am besten im Muffelofen und erkaltet sie im Luftstrom, um der Gefahr des Verziehens nach Möglichkeit vorzubeugen. Die erforderlichen Vorschriften werden von den Lieferfirmen den Sendungen beigegeben.

Auf die einzelnen Legierungen soll nicht näher eingegangen werden. Sie dienen alle den gleichen Verwendungszwecken, Verringerung der Massendrücke bei Teilen, die hohen Geschwindigkeitswechseln und Wechseln der Bewegungsrichtung in kurzen Zeiten ausgesetzt sind, im Automobil-, Wagen-, Schiff- und insbesondere im Luftschiff- und Flugzeugbau, aber auch im Maschinenbau für landwirtschaftliche Maschinen und Fördergeräte, in der Feinmechanik und im Apparatebau für tragbare Geräte, Gehäuse von Apparaten, medizinische Geräte und dgl., sowie wegen der guten akustischen Eigenschaften zu gepreßten Glocken für Kirchen und Signalanlagen. Zu erwähnen ist schließlich noch die Verwendung im Möbelbau und der Kofferfabrikation.

c) Elektronblech. Elektron ist eine Magnesiumlegierung, deren chemische und physikalische Eigenschaften, wenn die Legierung rein, denen des Aluminiums und deren mechanischen Eigenschaften denen der Aluminiumlegierungen ähnlich sind. Deshalb sind auch die Verwendungsgebiete die gleichen wie bei diesen, obgleich Elektron in technologischer Hinsacht ungünstiger ist, weil es sich kalt nur ganz wenig verformen läßt. Zum Tiefziehen ist dieses Blech auf etwa 300 bis 400⁰ C, die Werkzeuge vorteilhaft auf 450 bis 500⁰ zu erwärmen und die Schmierflüssigkeit, Palmin, mit einer Temperatur von etwa

200^0 aufzubringen. Eine besondere Eigenschaft von Elektron ist die gute Eignung für Lackierung nach voraufgegangenem Beizen in einem Salpetersäure-Chromatgemisch (s. Zahlentafel 6), durch das eine gelbe Chromverbindung auf das Metall niedergeschlagen wird, und durch die Eignung der Legierungen Z_3 zum Färben mittels geeigneter Bäder. Die Schwierigkeit des Tiefziehens steht allerdings der Massenverwendung dieser Eigenschaften hinderlich im Weg.

16. Stahl und Eisen.
(Hierzu Zahlentafel 7 und 8.)

a) Einteilung. Wie Stahl und Eisen in der Metallbearbeitung überhaupt, haben die Stahl- und Eisenbleche auch in der Ziehtechnik mengenmäßig den größten Anteil. Der Verbrauch betrug im Jahr 1926 17,4 kg auf den Kopf der Bevölkerung. Stahl unterscheidet sich von technisch verwendetem Eisen nur der Zusammensetzung und der dadurch bedingten Festigkeit nach. Beides sind Legierungen von Eisen mit Kohlenstoff, dessen Gehalt sich ändert von 0 bis 1,6% bei gleichzeitiger Steigerung der Zugfestigkeit von 25 bis 90 kg/mm² und Zunahme der Härtbarkeit. Damit ist gesagt, daß die Härtbarkeit nicht an eine bestimmte Zusammensetzung gebunden ist und also auch nicht als Merkmal zur Unterscheidung von Stahl und Eisen angesehen werden kann. Im Handel ist dies unangenehm zu empfinden, denn, wenn man auch die Bezeichnung „Eisen" an die Legierungen mit einer Zugfestigkeit bis 50 kg/mm² und die Bezeichnung „Stahl" an die Legierungen mit einer Festigkeit von 50 kg/mm² aufwärts bindet, um wenigstens eine Unterscheidung zu haben, so hat sich diese Trennung nicht allgemein durchgeführt. Man hört häufig die Bezeichnungen „Stahl", z.B. S.-M.-Stahl (Siemens-Martin-Stahl), Maschinenstahl und Bandstahl, statt richtiger „Eisen", also S.-M.-Eisen, Maschineneisen und Bandeisen, oder man hört eine Unterscheidung von Fluß„eisen" nach Härten I, III und V, die aber in Wirklichkeit mit der eigentlichen „Härte" nichts zu tun haben, sondern Zugfestigkeiten entsprechen, und zwar:

Härte I einer Zugfestigkeit von 34 bis 42 kg/mm²
  „   III „   „   „ 45 „ 50 „
  „   V „   „   „ 60 „ 75 „

Solche Unklarheiten verwirren besonders dort, wo der Verbraucher mit den Gebräuchen nicht ganz vertraut ist. Leider wird auch in den dazu berufenen Stellen nicht genügend Wert auf die Behebung dieser Unklarheiten gelegt. So ist weder im Werkstoffhandbuch eine klare und folgerichtige Unterscheidung durchgeführt, noch in den Normenblättern für Stahl und Eisen, die bisher herausgegeben worden sind, heißt doch z. B. die Überschrift auf den Blättern DIN 1620 und 1621 Flußstahl gewalzt — Eisenblech, wonach man schließen könnte, daß die

Walzbearbeitung den Stahl zum Eisen macht trotz gleicher chemischer Zusammensetzung. Vielleicht wäre es richtig, die Bezeichnung „Eisen" nur für das chemisch reine Eisen zu gebrauchen, und alle Eisenlegierungen Stahl zu nennen. Solange dies aber nicht geschehen ist, besteht die oben erwähnte Unterscheidung zu Recht; sie hat auch den Vorteil, daß sie in technologischer Hinsicht eine Aufklärung gibt, weil die Bleche der Legierungen mit niederem Kohlenstoffgehalt und geringerer Zugfestigkeit sich besser kalt verformen lassen als die mit hohem Kohlenstoffgehalt und größerer Zugfestigkeit.

In Frage kommen für Zieharbeiten die Mittelbleche mit einer Stärke von 3 bis 5 mm, vor allem aber die „Feinbleche" mit einer Stärke bis 3 mm. Von diesen wiederum scheiden alle Qualitäten bis auf die Sonderbleche aus, die immer noch eine große Gruppe bilden, bestehend aus:

a) Eisen mit: Falzblech,
                     Weißblech,
                     1 mal dekapiertem Stanzblech,
                     2 mal   „   „
                     Tiefziehblech,
                     Karosserieblech,
                     kaltgewalztem Bandeisen.
b) Stahl mit: Stahlblech,
                     rostsicherem Stahlblech.

Die allgemeine Vorbedingung für Stanz- und Tiefzieharbeit ist eine dichte und glatte Oberfläche, Weichheit und Zähigkeit, bei möglichst geringem Phosphor- und Schwefelgehalt.

Die chemische Zusammensetzung ist

für mittlere Beanspruchung:
0,12 C;   bis 0,5 Mn;   bis 0,05 P und S;
für höchste Beanspruchung:
0,08 bis 0,1 C;   0,35 bis 0,45 Mn;   bis 0,035 P und S.

Für ganz dünne Bleche wird Silizium beigemengt, wodurch das Kleben des Blechs beim Walzen vermieden und die Blechoberfläche glatter und dichter wird. Eine entsprechende Analyse ist:

0,08 bis 0,12 C;   < 0,05 Si;   < 0,045 P;   0,3 bis 0,5 Mn.

b) Einfluß der Fertigung. Die Unterschiede der chemischen Zusammensetzung rufen allein die großen Unterschiede in der Ziehfähigkeit nicht hervor. Diese sind wesentlich bedingt durch die Art der Fertigung, die einschließt:

1. Die Zunderfreiheit der Oberfläche, erreicht durch Beizen, insbesondere von der Platine an:

a) 1 mal Beizen (Dekapieren) der ausgewalzten Bleche vor dem Glühen,

b) 1 mal Beizen der Sturze, 2tes Mal der fertig gewalzten Bleche.

			1 mal dek. Stanzblech	2 mal dek. Stanzblech
I. Physikal. Eigenschaften	1.	Spez. Gewicht in g/cm³ . . .	7,85	7,85
	2.	Schmelztemperatur ⁰C . . .	1400	1400
	3.	Wärmeleitfähigkeit $\dfrac{\text{cal}}{\text{cm} \cdot \text{sek} \cdot \text{Grad}}$	0,171	0,171
	3a.	Ausdehnungskoeffizient . . .	$11 \cdot 10^{-6}$	$11 \cdot 10^{-6}$
II. Mechanische Eigenschaften	4.	Brinellhärte in kg/mm², geglüht	—	—
	5.	do., hartgewalzt	—	—
	6.	Zugfestigk. in kg/mm², geglüht	31÷35	31÷35
	7.	do., hartgewalzt	22÷31	22÷31
	8.	Dehnung in %, geglüht . . .	—	—
	9.	do., hartgewalzt	—	—
	10.	Krit. Verformungsgrad in % .	5÷30	5÷30
	11.	Glühtemperatur dazu	> 940	> 940
	12.	Glühtemperatur normal . . .	650÷850	650÷850
III. Technologische Eigenschaften	13.	Tiefzieheignung allgemein . .	Gering.	Gut.
	14.	Erichsen-Wert für 1 mm dickes Blech	9,7	9,9
	15.	Beizflüssigkeit	Salz- oder Schwefelsäure möglichst rein. Angriff mit wachsender Konzentration, Temperatur rascher. Zu starke Einwirkung durch Zusätze mildern.	Wie nebenstehend.
	16.	Schmiermittel	Rüböl ⎫ bei leichter Seifen- ⎬ Ziehwasser ⎭ arbeit. Rüböl ⎫ mit Graphit Zylin- ⎬ bei schwerer deröl ⎭ Zieharbeit.	Wie nebenstehend.
	17.	Handelsübliche Blechform . .	Tafeln und Bänder DIN 1542.	Wie nebenstehend.
IV.	18.	Besondere Merkmale	Vor dem Glühen nach dem Walzen 1 mal gebeizt und mit Polierstich vollendet. Rostgefahr. Schutz durch Überzüge von Zinn, Zink, Blei oder durch Lack. Billigstes Stanzblech	Platine oder Sturz wird schon gebeizt und so Oberfläche ganz von Verunreinigungen freigehalten. Vollendet durch 2 bis 3 Polierstiche, evtl. mit nochmaliger Glühung.
V.	19.	Chemische und metallurgische Eigenschaften	C bis 0,12 ⎫ für Mn „ 0,5 ⎬ mittl. P+S „ 0,05 ⎭ Beanspr.	Wie nebenstehend.
VI.	20.	Verwendung	Einfache Stanzarbeiten der Metallwarenindustrie, Konservendosen, Emballagen.	Wie nebenstehend.

Eisenbleche.

Tiefziehblech	Karosserieblech	Kaltgewalztes Bandeisen
7,85	7,85	7,85
1400	1400	1400
0,171	0,171	0,171
$11 \cdot 10^{-6}$	$11 \cdot 10^{-6}$	$11 \cdot 10^{-6}$
—	—	90
—	—	—
$31 \div 35$	$35 \div 40$	58
$22 \div 31$	$30 \div 35$	$30 \div 35$
—	—	—
$5 \div 30$	$5 \div 30$	$5 \div 30$
> 940	> 940	> 940
$650 \div 850$	$650 \div 850$	950^0 C, möglichst blank glühen in reduz. Atmosphäre.
Besser.	Sehr gut.	Am besten.
10	11,8	$12,5 \div 13$
Wie nebenstehend.	Wie nebenstehend.	Wie nebenstehend.
Wie nebenstehend.	Wie nebenstehend.	Wie nebenstehend.
Wie nebenstehend.	Wie nebenstehend.	Band.
Besser beschnittene Rohblöcke, daher schon gleichmäßigere Platinen, genauere Analyse. Vollendung durch nur 1 Polierstich ohne Druck.	Besonders sorgfältige Behandlung vom Walzen des Rohblocks an mit Einhaltung der Oberfläche. Nicht zu hohe Walzbreiten. Soll ohne Vorbehandlung lackiert werden können.	Geglühter u. gebeizter Sturz wird kalt weitergewalzt mit $1 \div 2$maligem Zwischenglühen bei ca. 650^0 C. Feines Korn, größte Kaltreckbarkeit.
C $0,08 \div 0,1$ $\big\}$ für Mn $0,35 \div 0,45$ höchste P + S $\leq$ $\div 0,305$ Beanspr.	Wie nebenstehend.	Wie nebenstehend.
Schwierigere Stanz- und Zieharbeiten.	Karosserien, Kühler, Benzinkessel. Waggonbau, Büromaschinen, Beleuchtungsindustrie, Elektrotechnik. Metallw.-Ind.	Für höchste Ziehbarkeit.

Zahlentafel 8. Stahlbleche.

			Nichtrostender Stahl	Rostschwaches Eisen	Plattiertes Stahlblech a) Nickel, b) Tomback und Messing
I. Physikalische Eigenschaften	1.	Spez. Gewicht in g/cm³	7,86	—	—
	2.	Schmelztemperatur ⁰ C	1400	—	—
	3.	Wärmeleitfähigkeit $\frac{cal}{cm \cdot sek \cdot Grad}$	0,04	—	—
	3a.	Ausdehnungskoeffizient	$15 \div 16 \cdot 10^{-6}$	—	—
II. Mechanische Eigenschaften	4.	Brinellhärte in kg/mm², geglüht	—	—	—
	5.	do., hartgewalzt	—	—	—
	6.	Zugfestigkeit in kg/mm², geglüht	$60 \div 70\%$	—	—
	7.	do., hartgewalzt	—	—	—
	8.	Dehnung in %, geglüht	50	—	—
	9.	do., hartgewalzt	—	—	—
	10.	Krit. Verformungsgrad in %	—	—	—
	11.	Glühtemperatur dazu	—	—	—
	12.	Glühtemperatur normal	$1150 \div 1170$ und Abschrecken in Wasser von 60⁰ C.	—	—
III. Technische Eigenschaften	13.	Tiefzieheignung allgemein	Gut.	Gut.	—
	14.	Erichsen-Wert für 1 mm dickes Blech	—	—	—
	15.	Beizflüssigkeit	Schwefelsäure 1 : 20 koch.	—	—
	16.	Schmiermittel	Wasser mit Graphit Breiform.	—	—
	17.	Handelsübliche Formen	—	—	—
IV.	18.	Besondere Merkmale	Vermeiden einer Verbindung mit gewöhnl. Eisen wegen Erhöhung der Korrossionsgefahr. In poliertem Zustand säurebeständig, ausgenommen Salzsäure und heiße Schwefelsäure.	Zwischen 850 und 1050⁰ nicht bearbeitbar. Anstriche und Überzüge halten länger und besser als bei gewöhnlichem Eisen.	Eigenschaften wie Grundstoffe, Plattierung dient zur Werkstoffersparnis
V.	19.	Chem. u. metallurg. Eigenschaften	Cr $18 \div 20\%$ Ni $7 \div 12\%$ C $0,1 \div 0,4\%$	Entspr. weichem Eisen hinsichtl. jegl. Behandl., aber Lebensdauer $50 \div 150\%$ länger. Cu-Zusatz $0,2 \div 0,25\%$.	—
VI.	20.	Verwendung	Tafelbestecke, ärztliche Instrum., Beschläge, Armaturen, chemische Industrie, Maschinenbau.	Bauindustrie.	—

2. Durch die Glätte und Dichte der Oberfläche:
a) durch einen Polierstich,
b) durch 2 bis 3 Polierstiche.

3. Besseres Beschneiden des Rohblocks und Auswahl hinsichtlich der Analyse, besonders des Schwefelgehaltes. Prüfung auf Festigkeit und Dehnung, sonst wie unter 2., aber höchstens mit einem Polierstich.

4. Wie 3., aber dazu Reinhalten der Oberfläche auch während des Walzens.

5. Kaltwalzen des gebeizten und geglühten Sturzes mit 1- bis 2 maliger Zwischenglühung bei ca. 650° C nach Verformungen $< 5\%$ oder $> 30\%$, die außerhalb der kritischen liegen. Bei kritischer Verformung, von 5 bis 30%, müßte über 940° geglüht werden.

Das Glühen erfolgt in allen Fällen unter Luftabschluß, damit das Blech nicht oxydiert, sondern blank bleibt, in großen Kisten, die dem Blech die Bezeichnung „kistengeglüht", wie das Beizen die Bezeichnung „dekapiert" gegeben haben. Man spricht danach im Handel von 1- oder 2 mal dekapiertem, kistengeglühtem Eisenblech.

Weißblech und Falzblech sind die geringsten Bleche, die für Stanzarbeiten in Betracht kommen; sie sind vor der Fertigglühe nicht gebeizt. 1 mal dekapiertem Stanzblech, geeignet für einfache Stanzteile, entspricht der Fertigungsgang 1a in Verbindung mit 2a, doppeltdekapiertem die Fertigung 1b mit 2b. Für Tiefzüge kommen das Tiefziehblech nach 3. und das Karosserieblech nach 4. in Frage und schließlich das kaltgewalzte Blech nach 5. Das beste ist das kaltgewalzte Blech, weil durch das Kaltwalzen vom Rohblock in weicher Stanzblechgüte, dem geglühten und gebeizten Sturz an, das Gefüge feiner und die Oberfläche glatter und dichter wird.

Stahlblech eignet sich weniger zum Ziehen, es kommt nur dort in Frage, wo hohe Festigkeitseigenschaften verlangt werden.

c) Rostgefahr. Der Hauptnachteil bei der technischen Verwendung von Eisen und Stahl ist ihr geringer Korrosionswiderstand, ihr leichtes Rosten, entweder an begrenzten Stellen einer Fläche oder über die ganze Fläche, verursacht in erster Linie durch Feuchtigkeit in Gegenwart von Oxyden, Salzen, Säuren, Basen und Gasen und gefördert durch Zusätze von Schwefel, Schlacken und Gasen, grobes Korn und innere Spannungen, schließlich und besonders durch Bildung von Lokalelementen bei Berührung mit einem elektrochemisch edleren Stoff.

Auch da, wo die Korrosion nur langsam zu völliger Zerstörung führt, ist sie sehr schädlich wegen der ungünstigen Beeinflussung der Werkstoffestigkeit und der damit verbundenen früheren Bruchgefahr.

Es gibt verschiedene Schutzmaßnahmen gegen das Verrosten:
1. große Reinheit 99,7%,
2. galvanisches oder mechanisches Aufbringen metallischer Über-

züge, die korrosionsbeständiger sind, wie Zinn, Zink, Blei, Kadmium, Chrom, Nickel u. a.

3. durch Erzeugen einer künstlichen Oxydschicht,

4. durch Glasieren, Emaillieren und Lackieren,

5. durch Legierung mit geeigneten Zusätzen, wie Kupfer, Nickel und Chrom; diese finden in neuerer Zeit vermehrte Beachtung.

Aber diese Überzüge sind teuer und mehr oder weniger auch als Verlust zu buchen; ihr Wert zusammen mit dem eigentlichen durch Rost verursachten Schaden wird für die Weltwirtschaft auf 2½ Milliarden Goldmark im Jahr veranschlagt.

Dennoch ist das Eisen gegenüber den Nichteisenmetallen immer noch wesentlich billiger, so daß es sich empfiehlt, wo immer es möglich ist, Eisen an die Stelle von Nichteisenmetall zu setzen, ganz abgesehen davon, daß seine Verwendung größere Unabhängigkeit vom Ausland mit sich bringt. Gefördert wird dieses Bestreben um so mehr, je besser die Qualität des Eisenblechs hinsichtlich der Oberflächenbeschaffenheit und Tiefziehfähigkeit ist, denn um so geringer wird die Veredlungsarbeit, die, wenn sie groß ist, die Verwendung von Nichteisenmetallen wirtschaftlicher machen kann.

17. Handelsformen des Ziehblechs.

a) Tafelblech. Im allgemeinen sind im Handel zwei Formen üblich, die Tafel oder das endlose Band. In manchen Fällen ist es aber zweckmäßig, auf eine dritte Form überzugehen, die zum Ziehen zugeschnittene Scheibe, die Ziehscheibe oder Zuschnitt heißt.

Die Tafelform ist in den Fällen angezeigt, wo kleine Serien der verschiedensten Scheibengrößen in willkürlich wechselnder Reihenfolge zu ziehen sind und die Einteilung der Fertigung für bestimmte Zeiten im voraus schwer oder praktisch gar nicht zu treffen ist, so daß die Lagermenge, die für die Form bestimmend ist, möglichst nieder gehalten werden kann. Die Tafeln haben aber verschiedene Nachteile. Einmal sind die Tafeln nicht immer ohne Reststück in für die augenblicklich gebrauchten Zuschnitte geeignete Streifen aufzuteilen und ergeben so für die Fertigstücke einen ungünstigen Werkstoffverbrauch, zum andern ist die Ziehgüte nicht gleich gut über die ganze Fläche. Im allgemeinen verhalten sich die Ränder anders und zwar zum Ziehen schlechter als die Mitte. Dies mag einerseits vom inneren Zustand des Werkstoffs herkommen, bedingt durch die verschiedene Formänderung beim Walzvorgang, sei es infolge der Durchbiegung der Walzen in der Mitte, oder, beim Warmwalzen, durch den Temperaturunterschied zwischen der Walzenmitte und den Walzenrändern, kommt aber andererseits auch von dem durch das Walzen bedingten, äußeren Zustand. Hier sei in erster Linie an die Dickenunterschiede zwischen der Tafelmitte und den Tafelrändern gedacht und die dadurch bedingten Ungleichheiten der Niederhalterspannung. Die Folge davon sind Fehlstücke.

b) Endloses Band. Diese Mängel sind beim endlosen Band behoben, weil es bei der Fertigung in geringer Breite durch entsprechend schmale und daher starre Walzen geht. Die Gleichmäßigkeit der Bänder ist um so größer, je schmäler sie sind. Der Werkstoffersparnis wegen ist für jeden Zuschnitt eine entsprechende besondere Bandbreite zu wählen. Das verlangt eine großzügige Lagerung oder eine genaue Regelung des Werkstoffzuflusses mit dem Lieferanten. Beide Maßnahmen sind nur möglich bei Massenfertigung, weil dann im ersten Fall mit einer raschen Erneuerung der Bestände, und also immer noch mit einem relativ raschen Durchlauf gerechnet werden kann, im zweiten Fall, unstreitig dem günstigeren, die Lagervorräte sehr klein bemessen werden können.

Bei der Fertigung kleiner Serien in oben angedeuteter Unregelmäßigkeit, wäre es unmöglich, eine Regelung der Werkstofflieferung im ähnlichen Sinn zu treffen und so müßte die Menge des vorrätigen Werkstoffs sehr groß werden. Dafür ist aber eine Grenze durch die Forderung gezogen, daß der Vorteil der Werkstoffersparnis den Zinswert des Werkstoffvorrats und die sonst durch ihn entstehenden Kosten der Verwaltung und des Platzes übersteigen, mindestens aber sie ausgleichen muß. Damit ist auch angedeutet, daß die Wahl der Werkstofform nicht nur unter rein technischen, sondern auch unter geldlichen Rücksichten erfolgen muß, wenn sie wirtschaftlich richtig sein soll.

c) Scheibenform. Unter diesem Gesichtspunkt kommt der 3. Werkstofform eine besondere Bedeutung zu, wenigstens dann, wenn es sich um große Scheiben handelt, bei deren Zuschnitt große Abfallstücke sich nicht vermeiden lassen, denn dann kann durch die Verringerung der vorrätigen Werkstoffmenge der nur wenig höhere Preis für die Werkstoffeinheit bei Anlieferung von Scheiben durch die Verringerung des Zinswertes des Werkstoffvorrats mehr als ausgeglichen werden. Unter Umständen ist der Bezugspreis des Zuschnitts sogar geringer als der Gestehungspreis im eigenen Betrieb, weil das liefernde Messingwerk den im eigenen Betrieb entstehenden Abfall anders bewerten kann als den mit Unkosten in fremden Betrieben aufgekauften, zumal dessen Zusammensetzung nicht immer genau und sicher genug bekannt ist als daß er ohne Prüfung wieder eingeschmolzen werden könnte.

Da für die Wahl der 3. Werkstofform der Abfallwert entscheidend ist, kommt sie vorwiegend bei den Werkstoffen vor, deren Abfall noch einen hohen Wert besitzt, wie bei den Edelmetallen und den Nichteisenmetallen, nicht aber bei Eisen und Stahl, solange nicht die Technik der Verarbeitung diese Form verlangt.

IV. Prüfung des Ziehblechs.

18. Aufgaben der Prüfung.

Die Prüfung richtet sich nach den die Verwendung des Blechs bestimmenden Eigenschaften, als da sind:

1. allgemeine, auf: Aussehen und Form,
2. chemische, auf: Zusammensetzung, Korrosionsbeständigkeit,
3. physikalische, auf: Schmelzpunkt, spez. Gewicht, Wärmeaus-
   dehnungskoeffizient, Wärmeleitfähigkeit,
4. mechanische, auf: Härte, Festigkeit, Dehnung,
5. metallographische, auf: Gefüge,
6. technologische, auf: Verformbarkeit.

Es kann hier nicht die Aufgabe sein, die Prüfungsarten für alle
Eigenschaften eingehend und vollzählig durchzusprechen, sondern
unter dem Gesichtspunkt der Werkstattsforderungen, sich bei den
einen mit der Erwähnung zu begnügen und nur die wichtigsten heraus-
zugreifen.

19. Aussehen und Form.

Die gute Vollendung der Blechoberfläche gehört mit zu den Verbesserungen bei der Fertigung von Ziehblechen, insbesondere der Stahl
und Eisengruppe, der die großen Fortschritte der Ziehtechnik während
der letzten Jahre und Jahrzehnte zu verdanken sind. Die völlige Zunderfreiheit, die Blankheit und Glätte der Oberfläche verringert den Ziehwiderstand erheblich und mit ihm auch die Ungleichheiten der Wandstärke und die Zahl der Fehlstücke infolge von Rissen, die ihre Ursache
in den örtlich begrenzten Rauheiten hatten und deshalb auch durch
sorgfältige Schmierung nicht zu vermeiden waren.

Die gute Vollendung der Oberfläche ist nur möglich, wenn schon bei
der Blechherstellung auf sorgfältiges Beschneiden des Rohblocks und
peinliche Reinhaltung der Oberfläche der Platinen, sowie unbedingtes
Vermeiden von Kleben während der einzelnen Walzstiche geachtet
wird.

Insofern gibt die Beschaffenheit der Oberfläche einen Anhalt für
die Sorgfalt bei der Herstellung, und damit für einen geübten Blick
einen weitgehenden Aufschluß über die Eignung zum Ziehen. Dieser
wird noch ergänzt durch den Schluß auf das Gefüge, denn ein lockeres
Gefüge gibt keine dichte Oberfläche. Gute Dichte ist aber notwendig
neben der Glätte, wenn die Oberfläche sich durch die Umformung beim
Ziehen dem Aussehen nach so gut wie gar nicht verändern soll, so daß
man sie ohne Spachteln und Polieren lackieren kann.

Auch die Form ist zu prüfen, d. h. die Einhaltung der vorgeschriebenen Tafelgrößen und Bandbreiten und der Blechdicken. Die Ab-

weichungen der ersten beiden Maße ergeben unter Umständen eine
ungünstige Einteilung und daher eine unerwünschte Vergrößerung
des Abfalls, die Abweichungen des letzten Maßes unerwünschte Ungleichheiten des Niederhalterdruckes und Ziehfehler. Genau einzu-
halten sind die vorgeschriebenen Maße nicht, und so sind die zulässigen
Abweichungen vom Ausschuß für wirtschaftliche Fertigung festgelegt,
bis jetzt für Messingblech durch DIN 1751,
Kupferblech DIN 1752 und Aluminium-
blech durch DIN 1753, alle Bleche in
Tafelform. Diese Normblätter enthalten
außerdem noch verschiedene andere Angaben über die handelsüblichen Liefer-
bedingungen, sowie die Gewichte für
die Flächeneinheiten der verschiedenen
Dicken.

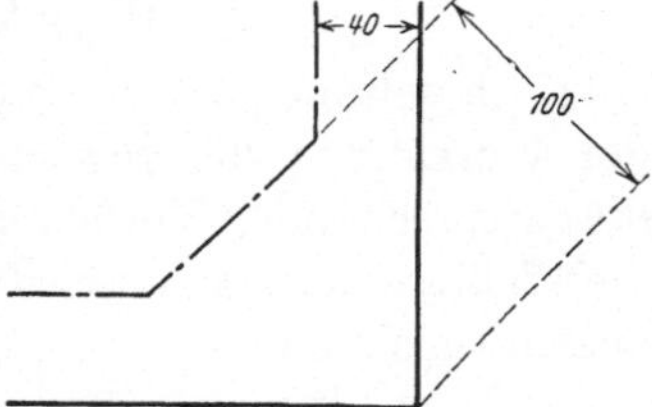

Abb. 32. Meßstelle bei Blechtafeln.

Mit Rücksicht auf die Dickenunterschiede infolge der Veränderung
der Walzen während des Blechdurchgangs darf die Dickenprüfung
nicht an einer beliebigen Stelle vorgenommen werden, sondern 40 mm
vom Rand und 100 mm vom Eck entfernt! (S. Abb. 32.) Die Toleranz
ändert sich nicht im gleichen Verhältnis zur Dicke, sondern ist bedingt
durch das bei der Blecherzeugung ohne übertriebene Aufwendungen
Erreichbare. In besonderen Fällen läßt sich daher auch noch größere
Gleichmäßigkeit erreichen, doch ist dabei zu beachten, daß die aufzuwendenden Kosten verhältnismäßig viel rascher steigen als die Tole-
ranzverringerungen, nicht zuletzt bedingt durch die besondere Überwachung der Fertigung.

20. Chemische Eigenschaften.

Die Zusammensetzung ist mengenmäßig nur durch chemische
Analyse, Zerlegung des Werkstoffs in seine Elemente, zu bestimmen.
Soll die Bestimmung bei den verschiedensten, um nicht zu sagen allen
Werkstoffen möglich sein, so sind tiefgehende und umfassende chemische
Kenntnisse erforderlich; handelt es sich aber nur um gleichartige, immer
wiederkehrende Untersuchungen, so können diese fast ohne eingehende
Kenntnisse, mechanisch, von angelernten männlichen oder weiblichen
Arbeitern ausgeführt werden. Der erste Fall, der ein gut eingerichtetes
chemisches Labaratorium erfordert, ist beim Verbraucher recht selten
und kann gegenüber dem zweiten vernachlässigt werden. Auch dieser
ist nur dort zu treffen, wo bestimmte, an die chemische Zusammensetzung eng gebundene Eigenschaften verlangt werden.

Zu den chemischen Prüfungen gehört auch die Prüfung der Korrosionsbeständigkeit, für die als Maß die Gewichtsabnahme je cm² Oberfläche in einer bestimmten Zeit (24 Stunden) in einer bestimmten

Flüssigkeit angenommen ist. Man wählt am besten kleine, rechteckige Plättchen, reinigt sie durch Schmirgeln und darauffolgendes Waschen in Alkohol und Äther, hängt sie nach dem Trocknen mittels Glasträger oder Pferdehaaren auf und läßt sie 24 Stunden in der ständig zu bewegenden Flüssigkeit, deren Menge gewöhnlich 30 cm³ je cm² Oberfläche der Plättchenprobe beträgt.

21. Physikalische Eigenschaften.

Noch seltener als die Prüfung der chemischen Eigenschaften ist in der Werkstätte die regelmäßige Prüfung der physikalischen, so daß die entsprechenden Verfahren ganz übergangen werden können. — Auch die elektrischen Eigenschaften sind bei Stanzarbeiten kaum einmal ausschlaggebend.

22. Mechanische Eigenschaften.

a) Festigkeitsprüfung. Bei der vorschriftsmäßigen Prüfung von Festigkeit und Dehnung sind Normalstäbe durch DIN 1605 vorgeschrieben. Diese sind bei der Blechverarbeitung nicht zu erhalten. Ein gesetzmäßiger Zusammenhang zwischen den Festigkeitsziffern der Streckgrenze, Bruchgrenze und Dehnung einerseits und Tiefziehfähigkeit andererseits (s. Zahlentafel 9), ist noch nicht gefunden, doch läßt

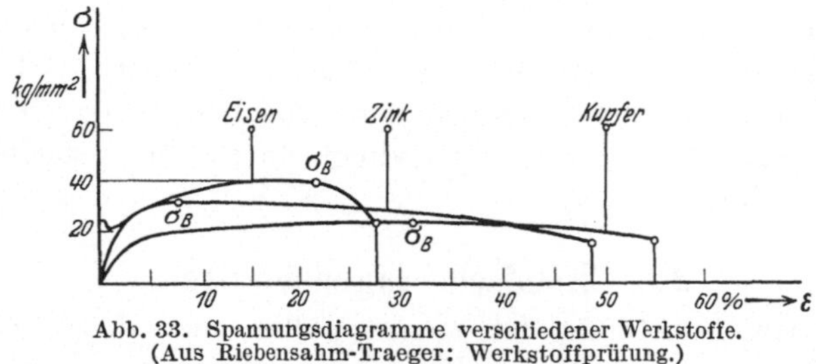

Abb. 33. Spannungsdiagramme verschiedener Werkstoffe.
(Aus Riebensahm-Traeger: Werkstoffprüfung.)

sich sagen, daß der Werkstoff am geeignetsten ist, der schon bei geringer Beanspruchung, also niederer Streckgrenze, eine bleibende Verformung erleidet und bei fortschreitender starker Dehnung erst bei hoher Beanspruchung die Bruchgrenze erreicht. Das Spannungsdiagramm eines solchen Werkstoffs, des Kupfers, zeigt Abb. 33 und im Gegensatz dazu mit Zink das Diagramm eines Werkstoffs, der zum Ziehen schlecht geeignet ist. Zwar ist auch hier keine eigentliche Streckgrenze vorhanden, aber die Bruchgrenze liegt bei geringer Dehnung. Abb. 34 zeigt das Diagramm für verschiedene Stähle, von denen der mit der niedersten Streckgrenze, bei 20 kg/mm², der für Kaltverformung geeignetste ist. Wie groß die Eignung bei verhältnismäßig geringem Unterschied der mechanischen Eigenschaften ist, läßt sich nicht sagen, und deshalb, aber auch, weil man nur Stäbe, also nicht die fertige Form des zu ver-

Zahlentafel 9. Mechanische, technologische Eigenschaften und Stufung.

Blechart	Zugfestig-keit $K_Z = F_B$ = kg/mm²	Streck-grenze	Dehnung %	Stufungsmöglichkeit $m = \dfrac{d}{D} \, 100 = \%$	Erichsenwert für 1 mm Stärke	Legierung
Platin	—	—	—	—	—	—
Gold	—	—	—	—	—	—
Golddoublé	—	—	—	—	—	—
Silber	—	—	45	—	1000 fein 13,9 925 19,5 800 9,6	—
Nickel	40÷45	—	60÷45	—	12,7	Ni 67%, Cu 28%, MnFe 5%
Monel	55	—	39	—	—	Ni 12÷22%, Cu 60÷65%, Zn
Neusilber	35÷45	—	20÷40	—	—	Ni 25% [18÷23%
Nickeleisen 25% Ni .	60	—	35÷40	—	—·	
Kupfer	21—24%	—	7÷38	50	14,1 ⎱ Iª Cu 11,8 ⎰	
Messing	30—33%	—	50	45÷50	13,3	Cu 63÷72%, Rest Zn
Bronze	40—50%	—	60÷70	—	—	Sn 6÷10%, Rest Cu
Zink	19	—	÷30	70÷75	8,1	
Aluminium	7÷11	5÷8	30÷45	55÷60	10,4	Al mit 2÷3%, Cu u. 0,5% Mg
Duraluminium . . .	22÷27	—	25÷22	—	—	Si, Mn, Fe u. Al
Aludur Nr. 533 . . .	16÷22	—	27÷20	—	—	Si, Mn, Fe, Cu u. Al
Nr. 570 . . .	18÷23	—·	25÷28	—	—	Cu 4%, Si 2%, Rest Al
Lautal	23÷25	10÷13	18÷28	—	—	Zn 12%, Cu 5%, Mn 0%,6 Si 0,5%
Skeleron	30	—	15÷20	—	—	Fe 0,4%, Si 0,1%, Rest Al
Aëron	25÷18	—	9	—	—	Al 0,2÷0,5%, Zn 0,1÷0,3%,
Elektron Am 503 . .	22÷25	14÷17	14÷18	—	—	Mn 0,5÷1%, Rest Mg.
Z_3	23÷24	13÷15	15÷18	—	—	Zn 3%, Rest Mg
Falzblech u. Weißblech	—	—	—	—	9,5	—
1 mal dek. Stanzblech	—	—	—	60	9,2	—
2 mal dek. Stanzblech	—	—	—	55÷60	9,9	—
Tiefziehblech	30÷34	—	20÷32	50÷55	10÷11	—
Karrosserieblech . . .	35÷40	—	30÷35	50÷55	11,8÷12,5	—
Kaltgewalzt. Bandeis.	—	—	—	50÷55	12,5÷13	Cr 18÷20%, Ni 7÷12%, C 0,1÷0,4%
Nichtrost. Stahlblech	60÷70	—	50	60% auf 2 mal mit 15%	14,3	Cu 0,2÷0,3 mit technisch reinstem Eisen von 99,7%
Rostschwach. Stahlbl.	—	—	—	—	—	Cu 0,4%, Mo 0,08% mit tech-nisch reinem Eisen

arbeitenden Werkstoffs mit allen Fehlerquellen, erfassen kann, ist die Prüfung von Streckgrenze und Bruchgrenze in der Blech verarbeitenden Werkstatt nicht üblich.

Braucht man die Zugfestigkeit dennoch einmal für eine Rechnung, wie die Bestimmung der Ziehkraft oder andere, so kann man sich mit einer ungefähren Ermittlung begnügen, die mittels einer Brinellpresse leicht durchzuführen ist. Man fertigt einen Ziehring, den man außen mit einem Gewinde versieht, in das eine Mutter paßt, die mit einem Flansch die Fläche des Ziehrings zwischen Rand und Öffnung bedeckt und so für eine auf den Ziehring gelegte Blechscheibe als Niederhalter wirkt, dessen Druck durch schwächeres und stärkeres Niederschrauben verändert werden kann.

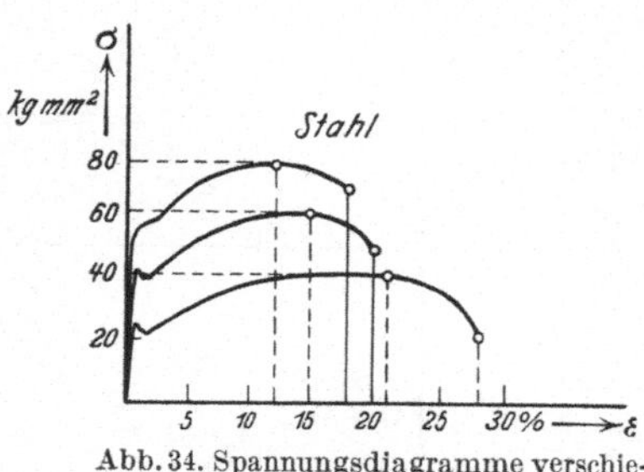

Abb. 34. Spannungsdiagramme verschiedener Stahllegierungen. (Aus Riebensahm-Traeger: Werkstoffprüfung.)

Macht man dann den Druck so stark, daß die Scheibe nicht ganz in die Öffnung hineingezogen wird, wenn man die Spindel der Prüfmaschine, versehen mit einem entsprechenden Ziehstempel, niedergehen läßt, sondern reißt und liest den Druck P ab, den die Presse beim Bruch ausgeübt hat, dann ist, wenn k_z die gesuchte Zugfestigkeit, d der Durchmesser des Ziehstempels, s die Blechstärke:

$$P = \pi(d + s) \cdot s \cdot k_z \ \text{kg} \qquad (23)$$

und die Zugfestigkeit

$$k_z = \frac{P}{\pi(d + s)s} \ \text{kg/mm}^2 \ . \qquad (23\,\text{a})$$

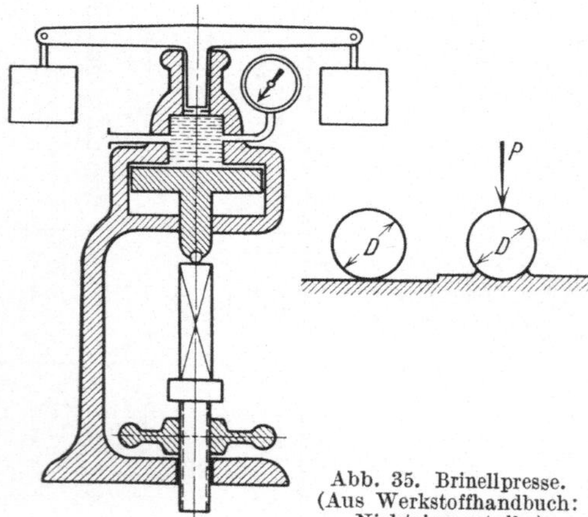

Abb. 35. Brinellpresse. (Aus Werkstoffhandbuch: Nichteisenmetalle.)

b) Härteprüfung nach Brinell.

Im allgemeinen ist als einzige mechanische Eigenschaft die Härte zu ermitteln, von der aus man auch, wenigstens bei Stählen, mit einiger Erfahrung auf die Zerreißfestigkeit schließen kann. Für die Härteprüfung von Blechen sind z. Zt. hauptsächlich zwei statisch arbeitende Prüfverfahren im Gebrauch, die Brinell- und die Rockwell-Härteprüfung.

Bei der Brinellprüfung (Abb. 35) wird eine Stahlkugel vom Durchmesser D durch eine Kraft P so lange — im allgemeinen 30 Sekunden — in das zu prüfende Blech gedrückt, bis der Blechwiderstand dem weiteren Eindringen ein Ende gemacht hat. Dann gilt als Härte H die Belastung je mm² Kreisfläche, die durch den Durchmesser der Eindrucköffnung gebildet wird, so daß:

$$H = \frac{2P}{\pi D\left(D - \sqrt{D^2 - d^2}\right)}. \tag{24}$$

Der Vergleichbarkeit der Prüfergebnisse wegen sind in Deutschland durch DIN 1605 die Kugeldurchmesser zu Proben von bestimmten Werkstoffen und bestimmten Dicken vorgeschrieben (s. Zahlentafel 10). Sie sind bei den Prüfungsergebnissen immer mit anzugeben, wie in den Zahlentafeln 4 bis 8. Dabei bedeutet z. B. bei der Bezeichnung 5/750/30 5 den Kugeldurchmesser, 750 die Belastung und 30 die Belastungsdauer.

Zahlentafel 10. Belastung bei Brinell-Härteprüfung.

Probendicke	mm	> 6	$6 \div 3$	< 3
Kugeldurchmesser . . . . D mm		10	5	2,5
Belastung für Stahl und Gußeisen . . . . . . P kg		3000	1000	250
Belastung f. hartes Kupfer, Messing, Bronze u. a. P kg		750	250	62,5
Belastung für weichere Metalle . . . . P kg		187,5	62,5	15,6

Als Beziehung zwischen Brinellhärte und Zugfestigkeit ist anzunehmen, daß bei den normalen Belastungen von $P = 30\,D^2$ die Zugfestigkeit in

kg/mm² für mittelharte Kohlenstoffstähle = 0,36 mal Brinellhärte ist,

für Nickelstähle . . . . = 0,35 mal   ,,

für Chromnickelstähle . . . . = 0,34 mal   ,,

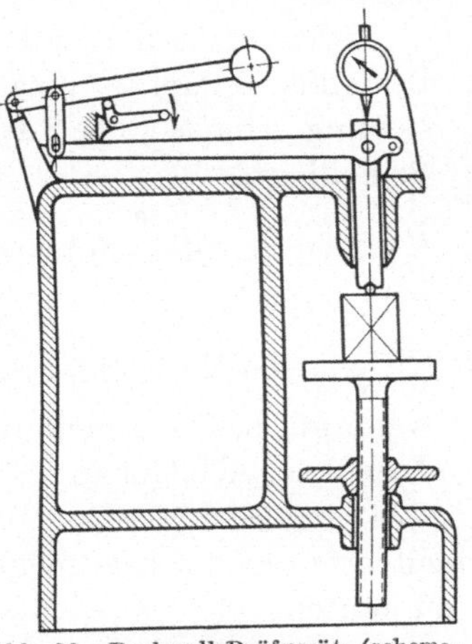

Abb. 36. Rockwell-Prüfgerät (schematisch). (Aus Werkstoffhandbuch: Nichteisenmetalle.)

Abb. 36a. Rockwell-Prüfgerät (Ansicht).

Für Nichteisenmetalle ist ein ähnlicher Zusammenhang bisher nicht bekannt geworden.

Für Bleche, insbesondere schwache Bleche ist die Brinellhärteprüfung vorsichtig anzuwenden. Es empfiehlt sich auf jeden Fall, mehrere Bleche übereinander zu legen, weil sonst die Härte der Unterlage das Prüfungsergebnis stark beeinflussen kann.

c) **Härteprüfung nach Rockwell.** In dieser Hinsicht arbeitet die Rockwellprüfung günstiger und zugleich rascher, so daß, wenn nötig, auch eine Prüfung von Massenteilen durchgeführt werden kann. Bei ihr (Abb. 36 und 36a) wird die Eindringtiefe einer Prüfspitze — Stahlkugel bei weichen Metallen, Diamantkegel bei harten — unter einer Belastung von bestimmter Größe und bestimmter Dauer gemessen. Eine Meßuhr zeigt gleich die Härtezahl. Die Prüfung erfolgt sehr schnell, bei geringer Belastung, 100 kg für die Stahlkugel, die B-Skala, und 150 kg für den Diamantkegel, die C-Skala, wobei dort mit einer Eindrucktiefe von 0,25 mm, hier mit einer von 0,06 gerechnet werden muß. Der geringen Belastung entsprechend ist die Oberflächenverletzung gering.

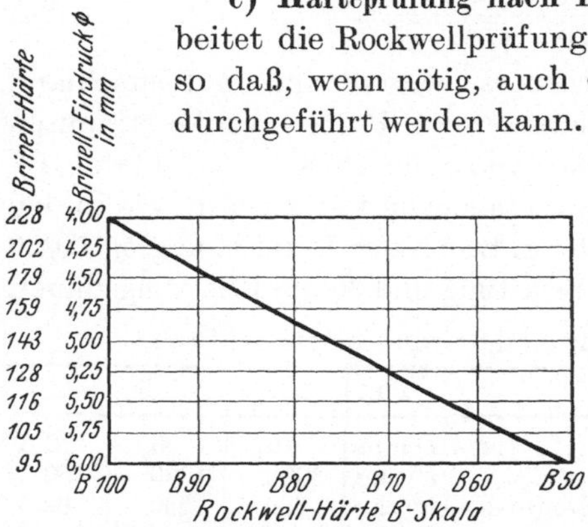

Zwischen der Rockwell- und Brinellhärte wurde eine Beziehung gefunden, nach der die Brinellhärte

$$H_n = \frac{a}{130 - \text{Rockwell-B-Härte}}$$

bzw.

$$= \frac{a}{(100 - \text{Rockwell-C-Härte})}, \quad (25)$$

wenn für die Koeffizienten a die Werte der Abbildungen 37 bzw. 37a eingesetzt werden.

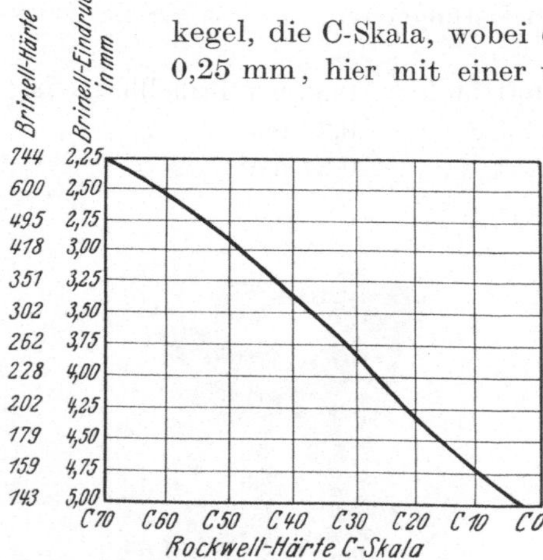

Abb. 37. Werte der Koeffizienten a für die Rockwell-B-Skala.

Abb. 37a. Werte der Koeffizienten a für die Rockwell-C-Skala.

Bei Prüfungen ist wie bei dem Brinellverfahren auf eine möglichst saubere, glatte und ebene Oberfläche zu achten.

23. Gefüge.

a) Makroskopische Prüfung. Ist die Prüfung makroskopisch, dann zeigt die Betrachtung mit dem Auge oder mit schwacher Vergrößerung grobe Unterschiede in der Struktur, der Gleichmäßigkeit und der Dichte des Werkstoffes (Abb. 38). Die zu beobachtenden Stellen sind durch

Schleifen besonders vorzubereiten; dieses beginnt mit grobem Mittel, der
Körnung 2 und muß immer feiner werden, — über Körnung IM, IF, 0,
schließlich Körnung 00. Bei diesem Stand der Vorbereitung sind die
ersten Beobachtungen zu machen. Um diese zu erleichtern, kann das
Gefüge durch Ätzen — für Stahl und Eisen gewöhnlich mit 12 g Kupfer-
ammoniumchlorid in 100 cm² destilliertem Wasser, für Kupfer, Kupferlegierungen u. a. mit einer Zugabe von so viel Ammoniak, daß das aus-
geschiedene Kupfersalz sich wieder löst, — gefärbt und sichtbarer gemacht werden. Die makroskopische Untersuchung ist in erster Linie
wichtig zur Beobachtung der Wandungen gezogener Gefäße und zeigt

hierbei die Zerrungen der
Fasern, etwa aufgetretene
Risse und dgl. und ist so
geeignet, Fehler aufzuklä-
ren, die äußerlich und mit
dem bloßen Auge nicht zu
erkennen sind.

**b) Mikroskopische Prü-
fung.** Von größerer Bedeutung als die makroskopi-
sche ist die mikroskopische
Untersuchung. Sie macht
die Metallkristalle sichtbar,
muß zu diesem Zweck mit
stärkeren Vergrößerungen
arbeiten und deshalb eine

Abb. 38. Makroskopisches Werkstoffbild.
(Aus Riebensahm-Traeger: Werkstoffprüfung.)

feinere Vollendung der zu beobachtenden Flächen verlangen. Diese
werden daher mit in Wasser aufgeschlämmter, besonders präparierter
Tonerde, nach dem oben beschriebenen Schleifen, unter Drehen hoch-
fein poliert, bis alle Schleifrisse verschwunden sind. In diesem Zustand
ist wieder die erste Beobachtung zu machen, die die gröbsten Ergebnisse bringt. Dann wird die Probe sorgfältig entfettet und geätzt,
für Eisen bei laufenden Untersuchungen mit einer Mischung von 4 g
Pikrinsäure in 100 cm³ Äthylalkohol, für Kupfer, Kupferlegierungen u. a.
mit einer Lösung von 5 g Eisenchlorid, 30 g Salzsäure (spez. Gew. 1,4),
100 cm³ Wasser. Auch verdünnte Salpetersäure, 1 cm³ (mit spez. Gew.
1,4) in 99 cm³ Äthylalkohol, wird häufig genommen. Durch das Ätz-
mittel werden bei Legierungen die Gefügebestandteile und bei reinen
Metallen die Kristalle je nach der Orientierung verschieden stark angegriffen und heben sich durch die Lichtreflexe besser gegeneinander ab
(Abb. 39a bis d). Dies wird unterstützt durch verschiedene Färbung der
Gefügebestandteile, die die Ätzflüssigkeit hervorruft. Zur Beobachtung
der Gefüge dienen Mikroskope und mikrophotographische Einrichtungen.

Als Normalprobe nimmt man Flächen 15 auf 15 mm, doch können auch die kleinsten Stücke, Späne, Splitter untersucht werden, wenn man durch geeignetes Aufkitten die Herstellung einer genügend vorbereiteten Fläche ermöglicht. Die mikroskopische Untersuchung läßt

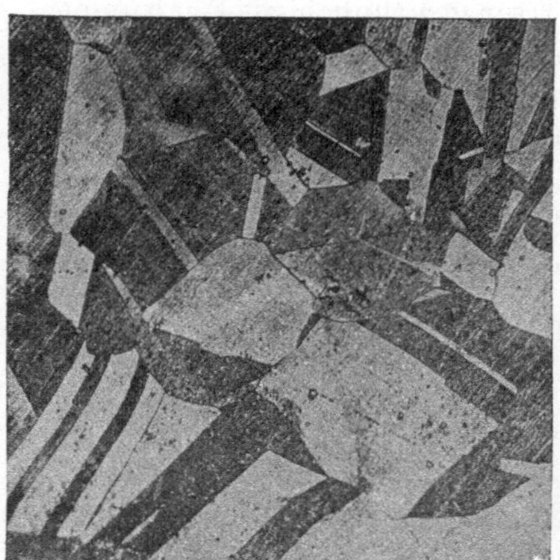

Abb. 39a. Messing mit 20% Zn (geglüht).
α-Polygone. × 300.
(Aus Goerens: Metallographie.)

Abb. 39b. Messing mit 20% Zn (kalt gewalzt).
Verzerrte α-Polygone. × 300.
(Aus Goerens: Metallographie.)

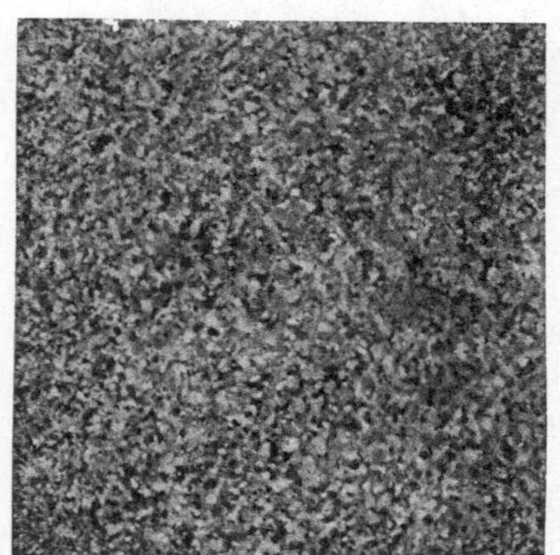

Abb. 39c. Messing mit 40% Zn (Konstruktur des gewalzten Messings). × 1.
(Aus Goerens: Metallographie.)

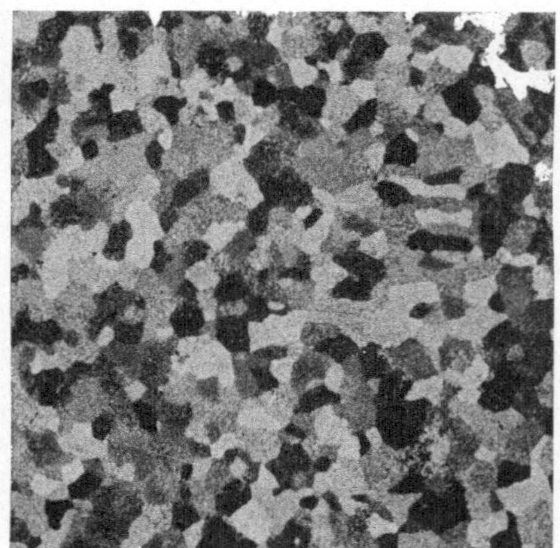

Abb. 39d. Messing mit 40% Zn (nach dem Walzen bei 850° geglüht). × 1.
(Aus Goerens: Metallographie.)

eine sichere Beurteilung des inneren Zustands der Metalle zu, der bedingt ist durch die vorausgegangene Kaltverformung und Wärmebehandlung. Jene ist erkennbar durch die Form der Kristalle und deren Verzerrung, diese durch die Größe der Kristalle. Kaltverformung und Wärmebehandlung stehen derart in Zusammenhang miteinander, daß auf eine bestimmte Kaltverformung eine bestimmte Wärmebehandlung folgen muß, um ein gewünschtes Ergebnis zu erzielen. Dieses Ergebnis ist bei Stanzblechen die möglichst gute Tiefziehfähigkeit. Um sie zu erreichen, müssen alle gewalzten Bleche zum Schluß geglüht werden, um die durch das Walzen entstandene Verzerrung der Kristalle, die sich in einer Verhärtung des Werkstoffes, der „Kalthärtung" äußert, zu beheben und die normale Kristallform wieder herzustellen. Diese Umwandlung der Kristallform heißt deshalb „Rekristallisation". Die Kristalle in ihrer normalen Form können groß und klein sein, was einem „groben" bzw. „feinen" Gefüge entspricht. Doch ist die Güte des Werkstoffs bei beiden Gefügearten verschieden. Grobes Gefüge ist gegen Verformung empfindlich, weil es den Werkstoff spröde macht und seine Oberfläche rauh, und ist je nach dem Grad für das Tiefziehen völlig unbrauchbar. Die Nachteile des Gefüges können auch durch noch so gute Schmierung oder sonstige Erleichterungen nicht ausgeglichen werden. Feines Gefüge ist gegen Verformung unempfindlich, weil es den Werkstoff zähe und seine Oberfläche dicht und fein macht. Das feine Gefüge ist deshalb bei allen Blechen eine Vorbedingung für die Tiefzieheignung, und, da die Metallographie die mikroskopische Prüfung des Gefüges bezweckt, ja das einzige Mittel zur Beobachtung gibt, leistet sie für die Ziehtechnik wertvolle Dienste.

24. Technologische Eigenschaften.

Während die bisherigen Prüfungen, wie die allgemeine, die physikalische und die mechanische gar nichts, oder wie die metallographische, nur indirekt etwas über die Verformbarkeit aussagen, sollen nun die Prüfungsarten besprochen werden, die einen direkten Vergleich der Verformbarkeit des Werkstoffs im Verarbeitungszustand ermöglichen, ohne einen Anhalt für die Ursache der schlechteren Eignung oder Nichteignung zu geben, wenn diese festgestellt werden muß. Die Prüfungsarten beruhen darauf, daß Teile des Werkstoffs einer Verformung unterworfen werden, die die Eigenschaften beansprucht, die auch für die Verarbeitung maßgebend sind, hier also die Zähigkeit und die Dehnung. Die einfachste Verformung dieser Art ist die Biegung, die einfachste und darum häufigste Prüfung, die Biegeprobe.

a) Die Biegeprobe. Wie sie ausgeführt wird, ist an sich gleichgültig, nur muß sie, um Vergleiche zu ermöglichen, immer in gleicher Weise durchgeführt werden. Es ist deshalb günstig, daß sich der Normenausschuß mit den Prüfmethoden befaßt und bestimmte Vorschriften festlegen will, die einen Vergleich der Ergebnisse zwischen den einzelnen Fabriken und insbesondere zwischen Verbraucher und Erzeuger ermöglicht. Die Biegeprobe kann so ausgeführt werden, daß man das Blech nach jeder Richtung zusammenfaltet. Dabei darf es nicht reißen. Also so, daß man ihm eine möglichst starke Belastung, eine Höchst-

beanspruchung zumutet, oder aber, daß man es nach Abb. 40 um einen
Dorn von beliebigem, aber immer gleichem Durchmesser, um einen beliebigen, aber immer gleichen Winkel biegt und beobachtet, bei der
wievielten Biegung ein Einreißen stattfindet. Diese Prüfung hat gegen-

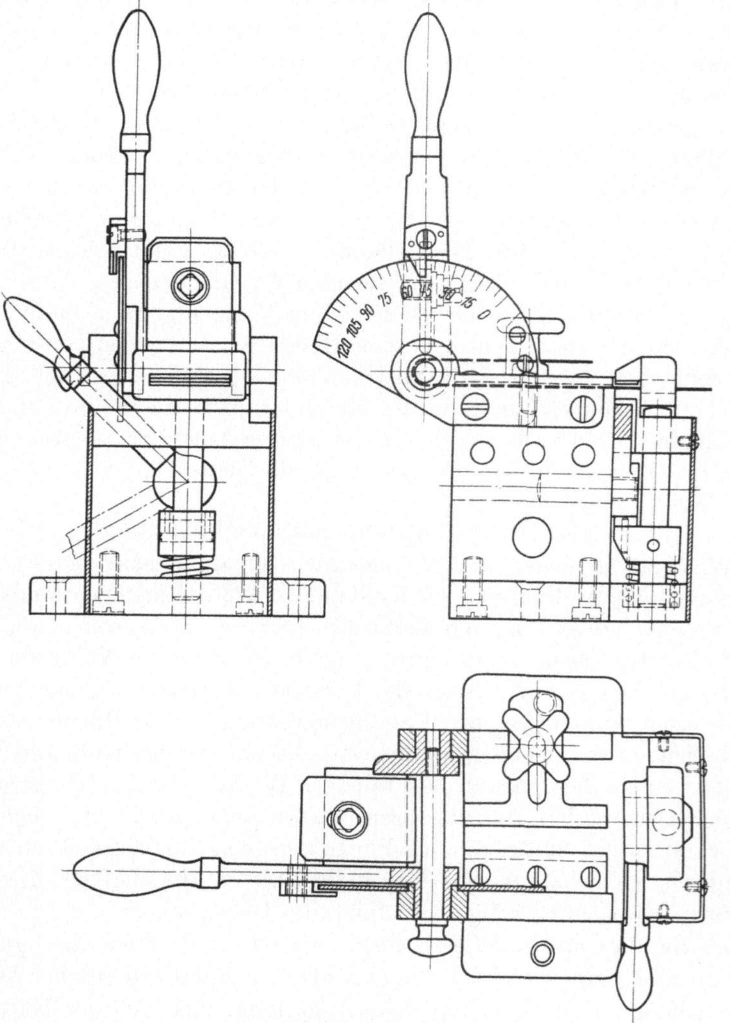

Abb. 40. Vorrichtung zum Hin- und Herbiegen von Blechproben.

über dem Faltversuch den Vorteil, daß sie auf jeden Fall zu einer fest-
stellbaren Grenzbeanspruchung führt, die den sichersten Vergleich
zuläßt, während der Faltversuch nur die Mindestgrenze der Beanspruchung prüft. Die Grenzbeanspruchung wird auch bei einer anderen
Prüfungsart beobachtet, der Tiefungsprobe.

b) Die Tiefungsprobe. Bei der Tiefungsprobe wird eine Blechscheibe mittels einer Mutter festgespannt, ähnlich wie es beim eigentlichen Zug der Niederhalter tut, und durch einen abgerundeten Dorn über eine Kante in eine Öffnung gezogen, so tief, bis das Blech an einer Stelle reißt. Als Maß für die Güte gilt die Tiefe, auf die das Blech in die Öffnung hineingezogen werden muß, bis der Bruch ausgebildet ist.

Zu dieser Prüfung wird in Deutschland hauptsächlich der Blechprüfungsapparat von Erichsen benützt (Abb. 41 und 41a); er ist ein Doppelspindelapparat, dessen eine Spindel als Blechhalter dient, der vor der Tiefung einen Abstand von 0,05 mm von der Blechprobe hat, und mit dessen anderer Spindel die Tiefung ausgeführt wird. Sie ist mit einer Mikrometerskala versehen, auf der man die Tiefung mit Hundertstelmillimeter Genauigkeit ablesen kann, die aber vor jeder Probe eingestellt werden muß.

Die Blechprobe wird während der Tiefung mittels eines Spiegels beobachtet, damit der richtige Augenblick erkannt wird, in dem der Bruch erfolgt und **also** die Tiefung nicht zu weit geführt wird. Dies könnte auch geschehen, wenn man die Tiefung zu rasch ausführt, weil dann dem Blech zur Ausbildung des Bruchs nicht genug Zeit gegeben wird, daß sie bei der geringsten Tiefung erfolgen kann.

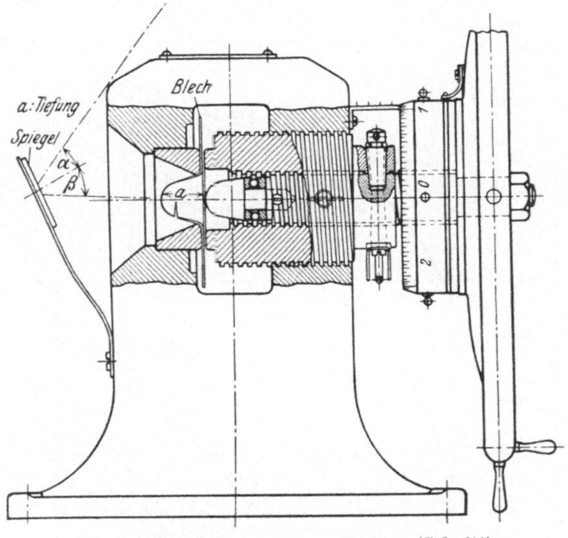

Abb. 41. Blechprüfapparat von Erichsen (Schnitt).

Abb. 41a. Blechprüfapparat von Erichsen (Ansicht).

Für den Erichsen-Apparat sind die Tiefungswerte für die verschiedensten handelsüblichen Ziehbleche ermittelt, sie steigen mit der Dicke. Durch Verbindung der einzelnen Punkte erhält man für die verschiedenen Metalle Kurven, die die Abhängigkeit der Tiefung von der Blechstärke zeigen. Abb. **42** und **42a** geben diese Kurven wieder; es entspricht z. B. in Abb. **42** für Messingdruckblech von der Dicke 0,8 mm eine Tiefung von 13 mm.

In Amerika wird an Stelle des Erichsen-Apparats ein „Ohlsen-Maschine" genannter Apparat verwendet, der außer der Tiefung auch den Ziehdruck anzeigt. Ähnlich der Ohlsen-Maschine ist die Konstruktion der Guillery-Maschine.

Die Prüfmaschinen haben alle gemeinsam, daß die Tiefungswerte verschiedener oder gleicher Metalle nur für gleiche Blechstärken vergleichbar sind.

Die Beurteilung der Tiefungsproben soll nicht allein nach den erreichten Tiefen erfolgen, sondern auch nach der Art der Rißbildung und dem Aussehen der Probenoberfläche. Der Riß soll sich nämlich auf dem ganzen Umfang

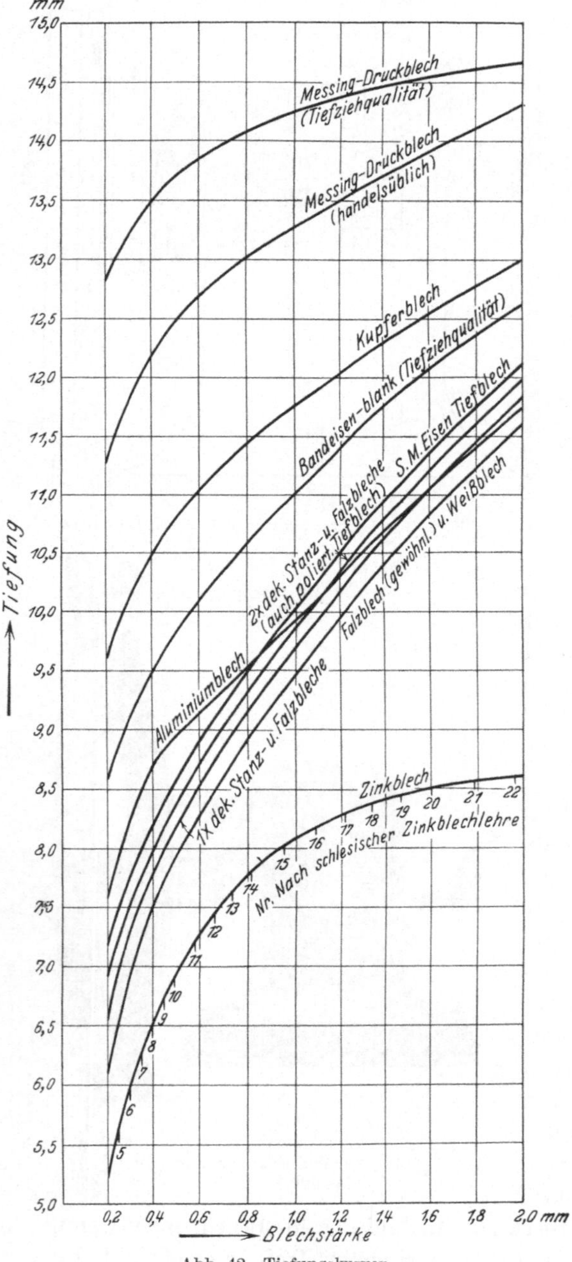

Abb. 42. Tiefungskurven.

gleichzeitig ausbilden (Abb. 43a); bildet er sich nur an einer Stelle aus (Abb. 43b), so ist daraus auf Unregelmäßigkeiten des Blechs zu schließen. Außerdem soll sich das Aussehen der Blechoberfläche durch die Tiefung nicht verändern. Ist die Oberfläche der getieften Probe narbig und rauh (Abb. 43c), so ist daraus auf ein grobkörniges, für Tiefziehen ungeeignetes Gefüge des Werkstoffs im Verarbeitungszustand zu schließen. So verbindet die Blechprüfung mit den Tiefungsappa-

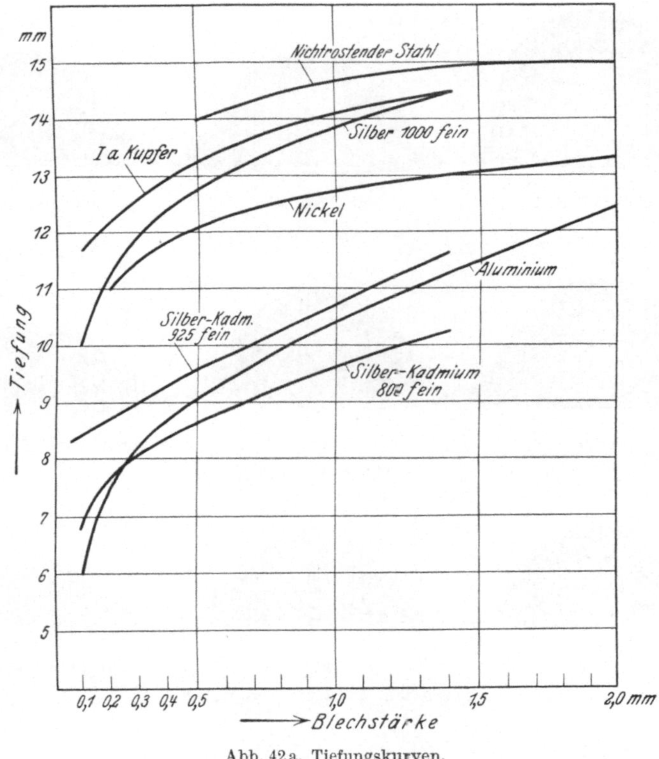

Abb. 42a. Tiefungskurven.

raten die einfachen Biegeproben mit der metallographischen Untersuchung. Darin liegt neben der Einfachheit der Durchführung ein großer Vorzug.

Insofern aber ist die Prüfart nicht vollkommen, als man nur die Prüfungsergebnisse bei gleichen Blechstärken vergleichen kann, ohne daß ein Vergleichsmaßstab vorhanden ist, nach dem man auf das wirkliche Maß für die Tiefzieheignung, die Stufungsmöglichkeit, schließen kann. Es ist nämlich nicht so, daß die doppelte Tiefung der doppelten Stufungsmöglichkeit gleichkommt, weder von einer Blechdicke zur andern, noch bei gleicher Blechdicke von einer Blechart zur

rauh, zu stark geglüht   gut   hart

Abb. 43a. Messing.

rauh (4% Ni.)   gut (15% Ni.)   gut (10% Ni.)

Abb. 43b. Neusilber.

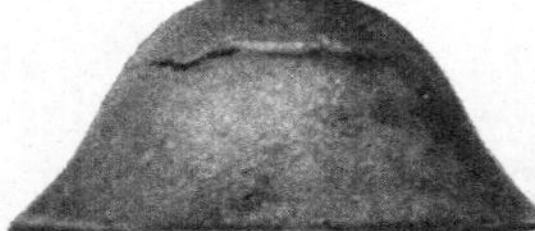  

rauh   gut   unrein, daher frühbrüchig

Abb. 43c. Kupfer.

rauh   gut   frühbrüchig, adrig

Abb. 43d. 2 × dekap. Stanzblech.

gut, Holzkohlenblech   rauh   adrig

Abb. 43e. Weißblech.

rauh   gut   adrig

Abb. 43f. Zinn.

andern. Wenn man also bei gleicher Blechart nach den Tiefungswerten von einer Blechstärke zur andern urteilen will, so kann man günstigstenfalls sagen, daß unter gleichen Ziehbedingungen dickes Blech leichter zu ziehen ist als dünnes, oder, weil die Praxis lehrt, daß die tatsächlich erreichbaren Stufungsstaffeln für dünne Bleche sich wenig von denen mit dicken Blechen unterscheiden, daß bei dünnen Blechen die erreichbare Stufung in höherem Maße von den Zieheinrichtungen abhängig ist, und bei gleichen Blechstärken, aber verschiedenen Blecharten, daß die Bleche mit höheren Tiefungen leichter und vielleicht auch mit größerer Stufung gezogen werden können.

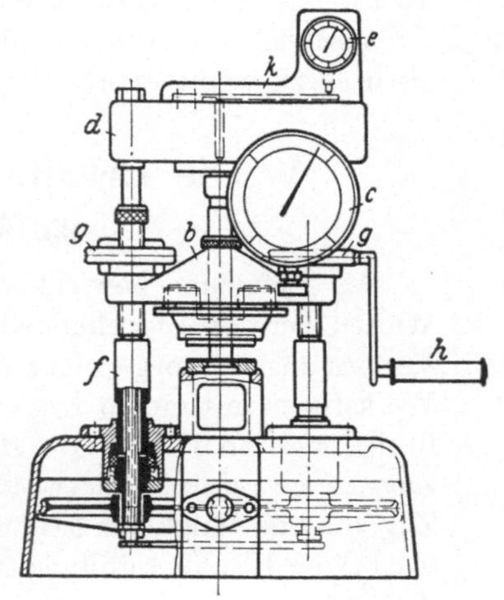

c) Ziehprobe. Als direktes Maß für die Tiefziehfähigkeit kommt aber nur die Stufung in Betracht, die eine der Grundlagen der Werkzeugberechnung ist, weil sie die Zahl der Züge bestimmt, die zur Erstellung eines Werkstücks notwendig sind. Ihren Maximalwert bestimmt man am besten mit Hilfe eines Versuchswerkzeugs nach Abb. 44, mit einem Ziehringdurchmesser von $d_1 = 50$ mm und einer Anzahl von Ziehstempeln, die den im Betrieb am häufigsten vorkommenden Blechdicken angepaßt sind. Als Vergleichswerte dienen die Durchmesser der größten Ziehscheiben, die aus den verschiedenen Blechen ohne Bruch gezogen werden können.

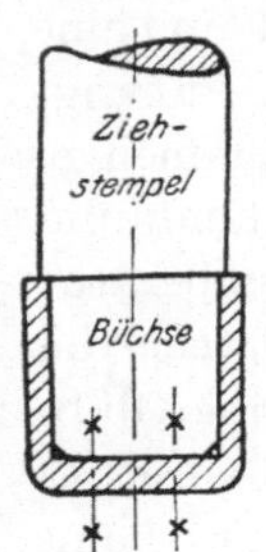

Abb. 44.
Ziehstempel mit
auswechselbarer
Büchse für Ziehproben.

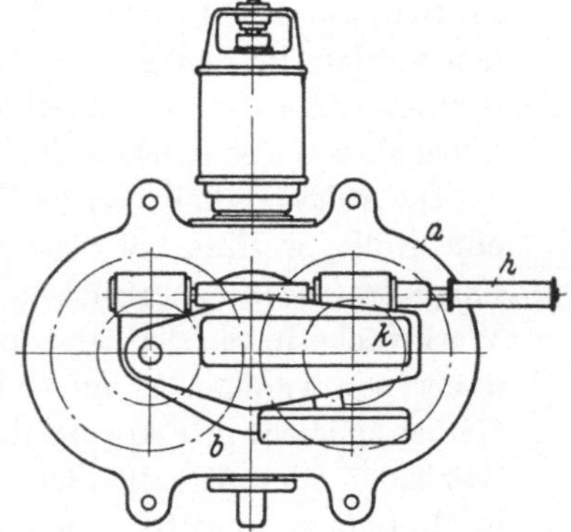

Abb. 45. Prüfmaschine für Tiefzüge
nach Wazau.

Diese Prüfung hat den Nachteil, daß das Werkzeug, das ja ein ganz gewöhnliches Ziehwerkzeug ist, eine lange Einstellzeit erfordert. Diese kann man heute durch Verwendung der nach diesem Gedanken von Wazau gebauten Prüfmaschine (Abb. 45) verkürzen, die die Prüfung von der Werkstatt loslöst, die Einstellarbeit vereinfacht und die Prüfung selbst dadurch abkürzt, daß man einen bestimmten Ziehscheibendurchmesser wählen und als Vergleichsmaße die Ziehkräfte nehmen kann, die für die verschiedenen Bleche notwendig sind. Die Ziehkräfte können an der Maschine abgelesen oder aus dem Ziehkraftdiagramm entnommen werden, das von der Maschine selbsttätig aufgezeichnet wird.

Besser ist allerdings auch hier die Ermittlung der maximalen Stufung, weil diese einen guten Schluß von der Zieheignung eines Blechs bestimmter Dicke auf die Zieheignung der Bleche abweichender Dicke, aber der gleichen Sorte zuläßt.

Abschließend läßt sich über diese Prüfungsart nicht urteilen, weil sie noch zu wenig erprobt ist.

V. Die Erhaltung der Tiefziehfähigkeit.
25. Rekristallisation.

Das Tiefziehen bewirkt wie jede andere Kaltverformung, z. B. das Walzen bei der Blechherstellung, eine Kalthärtung durch die bei der Verformung hervorgerufene Verzerrung der Metallkristalle. Solange die Werkstücke mit einem Zug erstellt werden können ist die Kalthärtung in den meisten Fällen erträglich. Sobald aber eine größere Anzahl von Zügen zur Erstellung notwendig ist, ist von Zeit zu Zeit, oft nach jedem Zug, die ursprüngliche Ziehfähigkeit wieder herzustellen. Das geschieht wie bei der Blechherstellung nach bestimmten Verformungsgraden durch Zurückführen der verzerrten Kristalle auf ihre normale Form (Rekristallisation) durch entsprechende Warmbehandlung, das Glühen. Zum Glühen werden die gezogenen Werkstücke in einem Ofen erwärmt und eine bestimmte Zeit auf einer bestimmten Temperatur gelassen. Die Zeit hängt dabei ab von der Werkstoffart, der Temperaturhöhe und der Glühmenge.

Die Abhängigkeit von der Werkstoffart spielt nur beim Aluminium eine Rolle, weil es bei diesem Metall wichtig ist, die Glühtemperatur möglichst rasch zu erreichen. Man taucht daher zu diesem Zweck die Werkstücke in ein Salpeter- oder Metallbad und erreicht so eine Glühdauer von wenigen Minuten. Ist die Glühdauer zu lang, dann wird das Gefüge zu leicht grobkörnig; dies ist besonders dort zu beachten, wo keine Salzbäder oder Metallbäder vorhanden sind und deshalb die Glühung in Muffelöfen ausgeführt werden muß. Diese Öfen sind erst auf die notwendige Glühtemperatur zu bringen und dann zu beschicken.

Von der Temperaturhöhe hängt die Glühzeit derart ab, daß bei höherer Temperatur kürzer, und von der Glühmenge derart, daß bei größerer Glühmenge länger geglüht werden muß, weil es länger dauert bis die richtige Glühtemperatur in das Innere der Glühmenge eingedrungen ist.

26. Glühen und Beizen.

Die Glühtemperatur ist abhängig von der Werkstoffart im allgemeinen und der Werkstoffreinheit im besonderen und dem Verformungsgrad. Die Abhängigkeit von der Werkstoffart zeigt Zahlentafel 11. Durch

Zahlentafel 11. Normale Glühtemperatur und Beizmittel für verschiedene Werkstoffe.

Lfde. Nr.	Werkstoff	Glühtemperatur ^{0} C	Beizmittel
1	Platin	1100	—
2	Gold	—	—
3	Silber	600÷700	wenig %ige Schwefelsäure 2 Teile $NaNO_3$ 1 Teil NaCl 100 Teile kaltes Wasser $4\frac{1}{2}$ T. Schwefelsäure 66° Bé, 95°C
4	Nickel . . .	500÷900	20%ige Schwefelsäure bei 60÷80° C
5	Monel	800÷900 blankglühen	—
6	Neusilber . .	600÷750 in reduzierender Atmosphäre	Mischung verdünnter Salpeter- und Schwefelsäure bei 60° C
7	Kupfer . . .	650	10%ige Schwefsäure
8	Messing . . .	550÷580	—
9	Walzbronze .	550÷600	—
10	Aluminium. .	250÷350	—
11	Duraluminium	—	—
12	Aludur . . .	350÷400	—
13	Lautal. . . .	350÷400 langsam abkühlen	—
14	Skeleron . . .	280÷300	—
15	Elektron. . .	300	15% K-Bichromat 20% konz. Salpetersäure 65% Wasser
16	Eisenblech . .	650÷850	mögl. reine Salz- oder Schwefel- säure
17	Nichtrostendes Stahlblech .	1150÷1170	5%ige Schwefelsäure

Verunreinigungen oder Metallzusätze wird im allgemeinen die Glühtemperatur erniedrigt, teilweile ganz erheblich, so z. B. bei Silber durch Verunreinigung mit Eisen in Höhe von 0,05% derart, daß die durch Kaltbearbeitung erstellten Werkstücke beim Lagern in Zimmertemperatur brüchig werden.

Die Abhängigkeit vom Verformungsgrad ist im allgemeinen so, daß die Glühtemperatur sinkt, wenn der Verformungsgrad steigt und daß zu jedem Verformungsgrad eine bestimmte Glühtemperatur gehört. Einen solchen Zusammenhang von Verformungsgrad und Glühtemperatur zeigt Abb. 46 für Kupfer nach Hanemann. Bei Eisen und Stahl gehört zu Verformungsgraden von 0 bis 5% und über 30% eine Glühtemperatur von 600 bis 650° und zu Verformungsgraden von etwa 8 bis 20%, den sog. kritischen, eine Glühtemperatur, die über 900° liegt. Abgesehen von den höheren Aufwendungen, die in diesem Fall für eine so hohe Glühtemperatur gemacht werden müssen, ist bei ihr eine Veränderung der Oberfläche besonders bei dünnwandigen Hohlgefäßen zu befürchten, weil bei dieser Temperatur die Werkstücke zum Kleben neigen.

Nach diesen Darlegungen ist es natürlich, daß man bestrebt sein muß, zur Verringerung der Glühkosten den Verformungsgrad möglichst hoch zunehmen, eine Maßnahme, die bei der Fertigung sehr erwünscht ist, weil die Zahl der zur Erstellung eines Werkstücks notwendigen Arbeitsgänge um so geringer ist, je höher der Verformungsgrad sein kann. Zur Bestimmung der Richtigkeit einer Glühbehandlung ist die mikroskopische Gefügeuntersuchung (siehe metallographische Blechprüfung) das beste und einzige zuverlässige Mittel und deshalb in allen Werkstätten, wo häufig Glühungen verschiedenster

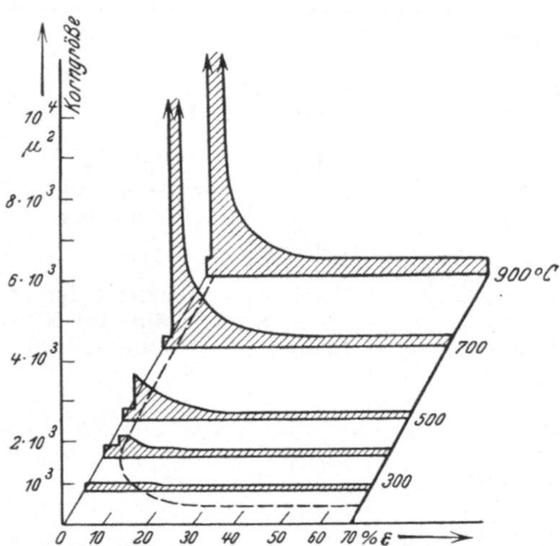

Abb. 46. Zusammenhang von Verformungsgrad, Glühtemperatur und Korngröße für Kupfer nach Hanemann.

Werkstoffe vorgenommen werden müssen, nicht zu entbehren. Über die Art der Untersuchung ist schon früher alles gesagt, denn sie ist die-

Abb. 47a. Mikroskopisches Bild (100×) eines durch Tiefzug verformten Blechs. Starke Dehnung — Verzerrung der Kristalle.

Abb. 47b. Mikroskopisches Bild (100×) eines durch Tiefzug verformten Blechs (oberer Gefäßrand). Starke Kalthärtung.

selbe wie bei der Prüfung des ungezogenen Blechs. Ihre Handhabung für den besonderen Zweck erfordert sehr wenig metallographische und metallurgische Kenntnisse, da es sich nur darum handelt, das Gefüge des gezogenen Blechs, Abb. 47a und b mit dem des ungezogenen Blechs, Abb. 48a, b und c, also dem ursprünglichen Gefüge, zu vergleichen.

Zu der Wirkung der Kaltverformung gehört auch eine Erscheinung, die man bei Erzeugnissen aus Messingblech nicht selten findet. Halbfertige oder fertige Erzeugnisse, die längere Zeit lagern müssen, reißen mitunter während der Lagerung, ohne daß man einen äußeren Grund dafür feststellen kann, offenbar also infolge innerer Spannungen, die durch die Kaltverformung hervorgerufen worden waren. Nach den bisherigen

Abb. 48a. Mikroskopisches Bild von Druckmessing Ms 63 vor dem Tiefzug (100 ×).

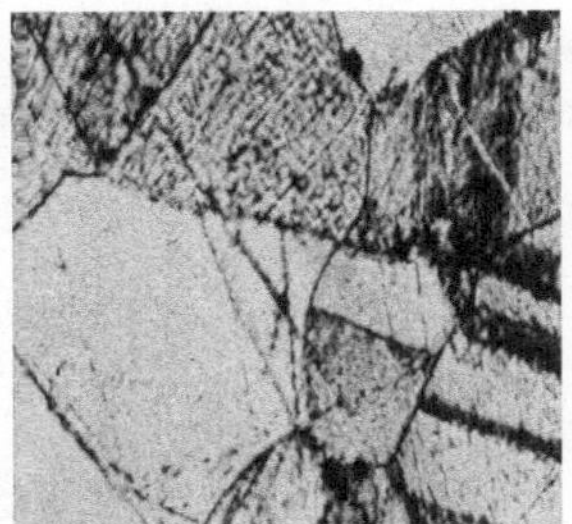

Abb. 48b. Mikroskopisches Bild (200×) von Druckmessung in der Walzrichtung.

Beobachtungen hängt das Aufreißen immer mit einer wenn auch geringen Korrosion zusammen, denn man trifft es sehr häufig in Städten, in denen die Atmosphäre viel Ammoniak enthält, das die Korngrenzen angreift und so Haarrisse hervorruft.

Man begegnet der Gefahr des Aufreißens am besten durch eine Warmbehandlung, die aber nicht bis zum Glühen des Werkstoffs führt, sondern nur auf etwa 250 bis 300⁰, eine Temperatur, bei der noch keine Veränderung der Festigkeitseigenschaften eintritt.

Zur Erhaltung der Tiefziehfähigkeit gehört auch die Erhaltung der Oberflächenbeschaffenheit. Diese ändert sich durch die

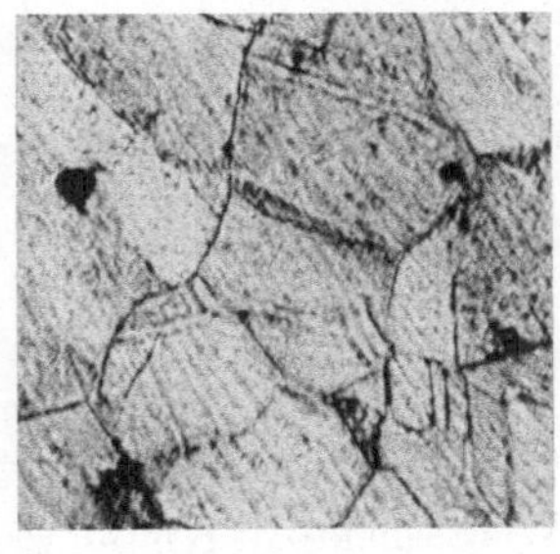

Abb. 48c. Mikroskopisches Bild (200 ×) von Druckmessing quer zur Walzrichtung.

Glühbehandlung in normaler Atmosphäre dadurch, daß durch die Einwirkung des Luftsauerstoffs die Oberfläche oxydiert. Das Oxydieren der Oberfläche ist für das weitere Ziehen dann besonders schädlich, wenn sich eine starke Zunderschicht bildet, die sich beim nächsten Ziehgang ablöst und einerseits in die Oberfläche des Werkstücks hinein gedrückt wird, andererseits das Ziehwerkzeug angreift und rauh macht, weil der Zunder wie ein Schleifmittel wirkt. Es ist deshalb notwendig, die Oxydschicht nach dem Glühen vor einem weiteren Ziehgang durch Beizen zu entfernen. Zahlentafel 11 gibt für verschiedene Werkstoffe gebräuchliche Beizmittel an. Während des Beizens muß für eine gute Abfuhr der giftigen Säuredämpfe gesorgt werden, was am besten durch einen Ventilator aus säurefestem Werkstoff geschieht. Die gebeizten Werkstücke müssen in heißem und kalten Wasser gut gewaschen werden, damit die Säure nicht in den Poren sitzen bleibt und die Oberfläche der Werkstücke, wenn auch nur teilweise, zerstört.

Das Beizen ist eine oft recht unwillkommene Arbeit, weil die Beizanlage in einem besonderen Raum untergebracht werden muß, der gegen die übrige Werkstätte sorgfältig abgeschlossen sein muß. Deswegen ist häufig ein besonderer Transport der Werkstücke notwendig und eine Fließfertigung auf kleinstem Raum nicht möglich. Man hat deswegen das Bestreben, das Beizen dadurch auszuschließen, daß man die Oxydierung der Oberfläche der Werkstücke während des Glühens verhindert und das Glühen in neutraler oder reduzierender Atmosphäre ausführt. Das kann man sehr einfach dadurch erreichen, daß man die

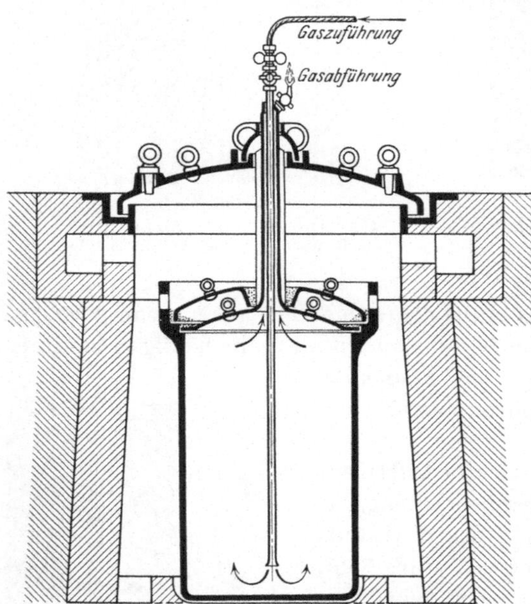

Abb. 49. Glühtopf mit Gasfüllung für zunderfreie Glühung.

Werkstücke in Kisten packt, aus denen die Luft dadurch entfernt wird, daß die Werkstücke mit Metallspänen oder die aus Eisen auch mit Holzkohle angefüllt werden. Das Einpacken der Werkstücke auf diese Art macht aber viel Mühe und Arbeit und erfordert deswegen einen verhältnismäßig hohen Lohnaufwand. Man war daher bemüht, diesem Nachteil abzuhelfen und hat Glühbehälter geschaffen, die vollkommen dicht verschlossen und mit neutralen Gasen, z. B. Stickstoff, Kohlensäure oder Leuchtgas gefüllt werden können (Abb. 49). Auch diese Lösung ist noch nicht völlig befriedigend und so geht man neuerdings dazu über, insbesondere für Messing, Glühöfen für beständige, fließende Glühungen (Tunnelöfen) zu bauen. Abb. 50 und 51 zeigen solche Öfen im Schnitt und in der Ansicht, die auch mit einem neutralen Gas gefüllt sind und bei denen der Abschluß auf beiden Seiten durch einen Wasserbehälter erreicht ist.

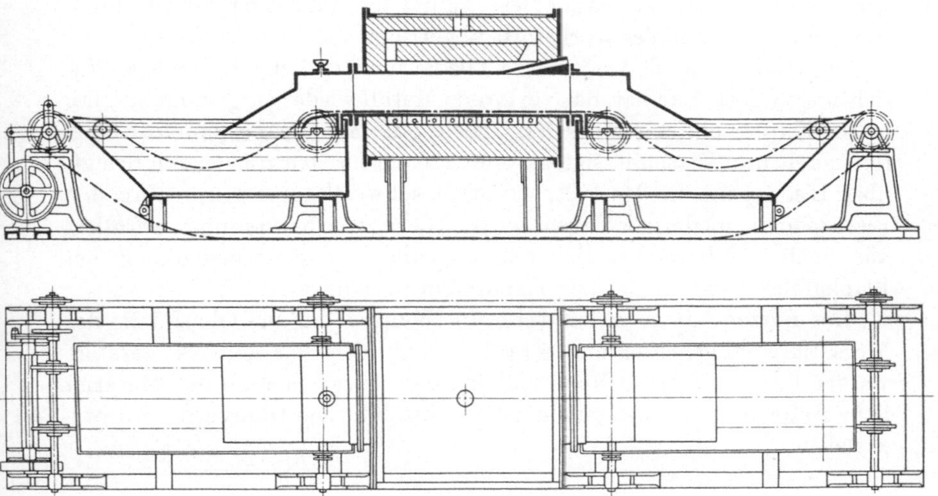

Abb. 50. Blankglühofen im Schnitt.

Das zunderfreie Glühen, Blankglühen genannt, das bei der Eisenblechherstellung in großem Maßstab angewendet wird — die Bezeich-

Abb. 51. Blankglühofen anderer Ausführung in Ansicht.
(Aus Machinery 1930, S. 27.)

nung kistengeglüht deutet darauf hin—, ist für die Ziehtechnik besonders bei solchen Werkstoffen zu empfehlen, die einen hohen Wert besitzen, also bei Edelmetallen, bei Nickel und seinen Legierungen, aber auch bei Kupfer mit seinen Legierungen und Aluminium mit seinen Legierungen, denn durch das Beizen, das zur Beseitigung des Zunders nachfolgen muß, wird immer ein Teil des Werkstoffs abgetrennt.

Der so entstehende Verlust ist so bedeutend, daß man besondere Einrichtungen getroffen hat, das verlorene Metall wieder zu gewinnen. Dies ist für Kupfer einfach dadurch möglich, daß man die ausgenützte Beizflüssigkeit und Waschflüssigkeit, ehe man sie zur Neutralisierung bringt, über Eisenspäne fließen läßt, wodurch schwefelsaures Kupfer an den Eisenspänen niedergeschlagen wird. Diese Rückgewinnung erfordert aber auch eine besondere Überwachung und ist deshalb gegenüber dem Blankglühen mit erheblichen Nachteilen verbunden.

Das Beizen hat auch den weiteren Nachteil, daß die Oberfläche der Werkstücke angegriffen und gerauht, wenn nicht gar teilweise zerstört werden kann und so ist Blankglühen auch da, wo man an das Material hohe Anforderungen stellen muß, dem gewöhnlichen Glühverfahren vorzuziehen.

B. Zuschnittsermittlung.

VI. Rechnerische Ermittlung des Zuschnitts von Umdrehungskörpern.

27. Grundlagen der Zuschnittsermittlung.

Ist die Wahl der Werkstoffart nach den in den früheren Abschnitten beschriebenen Eigenschaften festgelegt, so ist die Größe der Ziehscheibe, des Zuschnitts, zu bestimmen. Da bei der Verformung ein Werkstoffverlust nicht eintritt, und nach eingehenden Versuchen festgestellt wurde, daß sich auch das spezifische Gewicht nicht ändert, ist als Grundlage für die Ermittlung des Zuschnitts die Volumengleichheit von Ziehscheibe und dem aus ihr gezogenen Werkstück gegeben. Bezeichnet man

das Gewicht der Ziehscheibe mit G,

das spezifische Gewicht des zu ziehenden Werkstoffs mit γ,

das Volumen der Ziehscheibe mit V,

die Oberfläche der Ziehscheibe mit O,

die Oberfläche des gezogenen Werkstücks mit O_1,

die Blechstärke vor dem Ziehen mit s

und die mittlere Blechstärke des gezogenen Werkstücks mit s_m, so muß nach der gegebenen Grundlage sein:

$$G = V\gamma = O\,s\,\gamma = O_1\,s_m\,\gamma \tag{26}$$

oder
$$O\,s = O_1\,s_m$$

also
$$O = O_1 \frac{s_m}{s}\,;$$

mit
$$\alpha = \frac{s_m}{s} \tag{27}$$

wird
$$O = O_1\,\alpha\,. \tag{28}$$

$\alpha = \frac{s_m}{s}$ gibt demnach die Veränderung der Blechstärke durch das Ziehen an, und, da die Veränderung in den meisten Fällen einer Blechschwächung durch Dehnung gleichkommt, heißt α kurz Dehnungskoeffizient oder Dehnungsziffer.

Die Gleichung zeigt, daß die Ermittlung des Zuschnitts zerfällt in die Ermittlung der Oberfläche des zu ziehenden Werkstücks und in die Berücksichtigung der zu erwartenden Schwächung der ursprünglichen Blechstärke. Das ist aber nur richtig, so lange mit dem Flächeninhalt des Zuschnitts auch dessen Form bestimmt ist, d. h. bei Umdrehungshohlkörpern. Bei beliebig geformten Hohlkörpern kommt zur Ermittlung der Oberfläche und der Berücksichtigung der Blechschwäche die Bestimmung der Scheibenform hinzu.

Für die Umdrehungshohlgefäße ist die Scheibenform als Kreisfläche gegeben mit der Gleichung:

$$O = \frac{\pi}{4} D^2 = \alpha\,O_1\,,$$

so daß für Umdrehungshohlgefäße gleich der Scheibendurchmesser D bestimmt werden kann nach der Gleichung

$$D = \sqrt{\alpha}\,.\ \sqrt{\frac{4}{\pi}\,O_1}\,. \tag{29}$$

Zunächst bleibe die Blechschwächung und also die Dehnungsziffer α unberücksichtigt, bzw. werde angenommen

$$\alpha = \frac{s_m}{s} = 1\,, \quad s_m = s\,,$$

eine Annahme, die sehr häufig ist, da man die dadurch bedingte Vergrößerung der Blechscheibe als Zugabe zum Beschneiden der Hohlgefäße ansieht, die man für alle Hohlgefäße sowieso braucht.

28. Umdrehungshohlgefäße mit einfachen Teilformen.

Unter Umdrehungshohlgefäßen mit einfachen Teilformen sind solche zu verstehen, deren Oberfläche in Teile zerlegt werden kann, deren Mäntel bekannt sind, z. B. in Kreisscheiben, Kreisringe, Zylinder, Kegelstümpfe, Kugelteile. Bezeichnet man die Mäntel der einzelnen Teile mit M_1, M_2, ... M_n und ihre Summe mit $\sum M_n$ dann ist die Größe des Zuschnitts als Kreisscheibe mit der Oberfläche O und dem Durchmesser D

Zahlentafel 12. Einfache Mantelflächen M_n.

Lfde. Nr.	Form	M_n	Ziehscheibendurchmesser $D=\sqrt{\dfrac{4}{\pi}\,M_n}$	Bezeichnung
1.		$M=\dfrac{\pi}{4}d^2$	$D=d$	Kreisfläche
2.		$M=\dfrac{\pi}{4}(d_2^2-d_1^2)$	$D=\sqrt{d_2^2-d_1^2}$	Ringfläche
3.		$M=\pi\cdot d\cdot h$	$D=\sqrt{4\cdot d\,h}$	Zylindermantel
4.		$M=\dfrac{\pi}{4}d_1\sqrt{d_1^2+4h^2}$ $=\pi\dfrac{d_1}{2}\cdot s$	$D=\sqrt{d_1\sqrt{d_1^2+4h^2}}$ $=\sqrt{2d_1\cdot s}$	Kegelmantel
5.		$M=\dfrac{\pi}{4}\sqrt{(d_2-d_1)^2+4h^2}\cdot(d_2+d_1)$ $=\dfrac{\pi s}{2}(d_2+d_1)$	$D=\sqrt{(d_2+d_1)\sqrt{(d_2-d_1)^2+4h^2}}$ $=\sqrt{2s\cdot(d_2+d_1)}$	Kegelstumpf-mantel
6.		$M=\pi d_1^2$	$D=2d_1$	Kugelmantel

Nr.	Figur	M	D	Form
7.		$M = \dfrac{\pi}{2}\,d_1^2$	$D = d_1\sqrt{2}$	Halbkugelmantel
8.		$M = \pi \cdot d_1\,h_1$	$D = 2\,\sqrt{d_1\,h_1}$	Kugelabschnitt
9.		$M = \pi \cdot d_1 \cdot h_1$	$D = 2\,\sqrt{d_1\,h_1}$	Kugelzone
10.		$M = \dfrac{\pi}{2}\,(\pi\,d_1 + 4\,r_s)\,r_s$	$D = \sqrt{2\,\pi\,r_s\,d_1 + 4\,r_s^2}$	Ringmantel, unteres Viertel
11.		$M = \dfrac{\pi}{2}\,[\pi\,d_1\,r_z + 2\,(\pi - 2)\,r_z^2]$	$D = \sqrt{2\,\pi\,d_1\,r_z + 4\,(\pi - 2)\,r_z^2}$	Ringmantel, oberes Viertel
12.		$M = 2\,\pi \cdot r\left(a \cdot \arcsin\dfrac{y-b}{r} + y\right)_{y_1=0}^{y_2=h}$	$D = \sqrt{8\,r\left(a \cdot \arcsin\dfrac{y-b}{r} + y\right)_{y_1=0}^{y_2=h}}$	Ringmantel, beliebiger Teil

Zahlentafel 13. Mäntel M_n und Ziehscheibendurchmesser D von Gefäßen mit bekannten einfachen Teilmänteln, so daß ist: $D = \sqrt{\dfrac{4}{\pi}\, \Sigma\, M_n}$.

1.		$M_1 = \dfrac{\pi}{4} d_1^2$ $M_2 = \pi\, d\, h$	$\Sigma\, M_n = M_1 + M_2$ $= \dfrac{\pi}{4} d_1^2 + \pi\, d_1\, h$	$D = \sqrt{\dfrac{4}{\pi}\, \Sigma\, M_n}\ = \sqrt{d_1^2 + 4\, d_1\, h}$
2.		$M_1 = \dfrac{\pi}{4} d_1^2$ $M_2 = \pi\, d_1\, h$ $M_3 = \dfrac{\pi}{4}\,(d_2^2 - d_1^2)$	$\Sigma\, M_n = M_1 + M_2 + M_3$ $= \pi\, d_1\, h + \dfrac{\pi}{4} d_2^2$	$D = \sqrt{d_2^2 + 4\, d_1\, h}$
3.		$M_1 + M_3 + M_5 + M_7 = \dfrac{\pi}{4} d_4^2$ $M_2 = \pi\, d_1\, h_1$ $M_4 = \pi\, d_2\, h_z$ $M_6 = \pi\, d_3\, h_3$	$\Sigma\, M_n = \dfrac{\pi}{4} d_4^2 + \pi\, d_1\, h_1 + \pi\, d_2\, h_2$ $+ \pi\, d_3\, h_3$	$D = \sqrt{d_4^2 + 4\, d_1\, h_1 + 4\, d_2\, h_2 + 4\, d_3\, h_3}$
4.		$M_1 = \dfrac{\pi}{4} d_2^2$ $M_2 = \pi\, d_2\, h_1$ $M_3 + M_5 = 2\, M_3 = \dfrac{\pi}{2}\,(d_2^2 - d_1^2)$ $M_4 = \pi\, d_1\, h_2$	$\Sigma\, M_n = \dfrac{\pi}{4} d_2^2 + \dfrac{\pi}{2}\,(d_2^2 - d_1^2)$ $+ \pi\, d_2\, h_1 + \pi\, d_1\, h_2$	$D = \sqrt{3\, d_2^2 - 2\, d_1^2 + 4\, d_1\, h_2 + 4\, d_2\, h_1}$
5.		$M_1 = \dfrac{\pi}{2} d_1 \cdot s$ $M_2 = \pi\, d_1\, h_2$ $M_3 = \dfrac{\pi}{4}\,(d_2^2 - d_1^2)$	$\Sigma\, M_n = \dfrac{\pi}{4}\,(d_2^2 - d_1^2) + \pi\, d_1\, h_2$ $+ \dfrac{\pi}{2}\, d_1\, s$	$D = \sqrt{d_2^2 - d_1^2 + 4\, d_1\left(h_2 + \dfrac{s}{2}\right)}$
6.		$M_1 = \dfrac{\pi}{2} d_1 \cdot s$ $M_2 + M_4 + M_6 = 3\, M_2 = \dfrac{3\,\pi}{4}\,(d_2^2 - d_1^2)$ $M_3 = \pi\, d_2\, h_2$ $M_4 = \pi\, d_1\, h_3$	$\Sigma\, M_n = \dfrac{3\,\pi}{4}\,(d_2^2 - d_1^2) + \pi\, d_1\, h_3$ $+ \pi\, d_2\, h_2 + \dfrac{\pi}{2}\, d_1\, s$	$D = \sqrt{\dfrac{3\,(d_2^2 - d_1^2) + 4\, d_1\left(h_3 + \dfrac{s}{2}\right)}{+\, 4\, d_2\, h_2}}$

Nr.	Figur	M	$\sum M_n$	D
7.		$M_1 = \dfrac{\pi}{4} d_1^2$ $M_2 = \dfrac{\pi \cdot s}{2} (d_2 + d_1)$ $M_3 = \pi \cdot d_2 h_2$	$\sum M_n = \dfrac{\pi}{4} d_1^2 + \dfrac{\pi s}{2} (d_2 + d_1) + \pi d_2 h_2$	$D = \sqrt{d_1^2 + 2s(d_2 + d_1) + 4 d_2 h_2}$
8.		$M_1 = \dfrac{\pi}{4} d_1^2$ $M_2 = \dfrac{\pi}{2} s (d_2 + d_1)$ $M_3 = \pi d_2 h_2$	$\sum M_n = \dfrac{\pi}{4} d_1^2 + \dfrac{\pi s}{2} (d_2 + d_1) + \pi d_2 h_2$	$D = \sqrt{d_1^2 + 2s(d_2 + d_1) + 4 d_2 h_2}$
9.		$M_1 = \dfrac{\pi}{4} d_1^2$ $M_2 = \pi d_1 h_1$ $M_3 = \dfrac{\pi}{2} s (d_2 + d_1)$ $M_4 = \pi d_2 h_3$ $M_5 = \dfrac{\pi}{4} (d_3^2 - d_2^2)$	$\sum M_n = \dfrac{\pi}{4} (d_1^2 - d_2^2 + d_3^2) + \pi d_1 h_1 + \pi d_2 h_3 + \dfrac{\pi}{2} s (d_2 + d_1)$	$D = \sqrt{\dfrac{d_1^2 - d_2^2 + d_3^2 + 4(d_1 h_1}{+ d_2 h_3) + 2 s (d_2 + d_1)}}$
10.		$M_1 = \dfrac{\pi}{2} d_1 \cdot s$ $M_2 = \pi d_1 h_2$ $M_3 = \dfrac{\pi}{2} s (d_2 + d_1)$ $M_4 = \pi d_2 h_4$ $M_5 = \dfrac{\pi}{4} (d_3^2 - d_2^2)$	$\sum M_n = \dfrac{\pi}{2} s (d_2 + 2 d_1) + \pi d_1 h_2 + \pi d_2 h_4 + \dfrac{\pi}{4} (d_3^2 - d_2^2)$	$D = \sqrt{\dfrac{2 d_2 (s + 2 h_4) + 4 d_1 (s + h_2)}{+ (d_3^2 - d_2^2)}}$
11.		$M_1 = \dfrac{\pi}{4} d_1^2$ $M_2 = \dfrac{\pi}{2} (\pi d_1 + 4 r_s) r_s$	$\sum M_n = \dfrac{\pi}{4} d_1^2 + \dfrac{\pi}{2} (\pi d_1 + 4 r_s) r_s$	$D = \sqrt{d_1^2 + 2 \pi r_s \cdot d_1 + 8 r_s^2}$

Zahlentafel 13 (1. Fortsetzung).

12.		$M_1 = \dfrac{\pi}{4} d_1^2$ $M_2 = \dfrac{\pi}{2} (\pi d_1 + 4 r_s) r_s$ $M_3 = \pi d_2 h = \pi (d_1 + 2 r_s) h$	$\sum M_n = \dfrac{\pi}{4} d_1^2 + \dfrac{\pi}{2} (\pi d_1 + 4 r_s) r_s$ $+ \pi d_2 h$	$D = \sqrt{d_1^2 + 4 d_2 h + 2 \pi d_1 r_s + 8 r_s^2}$
13.		$M_1 = \dfrac{\pi}{4} d_1^2$ $M_2 = \dfrac{\pi}{2} [\pi d_1 r_z + 2 (\pi - 2) r_z^2]$	$\sum M_n = \dfrac{\pi}{4} d_1^2$ $+ \dfrac{\pi}{2} [\pi d_1 r_z + 2 (\pi - 2) r_z^2]$	$D = \sqrt{d_1^2 + 2 \pi d_1 r_z + 4 (\pi - 2) r_z^2}$
14.		$M_1 = \dfrac{\pi}{4} d_1^2$ $M_2 = \dfrac{\pi}{2} (\pi d_1 + 4 r_s) r_s$ $M_3 = \dfrac{\pi}{2} [\pi d_2 r_z + 2 (\pi - 2) r_z^2]$	$\sum M_n = \dfrac{\pi}{4} d_1^2 + \dfrac{\pi}{2} (\pi d_1 + 4 r_s) r_s$ $+ \dfrac{\pi}{2} [\pi d_2 r_z + 2 (\pi - 2) r_z^2]$	$D = \sqrt{\dfrac{d_1^2 + 2 \pi d_1 r_s + 8 r_s^2 + 2 \pi d_2 r_z}{+ 4 (\pi - 2) r_z^2}}$ mit $r_z = r_s$ $D = \sqrt{d_1^2 + 2 \pi r_s (d_1 + d_2) + \pi r_s^2}$
15.		$M_1 = \dfrac{\pi}{4} d_1^2$ $M_2 = \dfrac{\pi}{2} (\pi d_1 + 4 r_s) r_s$ $M_4 = \dfrac{\pi}{2} [\pi d_2 r_z + 2 (\pi - 2) r_z^2]$ $M_3 = \pi h_2 d_2$	$\sum M_n = \dfrac{\pi}{4} d_1^2 + \pi h_2 d_2$ $+ \dfrac{\pi}{2} (\pi d_2 + 4 r_s) r_s$ $+ \dfrac{\pi}{2} [\pi d_2 r_z + 2 (\pi - 2) r_z^2]$	$D = \sqrt{\dfrac{d_1^2 + 2 \pi r_s d_1 + 8 r_s^2 + 4 d_2 h_2}{+ 2 \pi r_3 d_2 + 4 (\pi - 2) r_z^2}}$ mit $r_z = r_s$ $D = \sqrt{d_1^2 + 4 d_2 h_2 + 2 \pi r_s (d_1 + d_2) + \pi r_x^2}$
16.		$M_1 = \dfrac{\pi}{4} d_1^2$ $M_2 = \dfrac{\pi}{2} (\pi d_1 + 4 r_s) r_s$ $M_4 = \dfrac{\pi}{2} [\pi d_2 r_z + 2 (\pi - 2) r_z^2]$ $M_3 = \pi h_2 d_2$ $M_5 = \dfrac{\pi}{4} (d_4^2 - d_3^2)$	$\sum M_n = \dfrac{\pi}{4} d_1^2 + \pi h_2 d_2$ $+ \dfrac{\pi}{2} (\pi d_1 + 4 r_s) r_s$ $+ \dfrac{\pi}{2} [\pi d_2 r_z + 2 (\pi - 2) r_z^2]$ $+ \dfrac{\pi}{4} (d_4^2 + d_3^2)$	$D = \sqrt{\dfrac{d_1^2 + 2 \pi r_s d_1 + 8 r_s^2 + 4 d_2 h_2}{+ 2 \pi r_z d_2 + 4 (\pi - 2) r_z^2 + d_4^2 - d_3^2}}$ mit $r_z = r_s$ $D = \sqrt{\dfrac{d_1^2 + 4 d_2 h_2 + 2 \pi r_s (d_1 + d_2)}{+ \pi r_s^2 + d_4^2 - d_3^2}}$

17.	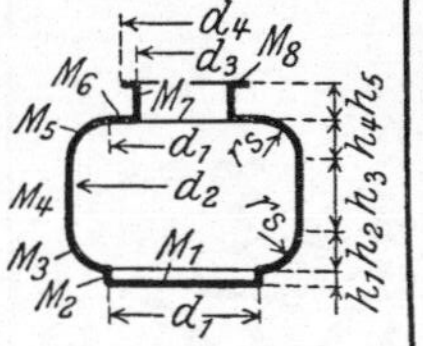	$M_1 = \frac{\pi}{4} d_1^2$ $M_2 = \pi d_1 h_1$ $M_3 + M_5 = 2 M_3 = \pi (\pi d_1 + 4 r_s) r_s$ $M_4 = \pi d_2 h_3$ $M_6 = \frac{\pi}{4} (d_1^2 - d_3^2)$ $M_7 = \pi d_3 h_5$ $M_8 = \frac{\pi}{4} (d_4^2 + d_3^2)$	$\Sigma M_n = \frac{\pi}{2} d_1^2 - \frac{\pi}{2} d_3^2 + \frac{\pi}{4} d_4^2$ $+ \pi (d_1 h_1 + d_2 h_3 + d_3 h_5)$ $+ \pi (\pi d_1 + 4 r_s) r_s$	$D = \sqrt{\begin{array}{l} 2 (d_1^2 - d_3^2) + d_4^2 + 4 (d_1 h_1 + d_2 h_3 \\ + d_3 h_5 + \pi d_1 r_s + 4 r_s^2) \end{array}}$
18.	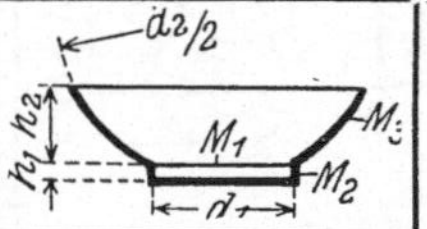	$M_1 = \frac{\pi}{4} d_1^2$ $M_2 = \pi d_1 h_1$ $M_3 = \pi d_1 h_2$	$\Sigma M_n = \frac{\pi}{4} d_1^2 + \pi d_1 (h_1 + h_2)$	$D = \sqrt{d_1^2 + 4 d_1 (h_1 + h_2)}$
19.	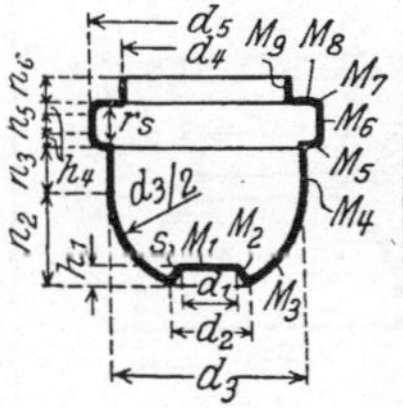	$M_1 = \frac{\pi}{4} d_1^2$ $M_2 = \frac{\pi}{2} s (d_2 + d_1)$ $M_3 = \pi d_3 h_2$ $M_4 = \pi d_3 h_3$ $M_5 + M_7 = 2 M_5 = \frac{\pi}{2} (\pi d_3 + 4 r_s)$ $M_6 = \pi d_5 \cdot h_5$ $M_8 = \frac{\pi}{4} (d_3^2 - d_4^2)$ $M_9 = \pi d_4 h_6$	$\Sigma M_n = \frac{\pi}{4} (d_1^2 + d_3^2 - d_4^2)$ $+ \frac{\pi}{2} [s (d_2 + d_1) + \pi d_3 + 4 r_s]$ $+ \pi [d_3 (h_2 + h_3) + d_5 h_5$ $+ d_4 h_6]$	$D = \sqrt{\begin{array}{l} d_1^2 + d_3^2 - d_4^2 \\ + 2 (s d_2 + s d_1 + \pi d_3 + 4 r_s) \\ + 4 [d_3 (h_2 + h_3) + d_5 h_5 + d_4 h_6] \end{array}}$
20.	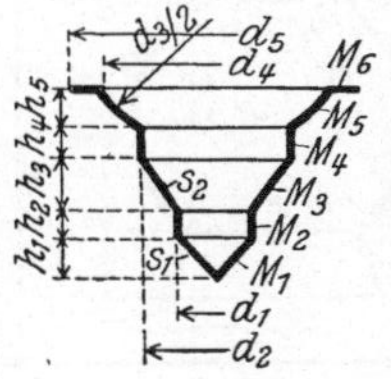	$M_1 = \frac{\pi}{2} d_1 s_1$ $M_2 = \pi d_1 h_2$ $M_3 = \frac{\pi}{2} s_2 (d_2 + d_1)$ $M_4 = \pi d_2 h_4$ $M_5 = \pi d_3 h_5$ $M_6 = \frac{\pi}{4} (d_5^2 - d_4^2)$	$\Sigma M_n = \frac{\pi}{2} [d_1 s_1 + s_2 (d_2 + d_1)]$ $+ \pi (d_1 h_2 + d_2 h_4 + d_3 h_5)$ $+ \frac{\pi}{4} (d_5^2 - d_4^2)$	$D = \sqrt{\begin{array}{l} 2 [d_1 s_1 + s_2 (d_2 + d_1)] \\ + 4 (d_1 h_2 + d_2 h_4 + d_3 h_5) + d_5^2 - d_4^2 \end{array}}$

86

Zahlentafel 13 (2. Fortsetzung).

		$\sum M_n$	D
21.	$M_1 = \pi\, d_1 h_1$ $M_2 = \dfrac{\pi}{4}(d_3^2 - d_2^2)$ $M_3 = \pi\, d_3 h_2$ $M_4 = \pi\, d_4 h_3$ $M_5 = \dfrac{\pi}{2}\, s\,(d_6 + d_5)$	$\sum M_n = \pi\,(d_1 h_1 + d_3 h_2 + d_4 h_3)$ $\quad + \dfrac{\pi}{2}\, s\,(d_6 + d_5) + \dfrac{\pi}{4}(d_3^2 - d_2^2)$	$D = \sqrt{\dfrac{4\,(d_1 h_1 + d_3 h_2 + d_4 h_3)}{+\, 2\, s\,(d_6 + d_5) + d_3^2 - d_2^2}}$
22.	$M_1 = \dfrac{\pi}{4}\, d_1^2$ $M_2 = \pi\, d_1 h$ $M_3 = \dfrac{\pi}{4}(d_1^2 - d_2^2)$ $M_4 = \dfrac{\pi}{2}\, s\,(d_3 + d_2)$ $M_5 = \pi\, d_3 h_3$ $M_6 = \pi\, d_4 h_4$	$\sum M_n = \dfrac{\pi}{4}(2 d_1^2 - d_2^2) + \dfrac{\pi}{2}\, s\,(d_2 + d_3)$ $\quad + \pi\,(d_1 h_1 + d_3 h_3 + d_4 h_4)$	$D = \sqrt{\dfrac{2\, d_1^2 - d_2^2 + 2\, s\,(d_2 + d_3)}{+\, 4\,(d_1 h_1 + d_3 h_3 + d_4 h_4)}}$
23.	$M_1 = \pi\, d_1 h_1$ $M_2 = \dfrac{\pi}{4}(d_4^2 - d_2^2)$ $M_3 = \dfrac{\pi}{2}(\pi\, d_3 + 4\, r_{s1})\, r_{s1}$ $M_4 = \dfrac{\pi}{2}[\pi\, d_5 r_{z1} + 2\,(\pi - 2)\, r_{z1}^2]$ $M_5 = \pi\, d_5 \cdot h_4$ $M_6 = \dfrac{\pi}{2}[\pi\, d_5 r_{z2} + 2\,(\pi - 2)\, r_{z2}^2]$ $M_7 = \dfrac{\pi}{2}(\pi\, d_6 + 4\, r_{s2})\, r_{s2}$ $M_8 = \pi\, d_7 h_7$ $M_9 = \dfrac{\pi}{2}[\pi\, d_7 r_{z3} + 2\,(\pi - 2)\, r_{z3}^2]$	$\sum M_n = \pi\,(d_1 h_1 + d_5 h_4 + d_7 h_7)$ $\quad + \dfrac{\pi}{4}(d_4^2 + d_2^2)$ $\quad + \dfrac{\pi}{2}[\pi\,(d_3 r_{s1} + d_6 r_{s2})$ $\quad + 4\,(r_{s1}^2 + r_{s2}^2)]$ $\quad + \dfrac{\pi}{2}[\pi\,(d_5 r_{z1} + d_5 r_{z2} + d_7 r_{z3})$ $\quad + 2\,(\pi - 2)\,(r_{z1}^2 + r_{z2}^2 + r_{z3}^2)]$	$D =$ $\sqrt{\dfrac{4\,(d_1 h_1 + d_5 h_4 + d_7 h_7) + d_4^2 - d_2^2}{\begin{array}{c}+\, 2[\pi\,(d_3 r_{s1} + d_6 r_{s2}) + 4\,(r_{s1}^2 + r_{s2}^2)]\\ +\, 2\,[\pi\,(d_5 r_{z1} + d_5 r_{z2} + d_7 r_{z3})\\ +\, 2\,(\pi - 2)\,(r_{z1}^2 + r_{z2}^2 + r_{z3}^2)]\end{array}}}$

gegeben durch die Gleichung:

$$O = \frac{\pi}{4}D^2 = M_1 + M_2 + \cdots + M_n = \sum M_n,$$

$$D^2 = \frac{4}{\pi}\sum M_n,$$

$$D = \sqrt{\frac{4}{\pi}\sum M_n}. \tag{30}$$

a) Umdrehungshohlgefäße aus einer oder zwei einfachen Teilformen. Die einfachsten Fälle dieser Umdrehungshohlgefäße sind die Teilformen selbst. Zahlentafel 12 (S. 80 und 81) gibt eine Zusammenstellung dieser Gefäße, die Inhalte ihrer Mäntel M_n und die Größen D der errechneten Ziehscheibendurchmesser. Die Ableitung des Ziehscheibendurchmessers ist für alle Fälle gleich und wird deswegen nur für den Kreiszylinder gezeigt.

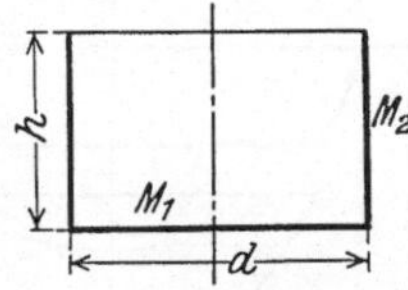

Abb. 52. Zylindrischen Hohlgefäß (Umdrehungshohlgefäß mit 2 einfachen Teilmänteln).

α) **Zylindrische Gefäße.** Das zylindrische Hohlgefäß der Abb. 52 und Zahlentafel 13, Ziff. 1, mit Durchmesser d und Höhe h ist zusammengesetzt aus zwei Teilflächen, dem Boden als Teilfläche M_1 und dem Zylindermantel als Teilfläche M_2. Da der Inhalt der Teilfläche M_1 als Kreisfläche bekannt ist mit

$$M_1 = \frac{\pi\,d^2}{4} \qquad \text{(Zahlentafel 12, Ziff. 1)}$$

und der Inhalt des Zylindermantels M_2 mit

$$M_2 = \pi\,d\,h \qquad \text{(Zahlentafel 12, Ziff. 3),}$$

wird nach der Gleichung (30) der Durchmesser der Ziehscheibe:

$$D = \sqrt{\frac{4}{\pi}(M_1 + M_2)}$$

$$= \sqrt{\frac{4}{\pi}\left(\frac{\pi\,d^2}{4} + \pi\,d\,h\right)},$$

also $\qquad D = \sqrt{d^2 + 4\,d\,h}. \tag{31}$

$$D = \sqrt{\begin{aligned}&d_1^2 + 2\,s\,(d_2+d_3)\\ &+\,8\,r_1\left(a\arcsin\frac{y-b}{r_1}+y\right)_{y_1=h_1}^{y_2=h_2}\\ &+\,8\,r_2\left(a'\arcsin\frac{y-b'}{r_2}+y\right)_{y_1=(h_2+h_3)}^{y_2=(h_2+h_3+h_4)}\end{aligned}}$$

$$\sum M_n = \frac{\pi}{4}d_1^2 + \frac{\pi}{2}s\,(d_2+d_3) + 2\pi r_1\left(a\arcsin\frac{y-b}{r_1}+y\right)_{y_1=h_1}^{y_2=h_2} + 2\pi r_2\left(a'\arcsin\frac{y-b'}{r_2}+y\right)_{y_1=(h_2+h_3)}^{y_2=(h_2+h_3+h_4)}$$

$$M_1 = \frac{\pi}{4}d_1^2$$

$$M_2 = 2\pi r_1\left(a\arcsin\frac{y-b}{r_1}+y\right)_{y_1=h_1}^{y_2=h_2}$$

$$M_3 = \frac{\pi}{2}s\,(d_3+d_2)$$

$$M_4 = 2\pi r_2\left(a'\arcsin\frac{y-b'}{r_2}+y\right)_{y=h_2+h_3}^{y_2=h_2+h_3+h_4}$$

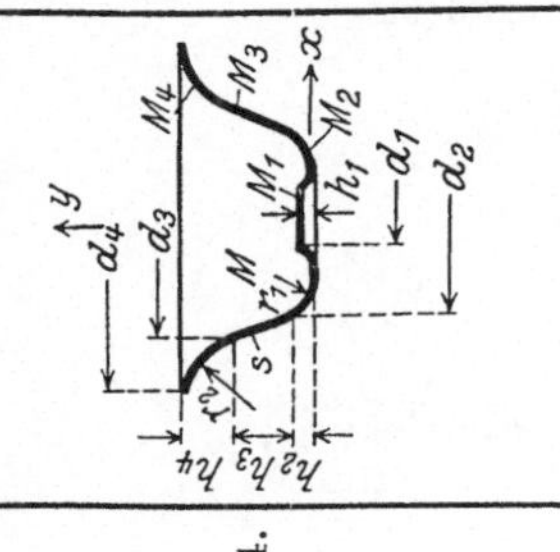

24.

Beispiel: Zu ziehen ist ein zylindrisches Hohlgefäß mit den Abmessungen $d = d_1 = 50$ für den lichten Durchmesser und $h = 40$ für die lichte Höhe.

Gesucht ist der Durchmesser D des Zuschnitts.

Nach Gleichung (31) ist

$$D = \sqrt{d_1 + 4\,d_1\,h}$$

$$= \sqrt{2500 + 8000} = \sqrt{10\,500},$$

$$D = 102,5\,.$$

b) Umdrehungshohlgefäße mit beliebig vielen einfachen Teilformen.
Diese entstehen, wenn man die einfachen Teilformen des vorigen Abschnitts in beliebiger Zahl zusammensetzt. Wie groß die Zahl der durch Zusammenstellung möglichen Formen ist, erhellt die Tatsache, daß durch Permutation von 6 Teilformen 720, von 9 Teilformen aber schon 362 880 neue Formen möglich sind. Die Zuschnittsberechnung ändert sich der Art nach nicht, gestaltet sich aber etwas schwieriger wegen der größeren Zahl der Teilflächen und der entsprechend schwierigeren Summierung. Um dies zu zeigen, wird im folgenden die Berechnung für das Hohlgefäß der Abb. 53, Nr. 20 der Zahlentafel 13, die eine Auswahl von Hohlgefäßen mit vielen einfachen Teilformen zeigt, durchgeführt.

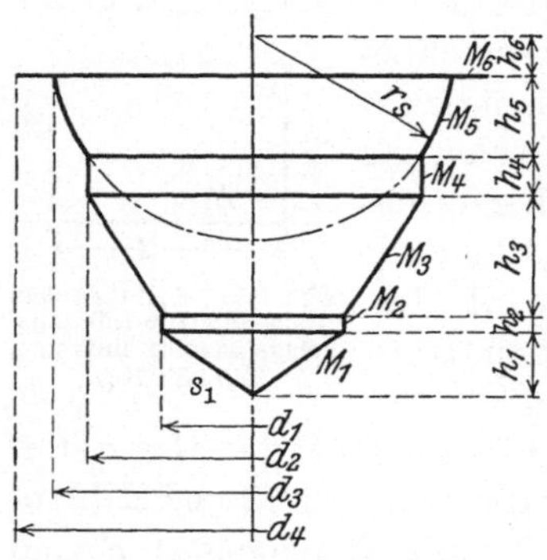

Abb. 53. Umdrehungshohlgefäß mit 6 Teilmänteln.

α) **Hohlgefäß mit 6 Teilmänteln.** Das Hohlgefäß hat

als Teilmantel M_1 einen Kegelmantel,
    ,,   ,, M_2 ,,   Zylindermantel,
    ,,   ,, M_3 ,,   Kegelstumpfmantel,
    ,,   ,, M_4 ,,   Zylindermantel,
    ,,   ,, M_5 ,,   Kugelzonenmantel,
    ,,   ,, M_6 eine Kreisringfläche,

also ist

$$M_1 = \frac{\pi\,d_1}{2}\cdot s_1,$$

$$M_2 = \pi\,d_1\,h_2,$$

$$M_3 = \pi\,\sqrt{\frac{(d_1 - d_2)^2}{4} + h_3^2}\cdot\frac{d_1 + d_2}{2},$$

$$M_4 = \pi\,d_2\cdot h_4,$$

$$M_5 = 2\,\pi\,r_s\,h_5,$$

$$M_6 = \pi\,\frac{d_4 + d_5}{2}\left(\frac{d_5 - d_4}{2}\right)$$

$$= \frac{\pi}{4}\,(d_5^2 - d_4^2)$$

und nach Gl. (30)

$$D^2 = \frac{4}{\pi}\sum M_n = 2\,(s_1 + 2\,h_2)\,d_1 + \sqrt{(d_1 - d_2)^2 + 4\,h_3^2}\,(d_1 + d_2)$$

$$+ 4\,d_2\,h_4 + 8\,r_s\,h_5 + d_5^2 - d_4^2,$$

$$D = \sqrt{2\,(s_1 + 2\,h_2)\,d_1 + \cdots + d_5^2 - d_4^2}\,. \tag{32}$$

29. Umdrehungshohlgefäße mit beliebigen Teilformen.

Während die Ermittlung des Zuschnitts der Umdrehungshohlkörper mit bekannten Teilformen keine nennenswerte Schwierigkeit macht, ist sie bei beliebig geformten Teilkörpern je nach der kleineren und größeren Zahl der Teil- formen mit kleineren und größeren Schwierig- keiten verbunden. Die Mäntel beliebiger Teil- formen sind rechnerisch nur nach der Guldin- schen Regel zu bestimmen, nach der die Fläche eines Umdrehungskörpers, die eine be-

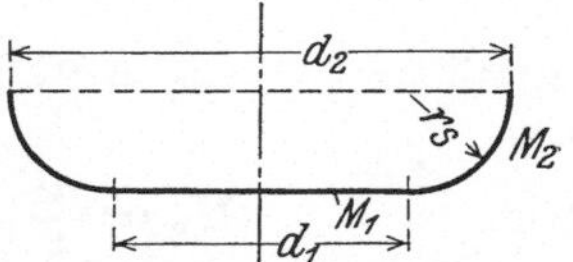

Abb. 55. Mantel durch Drehung eines Viertelkreisbogens.

liebig geformte Kurve AB, Abb. 54, bei einer Umdrehung um eine beliebige Achse macht, bestimmt ist durch das Pro- dukt aus dem Weg, den der Schwer- punkt S der Kurve macht, und der Länge der Kurve. Ist z. B. der Schwerpunkts- abstand von der Achse x und die Länge der Linie L, dann ist der Mantel des durch Umdrehung entstehenden Hohlgefäßes

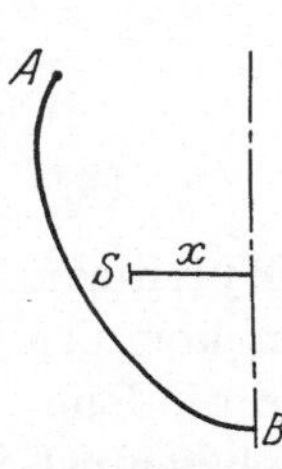

Abb. 54. Mantel bei Drehung einer be- liebigen Kurve.

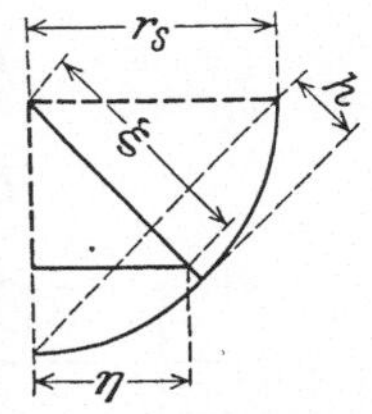

Abb. 55a. Abstand des Schwerpunktes eines Viertelkreisbogens vom Kreismittel- punkt.

$$M_n = 2\,\pi\,x\,L\,. \tag{33}$$

Die Bestimmung des Teilmantels zerfällt demnach in die Ermittlung:

1. des Schwerpunktsabstands x von der Achse,

2. der Länge der Teilkurve.

a) Umdrehungshohlgefäße aus Kurven mit bekanntem Schwerpunkt. Unter diesen sind die Teile von Ringmänteln zu verstehen, die durch Umdrehung von Kreisbögen entstehen (Abb. 55), deren Schwerpunkts- abstand ξ (Abb. 55a) vom Kreismittelpunkt bekannt ist, so daß sich auch der Schwerpunktsabstand von der Achse bestimmen läßt. Die Bogenlänge l ist ebenfalls als bekannt anzunehmen.

α) **Viertelringmantel unteres Viertel.** Mit den Bezeichnungen der Abb. 55 und 55a ist:

$$M_1 = \frac{\pi}{4}\, d_1^2 ,$$

$$\frac{4}{\pi}\, M_1 = d_1^2$$

und nach Gl. (33) mit

$$2\,x = (d_1 + 2\,\eta)$$

und

$$l = \frac{\pi}{2}\, r_s ,$$

$$M_2 = \pi\,(d_1 + 2\,\eta) \left(\frac{\pi}{2}\, r_s\right) = \frac{\pi^2}{2}\,(d_1 + 2\,\eta)\, r_s .$$

Da

$$\eta = \xi \cos 45 = \xi \cdot \frac{1}{2}\, \sqrt{2}$$

und

$$\xi = 2\, r_s \frac{\sqrt{2}}{\pi} ,$$

womit

$$\eta = 2\, r_s \frac{\sqrt{2}}{\pi} \cdot \frac{1}{2}\, \sqrt{2} = \frac{2}{\pi}\, r_s ,$$

wird

$$\boldsymbol{M_2 = \frac{\pi^2}{2}\left(d_1 + \frac{4}{\pi}\, r_s\right) r_s = \frac{\pi}{2}\,(\pi\, d_1 + 4\, r_s)\, r_s}$$

und

$$\frac{4}{\pi}\, M_2 = 2\,\pi\, r_s \cdot d_1 + 8\, r_3^2 ,$$

$$D = \sqrt{\frac{4}{\pi}\, M_1 + \frac{4}{\pi}\, M_2} ,$$

$$\boldsymbol{D = \sqrt{d_1^2 + 2\,\pi\, r_s \cdot d_1 + 8\, r_s^2}.} \tag{34}$$

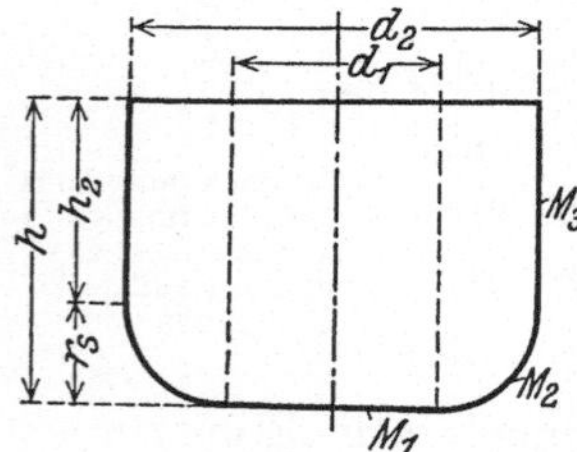

Abb. 56. Zylinder mit Kantenrundung.

β) **Viertelringmantel mit Zylinder.** Ringteilmäntel wie beschrieben kommen bei allen Gefäßen vor, bei denen die Rundung der Bodenkante, bzw. der Ziehstempelkante nicht vernachlässigt werden darf, auch bei den Zylindern. Für diese ist mit den Bezeichnungen der Abb. 56:

$$\frac{4}{\pi}\, M_1 = d_1^2 ,$$

$$\frac{4}{\pi}\, M_2 = 2\,\pi\, r_s \cdot d_1 + 8\, r_s^2 ,$$

$$\frac{4}{\pi}\, M_3 = 4\, d_2 \cdot a_2$$

und also der Zuschnittsdurchmesser:

$$\boldsymbol{D = \sqrt{d_1^2 + 4\, d_2 \cdot h_2 + 2\,\pi\, r_s d_1 + 8\, r_s^2}.} \tag{35}$$

γ) **Viertelringmantel oberes Viertel.** Mit den Bezeichnungen der Abb. 57 ist:

$$\frac{4}{\pi} M_1 = d_1^2$$

und nach Gl. (33) mit

$$2x = d_1 + 2(r_Z - \eta)$$

und

$$l = \frac{\pi}{2} r_Z,$$

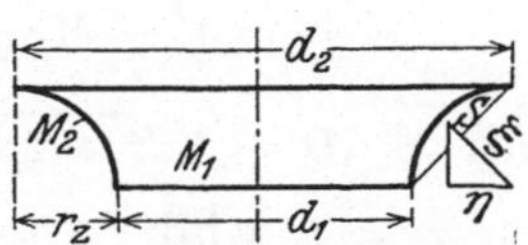

Abb. 57. Mantel durch Drehung eines Viertelkreisbogens.

$$M_2 = \pi[d_1 + 2(r_Z - \eta)]\frac{\pi}{2} r_Z$$

$$= \frac{\pi^2}{2}[d_1 + 2(r_Z - \eta)]r_Z.$$

Da

$$\eta = \xi \cos 45 = \xi \cdot \tfrac{1}{2}\sqrt{2}$$

und

$$\xi = 2 r_Z \frac{\sqrt{2}}{\pi},$$

womit

$$\eta = \frac{2}{\pi} r_Z,$$

wird

$$M_2 = \frac{\pi^2}{2}\left[d_1 + 2\left(r_Z - \frac{2}{\pi} r_Z\right)\right]$$

$$= \frac{\pi}{2}[\pi d_1 r_Z + 2(\pi - 2) r_Z^2]$$

und

$$\frac{4}{\pi} M_2 = 2\pi d_1 r_Z + 4(\pi - 2) r_Z^2,$$

so daß

$$D = \sqrt{d_1^2 + 2\pi d_1 r_Z + 4(\pi - 2) r_Z^2}. \qquad (36)$$

δ) **Viertelringmantel mit Zylinder.** Ringmäntel dieser Art kommen bei allen Gefäßen vor, bei denen die Rundung der Öff-

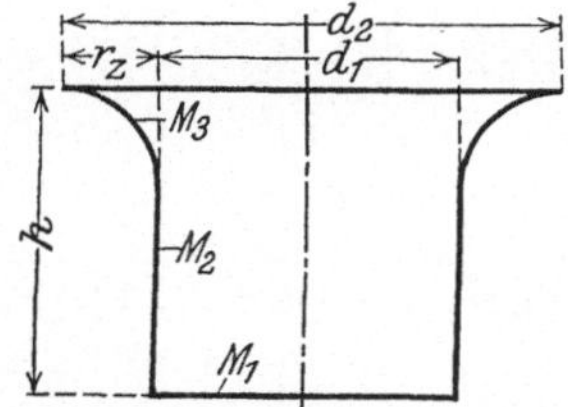

Abb. 58. Zylinder mit Kantenrundung am Rand.

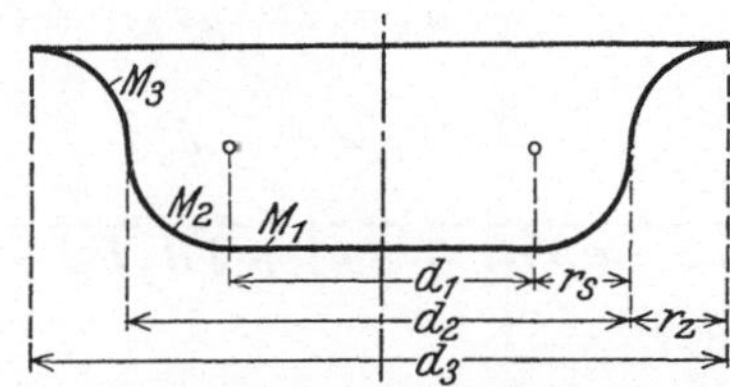

Abb. 59. Mantel durch Drehung zweier aneinander gereihter Viertelkreise.

nungskante, bzw. der Ziehkante, nicht vernachlässigt werden darf, auch bei Zylindern. Für diese ist mit den Bezeichnungen der Abb. 58 und den Gleichungen (31) und (36)

$$D = \sqrt{d_1^2 + 4 d_1 h + 2\pi d_1 r_Z + 4(\pi - 2) r_Z^2}. \qquad (37)$$

ε) **Halbringmantel** (oberes und unteres Viertel). Mit den Bezeichnungen der Abb. 59 und den Gleichungen (34) und (36) wird:

$$D = \sqrt{\frac{4}{\pi} M_1 + \frac{4}{\pi} M_2 + \frac{4}{\pi} M_3},$$

oder $\quad D = \sqrt{d_1^2 + 2\pi r_s d_1 + 8 r_s^2 + 2\pi d_2 r_Z + 4(\pi - 2) r_Z^2}.$

Für $r_Z = r_s$ wird

$$\boldsymbol{D = \sqrt{d_1^2 + 2\pi r_s(d_1 + d_2) + \pi r_s^2}}. \tag{38}$$

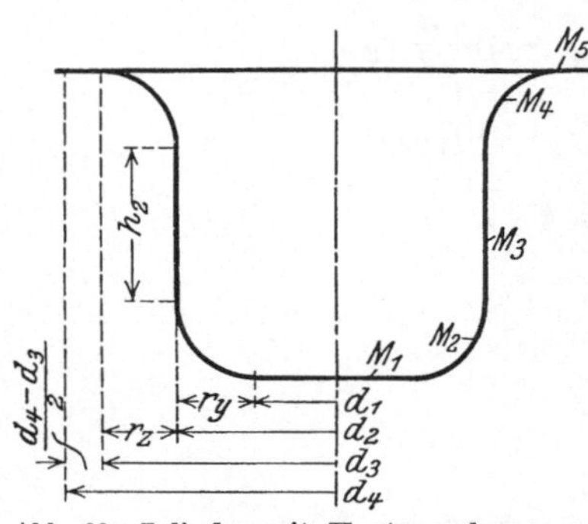

Abb. 60. Zylinder mit Kantenrundungen am Boden und am Rand.

ζ) **Halbringmantel mit Zylinder.** Halbringmäntel, wie beschrieben, kommen bei allen Gefäßen vor, bei denen die Rundung der Bodenkante, bzw. der Ziehstempelkante und die Rundung der Öffnungskante, bzw. der Ziehringkante nicht vernachlässigt werden darf, auch bei Zylindern. Für diese ist mit den Bezeichnungen der Abb. 60 und mit den Gl. (31) und (38)

$$D = \sqrt{\frac{4}{\pi} M_1 + \frac{4}{\pi} M_2 + \frac{4}{\pi} M_3 + \frac{4}{\pi} M_4 + \frac{4}{\pi} M_5}$$

$$\frac{4}{\pi} M_1 = d_1^2,$$

$$\frac{4}{\pi} M_2 = 2\pi r_s \cdot d_1 + 8 r_s^2,$$

$$\frac{4}{\pi} M_3 = 4 d_2 h_2,$$

$$\frac{4}{\pi} M_4 = 2\pi r_Z d_2 + 4(\pi - 2) r_Z^2,$$

$$\frac{4}{\pi} M_5 = d_4^2 - d_3^2,$$

$$\boldsymbol{D = \sqrt{d_1^2 + 2\pi r_s \cdot d_1 + 8 r_s^2 + 4 d_2 h_2 + 2\pi r_Z d_2 + 4(\pi - 2) r_Z^2 + d_4^2 - d_3^2}}$$

und mit $r_Z = r_s$

$$\boldsymbol{D = \sqrt{d_1^2 + d_2 h_2 + 2\pi r_s(d_1 + d_2) + \pi r_s^2 + d_4^2 - d_3^2}}. \tag{39}$$

Man sieht hieraus, daß die Errechnung des Zuschnittsdurchmessers um so schwieriger und verwickelter wird,

1. je schwieriger und verwickelter die Errechnung der Teilmäntel ist und

2. je größer die Zahl der Teilmäntel ist.

b) Erleichterung durch graphisches Rechnen. Zur Vereinfachung der Rechnung wird man zweckmäßig schon bei Ermittlungen, wie eben ge-

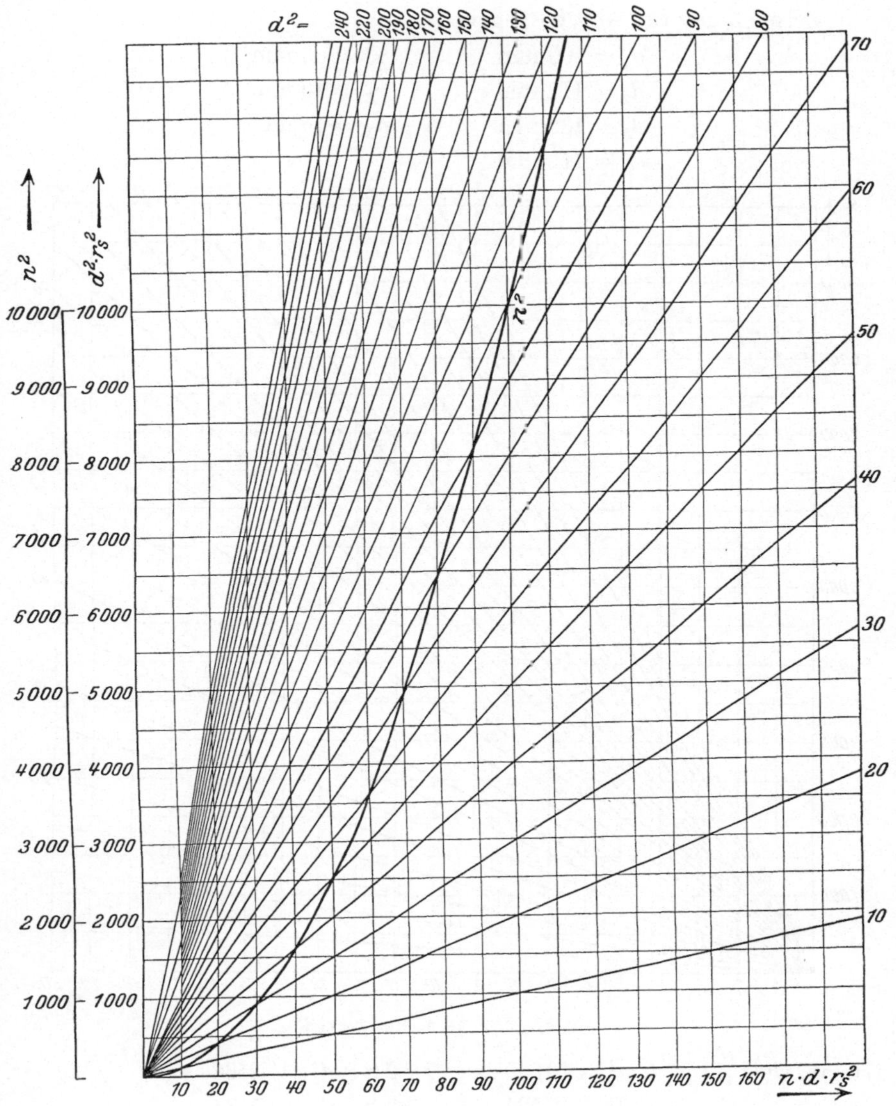

Abb. 61. Kurvenblatt für $n^2 \cdot d^2 \cdot r_s^2$.

zeigt wurde, graphisches Rechnen zu Hilfe nehmen, einfache Kurvenblätter, wie sie die Abbildungen 61 bis 63 zeigen, aus denen für Gl. (39)

entnommen werden können die Größen für

$$d_1^2; \quad d_3^2; \quad d_4^2; \quad 2\,\pi\,r_s\,d_1; \quad 8\,r_s^2; \quad 4\,d_2\,h_2; \quad 2\,\pi\,r_2\,d_2; \quad 4\,(\pi-2)\,r_Z^2$$

und von D.

Beispiel. Ist für Abb. 60 gegeben

$$d_1 = 100 \text{ mm} \qquad r_s = 6 \text{ mm}$$
$$d_2 = 112 \text{ mm} \qquad r_Z = 10 \text{ mm}$$
$$d_3 = 132 \text{ mm} \qquad h_2 = 45 \text{ mm}$$
$$d_4 = 112 \text{ mm}$$

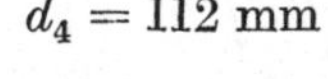

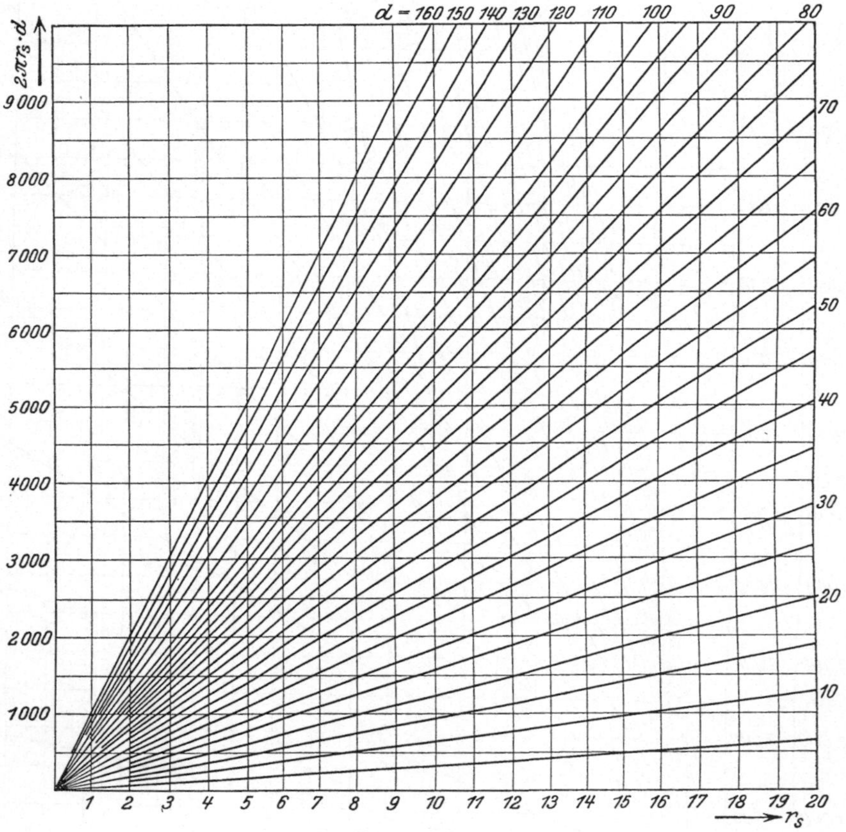

Abb. 62. Kurvenblatt für $2\,\pi\cdot r_s\cdot d$.

dann wird

$$d_1^2 = 10000 \qquad\qquad 2\,\pi\,r_s\,d_s = 2568$$
$$d_3^2 = 17424 \qquad\qquad 2\,\pi\,r_Z\,d_2 = 7034$$
$$d_4^2 = 23716 \qquad\qquad \underline{4\,d_2\,h_2 = 20160}$$
$$8\,r_3^2 = 288 \qquad\qquad \text{Summe} = 29762$$
$$\underline{4\,(\pi-2)\,r_Z^2 = 456}$$
$$\text{Summe} = 41884$$

$$D = \sqrt{41\,884 + 29\,762}$$
$$= \sqrt{71\,646}$$
$$D = 268.$$

c) Umdrehungshohlgefäße aus einem beliebigen Teil einer Kurve mit bekannter Gleichung. Abb. 64. Wenn sich hier auch die Achsentfernung

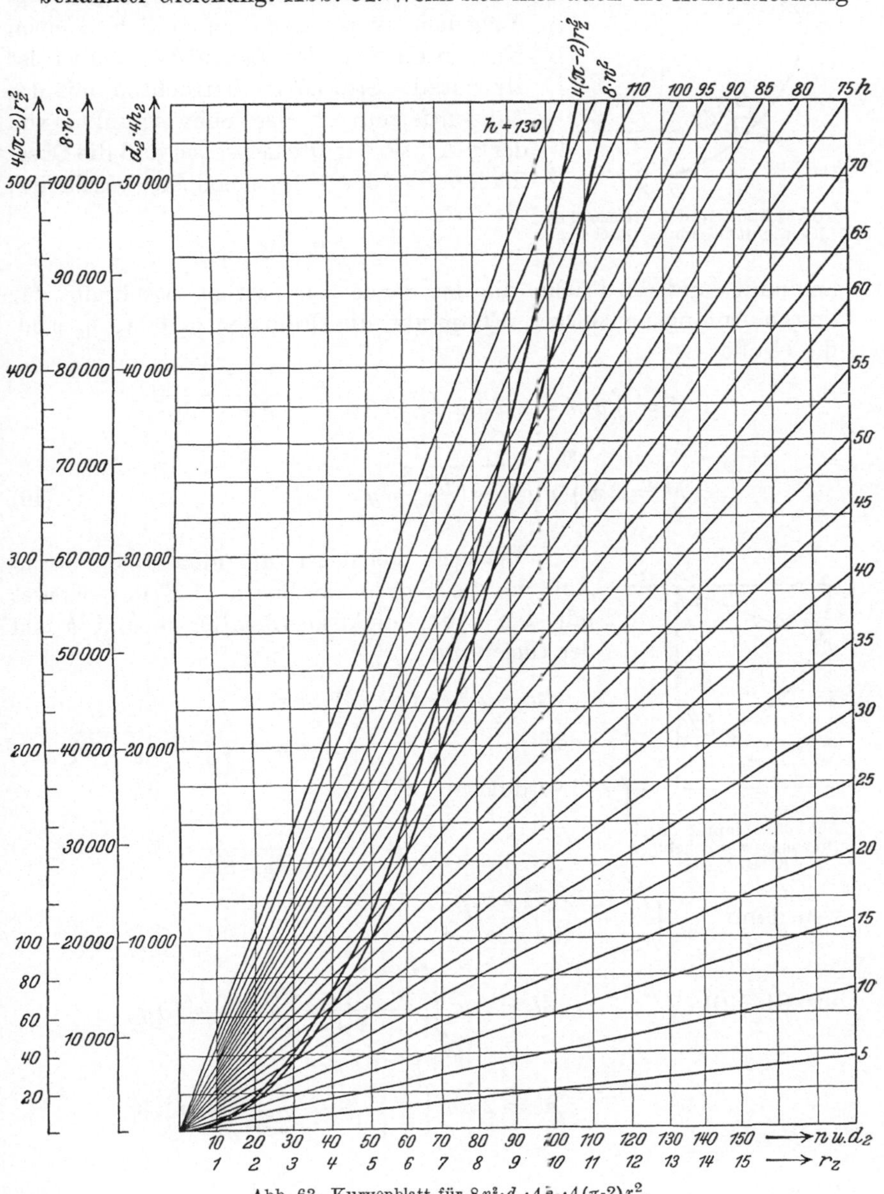

Abb. 63. Kurvenblatt für $8\,n^2 \cdot d_2 \cdot 4\,h_2 \cdot 4\,(\pi-2)\,r_z^2$.

des Schwerpunktes noch auf die bisher geübte Weise errechnen läßt, so ist die Rechnung doch so umständlich, daß man eine andere Bestimmungsart wählen muß. Will man bei der Rechnung bleiben, so kommt

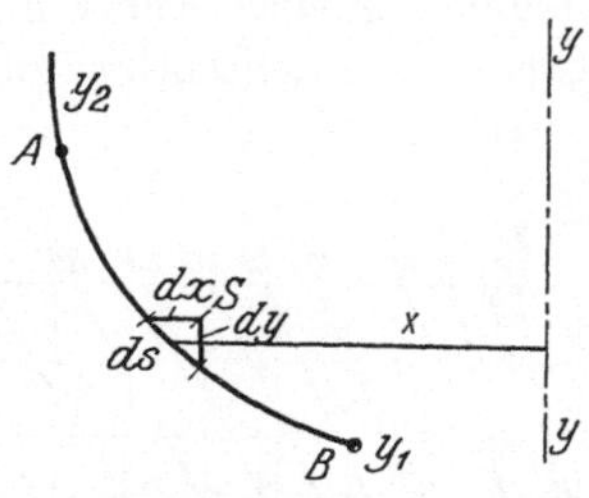

Abb. 64. Mantel durch Drehung einer Kurve mit bekannter Gleichung.

nur die Integralrechnung unter Benützung der Guldinschen Regel in Frage, d. h. das Ausgehen von einem unendlich kleinen Kurventeil von der Länge ds. Dieser ist als gerade Strecke zu betrachten mit der Achsentfernung x des Schwerpunkts von der y-Achse, der Drehachse, so daß die Oberfläche, die das Kurvenelement beschreibt, die Größe

$$dM = 2\pi x\, ds$$

annimmt, und die Fläche, die das ganze Kurvenstück beschreibt, für dessen Anfangspunkt bzw. Endpunkt die Ordinaten y_1 bzw. y_2 sind, die Größe

$$M = \int dM = 2\pi \int_{y_1}^{y_2} x\, ds = 2\pi \int_{y_1}^{y_2} x \sqrt{dx^2 + dy^2},$$

$$M = 2\pi \int_{y_1}^{y_2} x \sqrt{1 + \left(\frac{dx}{dy}\right)^2}\, dy. \tag{40}$$

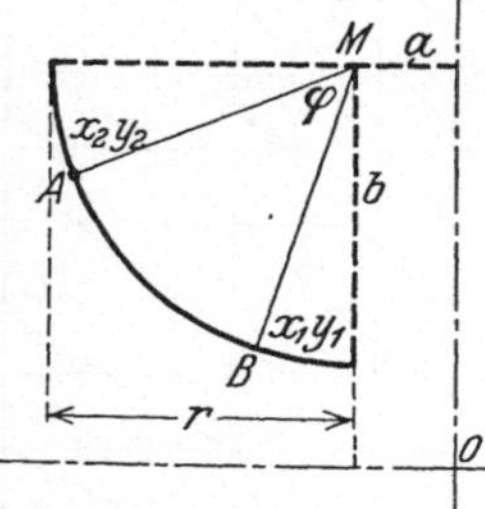

Abb. 65. Mantel durch Drehung eines beliebigen Kreisbogens.

1. Beispiel: Beliebiger Ringmantelteil. Ist in Abb. 65 die Kurve ein Bogen AB des Kreises mit den Mittelpunktskoordinaten a und b und der Gleichung

$$(x - a)^2 + (y - b)^2 = r^2$$

oder

$$x = a + \sqrt{r^2 - (y - b)^2},$$

so wird damit und mit

$$\frac{dx}{dy} = \frac{y - b}{\sqrt{r^2 - (y - b)^2}},$$

weil dann

$$\sqrt{1 + \left(\frac{dx}{dy}\right)^2} = \sqrt{\frac{r^2}{r^2 - (y - b)^2}}$$

aus Gl. (40)

$$M = 2\pi \int_{y_1}^{y_2} \frac{\left(a + \sqrt{r^2 - (y-b)^2}\right) r}{\sqrt{r^2 - (y-b)^2}}\, dy,$$

$$M = 2\pi r \int_{y_1}^{y_2} \left(\frac{a}{\sqrt{r^2 - (y-b)^2}} + 1\right) dy,$$

so daß

$$M = 2\pi r \left(a \arcsin \frac{y - b}{r} + y\right)_{y_1}^{y_2}. \tag{41}$$

Wie für den Kreisbogen läßt sich die Oberfläche für alle die Hohl-körper durch Integrale bestimmen, für die die Gleichungen der Er-zeugungskurven bekannt sind. Zahlentafel 14 gibt eine Zusammen-

Zahlentafel 14. Integralgleichungen für Mantelflächen.

1. Allgemein:

$$M = 2\pi \int_a^b y \sqrt{1 + \left(\frac{dy}{dx}\right)^2}\, dx$$

2. Kreis:
$(x-a)^2 + (y-b)^2 = r^2$

$$M = 2\pi r \int_{y_1}^{y_2}\left(\frac{a}{\sqrt{r^2-(y-b)^2}} + 1\right) dy \quad = 2\pi r\left(a\,\arcsin\frac{y-b}{r} + y\right)_{y_1}^{y_2}$$

3a. Ellipse:
$y^2 = \dfrac{b^2}{a^2}(a^2 - x^2)$

mit:
$e^2 = a^2 - b^2$

$$M = \frac{4b\pi}{a^2}\int_{x_1}^{x_2}\sqrt{a^4-(a^2-b^2)x^2}\,dx \quad = \frac{2b\pi}{a^2}\left[x\sqrt{a^4+e^2x^2} + \frac{a^4}{e}\arcsin\frac{ex}{a^2}\right]_{x_1}^{x_2}$$

3b. Ellipse:
$x^2 = \dfrac{a^2}{b^2}(b^2 - y^2)$

$$M = \frac{4a\pi}{b^2}\int_{y_1}^{y_2}\sqrt{b^4+e^2y^1}\,dy \quad = \frac{2a\pi}{b^2}\left[y\sqrt{b^2+e^2y^2} + \frac{b^4}{e}\lg\left(e^2y + e\sqrt{b^4+e^2y^2}\right)\right]_{y_1}^{y_2}$$

4. Parabel:
$y^2 = 2px$

$$M = 2\pi\sqrt{p}\int_{x_1}^{x_2}\sqrt{p+2x^1}\,dx \quad = \frac{2\pi\sqrt{p}}{3}\left[(p+2x)^{\frac{3}{2}} - p^{\frac{3}{2}}\right]_{x_1}^{x_2}$$

5. Zykloide:
$x = a(t - \sin t)$
$y = a(t - \cos t)$

$$M = 8a^2\pi\int_0^{2\pi}\sin^3\frac{t}{2}\,dt \quad = \frac{64a^2\cdot\pi}{3}$$

stellung einiger solcher **Kurven** und der Berechnung der **den** durch Drehung entstandenen Flächen zugrunde liegenden Integralgleichungen. Diese ließen sich noch weiter vermehren und auch auf beliebige Kurven ausdehnen, wenn man an die einzelnen Teile von diesen der Gleichung nach bekannte Kurven als Näherungskurven legen und die Oberfläche der beliebigen Kurve als Summe der Teilflächen nehmen wollte, deren Errechnung möglich wäre; aber für die Werkstatt sind sie wertlos, denn die Auswertung der Flächengleichungen ist schon für jeden einzelnen Körper umständlich und zeitraubend und würde es noch mehr für Oberflächen, die aus denen der Tafel oder aus Teilen von ihnen als Teilmäntel zusammengesetzt sind; man wählt daher besser ein einfacheres, wenn auch angenähertes Verfahren:

das zeichnerisch-rechnerische oder

das rein zeichnerische Verfahren.

Beide Verfahren haben überdies den Vorteil, allgemein anwendbar zu sein, d. h. anwendbar auf Kurven allgemeinster Form, verwickelte und einfache, gekrümmte und gerade.

VII. Die zeichnerisch-rechnerische Zuschnittsermittlung.

30. Hohlgefäß mit einer stetig sich ändernden Oberfläche.

Der zeichnerische Teil betrifft die Ermittlung des Schwerpunktsabstandes x von der Drehachse für ein beliebiges Kurvenstück, sowie

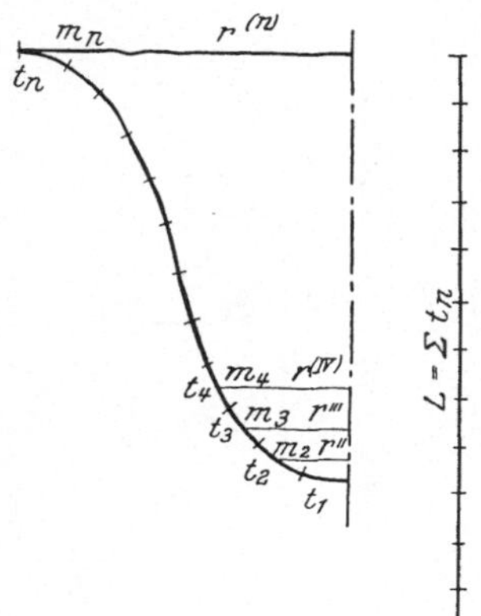

Abb. 66. Mantel durch Drehung eines beliebigen Kurvenstücks.

seiner Länge, also der beiden Größen, deren Berechnung große Schwierigkeit bereitet hatte, und ist in Wirklichkeit nichts anderes als eine graphische Integration, eine graphische Summierung. Hat man ein beliebiges Kurvenstück AB, Abb. 66, dann zerlegt man es in so viel (n) gleiche kleine Teile t_n, daß diese so klein werden, daß sie als gerade Strecken anzusehen sind. Damit ergibt sich aber die Länge L des Kurvenstücks als Summe der kleinen Teilstrecken t_n, so daß

$$L = t_1 + t_2 + \cdots + t_n = \Sigma t_n . \qquad (42)$$

Für diese kleinen geraden Strecken $t_1 + t_2 + \cdots + t_n$ sind aber auch die Schwerpunkte als Streckenmittelpunkte $m_1, m_2, \ldots m_n$, und daher auch ihre Achsabstände $r' r'' r^{(n)}$ bekannt oder vielmehr aus der Zeichnung abzugreifen. Der Achsabstand des ganzen Kurvenstücks r_n ergibt sich dann aus den Einzelabständen als deren arithmetisches Mittel, so daß

$$r_n = \frac{r' + r'' + \cdots + r^{(n)}}{n} . \qquad (43)$$

Mit r_n und L sind die beiden Größen bekannt, mit denen nach der Guldinschen Regel die Größe M_n der bei der Drehung des Kurvenstücks erzeugten Fläche bezeichnet wird zu:

$$M_n = 2\,\pi \cdot r_n \cdot L$$

und
$$\frac{4}{\pi}\,M_n = 8\,r_n \cdot L = D^2 \tag{44}$$

oder mit
$$2\,R = D,$$
$$2\,r_n = d_n$$
$$d_n\,L = R^2, \tag{45}$$
$$R = \sqrt{d_n\,L} \tag{46}$$

wenn M_n die ganze Oberfläche des zu ziehenden Hohlgefäßes ist.

Der Nachteil der zeichnerischen Ermittlung liegt in der Ungenauigkeit der Rektifizierung gekrümmter Kurven. Diese Ungenauigkeit ist um so größer, je ungenauer die Zeichnung ist und je größer die einzelnen Teilstrecken sind. Man wird daher zweckmäßig die Zeichnung möglichst groß machen, um die Teilstrecken auf jeden Fall relativ klein zu bekommen.

Die genaue Zeichnung ist bei rein rechnerischem Verfahren nicht erforderlich. Bei diesem genügt eine einfache Skizze. Wo aber eine Zeichnung gefertigt wird, führt das zeichnerische Vorgehen meist viel rascher zum Ziel. Da es für die Praxis genau genug ist, ist seine Anwendung sehr zu empfehlen. Manchmal ist eine Zuschnittsermittlung ohne es gar nicht möglich, so für das Gefäß der Abb. 67.

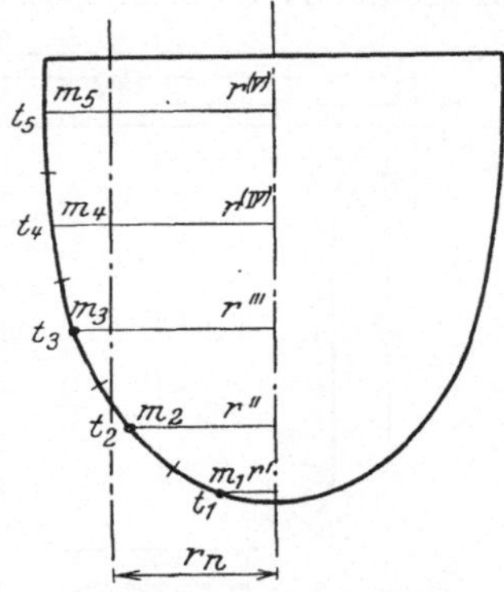

Abb. 67. Mantel durch Drehung eines stetig gekrümmten Kurvenstücks.

Beispiel: Hohlgefäß aus einem beliebigen Kurvenstück. Das Kurvenstück der Abb. 67 teilt man in 5 gleiche Teile von 10 mm Länge, so daß die Gesamtlänge L der Kurve wird:

$$L = 50 \text{ mm} .$$

Die Achsabstände $r^{(n)}$ der einzelnen Schwerpunkte werden aus der Zeichnung abgenommen mit

$$r' = 5 \text{ mm}$$
$$r'' = 13 \text{ mm}$$
$$r''' = 17{,}5 \text{ mm}$$
$$r^{IV} = 19{,}2 \text{ mm}$$
$$r^{V} = 20{,}0 \text{ mm}$$
$$\overline{\textstyle\sum r^{(n)} = 74{,}7 \text{ mm}}$$

so daß der Schwerpunktsabstand r_n des ganzen Kurvenstücks nach
Gl. (43) ist:

$$r_n = \frac{74{,}7}{5} = 14{,}94\,.$$

Damit wird die Oberfläche des zu ziehenden Hohlgefäßes und des Zuschnitts

$$M_n = 2\,\pi \cdot r_n\,L = 2\,\pi \cdot 14{,}94 \cdot 50 = \pi \cdot 1494\,\text{mm}^2$$

und der Zuschnittsdurchmesser

$$D = 2\,\sqrt{d_n \cdot L} = 2\,\sqrt{31{,}88 \cdot 50} = 20\,\sqrt{14{,}14} = 73{,}3\,\text{mm}\,.$$

31. Hohlgefäß aus mehreren Flächen. (Abb. 68.)

Die Flächen können gerade oder gekrümmt sein, mit bekannter oder
beliebiger Krümmung. Man kann auf jeden Fall vorgehen wie bei der beliebig gekrümmten Kurve des vorigen Abschnitts. Doch ist dies bei kreisförmigen Kurven und bei Geraden nicht notwendig, weil für diese die Schwerpunktslage und die Kurvenlänge bekannt ist oder durch einfachste Rechnung bestimmt werden kann. Die Schwerpunktsabstände vom Mittelpunkt und die Bogenlängen für Kreisteile gibt z. B. Zahlentafel 15. Man bestimmt mit deren Hilfe einfacher und

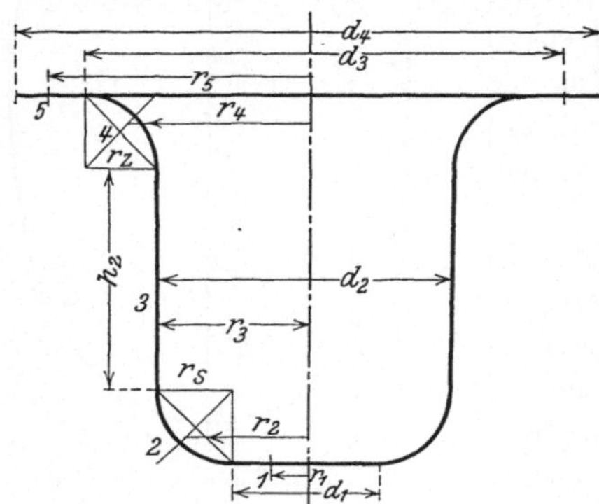

Abb. 68. Hohlgefäß mit mehreren Teilflächen mit
einfacher bekannter Krümmung.

Zahlentafel 15. Schwerpunktsabstände bei Kreisbögen.

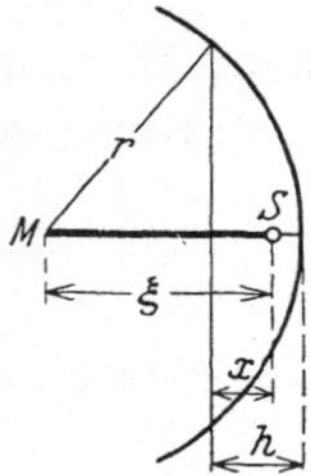

1. Halbkreisbogen . . . . . $\xi = \dfrac{2\,r}{\pi} = 0{,}6366 \cdot r$

2. Viertelkreisbogen . . . . . $\xi = \dfrac{2\,r\sqrt{2}}{\pi} = 0{,}9003 \cdot r$

3. Sechstelkreisbogen . . . $\xi = \dfrac{3\,r}{\pi} = 0{,}9549 \cdot r$

4. Beliebiger flacher Bogen $x = \sim \dfrac{2}{3}\,h$

besser die Achsabstände $r^{(n)}$ der Schwerpunkte für die einzelnen Kurven-
abschnitte 1, 2, ..., n und deren Längen $L_1, L_2, ..., L_n$ und berechnet
die Länge L der ganzen Kurve als Summe der Einzellängen L_n zu

$$L = L_1 + L_2 + \cdots + L_n$$

und den Achsenabstand r_m, da die Oberfläche, die das Kurvenstück
erzeugt, zu erhalten ist aus seiner ganzen Länge L multipliziert mit

seinem Schwerpunktsabstand r_m oder aus der Summe der Teilflächen, d. h. der Summe der Produkte der Längen der Teilkurven mit ihren Schwerpunktsabständen, nach der Gleichung

$$L\,r_m = L_1\,r_1 + L_2\,r_2 + \cdots + L_n\,r_n\,,$$

so daß

$$r_m = \frac{L_1\,r_1 + L_2\,r_2 + \cdots + L_n\,r_n}{L} = \frac{\Sigma\,(L_n\,r_n)}{L}\,. \tag{47}$$

Wären die Teillängen L_n unter sich gleich, so wäre

$$L_1 = L_2 = \cdots = L_n$$

und würde

$$L = n\,L_n\,,$$

d. h. Gl. (47) ginge über in Gl. (42).

Nach der Bestimmung der Oberfläche ist der Zuschnittsdurchmesser wieder wie früher durch die Gl. (44) gegeben.

Beispiel: Hohlgefäß mit Boden, Öffnungsrundung und Rand.

Nach Abb. 68 ist mit

$$d_1 = 20\,, \quad r_s = 10\,, \quad d_2 = 40\,, \quad h_2 = 30\,, \quad r_2 = 10\,, \quad d_3 = 60\,, \quad d_4 = 80\,.$$

$$L_1 = \frac{d_1}{2} = 10\ \text{mm} \qquad\qquad r_1 = \frac{d_1}{4} = 5\ \text{mm}$$

$$L_2 = \frac{\pi}{2}\,r_s = \frac{\pi}{2}\cdot 10 = 15{,}7\ \text{mm} \qquad r_2 = \frac{2}{\pi}\,r_s + \frac{d_1}{2} = \frac{20}{\pi} + 10 = 16{,}38\ \text{mm}$$

$$L_3 = h_2 = 30\ \text{mm} \qquad\qquad r_3 = \tfrac{1}{2}\,d_2 = 20\ \text{mm}$$

$$L_4 = \frac{\pi}{2}\,r_z = 15{,}7\ \text{mm} \qquad\qquad r_4 = \frac{d_3}{2} - \frac{2}{\pi}\,r_z = 30 - \frac{20}{\pi} = 23{,}62\ \text{mm}$$

$$L_5 = \tfrac{1}{2}\,(d_4 - d_3) = \frac{20}{2} = 10\ \text{mm} \qquad r_5 = \tfrac{1}{4}\,(d_3 + d_4) = \frac{140}{4} = 36{,}67\ \text{mm}$$

$$\overline{L = \qquad\qquad = 81{,}4\ \text{mm} \quad \Big| \quad \Sigma\,r_n = \qquad\qquad = 101{,}67\ \text{mm}}$$

$$r_1\,L_1 = 50\ \text{mm}^2$$
$$r_2\,L_2 = 241{,}6\ \text{mm}^2$$
$$r_3\,L_3 = 600\ \text{mm}^2$$
$$r_4\,L_4 = 371\ \text{mm}^2$$
$$r_5\,L_5 = 366{,}7\ \text{mm}^2$$
$$\overline{\Sigma\,r_n\,L_n = 1629{,}3\ \text{mm}^2}$$

$$r_m = \frac{\Sigma\,(L_n\cdot r^{(n)})}{L} = \frac{1629{,}3}{81{,}4} = 20\ \text{mm}\,,$$

womit der Zuschnittsdurchmesser sich ergibt zu

$$\boldsymbol{D^2 = 8\,r_m\,L} = 8\cdot 20\cdot 81 = 13000\,,$$

$$D = \sqrt{8\,r_m\cdot L} = \sqrt{13000} = 100\,\sqrt{1{,}3} = 114\,.$$

VIII. Rein zeichnerische Zuschnittsermittlung.

32. Aufgaben der rein zeichnerischen Zuschnittsermittlung.

Wenn man schon am Reißbrett steht, macht man am liebsten alles,
auch die Rechnungen mit Reißschiene und Zirkel. Die Arbeitsweise hat
den Vorteil der größeren Zuverlässigkeit und Übersichtlichkeit. Auch
bei der Zuschnittsermittlung.

Die Vorarbeit, die Unterteilung in Teilflächen bzw. erzeugende Teilkurven fällt zusammen mit der rechnerisch-zeichnerischen Behandlung;
zu suchen bleibt der Achsabstand r_n der Schwerpunkte m der Teilkurven aus den Achsabständen $r^{(n)}$ der Schwerpunkte m' der Kurven-
teile t_n, der Achsabstand r_n des Schwerpunkts der ganzen erzeugenden
Kurve, und die Lösung der Gleichung für den Zuschnittsdurchmesser.

33. Zeichnerische Ermittlung der Achsabstände der Teilkurvenschwerpunkte.

Die Bestimmung des Achsabstands für den Schwerpunkt einer Teilkurve ist einfach. Ist K der Abb. 69 eine solche Teilkurve mit den
gleichen Kurventeilen $t_1, t_2, \ldots t_n$
und deren Schwerpunktsabständen
$r', r'', r^{(n)}$, dann trägt man auf einer
beliebigen Gera-
den G, Abb. (70),
die n-Teilstrecken
von A nach B ab,
wodurch die Kurve
ausgestreckt (rekti-
fiziert) wird, so daß
$AB = L$, und auf
einer anderen durch
A gehenden Gera-
den G', in natür-
licher Größe oder
einem beliebigen
anderen Maßstab
die Schwerpunkts-

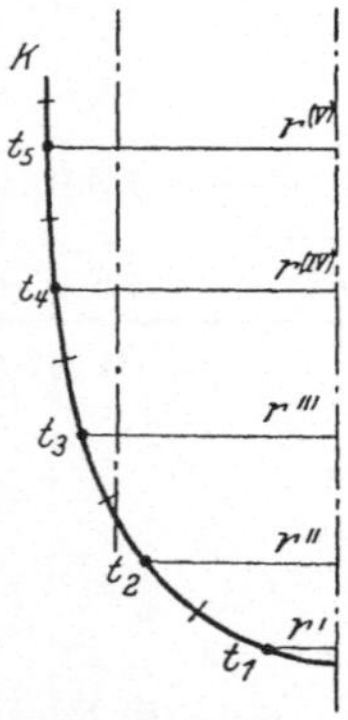

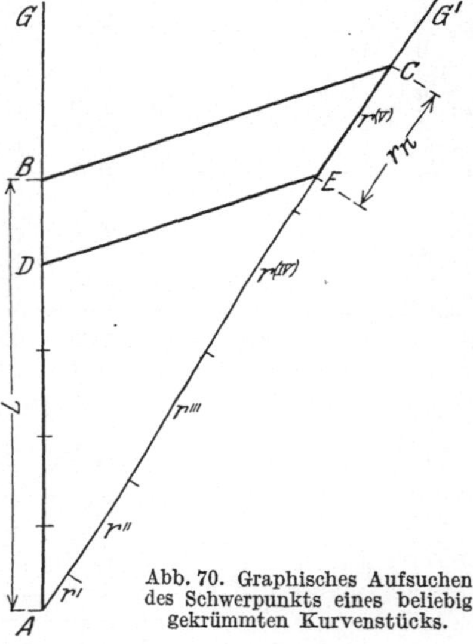

Abb. 69. Mantel durch Drehung einer Teilkurve.

Abb. 70. Graphisches Aufsuchen des Schwerpunkts eines beliebig gekrümmten Kurvenstücks.

abstände $r', r'', \ldots, r^{(n)}$, ab bis C, zieht BC und $DE \parallel BC$, dann ist

$$EC = \frac{r' + r'' + \cdots r^{(n)}}{n}.$$

$$EC = r_n.$$

Der Schwerpunkt der Teilkurve K liegt darnach auf einer Parallelen
zur Achse im Abstand r_n.

1. Beispiel. Kurve K stetig. Die Lösung versteht sich nach dem eben gesagten aus der Zeichnung der Abb. 69 und 70 ohne weitere Erklärung. Der Achsabstand der Kurve ist zugleich Achsabstand für den Schwerpunkt der Gesamtkurve.

2. Beispiel. Kurve K, Abb. 71, aus 5 Teilkurven *1, 2, 3, ..., 5*. Bei diesen sind die Achsabstände der Schwerpunkte für die einzelnen Teilkurven *1, 2, ..., 5* ebenso zu bestimmen, wie für die Kurve im ersten Beispiel. Die Konstruktion ist deshalb nicht mehr gezeigt, sondern die Parallelen *1 2 3 4 5* zu der Achse in den Schwerpunktsabständen r_1, r_2 ... r_5 in Abb. 71 gleich eingezeichnet. Nun erhebt sich die Frage nach dem Abstand r_n des Schwerpunkts der ganzen Kurve.

34. Zeichnerische Ermittlung des Schwerpunktabstands für eine erzeugende Kurve aus den Schwerpunktsabständen für Teilkurven mit den Längen L_n.

Die von den Teilkurven T_n mit den Längen L_n erzeugten Flächen M_n sind der Größe nach bestimmt durch die Guldinsche Gleichung

$$M_n = 2\,\pi \cdot r_n \cdot L_n.$$

Dabei kann die rechte Seite angesehen werden als ein Kraftmoment, in dem der Achsabstand r_n den Hebelarm, die Teilkurvenlänge L_n die Kraft vorstellt. Wenn das so ist, dann kann aber auch die Resultierende aus den Achsabständen der Schwerpunkte der Teilkurven gesucht werden wie die Resultierende von Kräften mit verschiedenen Angriffspunkten mit Hilfe des Kräfteplans und des Seilecks, und zwar der Größe wie der Richtung nach. Die Größe entspricht der Gesamtlänge L der erzeugenden Kurve und die Richtung gibt den Achsabstand des Schwerpunktes der Kurve.

Ist für die Kräfte *1, 2, 3, 4, 5* der Abb. 71 von der Größe L_1, L_2, ..., L_5 die Resultierende zu suchen, dann reiht man die Kräfte, die alle gleiche Richtung haben, der Größe und der Reihenfolge nach aneinander als Strecke AB der Abb. 73, und zieht von einem beliebigen Punkt O als Pol die Strahlen *6, 7, ..., 11*, dann ist, da die Kräfte alle in der Richtung AB liegen, BA die Mittelkraft, also

$$BA = L.$$

Der Kräftezug AB mit den Seilstrahlen heißt Kräfteplan.

Um nun den Achsabstand des Gesamtschwerpunkts zu finden, sucht man den Angriffspunkt der Mittelkraftlinie im Seileck. Hierzu zieht man durch einen beliebigen Punkt der Kraft *1* eine Gerade *12* ∥ *6* und *13* ∥ *7*, durch den Schnittpunkt von *13* mit *2*, *14* ∥ *8*, durch den Schnittpunkt von

14 mit *3, 15* ∥ *9*, durch den Schnittpunkt von *15* mit *4, 16* ∥ *10* und durch den Schnittpunkt von *16* mit *5, 17* ∥ *11*. Dann schneiden sich die äußeren Seileckseiten *12* und *17* in ϱ dem gesuchten Angriffspunkt. Das Lot von ϱ auf die Achse ist dann der gesuchte Achsabstand r_m des Gesamtschwerpunkts.

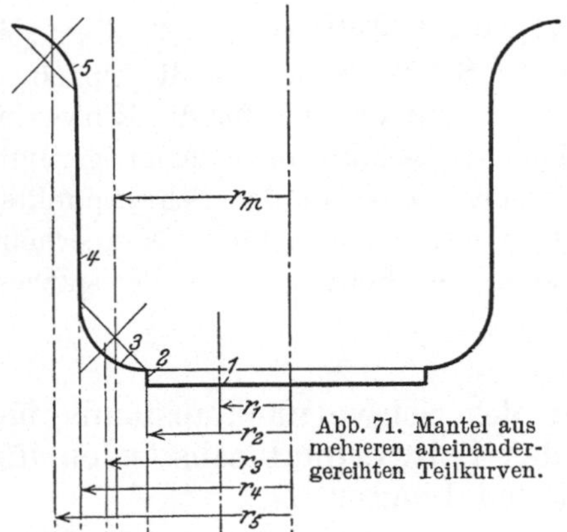

35. Zeichnerische Ermittlung des Zuschnittdurchmessers.

Nachdem der Achsabstand des Schwerpunkts r_m und die Gesamtlänge L der erzeugenden

Abb. 71. Mantel aus mehreren aneinander-gereihten Teilkurven.

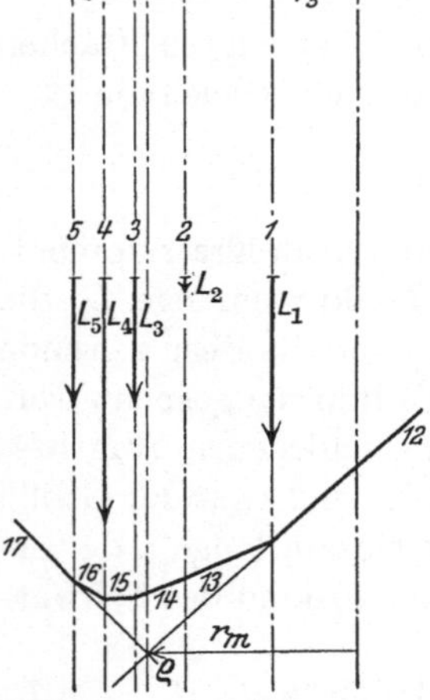

Abb. 72. Aufsuchen des Schwer-punktsabstands einer zusammen-gesetzten Kurve mit Hilfe des Seilecks.

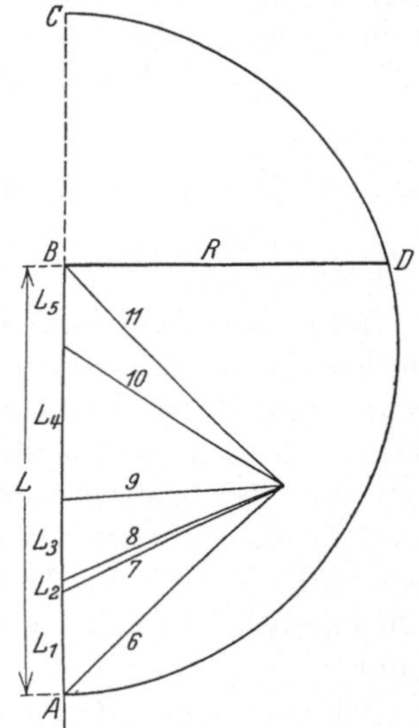

Abb. 73. Kräfteplan zur Ermittlung der Stellung des Gesamtschwerpunktes einer Kurve.

Kurve gefunden ist, ist zur Ermittlung des Zuschnittdurchmessers D nur ein kleiner Schritt.

Es ist nach Gl. (45):

$$R^2 = d_m\,L,$$

also das Quadrat des Zuschnitthalbmessers gleich dem Rechteck aus der Länge der Erzeugungskurve und deren Schwerpunktsabstand von der Drehachse. Dies entspricht dem Höhensatz im rechtwinkligen Dreieck, wonach das Quadrat über der Höhe flächengleich ist dem Rechteck aus den durch die Höhe bestimmten Hypotenuseabschnitten.

Der Zuschnittshalbmesser R ist also zu suchen als Höhe eines rechtwinkligen Dreiecks mit (L und d_m) als Hypotenuseabschnitten.

a) Beispiel: Für das Beispiel 2 Abschnitt 33 verlängert man im Kräfteplan, Abb. 73:

$$AB \text{ um } d_m \text{ bis } C,$$

beschreibt über AC als Durchmesser einen Halbkreis, der das Lot in B auf AC in D schneidet, dann ist

$$BD = R \text{ der Zuschnittshalbmesser.}$$

Weitere Beispiele zu zeigen ist überflüssig, da dies nur eine Wiederholung bedeuten würde, für die der Raum fehlt.

36. Vorteile der rein zeichnerischen Zuschnittsermittlung.

Wägt man die Vorteile der verschiedenen Berechnungsarten gegeneinander ab, so wird das Übergewicht auf Seiten der rein zeichnerischen Entwicklung liegen, denn sie braucht

1. am wenigsten Hilfsmittel und ist daher die schnellste und ist

2. die allgemeinste, da durch Veränderung des Maßstabes aus der Zeichnung eines Hohlgefäßes der Zuschnittsdurchmesser für jedes ähnliche abgelesen werden kann.

IX. Zuschnittsermittlung und Blechdehnung.
37. Ursachen der Blechdehnung.

Nach der früheren Beschreibung des Ziehvorgangs (s. S. 13) ist es klar, daß die Blechstärke dicht über dem Boden, also an der Bodenrundung und dem anschließenden Wandteil gegenüber der der Ziehscheibe geschwächt sein muß. Diese Schwächung nimmt allmählich ab, wird 0, und kann sich dem Rand zu in eine Blechverdickung umkehren. Den tatsächlichen Verlauf an einem gezogenen Gefäß zeigt Zahlentafel 15. Die Verdickung dem Rand zu kann dabei so groß werden, daß sie die Schwächung an der Bodenkante aufhebt oder übersteigt, wonach

$$\alpha \gtreqless 0, \quad \text{also} \quad \overset{+}{\underset{-}{0}}$$

werden kann.

Zunächst ist es wesentlich, die Einflüsse kennen zu lernen, die die Größe der Blechdehnung und also der Dehnungsziffer bestimmen.

In Frage kommen 3 Gruppen von Eigenschaften:

a) der Maschine: die Ziehgeschwindigkeit;

b) des Werkzeugs:

α) die Oberflächenbeschaffenheit,

β) die Schmierung,

γ) die Werkzeugweite, d. i. das Spiel zwischen Ziehstempel und Ziehring,

δ) die Kantenabrundung;

c) des Ziehstücks und der Erstellung:

α) Werkstoff, Art und Stärke,

β) Zahl der Züge.

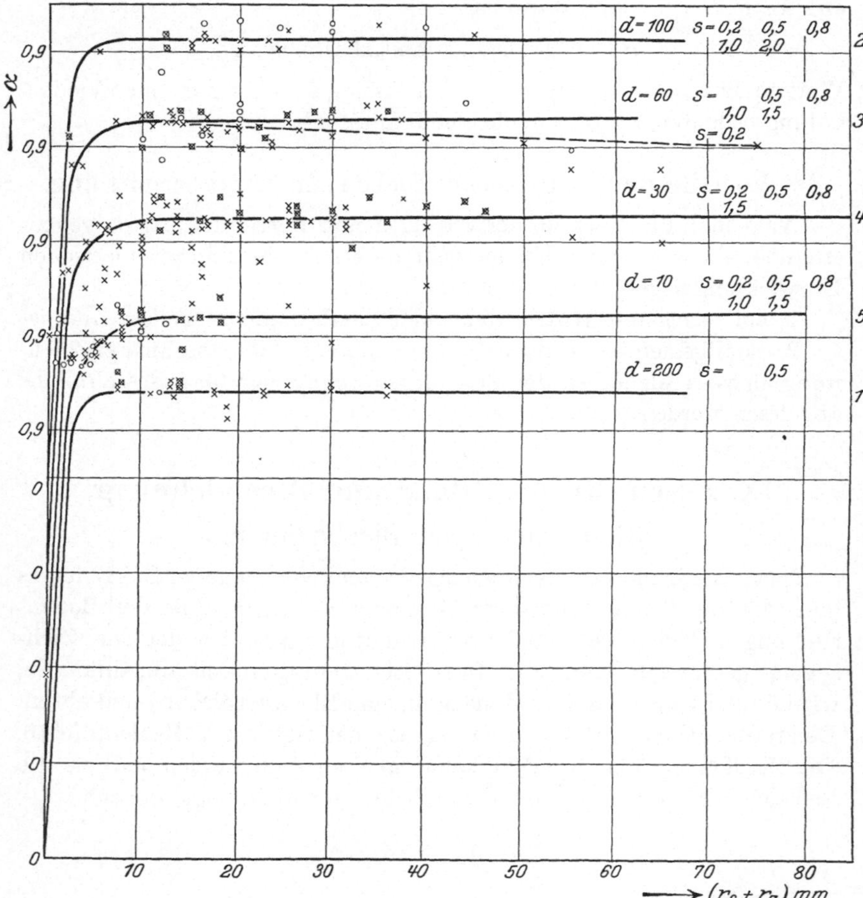

Abb. 74. Abhängigkeit der Dehnungsziffer von der Größe der Kantenrundung bei verschiedenen Ziehstempeldurchmessern bei Messing, also $\alpha = f(r_s + r_z)$, für d und $s = $ const.

a) Die Ziehgeschwindigkeit. Wenn auch die Art des Zusammenhangs zwischen Ziehgeschwindigkeit und Blechdehnung noch nicht untersucht und daher nicht bekannt ist, so läßt sich nach der Entstehung der Blechschwächung an und über der Bodenkante, die den Ausschlag gibt, doch sagen, daß diese um so größer sein wird, je größer die Geschwindigkeit ist.

b) Werkzeug. Rauhe Oberfläche, schlechte Schmierung, geringe Werkzeugweite und Rundungen mit kleinen · Halbmessern an Ziehstempelkante und Ziehringkante, vergrößern den Ziehwiderstand im allgemeinen und den Anfahrwiderstand im besonderen und vergrößern daher die Blechschwächung. Insbesondere die Werkzeugrundungen haben einen großen Einfluß auf sie, je schärfer sie sind, einen desto stärkeren Ziehwiderstand und eine desto stärkere Blechdehnung rufen sie hervor. Den Zusammenhang geben Abb. 74 und 75.

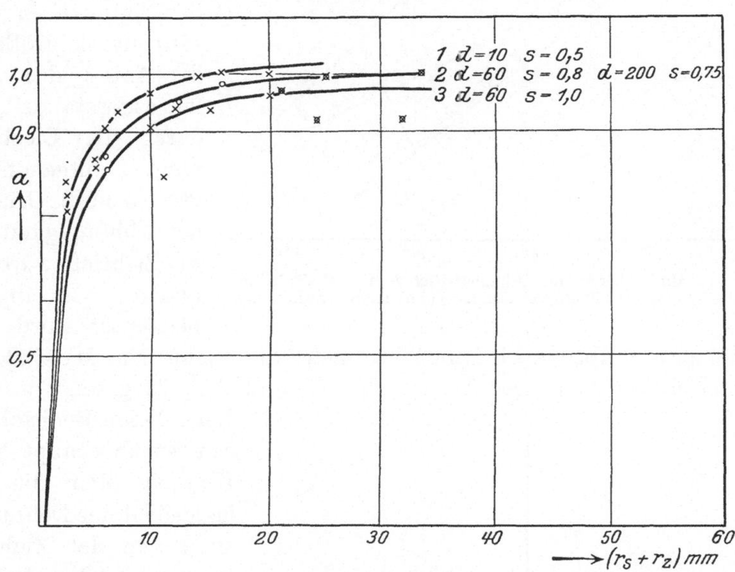

Abb. 75. Abhängigkeit der Dehnungsziffer von der Größe der Kantenrundung bei verschiedenen Ziehstempeldurchmessern bei Eisen, also $\alpha = f(r_s + r_z)$, für d und $s = $ const.

c) Ziehstück und Erstellung. Da die Ziehscheiben für Hohlgefäße gleichen Durchmessers um so größer sind, je tiefer die Hohlgefäße sind, wächst mit der Tiefe der Rand, der unter dem Niederhalter liegt und mit diesem der „Anfahrwiderstand" (s. S. 13). Mit dem Anfahrwiderstand wächst aber die Blechschwächung.

Musiol hat als erster den Zusammenhang zwischen der Ziehtiefe und der Dehnungsziffer gesucht und glaubt ihn einerseits dahin festlegen zu können, daß die Dehnungsziffer um so kleiner sei, je geschmeidiger der Werkstoff sei; andererseits dahin, daß die Dehnungsziffer um so kleiner sei, je seichter der Hohlkörper sei. Diese Folgerung wurde aus Beobachtungen gezogen, die in Abb. 76 dargestellt sind, wo die Abhängigkeit der Dehnungsziffer von dem Verhältnis $d : h = $ Ziehstempeldurchmesser : Ziehtiefe für verschiedene Werkstoffe gegeben ist.

Die Abhängigkeit von der Werkstoffart ist nach den Ergebnissen derart, daß die Dehnungsziffer um so kleiner ist, je bälder bei dem Werkstoff die Streckgrenze erreicht wird, die wohl als Maß für die Geschmeidigkeit zu gelten hat. Dies muß so sein, denn je früher die Streckgrenze erreicht wird, um so größer ist der Anteil des „Anfahrwiderstands", der durch die Blechdehnung aufgenommen werden muß. Die Art der Abhängigkeit von der Ziehtiefe wäre eine andere, als eingangs behauptet wurde, sie

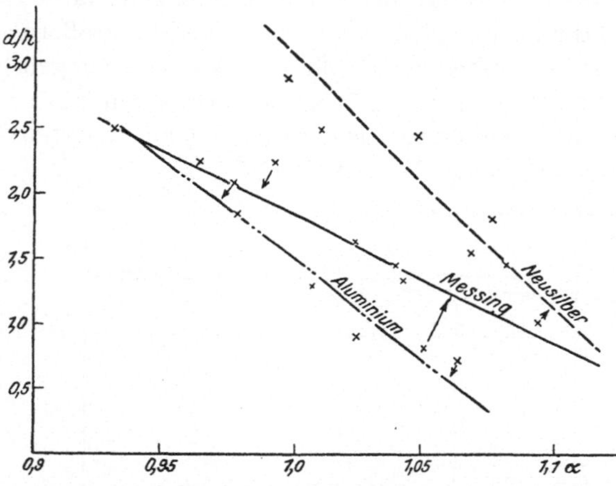

Abb. 76. Abhängigkeit der Dehnungsziffer vom Verhältnis Gefäßdurchmesser zu Ziehtiefe, also $\alpha = f(d/h)$ nach Musiol 1900.

widerspricht aber auch Beobachtungen, die später von Musiol veröffentlicht wurden und die in Abb. 77 und Abb. 78 gezeigt werden. Nach diesen Beobachtungen ist überhaupt keine Klarheit über die Abhängigkeit der Dehnungsziffer von der Ziehtiefe oder von dem Verhältnis des Ziehstempeldurchmessers zur Ziehtiefe zu finden. Wie in Abb. 77 durch 2 Lote angedeutet ist, könnten sogar 2 ganz entgegengesetzte Abhängigkeiten gefunden werden, nämlich einmal, daß die Dehnungsziffer konstant sei für alle Verhältnisse $d:h$ und zum andern, daß die Dehnungs-

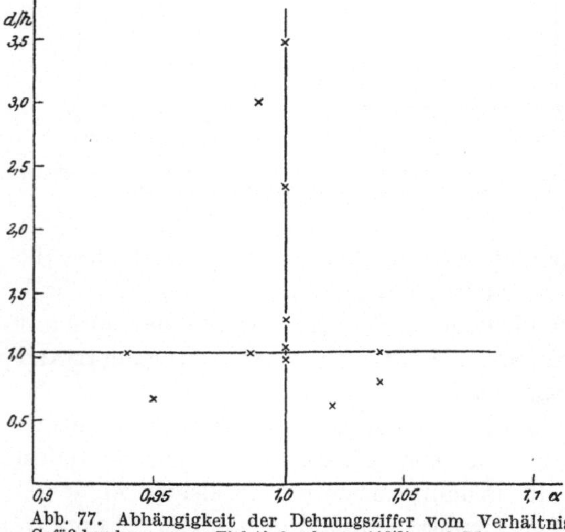

Abb. 77. Abhängigkeit der Dehnungsziffer vom Verhältnis Gefäßdurchmesser zu Ziehtiefe, also $\alpha = f(d/h)$ nach Musiol 1908.

ziffer bei einem konstanten Verhältnis $d:h$ beliebige Werte annehmen kann. Diese Unklarheiten und Widersprüche beruhen jedenfalls darauf, daß Musiol keine grundsätzlichen Untersuchungen vorgenommen hat, sondern die Ergebnisse an gezogenen Hohlgefäßen zu verwerten suchte, obwohl die Bedingungen, unter denen diese entstanden sind, ganz verschieden waren. Der Verfasser hat diesem Mangel abzuhelfen versucht und verschiedene Hohlgefäße gleichen Durchmessers auf verschiedene Tiefe gezogen; dabei hat sich gezeigt, daß die Dehnungsziffer um so kleiner wurde, je größer bei gleichem Durchmesser die Ziehtiefe war. Versucht man mit den Werten, die in Abb. 79 wiedergegeben sind, die Abhängigkeit der Dehnungsziffer vom Verhältnis $d:h$ darzustellen, trotzdem sie mit verschiedenen Werkzeugen und mit verschiedener Blechstärke und mit verschiedener Ziehgeschwindigkeit entstanden sind, so erhält man nach Abb. 80 eine lineare Abhängigkeit der Dehnungsziffer von dem Verhältnis $d:h$. Danach wäre also die Dehnungsziffer um so klei-

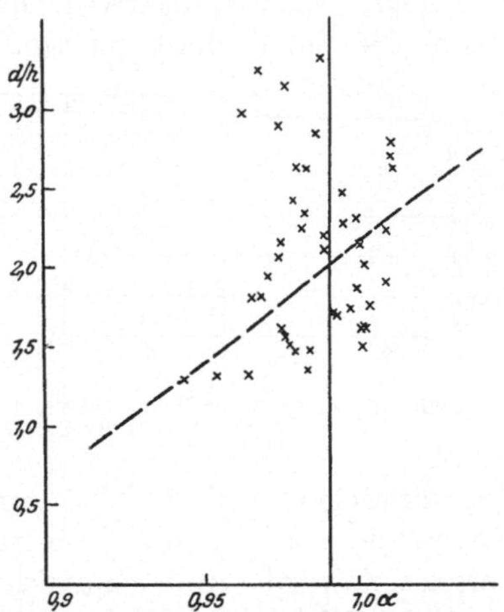

Abb. 78. Abhängigkeit der Dehnungsziffer vom Verhältnis Gefäßdurchmesser zu Ziehtiefe, also $\alpha = f(d/h)$ nach Musiol 1907.

ner, je kleiner das Verhältnis $d:h$ oder je größer die Ziehtiefe gegenüber dem Ziehstempeldurchmesser ist. Diese Abhängigkeit gilt aber nur für

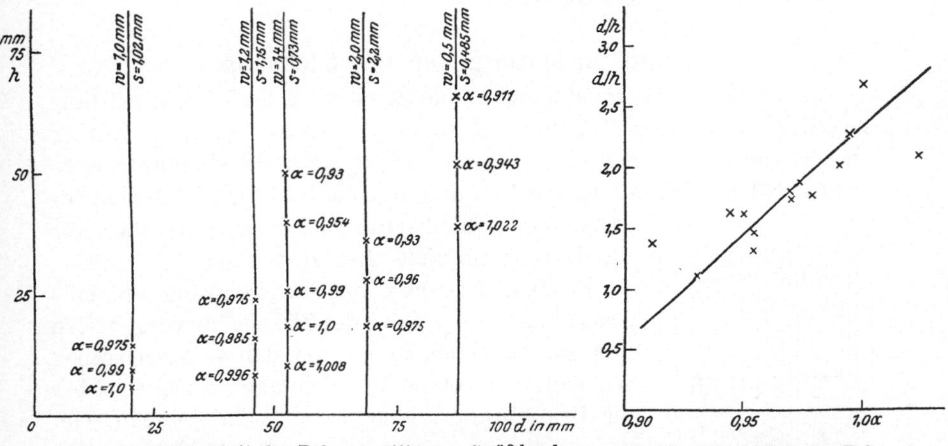

Abb. 79. Abhängigkeit der Dehnungsziffer von Gefäßdurchmesser und Ziehtiefe, also $\alpha = f(d/h)$.

Abb. 80. Abhängigkeit der Dehnungsziffer vom Verhältnis Gefäßdurchmesser zu Ziehtiefe, also $\alpha = f(d/h)$ nach Sellin.

die Erstellung von Gefäßen in einem Zug, wie sie bei den Versuchen angewendet wurde.

Da die widerspruchsvollen Ergebnisse M u s i o l s an gezogenen Gefäßen festgestellt worden sind, die teils in einem, teils in mehreren

Zügen gefertigt worden waren, so ist daraus zu schließen, daß die Abhängigkeit der Dehnungsziffer vom Verhältnis $d:h$ eine andere ist, wenn ein Gefäß in mehreren Zügen, als wenn es in einem Zug gefertigt wird. Dies ist deshalb verständlich, weil man bei der Erstellung von Hohlgefäßen in mehreren Zügen nicht so nahe an die Grenze der möglichen Blechbeanspruchung geht, also beim gleichen Zug nicht die größtmögliche Ziehtiefe zu erreichen sucht, gewissermaßen seichter zieht; wenn

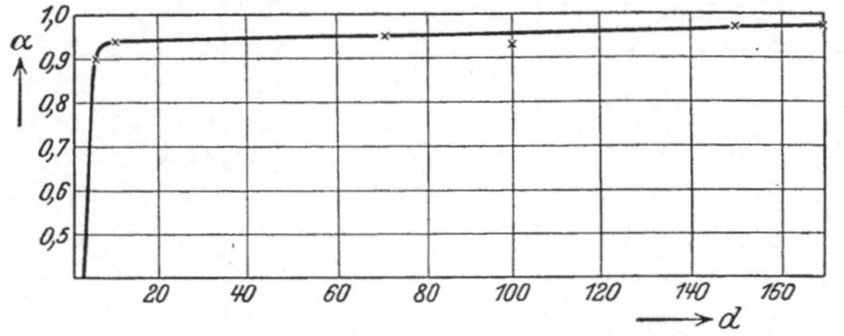
Abb. 81. Abhängigkeit der Dehnungsziffer vom Gefäßdurchmesser bei größtmöglicher Ziehtiefe.

nur deswegen, weil bei den durch Tiefe und Form eines Gefäßes bestimmten Abstufungen die letzte Abstufung meist nicht die zulässige erreichen würde und man diese Erleichterung auf die übrigen Züge verteilt. Eingehender wurde diese Frage von dem Bruder des Verfassers untersucht, dem Diplomingenieur Willi Sellin, der in einer großen Zahl von allerdings auch nur mit einem Zug durchgeführten Versuchen eine Abhängigkeit gefunden hat, die Abb. 81 wiedergibt, in der die Dehnungsziffern für die bei dem bestimmten Durchmesser jeweils größte Ziehtiefe eingetragen sind.

38. Die Bedeutung der Blechdehnung.

Die Größe der Blechdehnung ist ein Zeichen für die Werkstoffbeanspruchung, denn je größer sie ist, desto stärker ist die Dehnung. Immer aber ist die Zone der größten Beanspruchung an der Bodenkante oder dicht darüber. Deshalb ist die Dehnung nur ein Maß für die Beanspruchung beim Ziehbeginn und kaum ein Maß für die durchschnittliche Beanspruchung.

Dr.-Ing. Fischer hat die Dehnung als entscheidend für die Güte des Ziehens hervorgehoben und glaubt sagen zu müssen, daß es anzustreben sei, möglichst ohne Blechdehnung zu ziehen, aber die Begründung hierfür hat er nicht gegeben. Gewiß ist die Teilbeanspruchung dann nicht günstig,

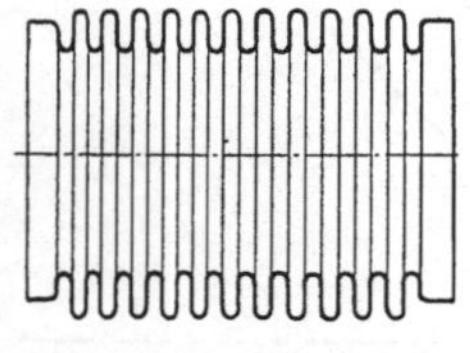
Abb. 82. Dose für Temperaturregler.

wenn die gezogenen Hohlgefäße so weiterverarbeitet oder benützt werden, daß jeder Teil der Wand gleich stark beansprucht wird, wie es bei der Verwendung aus Blechscheiben gezogener Röhren zu Dehnungskörpern von Temperaturreglern ist, Abb. 82, wo für die Dehnung jede Welle des Körpers gleich stark herangezogen, also auch gleich stark beansprucht wird, denn hier würde sonst die Lebensdauer des Dehnungskörpers bedingt durch die Lebensdauer der schwächsten Welle, also erheblich verringert, wenn die Werkstoffdicke an einer Stelle besonders schwach wäre.

Etwas anderes aber ist es bei den gewöhnlichen Hohlgefäßen, die in einem oder mehreren Zügen gefertigt werden. Bei diesen ändert sich die Wandform, die beim einen Zug entstand, durch den auf ihn folgenden Zug, so daß die des fertigen Ziehstücks nur durch den letzten Zug bedingt ist. Im übrigen ist aber bei diesen wie bei jenen die verjüngte Wandform nicht ungünstig, weil sie am Rand der Öffnung dicker ist, wo die größte Festigkeit und Steifigkeit sein muß, während dicht über dem Boden die Festigkeit des gedehnten und deshalb geschwächten Blechs genügt. Deshalb wird bei den gewöhnlichen Hohlgefäßen, die die größte Zahl ausmachen, wie Kochtöpfe, Gehäuse und dgl., für die nicht besondere Bedingungen wegen Festigkeit oder Passung vorliegen, die verjüngte Wandform und also die Blechdehnung nicht nur zulässig, sondern geradezu erwünscht sein, weil sie eine Blechersparnis bis 10 und 15% bringen kann.

39. Die Berücksichtigung der Blechdehnung bei der Zuschnittsermittlung.

Schon zu Beginn des Teils B wurde allgemein entwickelt, daß für Umdrehungskörper der Zuschnittsdurchmesser bestimmt ist durch die Gleichung

$$D = \sqrt{\alpha \cdot \frac{4}{\pi} O} = \sqrt{\alpha \frac{4}{\pi} \sum M_n} \qquad (48)$$

und mit ihr die Berücksichtigung der Blechdehnung durch die Dehnungsziffer α gezeigt. Die Frage ist nun, wie die Größe von α gefunden werden kann.

Wie die vorausgegangenen Abschnitte zeigen, ist α von verschiedenen Einflüssen des Ziehblechs, des Ziehstücks, der Ziehpresse und des Ziehwerkzeugs abhängig. Da die Ziehpressen für jede Fabrik konstant sind und beim Ziehwerkzeug die Rundungen der Kanten den Ausschlag geben, wäre es möglich, nach entsprechenden Versuchen Kurven für α aufzustellen, getrennt für jede Blechart und abhängig von Ziehtiefe, Ziehdurchmesser und Rundung, doch wäre dazu eine sehr große Zahl von Ziehversuchen notwendig, die einen hohen Aufwand von Geld und Zeit erfordern würden.

Deshalb unterläßt man die an sich wichtigen Versuche meistens. Da es aber wegen der Zahl der Einflüsse nicht möglich wäre, die in jedem Fall auftretende Blechdehnung von vornherein genauestens festzulegen, ist schon eine gute Annäherung an diese Werte von Vorteil. Diese kann man finden, wenn man daran denkt, daß den Hauptwiderstand gegen

das Ziehen die Werkstoffmenge bildet, die durch den Ziehvorgang
verdrängt bzw. verformt werden muß. Diese Werkstoffmenge ist nach
Abb. **5,** bezogen auf 1 cm des Ziehstempelumfangs, gegeben durch die
Gleichung:

$$F_s = \frac{\frac{\pi}{4} D^2 - \frac{\pi}{4} d^2 - \frac{\pi}{2} d (D - d)}{\pi d},$$

also $\qquad\qquad F_s = \dfrac{(D - d)^2}{4 d}.$ $\qquad\qquad\qquad\qquad$ (49)

Sucht man einen Zusammenhang $\alpha = (f)s$ zwischen dieser **Werkstoff-**
fläche F_s, die der Wichtigkeit für den Ziehvorgang wegen spezifische

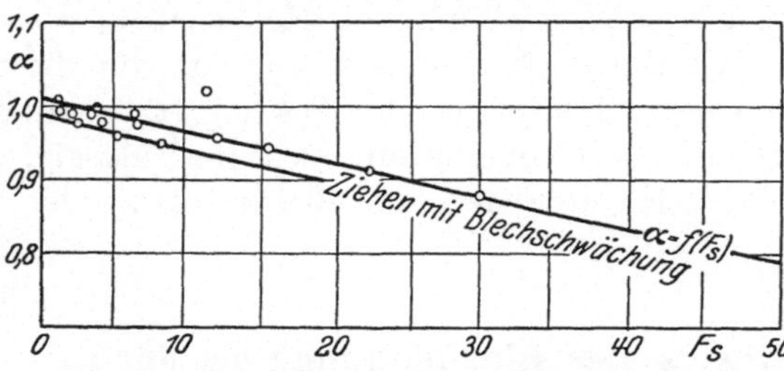

Abb. 83. Abhängigkeit der Dehnungsziffer von der Größe
der zu verdrängenden bezogenen Werkstofffläche.

Ziehfläche genannt wer-
den soll, so findet man,
daß dieser Zusammenhang
ein linearer ist, und zwar
nimmt die Dehnungs-
ziffer α im selben Verhältnis ab, wie die Zieh-
fläche größer wird.

Abb. 83 zeigt diesen
Zusammenhang nach Ver-
suchen des Verfassers, nach der die Gerade durch die Gleichung

$$\alpha - \alpha_1 = - 0{,}455 \cdot (F_s - F_{s_1}),$$

gegeben ist. Allgemein ist die Gleichung der Geraden

$$\alpha - \alpha_1 = m (F_s - F_{s_1}), \qquad\qquad\qquad (50)$$

wenn $m = \dfrac{\alpha_2 - \alpha_1}{F_{s_2} - F_{s_1}}$. Für bestimmte äußere Einflüsse der Ziehpresse und
des Ziehwerkzeugs ist die Geradengleichung durch zwei Punkte bzw.
die Dehnungsziffer für beliebige spezifische Ziehflächen durch 2 Versuche bestimmt, für die die spezifischen Ziehflächen F_{s_2} und F_{s_1} bekannt und die zugehörigen Dehnungsziffern α_2 und α_1 durch die Verhältnisse der Flächen der Ziehscheiben O_{01} und O_{02} zu den Oberflächen
O_2 und O_1 der gezogenen Gefäße durch die Gleichungen:

$$\alpha_2 = \frac{O_{02}}{O_2},$$

$$\alpha_1 = \frac{O_{01}}{O_1},$$

zu ermitteln sind.

Nun ist zwar die Abhängigkeit der Dehnungsziffer α bekannt, aber
die Ermittlung für die verschiedenen Gefäßformen nicht ohne weiteres
möglich, da für diese die Zuschnittsdurchmesser und also auch die spezifischen Ziehflächen F_s noch nicht bekannt sind. Man ermittelt deshalb

zuerst den angenäherten Zuschnittsdurchmesser D' für das verlangte Hohlgefäß unter Zugrundelegung von Oberflächengleichheit zwischen

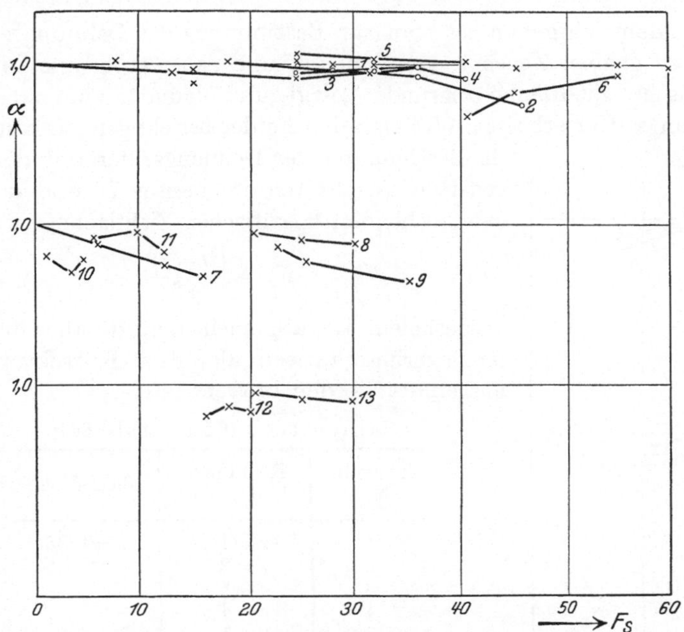

Abb. 84a. Zusammenhang zwischen spezifischer Ziehfläche und Dehnung. Kurven $\alpha = f(F_s)$ nach Sellin.

Zuschnitts- und Hohlgefäßoberfläche, also mit $\alpha = 1$, womit nach Gl. (31)

$$D' = \sqrt{d^2 + 4\,d\,h}$$

ist. Mit D' und d berechnet man die spezifische Ziehfläche

$$F_s = \frac{(D'-d)^2}{4\,d}$$

und die zu F_s gehörige Dehnungsziffer α nach der durch die 2 Versuche ermittelten Geraden

$$\alpha - \alpha_1 = m\,(F_s = F_{s_1}).$$

Zahlentafel 16a zu Abb. 84a.

Kurven-Nr.	Rundungshalbmesser des		Blech-dicke s	Gefäß-durch-messer d
	Ziehstempels r_s	Ziehringes r_z		
1	$=1$	$=5$	$=0{,}5$	$=200$
	10	5	0,5	
	1	8	0,5	
2	1	8	0,5	
3	1	5	0,8	
4	1	10	0,8	
5	1	10	0,5	
6	10	5	0,8	
7	2	1	0,2	100
8	5	3	0,5	
9	15	1	0,5	30
10	1	1	0,2	30
11	2	1	0,2	60
12	2	5	0,2	100
13	5	5	0,5	100

Mit der ermittelten Dehnungsziffer α berichtigt man den Zuschnittsdurchmesser D' nach der Gleichung

$$D = \sqrt{\alpha}\, D'. \tag{51}$$

Bei dem Vorgehen hat man zur Bestimmung der Dehnungsziffer α einen zu großen Zuschnittsdurchmesser und daher auch eine zu große spezifische Ziehfläche zugrunde gelegt und dadurch ·eine zu kleine Dehnungsziffer erhalten. Will man den Fehler berichtigen, so kann man die Bestimmung der Dehnungsziffer mit dem korrigierten Zuschnittsdurchmesser D und der ihm entsprechenden spezifischen Ziehfläche

$$F_s = \frac{(D - d)^2}{4\,d}$$

wiederholen. Im allgemeinen dürfte aber der Fehler so geringfügig sein, daß diese Korrektur nicht ausgeführt werden braucht.

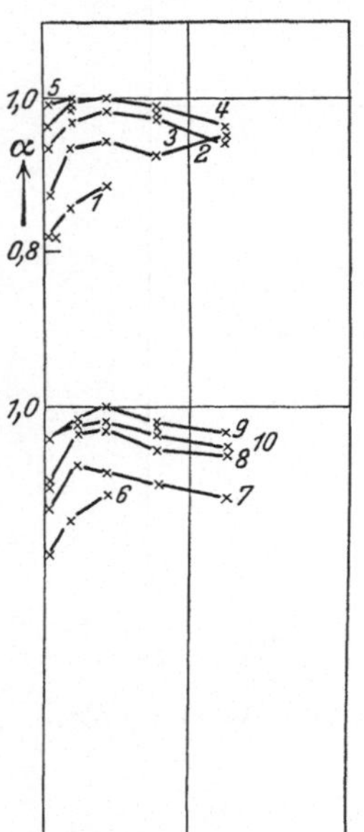

Abb. 84b. Zusammenhang zwischen spezifischer Ziehfläche und Dehnung. Kurven $\alpha = f(F_s)$ nach Draeger.

Zahlentafel 16b zu Abb. 84b.

Kurven-Nr.	Rundungs-halbmesser	Blechdicke
1	$r = 1$	$s = 0,35$
2	$r = 2$	
3	$r = 3$	
4	$r = 4$	
5	$r = 5$	
6	$r = 1$	
7	$r = 2$	
8	$r = 3$	$s = 0,4$
9	$r = 4,5$	
10	$r = 6$	

Zur Ermittlung des Zusammenhangs zwischen spezifischer Ziehfläche und der Dehnungsziffer wurden neuerdings eine große Anzahl von Versuchen mit verschiedenen Werkstoffen und mit verschiedenen Werkzeugrundungen durchgeführt, deren Ergebnisse in den Zahlentafeln 16a und b und Abb. 84a und b wiedergegeben sind. Zur Erleichterung der Rechnung selbst ist es möglich, mit Hilfe der Dehnungsziffergeraden Kurvenbilder aufzuzeichnen, die einmal, Abb. 85, die Dehnungsziffer α als Funktion von dem Ziehstempeldurchmesser d und der Ziehtiefe h, also $\alpha = f(d, h)$ oder unmittelbar, Abb. 86, die Zuschnittsdurchmesser D als Funktion der Ziehstempeldurchmesser d und für bestimmte Ziehtiefen h bei Berücksichtigung der Blechdehnung, also

$$D = f(d) \quad \text{für} \quad h = \text{konstant,}$$

aufgebaut auf die Gl. (49) bis (51), angeben.

Beispiele: Abb. 87 zeigt mit $a-a$ und $b-b$ den Grundriß eines Gefäßes, das zu ziehen und dessen Zuschnitt durch Versuche mit $c-c$ ermittelt worden war. Durch die Nachrechnung unter Berücksichtigung der Blechschwächung wurde der Zuschnitt $e-e$ gefunden, der gegenüber dem durch Versuche zuvor ermittelten, um den durch Schraffur ///// bezeichneten Teil kleiner war und, wie weitere Versuche zeigten, völlig genügte, um den durch Schraffur \\\\\ bezeichneten Rand, der vom Ziehstück abgeschnitten werden muß, auf das Kleinstmaß zu beschränken.

Abb. 88 zeigt den Grundriß eines andern Gefäßes, das mit einer Höhe $h = 50$ mm gezogen werden mußte. Als Zuschnitt wurde eine Scheibe vom Durchmesser $D = 135$ mm gefunden. Die Nachprüfung durch die Rechnung ergab als möglichen Zuschnitt die Linie e, womit gegenüber der Kreisscheibe die durch Schraffur ≡ bezeichnete Fläche abzüglich der ||||| bezeichneten eingespart werden könnte, im Betrag von rund 14% der Kreisscheibe. Wenn auch der

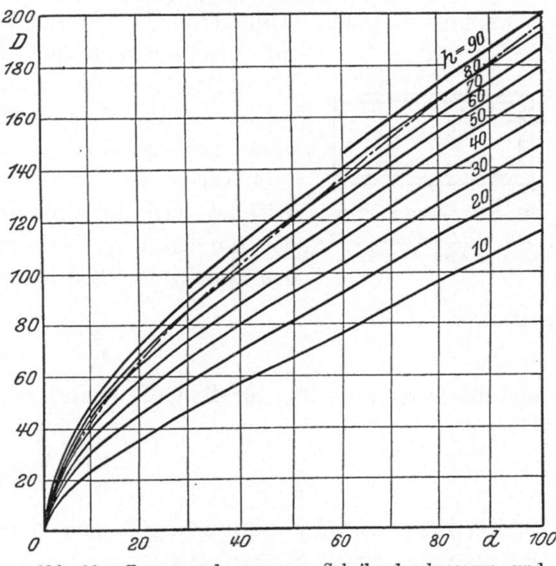

Abb. 85. Zusammenhang zwischen Gefäßdurchmesser, Ziehtiefe und Blechdehnung. Kurven $\alpha = f(d,\ h)$.

Abb. 86. Zusammenhang von Scheibendurchmesser und Gefäßdurchmesser bei konstanter Ziehtiefe. Kurven $D = f(d)$ für $h =$ konst.

Abfall bei hochwertigen Blechen wieder veräußert werden kann, so ist
er gegenüber dem ursprünglichen Materialwert doch stark entwertet,
so daß die Einsparung, die
durch die Berücksichtigung
der Blechdehnung gemacht
werden kann, von großer Bedeutung ist.

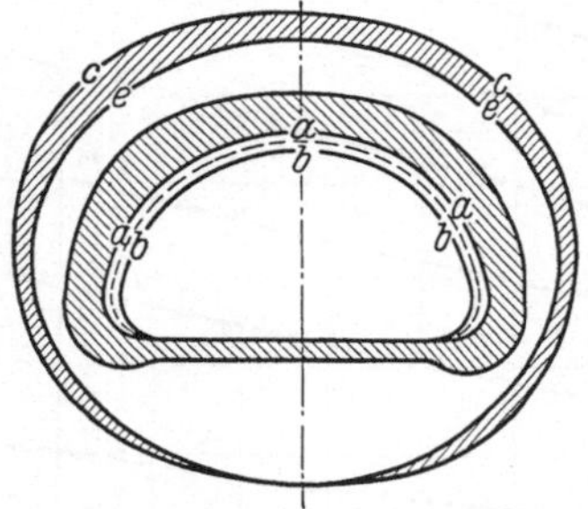

Abb. 87. Ersparnis durch Berücksichtigung der Blechdehnung ////.

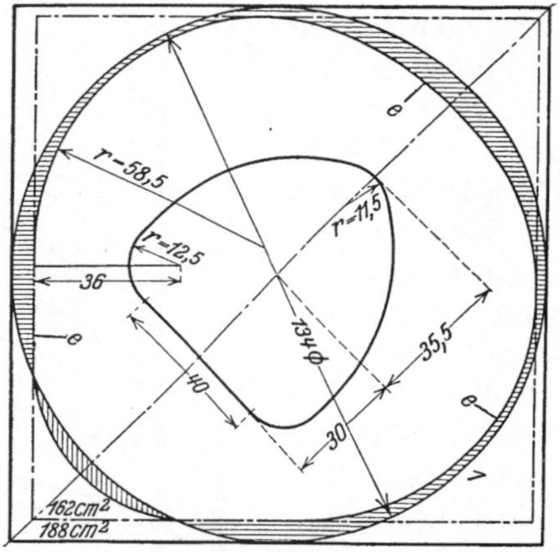

Abb. 88. Blechersparnis durch Berücksichtigung
der Blechdehnung ▤.

40. Zuschnittsermittlung bei ungleicher Wandstärke.

In manchen Fällen ist es verlangt, die Gefäße so zu ziehen, daß die
Wandung schwächer wird, als der Boden dick ist. Man nennt dies Ziehen
mit Blechschwächung. Diese Ziehart ist bei der
Kartuschenherstellung üblich. Abb. 89 zeigt ein
solches Gefäß. Hier ist die Blechdehnung mit Absicht herbeigeführt, und die Dicke der Hohlgefäßwand, weil vorgeschrieben, bekannt. Bezeichnet man die Blechdicke am Boden mit s_1, die
der Wand mit s_2, dann ist die Dehnungsziffer für
den Boden, den Teilmantel M_1 des Gefäßes

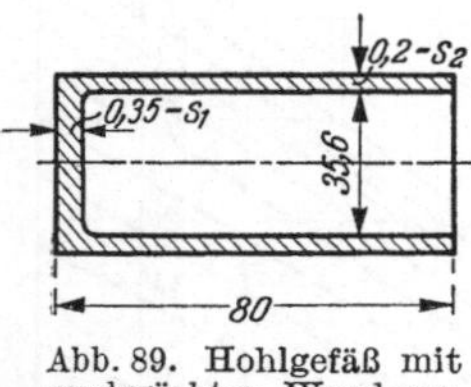

Abb. 89. Hohlgefäß mit
geschwächter Wandung.

$$\alpha_1 = \frac{s_1}{s_0}$$

und die Dehnungsziffer für die Gefäßwand, den Teilmantel M_2 des Gefäßes

$$\alpha_2 = \frac{s_2}{s_0}.$$

Der Zuschnittsdurchmesser ergibt sich dann aus der Gleichung mit

$$D = \sqrt{\frac{4}{\pi}\,\alpha_n \sum M_n}$$

$$= \sqrt{\frac{4}{\pi}\,\alpha_1 M_1 + \frac{4}{\pi}\,\alpha_2 M_2 + \cdots + \alpha_n M_n}. \tag{52}$$

Für das Gefäß der Abb. 89 mit 2 Teilflächen wird

$$D = \sqrt{\frac{4}{\pi}\,\alpha_1\,M_1 + \frac{4}{\pi}\,\alpha_2\,M_2}$$

oder mit den oben angegebenen Werten von α_1 und α_2 und

$$M_1 = \frac{\pi}{4}\,d_1^2\ ,$$

$$M_2 = \pi\,d_1\cdot h$$

wird

$$D = \sqrt{\frac{s_1}{s_0}\,d_1^2 + 4\,\frac{s_2}{s_0}\,d_1\cdot h}\ . \tag{53}$$

Beispiel:

Mit

$$d_1 = 35{,}6\,,$$
$$h = 80\,,$$
$$s_1 = 0{,}35 = s_0\,,$$
$$s_2 = 0{,}2$$

wird

$$\alpha_1 = s\,,$$
$$\alpha_2 = \frac{0{,}2}{0{,}35}$$

und

$$D = \sqrt{35{,}6^2 + 4\,\frac{0{,}2}{0{,}35}\,35{,}6\cdot 80} = \sqrt{7868} = 88{,}7\,\text{mm}.$$

X. Zuschnittsermittlung beliebig geformter Hohlkörper mit zwei und mehr Symmetrieachsen.

41. Zusammenhang mit den Umdrehungshohlgefäßen.

Während bei den Umdrehungshohlkörpern der Grundriß immer ein Kreis ist, dessen Krümmung an jeder Stelle gleich ist, ist bei den Hohlkörpern mit beliebigem Grundriß die Krümmung immer nur für Teile der Grundrißkurve gleich. Aus diesem Grund wird auch der Zuschnitt keine Kreisscheibe, sondern eine den Krümmungen der Grundrißkurve des Hohlgefäßes entsprechend beliebig geformte Scheibe.

Zur Bestimmung der Scheibengröße und der Scheibenform eines beliebigen Grundrisses nach Abb. 90 zerlegt man diesen in Kurvenstücke mit konstanter Krümmung, also Kreisbögen und Gerade. Betrachtet man Gerade als Teile von Kreisen mit unendlich großem Halbmesser, dann sind alle Grundrisse in Kreisbögen aufzuteilen mit unter sich verschiedener Krümmung und entsprechend alle Hohlgefäße in Teilgefäße von Umdrehungshohlkörpern. Damit löst sich auch die Bestimmung des Zuschnitts für beliebige Hohlgefäße auf in die für Umdrehungshohlgefäße.

Zu berücksichtigen ist dabei, daß für Grundrisse mit Kreisbögen mit unendlich großem Halbmesser, also $r_1 = \infty$ auch die Zuschnittshalbmesser unendlich groß werden, also $R = \infty$. Damit verschwinden aber die zu verdrängenden Werkstoffflächen der Abb. 5, also auch F_s, denn mit $d = \infty$ wird nach Gleichung

$$F_s = \frac{(D - d)^2}{4\,d}$$

und $D = \infty$

$$F_s = 0\,.$$

Damit geht das Ziehen über in reine Biegung, die also nur als besonderer Fall des allgemeinen Ziehens anzusehen ist.

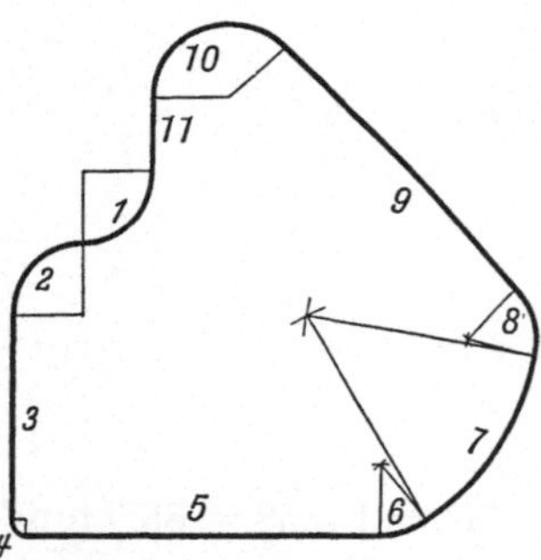

Abb. 90. Hohlgefäß mit beliebigem Grundriß.

Da beim Biegen kein Material verdrängt werden muß, fällt auch die Hauptursache für die Blechschwächung fort, die Dehnungsziffer α wird

$$\alpha = 1\,.$$

Dies ist auch aus der Kurve $\alpha = f(F_s)$ nach Abb. 83 ersichtlich, nach der für $F_s = 0, \alpha = 1$.

Der Grundriß der Abb. 90 ist nach dem Gesagten in 11 Teilkurven zu teilen, und zwar in 7 Kreisbögen mit den Ziffern $1, 2,$ $4, 6, 7, 8, 10$ und 4 Gerade mit den Ziffern $3, 5, 9$ und 11.

Nimmt man die Höhe des zu dem Grundriß gehörigen Gefäßes mit h an, dann ist die Aufgabe:

1. die Zuschnittsdurchmesser zu suchen für Zylinder mit der Höhe h und den den Kreisbögen $1, 2$ usw. entsprechenden Halbmessern r_1, r_2 usw.,

2. über die Geraden $3, 4, 8$ und 10 Flächen zu biegen von der Breite h.

Da der Grundriß der Abb. 90 schon recht verwickelt ist, soll das Vorgehen hierbei an einfacheren Grundrissen und den ihnen entsprechenden Hohlgefäßen gezeigt werden.

42. Hohlgefäß mit elliptischem Grundriß.

Bei diesem handelt es sich um das Suchen des Zuschnittsdurchmessers für Hohlgefäße mit den Näherungskreisen als Grundrissen, deren Mittelpunkte M und N man nach Abb. 91 als Schnittpunkte des Lotes von D auf $A\,B$ einmal mit der großen Achse und zum andern der Verlängerung der kleinen Achse erhält.

Die Größen der Krümmungshalbmesser ϱ' und ϱ'' sind entweder durch

Rechnung zu bestimmen oder nur der Zeichnung zu entnehmen. Damit lassen sich die entsprechenden Zuschnittshalbmesser R' und R'' ermitteln. Die mit ihnen erzeugten Kreisbögen sind wieder Näherungskreise für eine Ellipse, die den gesuchten Zuschnitt vorstellt, da der Übergang von einem Näherungskreis zum andern stetig sein muß. Bei der Betrachtung ist absichtlich unberücksichtigt, ob die Wandung senkrecht oder konisch ist, am Boden und an der Öffnung eine starke Rundung hat, ob mit Rand gezogen wird oder nicht, da durch diese Verschiedenheiten nur die Größe der Zuschnittshalbmesser geändert wird, die Ermittlung aus dem früheren aber schon bekannt ist.

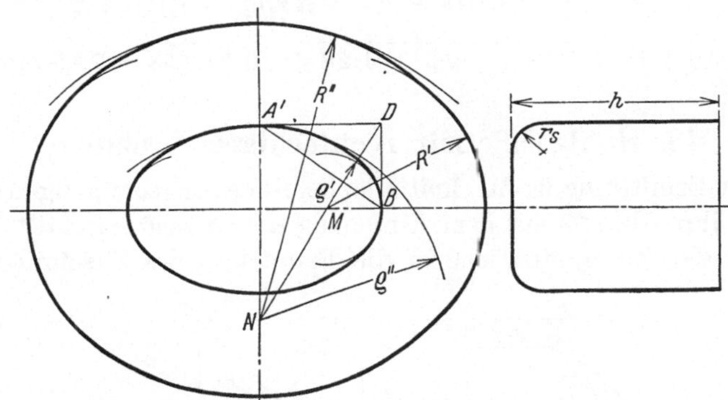

Abb. 91. Hohlgefäß mit elliptischem Grundriß.

Die Ermittlung des Zuschnitts für den vorgezeigten Hohlkörper unterscheidet sich kaum von der für Umdrehungshohlkörper, nur daß man die Arbeit, die man bei diesen einmal hat, zweimal ausführen muß, und daß die Konstruktion der Zuschnittsellipse etwas mehr Schwierigkeit macht oder wenigstens zeitraubender ist als die des Zuschnittskreises.

Beispiel: Sind die Halbachsen der Ellipse wie in Abb. 91

$$a = 30,6 = 20 \text{ mm},$$

die Gefäßhöhe $h = 50$ mm,

dann werden die Näherungshalbmesser

$$\varrho' = 13 \text{ mm},$$
$$\varrho'' = 45,8 \text{ mm}.$$

Werden die Blechdicke für Messing mit

$$s = 0,8 \text{ mm},$$

die Werkzeugrundungen mit

$$r_s = 8 \text{ mm}$$

für den Stempel und

$$r_z = 8 \text{ mm}$$

für den Ziehring angenommen, dann werden die den Halbmessern ϱ' und ϱ'' entsprechenden Zuschnittshalbmesser R' und R'' ohne Berücksichtigung der Dehnung nach Gl. (35):

$$R' = \tfrac{1}{2}D' = \tfrac{1}{2}\sqrt{4(\varrho'-r_s)^2 + 8\cdot\varrho'(h-r_s) + 4\pi r_s(\varrho'-r_s) + 8\,r_s^2}\,,$$

$$R' = \sqrt{(\varrho'-r_s)^2 + 2\varrho'(h-r_s) + \pi r_s(\varrho'-r_s) + 2\,r_s^2}$$

$$= 10\,\sqrt{0{,}25 + 10{,}9 + 1{,}26 + 1{,}28} = 10\,\sqrt{13{,}69} = 37\,\text{mm}$$

und

$$R'' = \sqrt{(\varrho''-r_s)^2 + 2\cdot\varrho''(h-r_s) + \pi r_s(\varrho''-r_s) + 2\,r_s^2}$$

$$= 10\,\sqrt{14{,}3 + 38{,}5 + 9{,}5 + 1{,}28} = 10\,\sqrt{63{,}58} = 79{,}7\,\text{mm}\,.$$

43. Hohlgefäße mit rechteckigem Grundriß.

a) Die Ermittlung der Zuschnittsfläche. Für einen rechteckigen Grundriß, wie ihn Abb. 92 mit dem Linienzug $a\,b\,c\,d$ zeigt, zerfällt die Ermittlung der Zuschnittsfläche in die Ermittlung des Zuschnittsdurch-

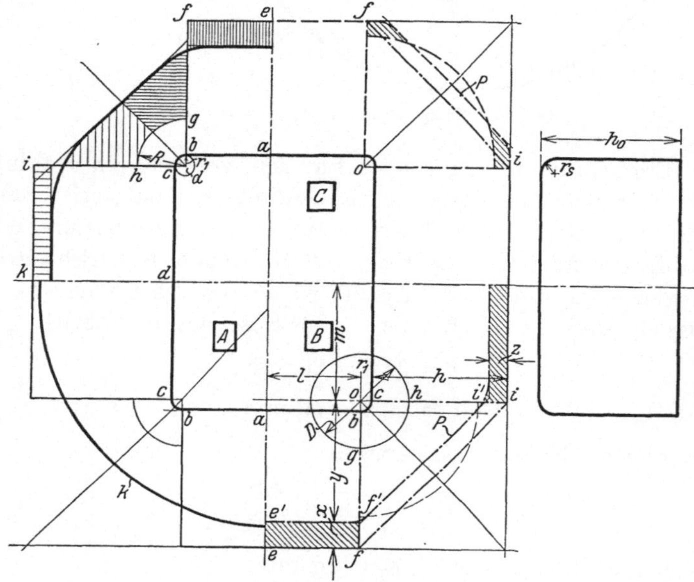

Abb. 92. Hohlgefäß mit rechteckigem Grundriß.

messers $D = 2\,R$ für einen Zylinder vom Durchmesser $d = 2r_1$ und der Höhe h und die Biegefläche von der Länge $2\,m$ und der Breite h. Sie ergibt sich als Linienzug $efghik$ Abb. 92. So weit entspricht die Ermittlung der im Abschnitt 2 gezeigten.

b) Ermittlung der Zuschnittsform. Der Linienzug $efghik$, der den Zuschnitt umreißt, ist von f nach g und von h nach i unstetig. Diese Unstetigkeit ist beim Ziehen unerträglich, weil sie Risse im erstellten Hohlkörper bedingt. Der überschüssige Werkstoff an den Ecken würde nämlich — infolge der durch die Zuschnittsform bedingten Unstetigkeit der Ringkräfte — zwar an den Vorsprung der Biegefläche herangepreßt, nicht aber mit ihm verbunden.

Die Unstetigkeit ist daher vor dem Ziehen zu beseitigen. Die richtige Beseitigung ist die Vorbedingung für den Erfolg beim Ziehen rechteckiger Hohlgefäße, sowohl hinsichtlich der Werkstoffersparnis als auch hinsichtlich der Sauberkeit des Ziehens und der Ebenheit des Rands. Um sie, wenn auch nicht von vornherein ganz genau, so doch mit großer Annäherung zu treffen, ist es notwendig, Klarheit über den Kraftfluß im Blechrand und den Einfluß des Blechhalters zu gewinnen. Hierüber wird bei den verschiedenen Möglichkeiten gesprochen, die dazu dienen können, den richtigen Übergang zu finden. Es sind deren 3, die praktische, die rechnerische und die zeichnerische. Allen drei dient aber als Grundlage die Größe der unter (a) ermittelten Zuschnittsfläche. Sie muß erhalten bleiben. Deshalb muß jedes Flächenstück, das zur Schaffung des stetigen Übergangs an einer Stelle, d. h. von der Rechteckfläche der Seitenkante, weggeschnitten wird, in gleicher Höhe an einer andern Stelle, d. h. der Kreisscheibe, zugegeben werden. Dies ist die erste Bedingung; die zweite Bedingung ist, daß der Austausch des Werkstoffes möglichst nahe bei der unstetigen Übergangsstelle erfolgt.

α) **Praktisches Suchen des stetigen Übergangs.** Den stetigen Übergang von f über g und h nach i wird man zunächst so wählen, daß nach dem Augenschein die ▥-Fläche gleich der ▤ -Fläche ist, und so einen Versuchszug durchführen. Führt dieser das erste Mal nicht zum Ziel, dann darf man nicht nur weiter tasten, sondern muß sich das Versuchsstück zunächst einmal gründlich ansehen, und zwar daraufhin:

1. ob nicht an einer Stelle die Ziehtiefe schlecht erreicht ist, so daß eine tiefe Lücke bleibt;

2. ob nicht an einer Stelle die Ziehtiefe weit überschritten ist, ein Zipfel gebildet wurde.

Ist das eine oder andere irgendwo vorhanden, dann sucht man die entsprechende Stelle des Zuschnitts, erinnert sich, daß die Werkstofffläche während des Zugs erhalten bleibt, und nimmt vom Zuschnitt an der betreffenden Stelle ebensoviel Werkstoff weg, als am Gefäß zuviel war und umgekehrt. Auf diese Weise wird es in den meisten Fällen möglich sein, mit ganz wenigen Abhilfen, vielleicht zwei oder drei, zum Ziel zu kommen und die günstigste Zuschnittsform zu erreichen.

Diese Art, den Übergang zu schaffen, ist sogar die sicherste und feinste und wird auch bei der rechnerischen und zeichnerischen Methode zur letzten Korrektur immer herangezogen werden müssen. Sie ermöglicht es, bei richtiger Anwendung auch die schwierigsten Ziehteile ohne nennenswerte Zipfel zu erstellen.

β) **Rechnerisches Suchen des stetigen Übergangs an Ecken.** Der Übergang von f nach i in Abb. 92 kann nach A (Abb. 92) durch einen Kreisbogen K oder nach B durch eine Parallele P zu $f-i$ erfolgen. Diese Art des Übergangs ist zu bevorzugen, weil die dadurch geschaffene ebene Übergangsfläche einfacher und rascher zu bearbeiten ist.

In jeder Beziehung der einfachste Übergang wäre die Strecke $f-i$ selbst. Für diesen Fall muß sein: $\pi D^2/16 = \frac{1}{2}\,(h+r_1)^2$ oder mit $\pi \cdot D^2/16 = O$ und $\frac{1}{2}\,(h+r_1)^2 = J$

$$O = J\,. \tag{54}$$

Die Gl. (54) stellt ein Kriterium dar, da, wenn sie erfüllt, den Seitenflächen weder etwas hinzugefügt noch etwas genommen werden muß. Wenn $O > J$, liegt die Parallele zu $f-i$ außerhalb Dreieck ofi; dann muß den Seitenflächen zu dem ermittelten Zuschnitt eine bestimmte Werkstofffläche $\boxed{}$, Abb. 92 C, hinzugefügt und wenn $O < J$, liegt die Parallele zu $f-i$ innerhalb Dreieck ofi; dann muß von den Seitenflächen eine bestimmte Werkstofffläche $\boxed{}$, Abb. 92 B, abgeschnitten werden. Diese Fläche muß von der Ziehscheibe des Zylinders weggenommen bzw. zu ihr hinzugefügt werden. Ihre Größe ist jeweils zu errechnen aus der Differenz

$$J - O = f\,. \tag{55}$$

Ist $f = 0$, heißt es: Strecke $f-i$ ziehen, ist f positiv: Seitenflächen verkleinern, und ist f negativ: Seitenflächen vergrößern.

Es ist nun zu untersuchen, wie die Verteilung der Fläche f vorzunehmen ist. Da, wie schon oben gesagt, die Zunahme bzw. Abnahme der Seitenflächen ebenso groß sein muß wie die Abnahme bzw. die Zunahme der Ziehscheibe des Zylinders, muß die Ausgleichfläche gleich $f/2$ sein. Wenn der Kreisbogen, der die Größe der Ziehscheibe des Zylinders angibt, die Strecke $f-i$ schneidet, dann ist die auszugleichende Fläche so klein, daß man den Ausgleich am besten und einfachsten schätzt oder, sofern Koordinatenpapier vorhanden, durch Abzählen der Quadrate vornimmt. Ist der Scheibendurchmesser sehr klein, wie in Abb. 92 und 93, so daß die auszugleichende Fläche sehr groß ist, dann muß man die Rechnung weiterführen. Zunächst wird die Größe der Ausgleichfläche f bestimmt; es ist

$$f = \tfrac{1}{2}\,(h+r_1)^2 - \pi/16 \cdot D^2\,. \tag{56}$$

Daraus sind die Abschnitte $of' = y$ und $oi' = y$ zu bestimmen, die die Parallele zu $f-i$ auf den Strecken $o-f$ und $o-i$ abschneidet, da

$$\tfrac{1}{2} \cdot y^2 = \tfrac{1}{2} \cdot f + \pi/16 \cdot D^2 \quad \text{oder} \quad y^2 = f + \pi/8 \cdot D^2\,.$$

Mit dem obigen Wert von f wird $y^2 = \frac{1}{2} \cdot (h + r_1)^2 - \pi/16 \cdot D^2 + \pi/8 \cdot D^2$
oder

$$y^2 = \tfrac{1}{2} \cdot (h + r_1)^2 + + \pi/16 \cdot D^2$$

und

$$y = \sqrt{\tfrac{1}{2} \cdot (h + r_1)^2 + \pi/16 \cdot D^2}\,. \tag{57}$$

1. Beispiel: Mit den Ziffern der Abb. 93 für ein Gehäuse aus 0,8 mm Druckmessing:

$$h = 40 \text{ mm}; \qquad r_1 = 3 \text{ mm}; \qquad D = 28 \text{ mm}$$

wird

$$y = \sqrt{\tfrac{1}{2} \cdot (4 + 0,3)^2 + \pi/16 \cdot 2{,}8^2} = 3{,}3 \text{ cm} = 33 \text{ mm}\,.$$

Eine so große Fläche, wie hier, wo $f = 7{,}76 \text{ cm}^2$ ist, kann an den Seitenflächen nur durch Verringerung der Höhe h ausgeglichen werden. Dazu soll auf der schmalen Fläche die Höhe um x, auf der breiten um z gekürzt werden (Abb. 92), und zwar derart, daß die Flächenstücke, um die die Seitenflächen gekürzt werden, gleich sind, also

$$l \cdot x = m \cdot z \quad \text{oder} \quad x = m/l \cdot z\,;$$

dann muß aber auch

$$2 \cdot m \cdot z = \tfrac{1}{2} \cdot f \quad \text{oder} \quad z = f/4\,m \tag{58}$$

sein.

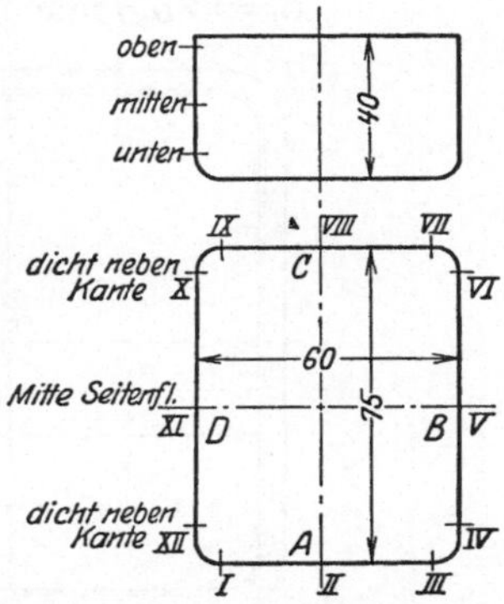

Abb. 93. Rechteckiges Hohlgefäß 1. Beispiel.

Mit den Werten der Abb. 93 wird

$$z = 7{,}76 : 13{,}8 = 0{,}56 \text{ cm}\,,$$

$$x = 3{,}45 : 2{,}7 = 0{,}72 \text{ cm}\,.$$

2. Beispiel: Gesucht der Zuschnitt für das eiserne Rechteckgehäuse mit den Maßen der Abb. 94a, b, c und 95

Grundriß		118×151 mm
Eckenrundung	$r_1 =$	8 ,,
Ziehringrundung	$r_z =$	8 ,,
Ziehstempelrundung	$r_s =$	8 ,,
lichte Höhe	$h_0 =$	69 ,,
Randbreite	$b =$	3 ,,
Wandstärke	$s =$	0,8 ,,

1. Die Breite und die Länge der Zuschnittsfläche wird, Abb. 95, durch Zuschlag h der Seitenflächen des Gehäuses zum Grundriß erhalten, bei Berücksichtigung der Rundung im Betrag von:

$$h = \frac{\pi}{2}\, r_s + h_0 - (r_s + r_z) + \frac{\pi}{2}\, r_z = b - r_s$$

mit $\qquad r_s = r_z$.

$$h = \pi r_s + h_0 - 3 r_s + b$$
$$= r_s (\pi - 3) + b = 72 + 1,12$$
$$\boldsymbol{h = 73,12 \text{ mm}}.$$

2. Der Kantenrundung $r_1 = 8$ mm entspricht nach Gl. (39) mit $d_1 = 0$; $d_2 = 16$; $r_s = 8$; $h_2 = 53$; $r_z = 8$; $d_3 = 32$; $d_4 = 42$ der Zuschnittshalbmesser:

$$R = \tfrac{1}{2} \sqrt{d_1^2 + \varphi\, d_2 h_2 + 2\,\pi\, r_s (d_1 + d_2) + \pi\, r_s^2 + (d_4^2 - d_3^2)}$$
$$= \tfrac{1}{2} \sqrt{O + 30 + 8 + 2,01 + 6,4} = \tfrac{1}{2} \sqrt{50,41} = \tfrac{1}{2} \cdot 71,$$
$$\boldsymbol{R = 35,5 \text{ mm}}$$

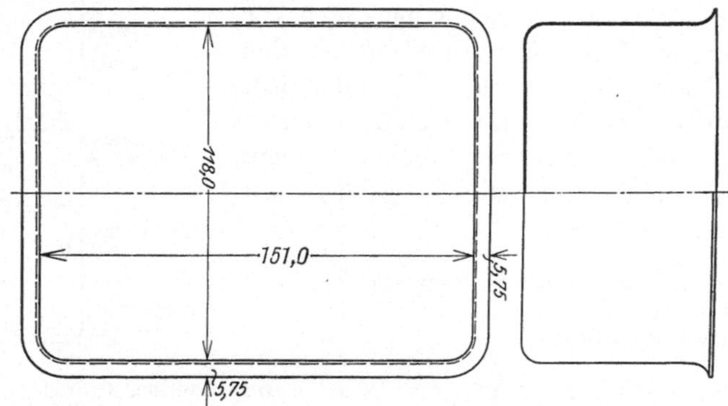

Abb. 94a. Rechteckiges Hohlgefäß. 2. Beispiel (Rand beschnitten).

und mit Berücksichtigung der Dehnung, wenn nach Abb. 75 $\alpha = 0,99$ gewählt wird:

$$R' = \sqrt{a} \cdot R = \sqrt{0,99} \cdot 35,5,$$
$$\boldsymbol{R' = 35,3 \text{ mm}}.$$

3. Mit den Werten für h und R' erhält man die unstetige Zuschnittsfläche a, e, f, g, h, i, k, l. Um das Suchen des stetigen Übergangs zu erleichtern, wird zunächst die Parallele zu fi gesucht mit Hilfe von Gl. (56) ff. Nach diesen wird

$$y = \sqrt{\tfrac{1}{2} (h + r_1)^2 + \tfrac{\pi}{16} D^2} = \sqrt{\tfrac{1}{2} (81,1)^2 + \tfrac{\pi}{16} 71^2} = 10 \sqrt{42,8},$$
$$y = 65,5 \text{ mm},$$
$$f = \tfrac{1}{2} (h + r_1)^2 - \tfrac{\pi}{16} D^2 = 32,9 - 9,9 = 2300 \text{ mm}^2,$$
$$z = \frac{2300}{4 \cdot 67,5} = 8,5 \text{ mm},$$
$$x = \frac{67,5 \cdot 8,5}{51} = 11,25 \text{ mm}.$$

Berichtigt man nunmehr den Zuschnitt $aefghikl$ mit den Werten für y, z und x, zieht also die Parallelen

$$f'\,i' \quad \text{zu} \quad f\,i,$$
$$e'\,f' \quad \text{zu} \quad ef,$$
$$i'\,k' \quad \text{zu} \quad ik,$$

so erhält man den angenäherten Zuschnitt mit dem Linienzug $ae'f'i'k'l'$, bei dem noch die stetigen Übergänge an den Ecken i' und k' zu suchen sind.

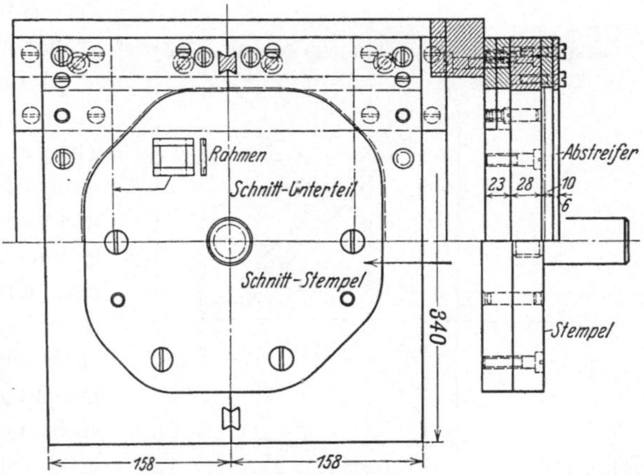

Wie der Vergleich mit dem endgültig ausgeführten Zuschnitt——zeigt,

Abb. 94b. Schnittwerkzeug für die Ziehscheibe zu einem rechteckigen Hohlgefäß.

kommt man diesem dabei sehr nahe, wenn man, die Kante schonend, die Teile, die man an einer Stelle der angenäherten Zuschnittsfläche wegschneidet, den Seitenflächen zugibt. Der allgemeinste Weg der Zuschnittsermittlung ist also sehr genau, offenbar genauer als die anderwärts angegebenen Faustformeln, die in Einzelfällen ganz gute Ergebnisse zeitigen mögen, denn wenn man den im Quadranten B nach Kaczmarek gesuchten Zuschnitt —·—·— mit dem ausgeführten —— vergleicht, dann sieht man, daß er viel zu groß ist. Wird die im Quadranten A errechnete Zuschnittsfläche mit O_A, die im Quadranten B nach Kaczmarek ermittelte mit O_B und die ausgeführte mit O_{eff} bezeichnet, dann verhält sich:

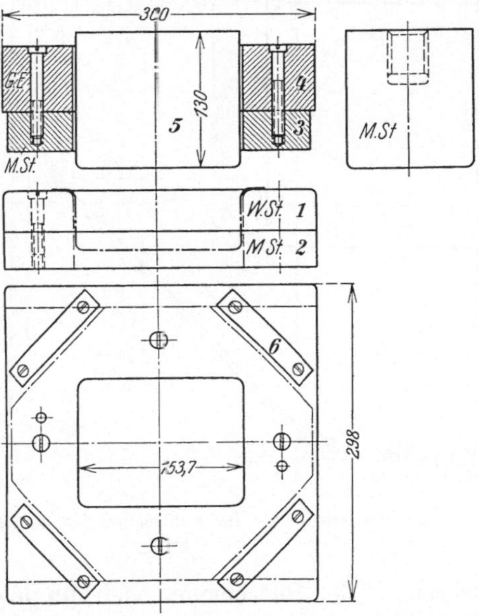

Abb. 94c. Ziehwerkzeug für rechteckiges Hohlgefäß.

$$O_{eff} : O_A : O_B = 645 : 655 : 710$$

oder mit:

$$O_{eff} = 1$$
$$O_{eff} : O_A : O_B = 1 : 1,03 : 1,10\,.$$

Außerdem wird das Ziehen der Scheibe O^B kaum möglich sein, wenn an der Kante schon O_{eff} an die Grenze der Ziehfähigkeit führt, da bei ihr die Stufung noch wesentlich größer wäre.

γ) **Zeichnerisches Suchen des stetigen Übergangs.** Bei diesem macht man auf dem Papier dasselbe, was man unter a) im Versuch gemacht hat. Man sucht einen Übergang schätzungsweise und kontrolliert mit Hilfe eines Planimeters, eines Flächenmessers, dessen Gebrauch bekannt sein wird, ob die abgeschnittene Fläche die gleiche Größe hat wie die zugegebene. Ist sie größer, dann schneidet man etwas weniger ab, ist sie kleiner, etwas mehr und kontrolliert mit dem Planimeter nach. Dies wird wiederholt, bis die Übereinstimmung zwischen abgeschnittener und zugegebener Ausgleichsfläche erreicht ist. Dabei achtet man mit Vorteil darauf, daß an der kritischen Stelle eher etwas zu viel Werkstoff ist als zu wenig. Die letzte Korrektur und Kontrolle ist dann beim Versuch vorzunehmen.

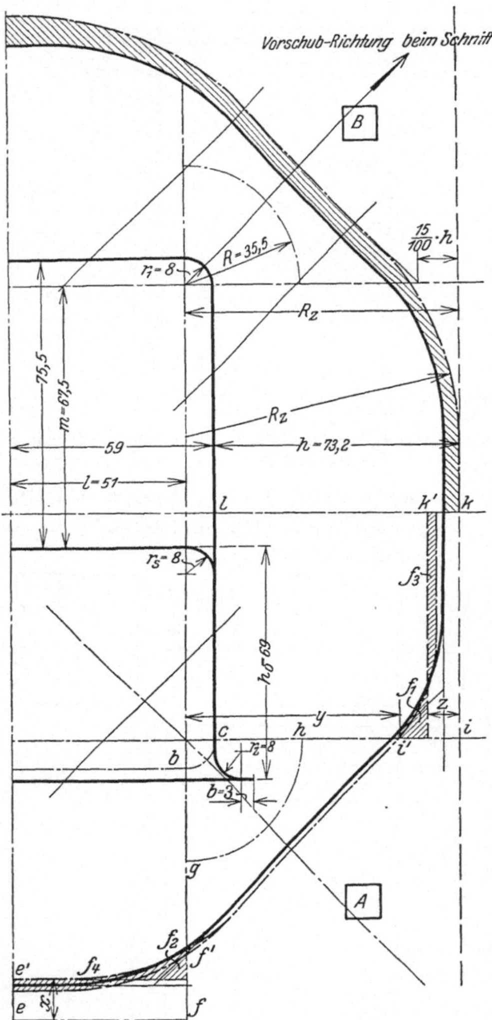

Abb. 95. Ziehscheibe für ein rechteckiges Hohlgefäß (Rand unbeschnitten).

c) **Ermittlung des Inhalts der Zuschnittsfläche und des Gewichts der Zuschnittsscheibe.** Die Bestimmung der ungleich geformten Zuschnitte, der Fläche O und dem Gewicht G nach, die die Grundlage gibt für die Errechnung des Werkstoffverbrauchs, wird nach der Festlegung der Form bestimmt, und zwar wird die Fläche O mittels Planimeter ermittelt und dann das Gewicht G errechnet aus der Gleichung

$$G = O \cdot s \cdot \gamma.$$

Ist die endgültige Zuschnittsform durch Versuche gefunden, so ist das errechnete Gewicht durch Wiegen eines Zuschnitts nachzuprüfen.

44. Hohlgefäße mit nach außen offenen Grundrißkurven. (Offener Achter.)

Während bei den bisher besprochenen Fällen die Zuschnittsteile für die Teilflächen des verlangten Hohlgefäßes nebeneinander liegen, wenn auch, wie bei den rechteckigen, mit unstetigen Übergängen, können sich bei der vorliegenden Grundrißform die Zuschnittsteile überschneiden. Dadurch wird das Suchen eines stetigen Überganges wegen der größeren Umständlichkeit etwas verwickelter, aber die Rechnung läßt die Größe der Zuschnittsfläche auf jeden Fall bestimmen.

a) Ermittlung der Zuschnittsfläche. Schon Musiol ist hier auch rechnerisch vorgegangen und sagt, mit den Bezeichnungen der Abb. 96 ganz mit Recht, daß auch im Fall der nach außen geöffneten Kurve, hier des Kreisbogens abc mit dem Mittelpunkt M_1, die Fläche O_1 des zu dem Bogen gehörenden Gefäßmantels gleich sein müsse der ihm entsprechenden Zuschnittsfläche O, also:

$$O = O_1,$$

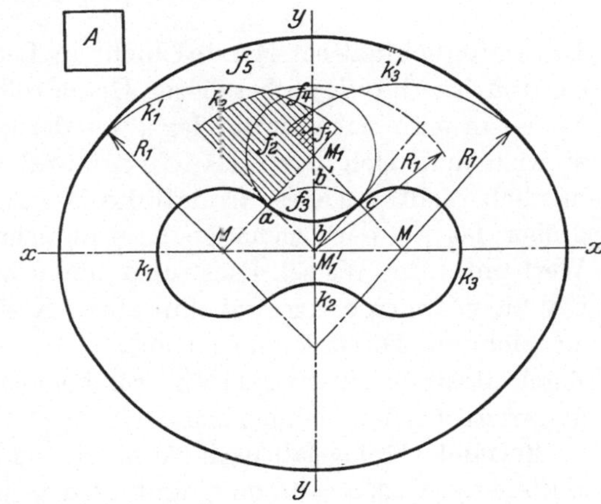

Abb. 96. Hohlgefäß mit Grundriß in Achterform.

und zwar für den benützten Bogen sowohl, als auch für den ganzen Kreis mit dem Halbmesser $M_1 a = \tfrac{1}{2} d_1$.

Ist wie früher D der Zuschnittsdurchmesser, dann muß sein, da die Zuschnittsfläche innerhalb des Kreises mit dem Durchmesser d_1 liegt:

$$O = \frac{\pi}{4}\left(d_1^2 - D^2\right),$$

$$O_1 = \pi d_1 h \quad \text{(für zylindrische Gefäße)}$$

und
$$D^2 = d_1^2 - 4 d_1 h,$$

$$D = \sqrt{d_1^2 - 4 d h} \tag{59}$$

und unter Berücksichtigung der Dehnung:

$$O = \alpha O_1,$$

$$D = \sqrt{(d_1^2 - 4 d_1 h)\,\alpha}. \tag{60}$$

Die Rechnung genügt so lang, als der Ausdruck unter der Wurzel positiv ist, also so lang:

$$4\,h \leqq d_1,$$

sobald aber

$$4\,h \geqq d_1,$$

wird der Ausdruck unter der Wurzel negativ und der Wert von D imaginär, es wird:

$$D = i\,\sqrt{(4\,d_1\,h - d_1^2)\,\alpha}\,. \tag{61}$$

Diese Möglichkeit hat Musiol nicht in Betracht gezogen und doch ist sie wohl die häufigere bei dieser Grundrißform.

Wenn man sich aber überlegt, was der imaginäre Wert zu sagen hat, so wird man sich durch das „Imaginäre“ nicht stören lassen; er sagt nämlich nichts anderes, als daß die Mantelfläche über dem Bogen abc größer ist als der zugehörige Kreisausschnitt $M_1\,abc$, größer um den Wert unter der Wurzel. Es ist also möglich, den imaginären Wert für D real zu verwerten, und mit ihm einen Kreisausschnitt nach rückwärts zu zeichnen. Dieser kann sich unter Umständen mit den benachbarten Zuschnittsteilen überschneiden, was bei dem Suchen des stetigen Überganges zu berücksichtigen ist.

Beispiel: Hohlgefäß nach Abb. 96 von der Höhe $h = 40$ mm, den Halbmessern $M\,a = 15$ mm, und $M_1\,a = 15$ mm aus 0,8 mm Druckmessing, bei Vernachlässigung der Blechdehnung und der Ziehkantenrundung.

Dem Halbmesser $\dfrac{d_1}{2} = M\,a$ entspricht der Zuschnittshalbmesser

$$\frac{D}{2} = R_1 = \frac{10}{2}\,\sqrt{3^2 + 4\cdot 3\cdot 4} = 5\,\sqrt{57} = 38\ \text{mm}\,;$$

b) Suchen des stetigen Übergangs bei sich überschneidenden Zuschnittsflächen. Im Gegensatz zu den früheren Fällen, wo die Zuschnittsflächen nur aneinanderstießen, ist bei sich überschneidenden beim Suchen des Überganges kein Material abzuschneiden, sondern, da die Zuschnittsfläche bei der Erstellung des Hohlgefäßes nur einmal verwendet werden kann, nur hinzuzufügen, und zwar genau so viel und so oft, als sich die Teilflächen überschneiden. Wird also eine Fläche f_1 der Abb. 96 zweimal überschnitten ▤, so ist sie noch zweimal hinzuzufügen, wird sie einmal überschnitten, f_2 ▦ der Abb. 96, dann ist sie noch einmal hinzuzufügen.

Dieser Ausgleich ist rechnerisch, weil infolge der Form der Fläche zu mühselig, kaum mehr zu verfolgen; man wird in diesem Fall einfacher die praktische und die Zeichenmethode zum Aufsuchen des Überganges anwenden, ganz im Sinn der früheren Ausführungen, so daß darüber nicht mehr gesprochen werden braucht.

Beispiel: Zur Ermittlung der Zuschnittsflächen verlegt man den Mittelpunkt M_1 zweckmäßig nach innen durch Kreisbögen in a und c mit $a\,M_1$ als Halbmesser und Schnittpunkt M_1'. Dann zeigt sich, daß — die Betrachtung in einem Quadranten, z. B. A, genügt wegen der Symmetrie — die Zuschnittsfläche für den Teilzylinder k_1 von der des Teilzylinders k_2 und k_3 überschnitten wird, und zwar auf einer Fläche von der Größe f_1 zweimal, von der Größe f_2 einmal. Man hat also die Fläche f_1 zweimal und die Fläche f_2 einmal zu der durch den Linienzug, bzw. die Kreisbögen $k_1'\,k_2'\,k_2$ und die Achsen $x-x$ und $y-y$ gegebenen Fläche hinzuzuzählen. Berücksichtigt man beim Suchen des stetigen Übergangs von k_1' nach k_3' noch, daß auch die Fläche f_3 zum Ausgleich zur Verfügung steht, dann erhält man für den Zuschnitt der Abb. 96 als Bedingung für den Flächenausgleich allgemein

$$2 f_1 + f_2 = f_3 + f_5$$

und im besonderen für Abb. 96 etwa

$$f_3 = 2 f_1,$$
$$f_5 = f_2.$$

45. Hohlgefäße mit beliebigem Grundriß.

Die Ermittlung des Zuschnitts zerfällt wie bisher in die Ermittlung der Größe des Zuschnitts und die Bestimmung seiner Form, mit dem einzigen Unterschied, daß dabei alle die einzeln behandelten Möglichkeiten zusammen auftreten können. Grundsätzlich Neues tritt dabei nicht mehr auf, so daß es genügt, das Vorgehen in solchen Fällen an einem Beispiel zu zeigen, mit dem Hinweis darauf, daß bei den im Vergleich zu den Halbmessern großen Höhen, wie sie in den Ecken beliebig geformter Hohlgefäße nicht selten sind, die Erkenntnisse in der Berücksichtigung

Zahlentafel 17 (hierzu Abb. 93).

		oben	mitten	unten
A	I. dicht neben Kante	0,90	0,85	0,26
	II. Seitenflächenmitte	1,00	0,97	0,40
	III. dicht neben Kante	1,04	1,00	0,35
B	IV. dicht neben Kante	0,90	0,88	0,34
	V. Seitenflächenmitte	1,02	0,95	0,41
	VI. dicht neben Kante	1,00	0,95	0,33
C	VII. dicht neben Kante	0,96	0,92	0,29
	VIII. Seitenflächenmitte	0,98	0,97	0,40
	IX. dicht neben Kante	1,02	0,98	0,27
D	X. dicht neben Kante	0,92	0,37	0,29
	XI. Seitenflächenmitte	0,95	0,43	0,36
	XII. dicht neben Kante	0,98	0,43	0,30

der Blechdechnung mit Vorteil zu verwerten sind. Dies zeigen klar die Maße der Zahlentafel 17, die an dem Hohlgefäß nach Abb. 93 abgenommen wurden. Sie zeigen auch, daß, infolge des Blechhalterdrucks und der Übertragung der Stauchkräfte von den Ecken aus, auch die Seitenflächen an der Bodenkante eine Schwächung erfahren — wenngleich ihre mittlere Dicke der ursprünglichen Blechdicke ziemlich gleich bleiben dürfte, da der obere Rand eine Verdickung erfährt.

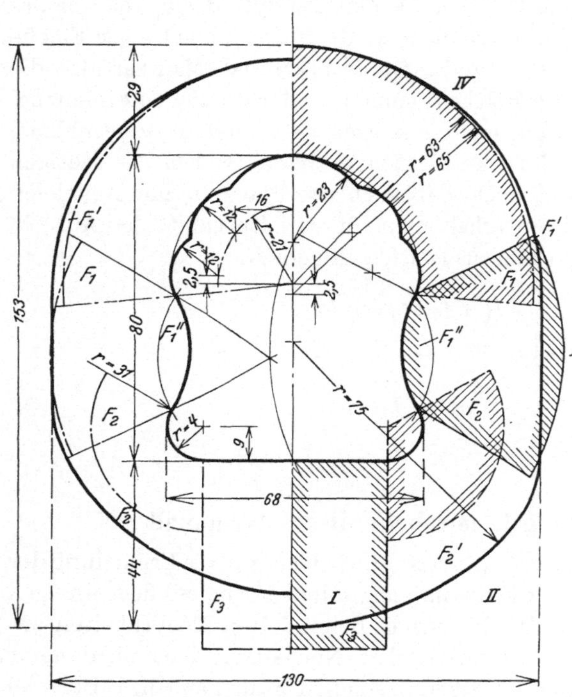

Abb. 97. Hohlgefäß mit beliebigem Grundriß.

Beispiel: Gesucht ist der Zuschnitt für ein Gehäuse mit beliebiger Grundrißform; nach Abb. 97 ein Gehäuse aus zahlreichen Teilen von Zylindern verschiedener Größe zusammengesetzt. Der Einfachheit halber zerlegt man den Grundriß in Teile, eine Gerade (Stand) I, den Eckenkreis II, den Bogen III und den Bogen IV, der die kleineren Kreisbögen berührt.

Nun sucht man wieder für jede der 4 Teilformen wie früher die Zuschnittsteile und sucht dann wie in Abb. 95 mit Hilfe des Planimeters die stetige Zuschnittsform, wobei für den richtigen Flächenausgleich sein muß:

1. $F_1 \leqq F_1' + F_1''$ für den Ausgleich zwischen III und IV und

2. $F_2 + F_3 \leqq F_2'$ für den Ausgleich zwischen I, II und III.

Auf der linken Seite der Abb. 97 ist der Zuschnitt noch für eine geringere Tiefe als auf der rechten angegeben. Die Ermittlung ist aber die gleiche.

XI. Zuschnittsermittlung ähnlicher Hohlkörper.

46. Ermittlung der Zuschnittsgröße ähnlicher Umdrehungshohlgefäße.

Ist für ein Hohlgefäß der Zuschnitt ermittelt, dann sind die Größen der Zuschnitte für alle Hohlgefäße, die dem gegebenen ähnlich sind, weil alle gleichliegenden Abmessungen im selben Verhältnis stehen, leicht zu finden, denn für ähnliche Hohlgefäße verhalten sich die Oberflächen O wie die Quadrate, die Inhalte I wie die dritten Potenzen gleichliegender Abmessungen.

Für Umdrehungsgefäße nimmt man als gleichgelegene Abmessungen gleichgelegene Durchmesser $d_1, d_1', \ldots, d^{(n)}$, so daß zwischen den Oberflächen $O, O', \ldots, O_n$ die Beziehungen bestehen:

$$O' = \frac{d_1'^2}{d_1''^2} O,$$

$$O'' = \frac{d_1''^2}{d_1^2} O,$$

$$O^n = \frac{d_1'^{(n)2}}{d_1^2} O \qquad (62)$$

oder mit

$$O = \frac{\pi}{4} D^2,$$

$$O' = \frac{\pi}{4} D'^2,$$

$$O^{(n)} = \frac{\pi}{4} D^{(n)2},$$

$$D' = \sqrt{\frac{d_1'^2}{d_1^2}} D,$$

$$D'' = \sqrt{\frac{d_1''^2}{d_1^2}} D,$$

$$D^{(n)} = \sqrt{\frac{d_1^{(n)2}}{d_1^2}} \qquad (63)$$

und

$$D^{(n)} = \frac{d_1^{(n)}}{d_1} \cdot D.$$

Entsprechend ergeben sich die Beziehungen $I, I', \ldots, I^{(n)}$ für die Inhalte zu:

$$D^{(n)} = \sqrt[3]{\frac{I'^{(n)}}{I}} \cdot D. \qquad (64)$$

47. Bestimmung der Formen ähnlicher Umdrehungshohlgefäße.

Da bei Umdrehungshohlgefäßen die Ähnlichkeit durch die Ähnlichkeit des Umrisses gegeben ist, ist die Form ähnlicher Hohlgefäße durch Änderung aller Teilkurven des Umrisses im selben Verhältnis leicht zu finden. Dies wird an den zwei Beispielen der Abb. 98 und 99 so klar gezeigt, daß eine Erläuterung dazu sich erübrigt.

48. Anwendung auf Hohlgefäße mit beliebigem Grundriß.

Die Anwendung dieser Zusammenhänge auf beliebig geformte Hohlgefäße ist auch möglich, doch ist sie umständlich, weil die Anwendung
für viele Teilkörper und Querschnitte wiederholt werden muß,
wenn man die Zuschnittsform

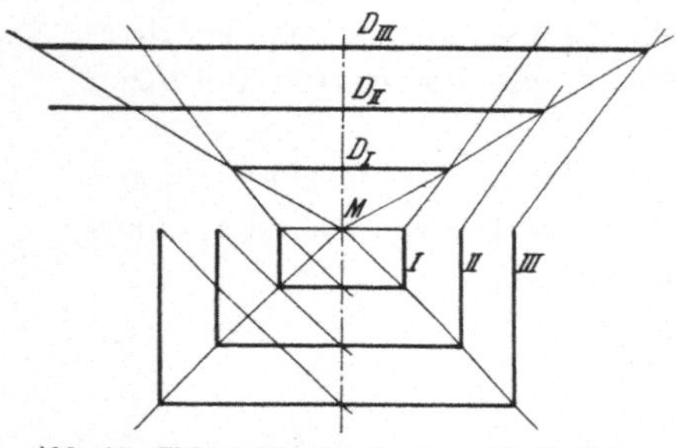

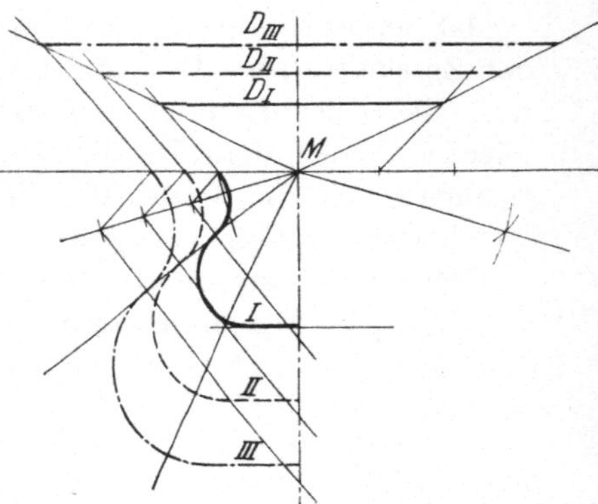

Abb. 98. Ziehscheibenbestimmung für ähnliche
Hohlgefäße.

Abb. 99. Ziehscheibenbestimmung ähnlicher Hohlgefäße.

genau behalten und sich nicht mit der Festlegung der die Zuschnittsgröße bedingenden Hauptmaße begnügen will.

C. Schneiden der Ziehscheiben.

XII. Schneiden mit allgemeinen Schneidwerkzeugen und Schneidmaschinen (Schneiden mit Schermessern und Scherrollen).

49. Begriff des Schneidens.

Ist die Ziehscheibe der Größe und der Form nach bestimmt, so ist
die nächste Aufgabe, diese Form herzustellen. Dazu bedient man sich
des Schneidens.

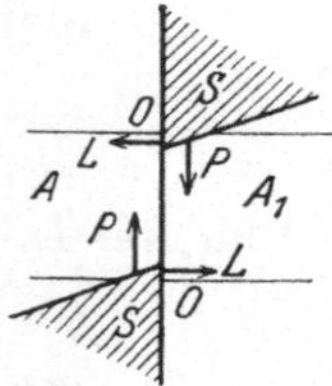

Abb. 100. Kraftwirkung beim
Schneiden.

Schneiden ist Formgebung durch Werkstofftrennen mittels Scheren (Abb. 100), d. h. parallelem Verschieben von
Teilen zweier unmittelbar benachbarter Flächen durch
Gegeneinanderdrücken zweier Schermesser. Da diese eine
endliche, häufig abgeschrägte Breite haben, ist die Werkstofftrennung meist mit einer unerwünschten Biegungsbeanspruchung verbunden, die sich je nach der Schnittgeschwindigkeit und der Werkstoffdicke verschieden auswirkt, und zwar um so stärker, je kleiner die Schnittgeschwindigkeit und je
größer die Blechdicke ist. Die Auswirkung wird sichtbar durch Wölbung
und Verwindung der vorher ebenen Werkstofffläche nach dem Schneiden.

Diese Erscheinungen sind grundsätzlicher Art und gelten daher in
gleichem Maße für alle Schneidarbeiten; ob es sich nun um ein Abscheren auf den Hand-Tafel-Kurbel- oder Kreisscheren oder um ein

Ausscheren mittels eines aus Oberstempel und Unterstempel gebildeten, allseitig geschlossenen Schnitts handelt.

50. Handscheren.

Die ältesten Schneidarten sind wohl das Schneiden mit der Handblechschere und, bei dickeren Blechen, das Aushauen oder Stechen bestimmter Formen mit dem Meißel. Als es gelungen war, Werkstoffe zu erzeugen, aus denen gegen Nichteisen- und Eisenmetalle genügend widerstandsfähige Sägeblätter gefertigt werden konnten, trat, es sei nur erwähnt, zum Schneiden durch Scheren das spanabhebende Sägen zur Formung der Ziehscheibe hinzu.

Das Schneiden mit den einfachen Werkzeugen ist auch heute noch nicht aus der Werkstatt verschwunden. Man ist mit ihm am wendigsten und weder an einen Schneidort noch eine Schneidform gebunden. Diese Vorzüge sind entscheidend beim Schneiden einzelner Stücke gleicher Form und rascher Schneidfolge verschiedener Formen, also bei Vorgängen, wie sie bei Versuchen vorkommen, zu denen auch das Aufsuchen der günstigsten Zuschnittsform bei allen eckigen oder nur von der reinen Zylinderform abweichenden Ziehstücken zu rechnen ist.

51. Scheren für begrenzten geraden Schnitt (Tafelscheren, Parallelscheren, Kurbelscheren).

Zu den allgemeinen Schneidwerkzeugen sind auch noch die ortsfesten Scheren zu rechnen. Der ortsfeste Bau ermöglicht die Verwendung

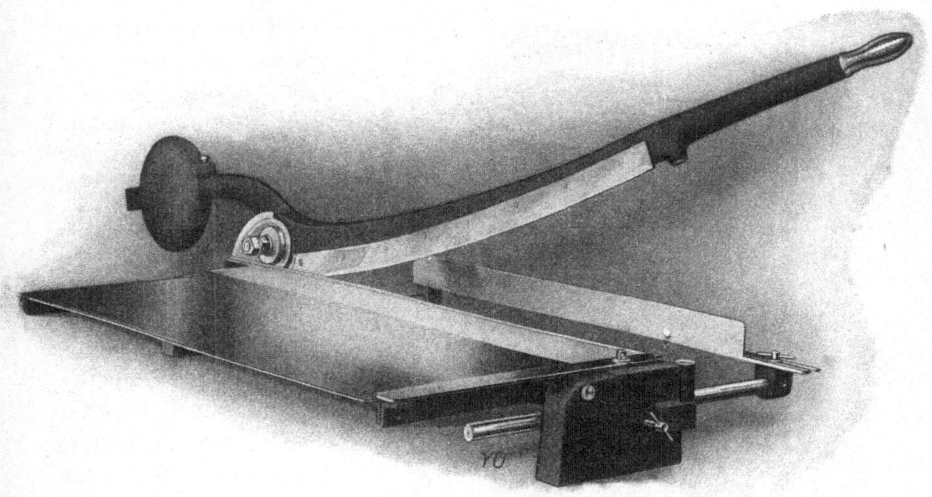

Abb. 101. Tafelschere mit Anschlag. (L. Schuler.)

kraftsparender Konstruktion, langer Hebel- oder Hebelübersetzungen und Fußbetätigung (Abb. 101 bis 103); er ermöglicht neben der Kraftersparnis auch Zeitersparnis durch Blechanschläge und Verbesserung der Schnittgüte durch Schienen, die das Blech während des eigentlichen Schneidvorgangs festhalten und so ein Einziehen des Blechs zwischen die Schermesser verhindern.

Da die Kraftersparnis bei den Konstruktionen des ortsfesten Baus so weit getrieben werden kann, daß längere Messer als beim Schneiden von Hand in Anwendung kommen können, wird die Schnittzeit und damit eine der Ursachen zu den Verbiegungen beim Schneiden, die ein Richten der geschnittenen Streifen auf besonde-

Abb. 102. Tafelschere mit Hebelübersetzung zur Erleichterung des Schneidens. (C. Kneusel.)

ren Blechrichtmaschinen (Abb. 104) notwendig machen, ganz bedeutend verringert, besonders, wenn man die Messer im Gegensatz zu den Tafelscheren (Abb. 101 und 102), wo die einzelnen Punkte der Schneiden für sich, also nacheinander arbeiten, die ganze Länge der Schneiden auf einmal angreifen läßt. Solche Scheren heißen Parallelscheren (Abb. 103).

Der Antrieb der Scheren durch Maschinenkraft gestattet die Anwendung noch längerer Messer, noch rascheres Schneiden und noch größere Schnittleistun-

Abb. 103. Parallelschere mit Fußbetätigung. (L. Schuler.)

gen. Wenn der Antrieb mittels Exzenter, der bei Parallelscheren ausschließlich angewendet wird und die mit ihrem Hub erreichbare Bewegungsenergie des Messerbalkens nicht mehr ausreicht, geht man über

zur Messerbalkenbewegung durch Kurbelwellen (Abb. 105), auf welche
Weise man Tafelscheren zum Schneiden der dicksten Bleche baut.

Mit den ortsfesten Werkzeugen und Maschinen ist die Schnittleistung wesentlich erhöht worden; es muß dabei aber die Sonder-

Abb. 104. Richtmaschine für Fein- und Mittelbleche. (Masch.-Fabrik Weingarten.)

eignung für geraden Schnitt von begrenzter Länge, wie er bei der Verarbeitung von Blechtafeln vorliegt, in Kauf genommen werden. Daran

Abb. 105. Kurbelschere für große Schnittleistung. (L. Schuler.)

ändert auch die Ausladung des Scherengestells nichts, denn das Nachschieben der Tafel, die die Ausladung ermöglicht, verringert die Güte
und die Genauigkeit des Schneidens, die das Wesen der Tafelscheren
ausmacht und ist überdies zeitraubend.

52. Scheren für unbegrenzten geraden und kurvenförmigen Schnitt (Kreisscheren).

Den Nachteil des begrenzten Schnitts umgehen die Kreisscheren, weil sie nicht mit langen Messern schneiden, sondern mit zwei sich in entgegengesetzter Richtung drehenden zylindrischen Messern, durch deren Bewegung der Blechvorschub besorgt wird, solange sie schneiden. Diese Eigenschaft macht die Kreisscheren (Abb. 106), ob mit Hand oder durch Kraft betrieben, in erster Linie zum Schneiden von Blechbändern geeignet. Die Genauigkeit und die Güte des Schnitts von langen Messern erreichen sie nicht, weil der Schneidvorgang länger dauert und während seiner Dauer weder die gute Niederhaltung noch die sichere Führung vorhanden ist. Besondere Vorzüge des Schneidens mit den sich drehenden Messern liegen aber in der Möglichkeit, durch Festhalten eines Punkts (s. Abb. 107), um diesen Punkt als Mittelpunkt, Kreise, aus dem Blech also kreisförmige Scheiben zu schnei-

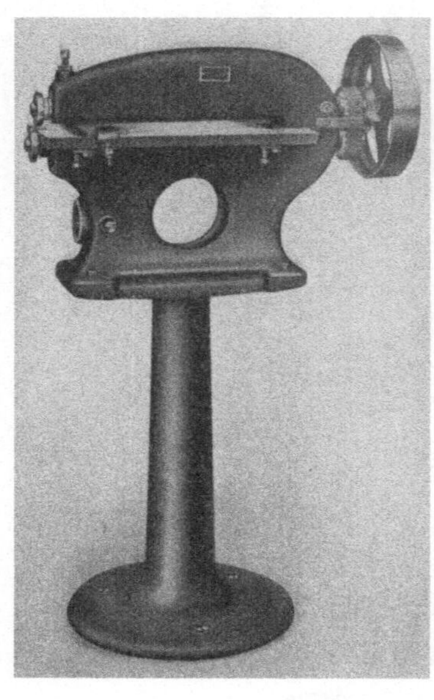

Abb. 106. Kreisschere zum Schneiden langer Bänder. (L. Schuler.)

Abb. 107. Kreisschere zum Schneiden von Kreisscheiben. (L. Schuler.)

den, ferner durch entsprechende Konstruktion, durch Bewegung des Festpunkts und der Messer während des Schneidens, ovale Scheiben

(Abb. 108), und durch Schrägstellen der Messer (Abb. 107), aber das Blech von Hand führend, beliebige Kurven zu schneiden. Dazu kommt

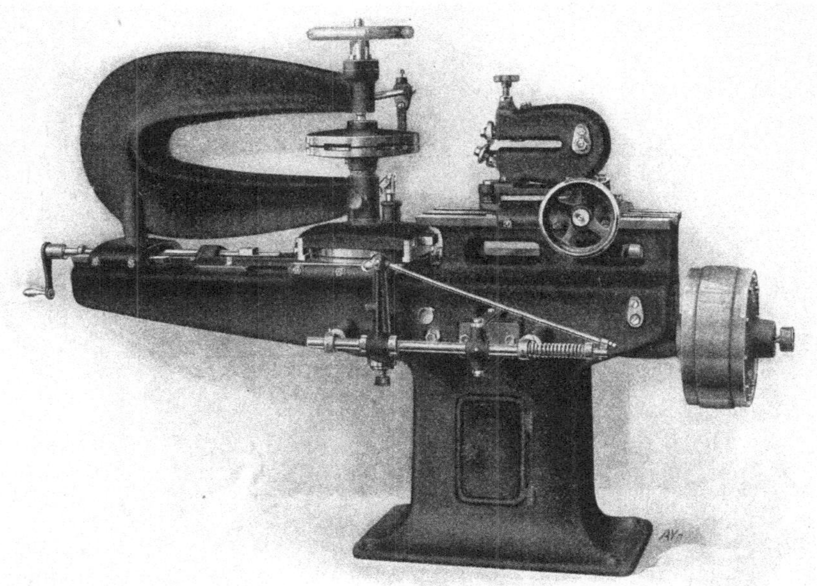

Abb. 108. Kreisschere zum Ausschneiden elliptischer Scheiben. (L. Schuler.)

noch die Möglichkeit, mehrere Messer nebeneinander (Abb. 109), also mehrere Streifen miteinander zu schneiden.

Abb. 109. Schere zum gleichzeitigen Schneiden von mehreren Streifen. (L. Schuler.)

Während diese Anordnung durch die Beschleunigung der Schneid-arbeit vorteilhaft ist, ist der Bau einer Schere nach Abb. 110, bei der die

Blechtafel feststeht und die Messer umlaufen, wegen der günstigen Ausnutzung des Werkstoffs beim Schneiden von Kreisscheiben bedeutungs-

Abb. 110. Schere zum Ausschneiden von Kreisscheiben bei ruhender Blechtafel. (L. Schuler.)

voll. Diese Bauweise nimmt mit ihrer Auswirkung einen der Vorzüge der Verwendung von Sonderschnitten vorweg, nur daß die Handhabung der Maschine, ganz besonders die genaue Tafeleinteilung, unbequem, wenn nicht gar schwierig zu nennen ist.

53. Der Blechbedarf beim Schneiden mit allgemeinen Schneidwerkzeugen und Schneidmaschinen. Einzelschnitt.

Dem Wesen der Hilfsmittel entsprechend, ihrer Schneidart, Güte und Genauigkeit, sind die Rohformen des Blechs, die Tafeln und die Streifen, vor der Schlußformung des Zuschnitts in möglichst einfache, aber gleiche, der Zuschnittsfläche umschreibbare Vielecke, am besten Rechtecke oder Parallelogramme, aufzuteilen. Ausgenommen ist nur der Fall des Schneidens von Kreisscheiben mit umlaufenden Messerrollen direkt aus der Blechtafel. Dabei müssen die Seiten dieser Vielecke, die im nachfolgenden der Einfachheit halber als Rechtecke angenommen werden, je nach der Ungenauigkeit des Schneidens — wenn der abzuschneidende Rand nicht eine gewisse Mindestbreite hat, wird er nicht sauber abgeschnitten, sondern zwischen die Messer geklemmt —, um einen größeren oder kleineren Betrag $a/2$ gegenüber den Seiten des kleinsten umschreibbaren Rechtecks mit den Seiten l und b verlängert werden, so daß die Zuschnittsfläche auch bei der größten Abweichung nach der kleinen Seite noch sicher in den zugeschnittenen Rechtecken enthalten ist, und, wenn nach Abb. 111 der Zuschnitt durch den geschlossenen Linienzug I gegeben ist, das zuzuschneidende Rechteck die Seiten

$$L_s = l + a \quad \text{und} \quad B_s = b + a$$

bekommt. Weil man beim Schneiden der Streifen, bzw. der Scheiben das Blech jeweils um diesen Betrag nachschieben muß, heißen die Größen „Schritte", und zwar L_s Längsschritt, B_s Querschritt.

Die Schritte bestimmen den Blechbedarf, d. h. die zur Fertigung des Zuschnitts aufzuwendende Blechfläche $O_b = L_s \cdot B_s$ und mit ihr auch das Gewicht G_b. Die Blechfläche O_b und das Gewicht G_b überschreiten die Zuschnittsfläche O bzw. das Zuschnittsgewicht G um den Betrag:

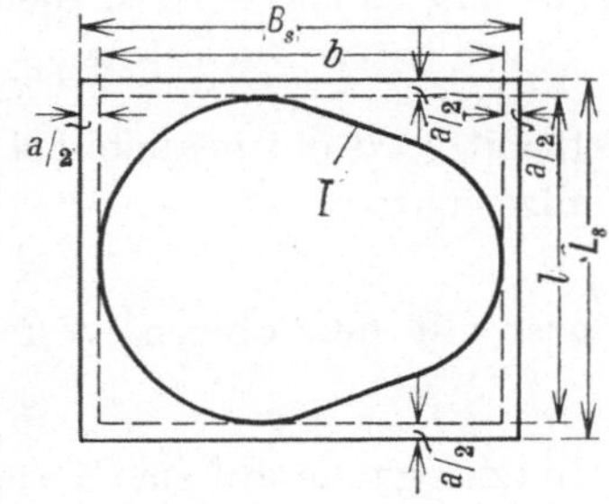

Abb. 111. Ziehscheibe.

$$O_a = O_b - O = L_s \cdot B_s - O \tag{65}$$

bzw.
$$G_a = G_b - G, \tag{66}$$

wobei, wenn s die Dicke des Werkstoffs, γ sein spezifisches Gewicht:

$$G_b = O_b \cdot s \cdot \gamma,$$
$$G = O \cdot s \cdot \gamma$$

und also:
$$G_a = (O_b - O) \cdot s \cdot \gamma. \tag{67}$$

Der Unterschied O_a bzw. G_a wird bei der Werkstückfertigung übrig, ist also Abfall.

Für runde Ziehscheiben ist:

$$O_b = (D + a)^2,$$

$$O = \frac{\pi D^2}{4}$$

und also
$$O_a = (D + a)^2 - \frac{\pi D^2}{4}, \tag{68}$$

$$G_a = \left[(D + a)^2 - \frac{\pi}{4} D^2 \right] \cdot s \cdot \gamma, \tag{69}$$

wo s die Dicke und γ das spezifische Gewicht des Werkstoffs ist. O_a bzw. G_a stellen aber nur dann sämtlichen bei der Aufteilung der Blechrohform, die als Band oder Tafel immer Rechteckform hat, anfallenden Abfall O_A vor, wenn deren Länge L und Breite B ganze Vielfache z_l bzw. z_b der Schritte L_s bzw. B_s sind. Andernfalls bleibt in der Länge ein Reststück L_r und in der Breite ein Reststück B_r übrig, derart, daß:

$$L = z_l \cdot L_s + L_r \quad \text{und} \quad B = z_b \cdot B_s + B_r. \tag{70}$$

Die aus der Rohform mit der Fläche $O_B = L \cdot B$ erzielbare Zuschnittszahl Z ist nach den eben gemachten Annahmen:

$$Z = z_l \cdot z_b = \frac{(L - L_r)\,(B - B_r)}{L_s \cdot B_s} = \frac{(L - L_r)\,(B - B_r)}{O_b}, \qquad (71)$$

und die Nutzfläche O_N der Rohfläche O_B mit der früheren Bezeichnung der Zuschnittsfläche [s. Gleichung (65)]:

$$O_N = Z \cdot O . \qquad (72)$$

Damit wird der gesamte bei der Blechteilung anfallende Abfall A ganz allgemein:

$$A = O_B - O_N$$

oder mit den obigen Werten von O_B und O_N

$$A = LB - Z \cdot O \qquad (73)$$

und der ganze auf eine Ziehscheibe treffende Abfall O_A:

$$O_A = \frac{O_B}{Z} - O = \frac{A}{Z}, \qquad (74)$$

also mit dem Wert für A:

$$O_A = \frac{LB}{Z} - O = \frac{(z_l \cdot L_s + L_r)}{z_l} \cdot \frac{(z_b \cdot B_s + B_r)}{z_b} - O \left. \begin{array}{l} \\ \\ \\ \end{array} \right\}$$

$$= \left(L_s + \frac{L_r}{z_l} \right) \left(B_s + \frac{B_r}{z_b} \right) - O . \qquad (75)$$

Für runde Ziehscheiben mit $O = \frac{\pi}{4} D^2$; $L_s = B_s = \frac{\pi}{4}(D + a)^2$

$$O_A = \frac{\left[z_l \frac{\pi}{4}(D + a)^2 + L_r \right] \cdot \left[z_b \cdot \frac{\pi}{4}(D + a)^2 + B_r \right]}{z_l \cdot z_b} - O$$

$$= \left[\frac{\pi}{4}(D + a)^2 + \frac{L_r}{z_l} \right] \cdot \left[\frac{\pi}{4}(D + a)^2 + \frac{B_r}{z_b} \right] - O . \qquad (76)$$

Die Gleichungen für O_A zeigen, daß der Abfall O_A je Scheibe um so kleiner wird, je größer bei einer gegebenen Scheibenfläche O die Zahl Z der aus der Rohfläche $O_B = L \cdot B$ zu schneidenden Scheiben wird, also je größer

    a) die Länge L der Rohfläche oder

    b) die Breite B der Rohfläche oder

    c) die Länge L und die Breite B der Rohfläche

oder aber je kleiner bei einer gegebenen Rohfläche O_B die Scheibenfläche $O_b = L_s \cdot B_s$ ist. Diese wird um so kleiner, je kleiner L_s oder B_s oder L_s und B_s. Im Grenzfall wird $L_s \cdot B_s = 0$, so daß nach Gleichung (71)

$$Z = \frac{(L - L_r)\,(B - B_r)}{0} = \infty$$

und also

$$Z = \infty ;$$

damit wird, da mit $O_b = 0$ auch $O = 0$ sein muß, nach Gleichung (74):

$$O_A = \frac{LB}{\infty} - 0,$$

also $$O_A = 0. \qquad (77)$$

Ein anderer ausgezeichneter Fall ist gegeben, wenn die Reststücke L_r und $B_r = 0$, dann wird, da:

$$Z = \frac{(L - L_r)(B - B_r)}{L_s \cdot B_s} = \frac{LB}{L_s \cdot B_s}, \qquad (78)$$

und $$O_A = L_s \cdot B_s - O \qquad (79)$$

oder, da nach einer früheren Gleichung (65)

$$L_S \cdot B_S - O = O_a,$$

$$O_A = O_a. \qquad (80)$$

Damit ist der anfangs behandelte einfachere Fall mit dem allgemeinen verbunden.

Aus dem Vorstehenden sind klar die Wege zu erkennen, die es ermöglichen, den Abfall O_A möglichst klein zu machen. Da im allgemeinen die Scheibe O ein Minimum nicht unterschreiten kann, ist es nur möglich:

1. die Rohfläche möglichst groß,
2. die Schritte möglichst klein und
3. die Reststücke möglichst klein zu machen,

also nach 1. aus langen Bändern oder großen Tafeln zu schneiden, nach 2. die Stege möglichst klein zu halten, nach 3. den Werkstoff in möglichst geeigneten, der jeweiligen Scheibengröße entsprechenden Abmessungen zu verwenden. Man erkennt, daß 1. und 3. Forderungen ganz allgemeiner Art sind, die nur bei Massenfertigungen durchgeführt werden können, und daß die Forderung 2. beim Einzelschnitt nur beim Rundschneiden aus der Tafel mit Hilfe der Maschine Abb. 110 verwirklicht werden kann, weil bei dieser Art des Schneidens die Stegzahl verringert und so eine wesentliche Ersparnis gegenüber dem Rundschneiden aus quadratischen Scheiben erzielt wird.

Die Ersparnis der Stegzahl bei jeder Scheibenform ist der Vorzug des Schneidens mit besonderen Schneidwerkzeugen.

XIII. Schneiden mit besonderen Schneidwerkzeugen, Schnitten.

54. Schneidvorgang.

Wenn man zwei geradlinige Schermesser im Kreise biegt und dem oberen eine äußere Form von der Größe gibt, daß es gerade in die lichte Form des unteren paßt, dann hat man ein Schnittwerkzeug, und zwar

den einfachen „offenen" Schnitt. Für jede Größe und jede Form einer
Ziehscheibe muß auch der Schnitt eine entsprechende Form erhalten,
gehört also ein besonderer Schnitt. Abb. 112 zeigt z. B. einen offenen Rundschnitt. Zur Betätigung der Schnitte, deren obere Messer Oberstempel oder Schnittstempel und deren untere Messer Unterstempel oder Schnittplatten genannt werden, gehören besondere Apparate, Hebelübersetzungen oder mit Kraft betriebene Maschinen, je nach der Antriebsart Hand-, Fuß- und Kraft- oder Exzenterpressen genannt (Abb. 113, 114a, b, 115). Sie führen den Oberstempel in einem Stößel auf und nieder gegen den Unterstempel, der mit Pratzen fest auf den Pressentisch aufgeschraubt ist, so weit, daß er in den Unterstempel eindringt, nachdem er das auf diesem liegende Blech durchstoßen hat. Die ausgeschnittene Scheibe fällt aus der nach unten größer werdenden Öffnung des Unterstempels frei durch den entsprechend ausgesparten Pressentisch hindurch in einen unter diesen gestellten Sammelbehälter. Ist die Öffnung im Pressentisch nicht größer als die zu schneidenden Scheiben, dann muß in der Schnittplatte eine Aussparung vorgesehen werden, die das Herausholen der Scheiben gestattet.

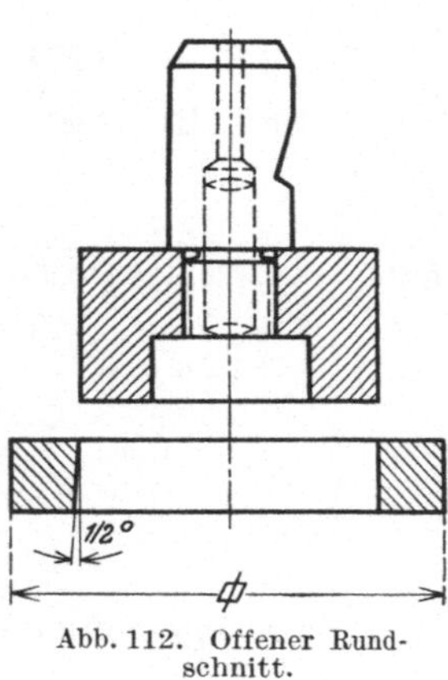

Abb. 112. Offener Rundschnitt.

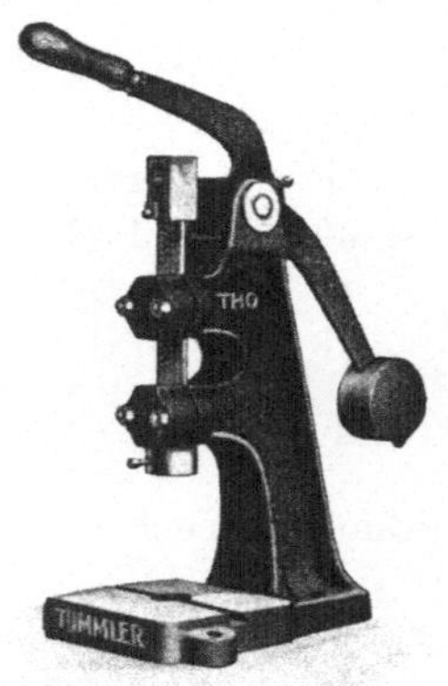

Abb. 113. Handhebelpresse. (Gebr. Tümmler.)

Abb. 114a. Fußhebelpresse. (Gebr. Tümmler.)

Die Vorteile der Schnittverwendung sind:

1. Schneiden der richtigen Zuschnittsform bei jedem Schnitt.
2. Besseres und genaueres, weil rascheres Schneiden.

3. Weitgehende Unabhängigkeit von der Zuverlässigkeit des Arbeiters.

4. Günstigere Blechaufteilung.

Der Werkstoff kann den Pressen auf verschiedene Weise zugeführt werden: in Scheiben, Streifen, Tafeln oder in Bändern.

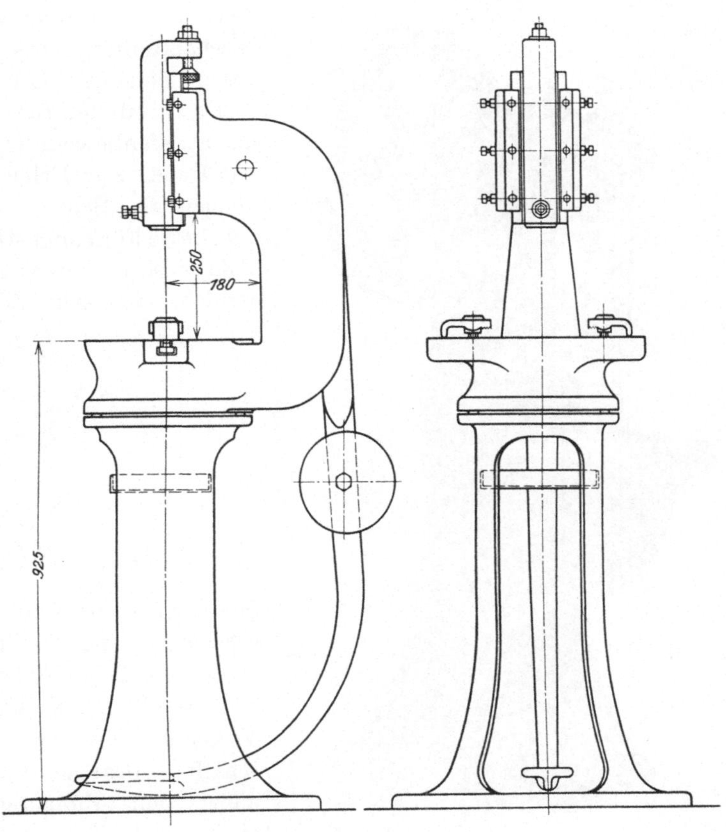

Abb. 114b. Fußhebelpresse.

Scheiben, und zwar rechteckige, wie sie bei der Blechaufteilung durch die Scheren anfallen, kann man zum Schneiden der richtigen Ziehscheibenform in die Maschinen einführen. Meist wird man diese Form des Werkstoffs nur bei Abfallverwertung anwenden, wobei man — wenigstens bei kleinen Scheiben — Hand- oder Fußpressen nehmen kann, im allgemeinen aber mit Bändern, Tafeln oder Streifen arbeiten. Die Schnittweise ist bei beiden Formen gleich, nur wird man Bänder und Tafeln ausschließlich automatisch schneiden. Davon sei aber erst später die Rede.

Streifen werden zum Schneiden, solange es die Scheibengröße zuläßt, zweckmäßig doppelt breit genommen, dann also so breit, daß man aus der Breite zwei Werkstücke herausbringt unter Berücksichtigung des Versetzens der zweiten Reihe gegenüber der ersten, das so groß sein muß, daß die Mittellinie der zweiten Reihe möglichst nahe an die der ersten herangerückt werden kann. Man nennt diese Art des Schneidens, mit der eine günstige Blechaufteilung erzielt wird, „Schneiden auf Umschlag".

Die Streifeneinführung und die Streifenbewegung erfolgt von Hand. Zur Erleichterung können am Schnitt oder an der Presse Führungsstifte oder Führungsschienen angebracht werden. Wie sehr diese ein-

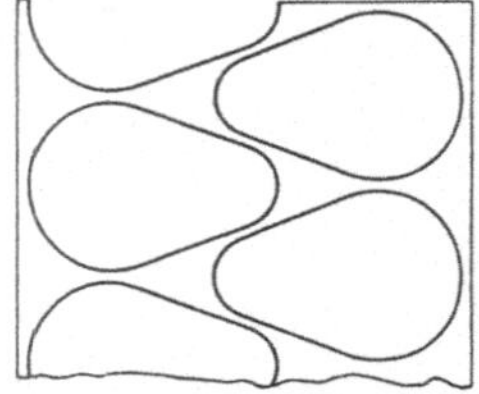

Abb. 116. Doppeltbreiter Streifen, eingeteilt zum Schneiden auf „Umschlag".

Abb. 115. (Kraft-)Exzenterpresse. (L. Schuler.)

fachen Hilfsmittel die Arbeit erleichtern, zeigt die Feststellung, daß ein Arbeiter bis 250 — allerdings kleine — Vorschübe in der Minute schafft; vorausgesetzt, daß außer den Führungsstiften auch Abstreifer verwendet werden, die verhüten, daß das Blech nach dem Schneiden am Stempel hängen bleibt und von ihm in die Höhe genommen wird. Ist der Schnitt wie für Ziehscheiben in den meisten Fällen üblich, nur einfach, so daß er bei jedem Stößelhub nur eine Scheibe schneidet, dann wird der doppelt breite Streifen, wenn eine Längsreihe durchgeschnitten ist, bei symmetrischen Scheibenformen um 180° geklappt, bei unsymmetrischen um 180° gedreht und noch einmal durch die Maschine hindurchgeführt, mit dem Unterschied, daß beim zweiten Durchgang die zweite Kante führt (s. Abb. 116).

55. Schnittbau.

Wegen der vielen Größen und Formen der Scheiben und der oft kurzen vorhandenen Fertigungszeit werden die meisten Werkstätten als einfacheren und ratsameren Weg bei der Beschaffung der Schnitte den ansehen, diese im eigenen Betrieb zu fertigen. Ob dies immer richtig bleibt, erscheint mit dem weiteren Fortschritt der Normalisierung der Stanzereiwerkzeuge, die unter der Führung des Ausschusses für wirtschaftliche Fertigung in den letzten Jahren weit gediehen ist, fraglich. Es wäre aber verfrüht, aus diesem Grund über die Fragen des Schnittbaus ganz hinwegzugehen, zumal diese für Ziehscheiben recht einfach sind.

a) Freischnitte. Ziehscheiben werden fast ausschließlich mit Freischnitten geschnitten, Werkzeugen nach Abb. 117, die nur aus Oberteil und Unterteil bestehen und bei denen der Schnittstempel seine Führung allein durch den Pressenstößel erhält. Dabei macht man mit Rücksicht auf das Spiel des Pressenstößels, also die Unsicherheit der Stempelführung den Stempeldurchmesser d_{st} um so viel kleiner als den Durchmesser d_p der Schnittplatte, als es die Gratbildung am geschnittenen Stück noch zuläßt. Dieser Betrag wird im allgemeinen mit 0,05 bis 0,1 mal s angegeben, wo s die Blechstärke bedeutet, so daß der Öffnungsdurchmesser des Schnittrings

$$d_p = d_{st} - (0{,}05 \div 0{,}1)\,s \tag{81}$$

wird.

Zur Erleichterung des Durchfalls der geschnittenen Scheiben macht man die Öffnung im Schnittring entweder ganz konisch, und zwar mit einem maximalen Schnittwinkel von ½ Grad, Abb. 112, oder, wenn es auf das genaue Einhalten der ursprünglichen Größe auch nach mehrmaligem Schleifen ankommt, nur 3 bis 5 mm tief zylindrisch und dann 3 Grad konisch (Abb. 120).

Die einfachste Ausführung eines Freischnitts ist, Abb. 112, eine quadratische Platte als Unterteil mit einem Schnittstempel, der für kleinere Scheiben mit dem Einspannzapfen zusammen aus einem Stück gedreht und für große Scheiben als einfacher Zylinder ausgebildet ist, der auf der Schnittseite zur Erleichterung des Nachschleifens ausgedreht und auf der Oberseite mit einem Gewinde versehen ist. Dieses wird in einen Einspannzapfen nach Abb. 117 eingeschraubt und durch Eintreiben eines Kegelstifts in ein im Einspannzapfen dazu vorgesehenes Loch gesichert. Der Einspannzapfen bleibt bei der Presse und kann für eine größere Zahl von Schnittstempeln verwendet werden.

Das Unterteil wird an den Ecken in bekannter Weise mittels Klauen z. B. nach Abb. 118 u. 119 auf dem Pressentisch befestigt. Das Emporragen der Aufspannwerkzeuge begrenzt die Streifenbreite. Ist dies unangenehm oder werden die Scheiben nicht, wie im allgemeinen mit Rücksicht auf die Schnittgeschwindigkeit üblich, aus zugeschnittenen einfachen oder doppeltbreiten Streifen geschnitten, sondern zur Werkstoffersparnis direkt aus Blechtafeln, so kann das einfache Werkzeugunterteil nach Abb. 112 nicht zur Anwendung kommen, sondern muß durch das Unterteil nach Abb. 120 ersetzt werden, bei dem die Einspannwerkzeuge unter der Schnittebene des Werkzeugs liegen können.

Die Abb. 121 bis 123 zeigen Werkzeuge

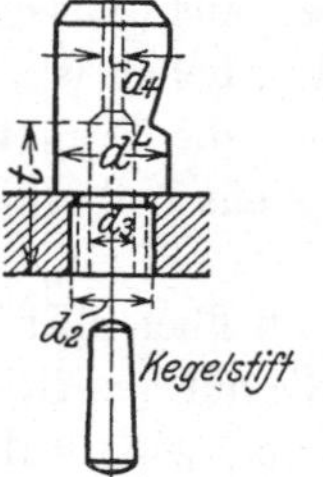

Abb. 117. Einspannzapfen für den Schnittstempel eines Freischnittes. (AWF.)

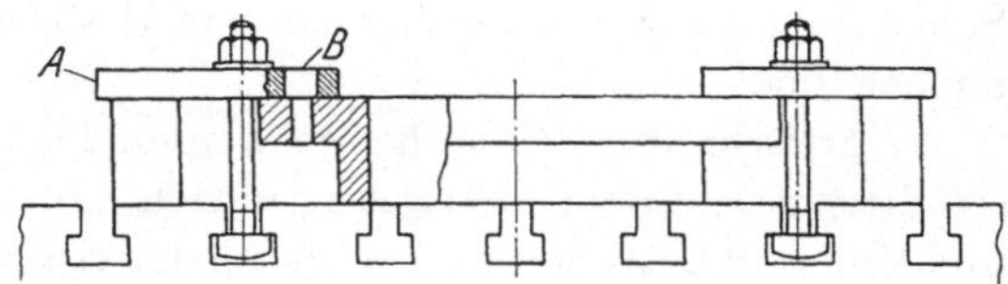

Abb. 118. Aufspannen eines Werkzeugunterteils mit einfacher Klaue und Gegenstütze.

nach den Entwürfen des AWF, des Ausschusses für Stanzereitechnik, veröffentlicht in den Normblättern 509 bis 512. Sie sind in der Einzelherstellung teurer als die zuvor gezeigten, erlauben aber da, wo größere Mengen von Schnitten gebraucht werden, eine Serienfertigung für vorgearbeitete Werkzeuge und machen so den Mehrbetrag an aufzuwendenden Arbeitsgriffen durch die Zeitersparnisse infolge Fertigung größerer

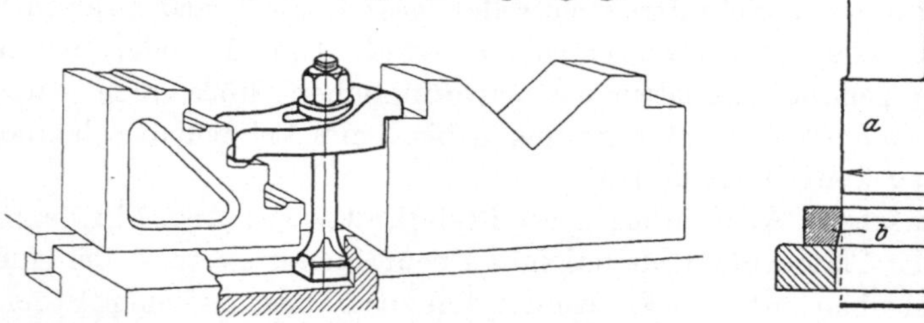

Abb. 119. Aufspannen eines Werkzeugunterteils auf dem Pressentisch mit Spannklaue und mit zweiseitiger Stufenreihe versehener Gegenstütze. Gute Formgebung der Spannklaue. (Hüller.)

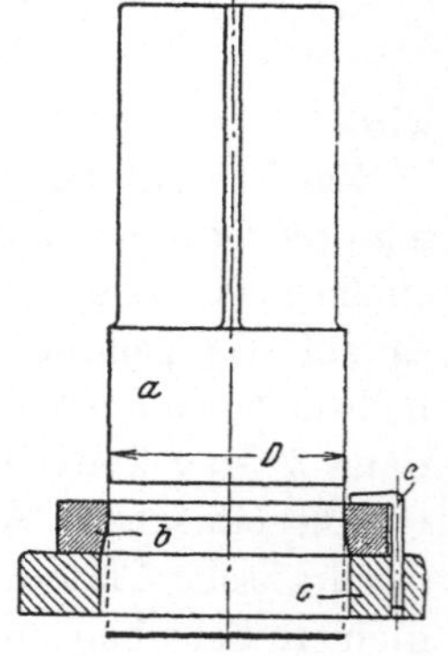

Abb. 120. Schnitt mit abgesetztem Unterteil zum störungsfreien Einspannen.

Mengen und durch die Werkstoffersparnis wett. Besonders sparsam ist die Verwendung dieser normalisierten Werkzeuge, wenn man für jede Normstufe nur eine Einspannplatte und einen Einspannring verwendet und die Einzelteile mit der Feinheit der Passung bearbeitet, daß der Spannring zur Schnittkante genau zentriert. Man wird es dann in Verbindung mit einer ähnlich ausgebildeten Stempelbefestigung (s. Abb. 124) erreichen, daß man Schnittring und Schnittstempel in der Maschine auswechseln und ohne neue Einstellung bzw. neue Zentrierung weiter schneiden kann. Bei sehr großen Schnitten, bei denen das Oberteil mit Klauen am Pressenstößel festgemacht wird, erleichtert das Fehlen des langen Einspannzapfens diese Auswechselung sehr.

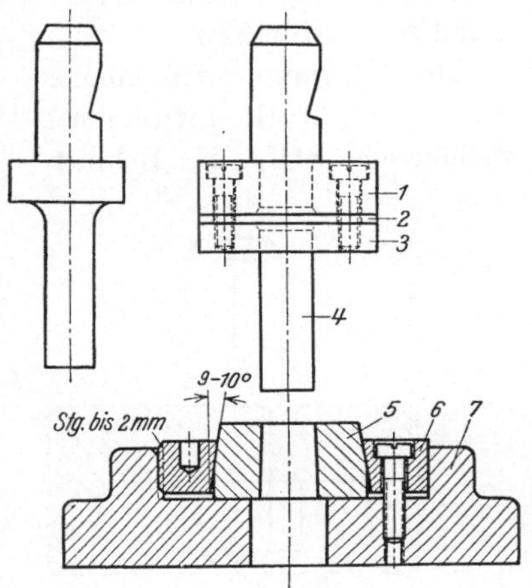

Abb. 121. Schnitt mit einfachem und geteiltem Schnittstempel, sowie geteiltem Unterteil zur Ermöglichung von Serienfertigung der Einspannzapfen und Einspannplatten und zur Ersparnis hochwertigen Werkzeugstahls. (AWF.)

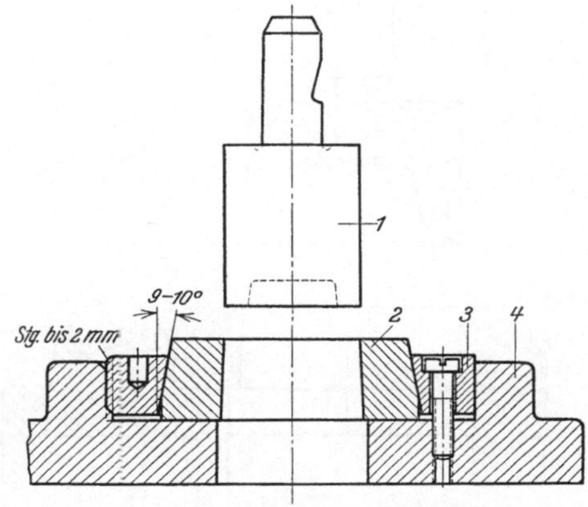

Abb. 122. Schnitt in größerer Ausführung mit einfachem, mit Einspannzapfen aus dem Vollen gearbeitetem Stempel, der unten ausgedreht ist zur Verbesserung der Schnittgüte. (AWF.)

Als Werkstoff wählt man im allgemeinen für:

1. Einspannzapfen. . . . . Maschinenstahl,
2. Stempelkopf:
   a) unter 200 mm Durchmesser. . . . . . schmiedbaren Stahl 34 DIN 1611,
   b) über 200 ,, ,. . . . . . . Gußeisen,
3. Schnittstempel . . . . Werkzeugstahl, gehärtet,
4. Schnittplatten und -Ringe. . . . . ,, ,,
5. Spannring . . . . Einsatzstahl nach DIN 1661,
6. Einspannplatte . . . . Gußeisen.

Ausnahmsweise kann man für kleine Stückzahlen beim Schneiden von dünnem und weichem Blech (Nichteisenmetalle) aus Ersparnisgründen den Schnittstempel auch aus Gußeisen fertigen, für große Stückzahlen sind aber Schnittstempel und Schnittringe zu härten.

Damit sind die Fragen des Schnittbaus geklärt bis auf einige kleine Hilfsmittel, die das schnelle und doch ordnungsmäßige Schneiden wesentlich begünstigen, wenn nicht überhaupt erst ermöglichen: Führung und Abstreifer. Die Führungen dienen teils als seitlicher Anschlag der Blechstreifen, teils als Maß für den Blechvorschub. Im ersten Fall sind sie geradlinig, entweder als eigentliche Schiene ausgebildet oder durch Verwendung zweier Stifte bedingt. Im zweiten Fall sind sie punktförmig und greifen beim Vorschub am hintersten Punkt der zuletzt geschnittenen Öffnung an und begrenzen so den Vorschub. Der Abstand der Führungen bestimmt die kleinste Breite der beim Schneiden zwischen Öffnung und Rand bzw. Öffnung und Öffnung bleibenden Blechfläche. Man wählt den Abstand nach Abb. 125.

Die Führungsstifte können nach Abb. 126 als gewöhnliche zylindrische Stifte im Schnitt-

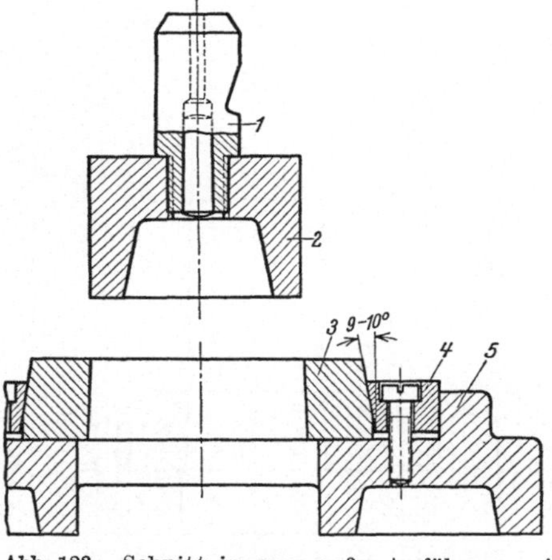

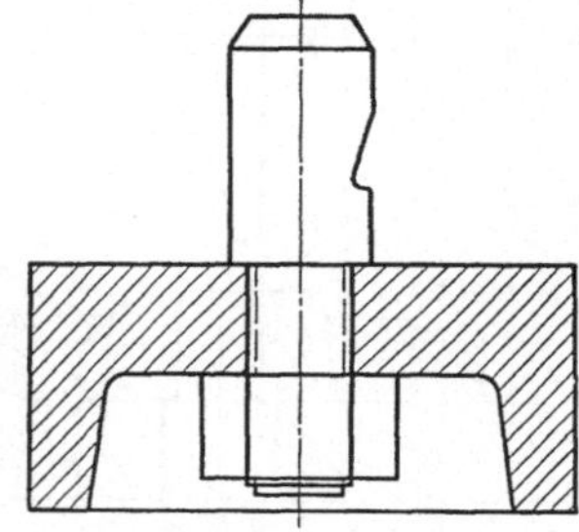

Abb. 123. Schnitt in ganz großer Ausführung mit geteiltem Oberteil und Unterteil, versehen mit Aussparungen zur Werkstoff- und Gewichtsersparnis sowie einer Öffnung zum Hervorziehen der Scheiben unter der Einspannplatte. (AWF.)

Abb. 124. Geteiltes Oberteil, das ermöglicht, den Einspannzapfen dauernd im Pressenstößel zu lassen.

ring sitzen. Will man die durch diese Anordnung bedingte Schwächung des Schnittrings umgehen, so kann man sie am Einspannring anbringen, indem man die Vorschubführung nach Abb. 127 abbiegt und die Seitenführung als Winkelschiene ausbildet.

In diesem Fall bildet man die Seitenführung zweckmäßig auch gleich als Abstreifer aus, indem

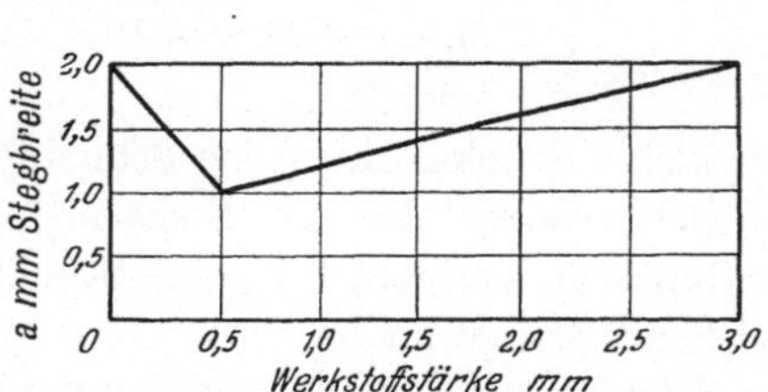

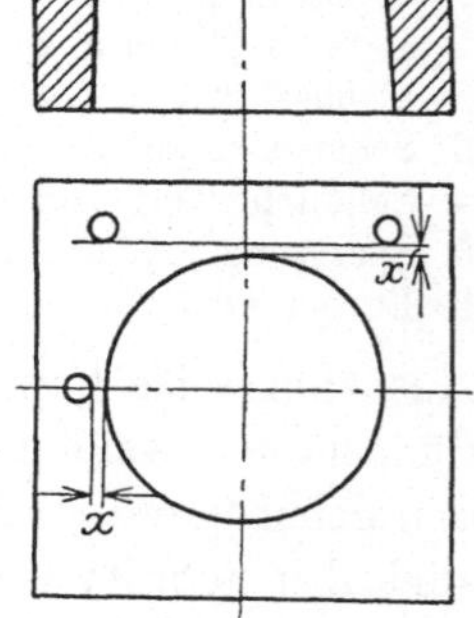

Abb. 125. Stegbreite, d. i. Zugabe *a*, zum Zuschnitt zur Ermöglichung eines guten Schnitts (s. Abschnitt 53). (AWF.)

Abb. 126. Einfache Führungsstifte im Schnittring.

man sie gabelförmig offen, dicht am Schnittstempel vorbei über die ganze Schnittöffnung wegragen läßt oder aber als Brücke geschlossen, auf der gegenüberliegenden Seite womöglich abgestützt zur Vermeidung von Biegungsbeanspruchungen besonders beim Schneiden von starkem Blech. Die Abstreifer dieser Art sind nur möglich beim Schneiden von Streifen begrenzter Breite; will man Tafeln schneiden, so sind Abstreifer ähnlicher Art nach Abb. 128 und 129 am Pressenständer anzubringen. Diese haben noch den Vorteil allgemeinerer Verwendung, wenn man auf das enge Umschließen des Schnittstempels keinen besonderen Wert legt. Das ist bei starkem Blech bis zu einem gewissen Grad zulässig, bei schwachem aber nicht, und so wird man für dieses den Abstreifer am besten, aber auch am teuersten nach Abb. 130 ausbilden, womit man zugleich noch erreicht, daß sich das Blech überhaupt nicht von der Schnittplatte abhebt, kaum Verbiegungen unterworfen wird und der Vorschub wesentlich beschleunigt werden kann.

b) Schnitte mit Plattenführung. Bei Pressen mit schlechter Stößelführung, aber auch allgemein bei großen Stückzahlen, besonders von Scheiben mit einem Durchmesser von weniger als 300 mm, wendet man mit Vorteil Schnitte an, bei denen der Schnittstempel in einer besonderen Platte geführt ist (Abb. 131). Die Führungsplatte, die zugleich Abstreifer ist, ist mit der Schnittplatte entweder verstiftet nach Abb. 131 oder verstiftet und verschraubt (Abb. 132). Im ersten Fall muß beachtet werden, daß die Aufspannklauen auf die Führungsplatte aufgesetzt werden, damit diese beim Festschrauben des Schnitts fest auf die Schnittplatte gepreßt wird; im zweiten Fall ist es gleichgültig, wo die Klauen aufgelegt werden, ob auf der Führungsplatte, der Schnittplatte oder der Einspannplatte. Für die Aus-

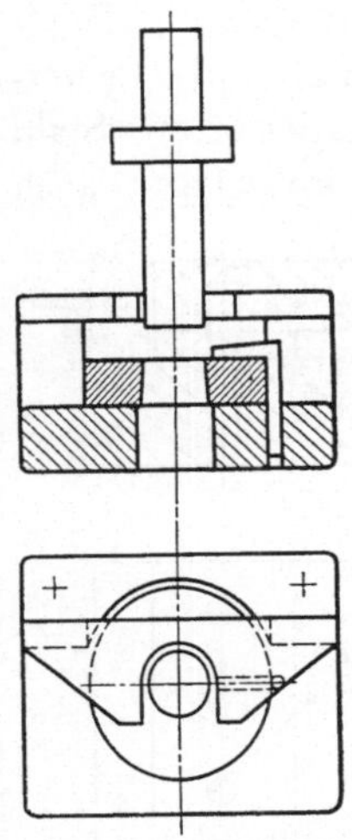

Abb. 127. Blechführungen an der Einspannplatte befestigt. (AWF.)

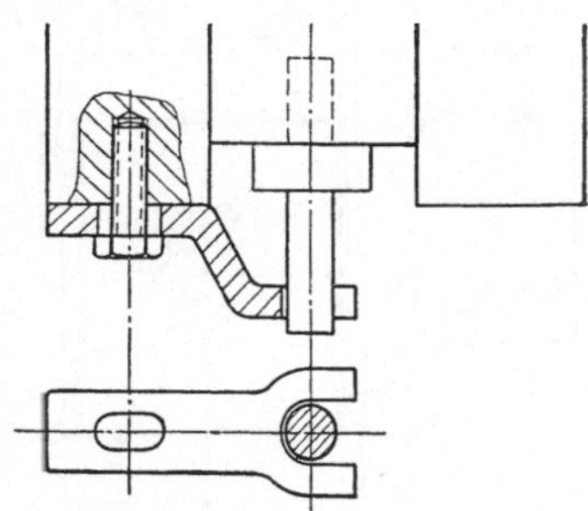

Abb. 128. Abstreifer am Pressenkörper, einseitig gelagert. (AWF.)

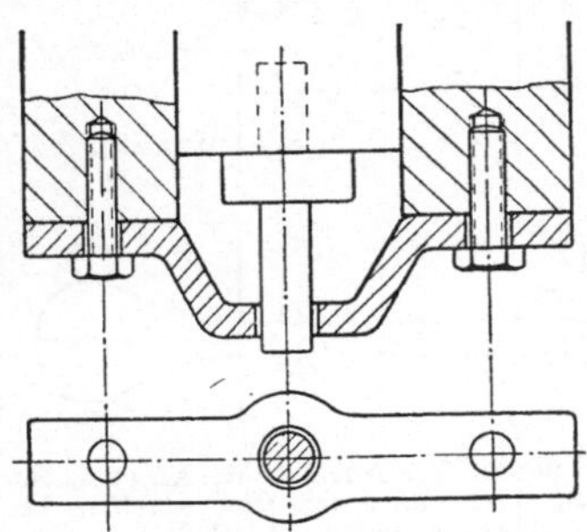

Abb. 129. Abstreifer am Pressenkörper, doppelseitig gelagert. (AWF.)

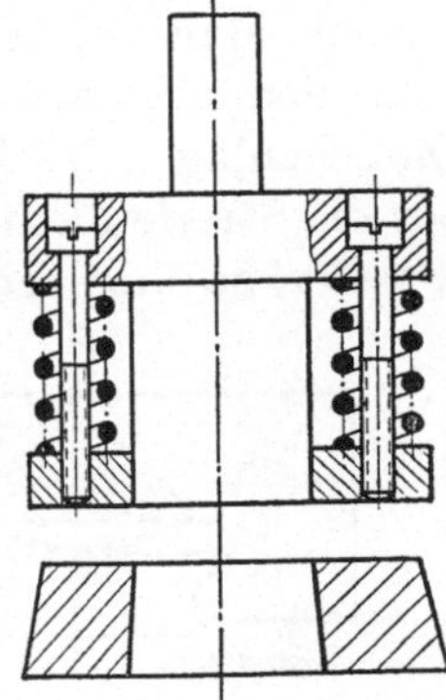

Abb. 130. Abstreifer am Stempelkopf, der Blechbiegung vermeidet, zum Niederhalten und Abstreifen von dünnem Blech.

führung des Schnitts gelten im allgemeinen die Richtlinien wie beim Freischnitt. Der Schnittstempel wird aber häufig durch einen angestauchten Konus in einer Kopfplatte gehalten und nach Abb. 131 mit dieser gegen den Stempelkopf verschraubt. Stempelkopf, Kopfplatte und Führungsplatte werden aus geschmiedetem Stahl 34. DIN 1611 gefertigt; auch

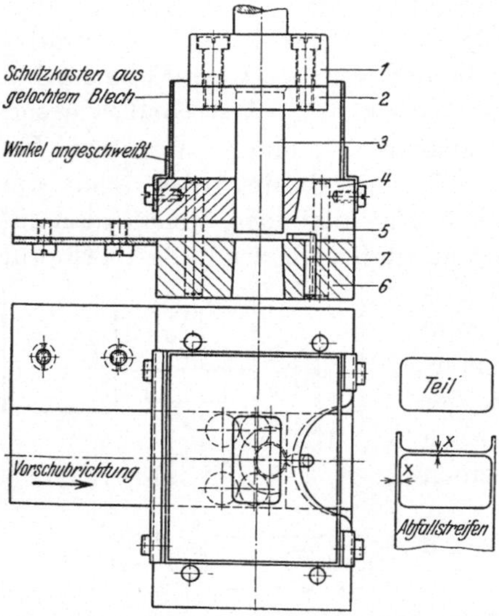

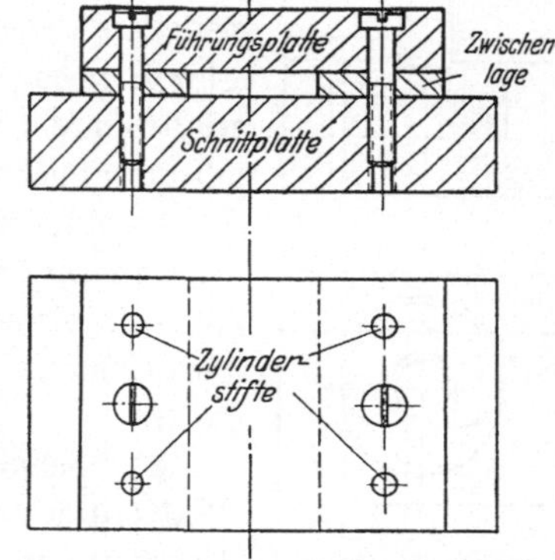

Abb. 131. Schnitt mit Plattenführung (Führungsplatte mit Schnittplatte verstiftet). (AWF.)

Abb. 132. Unterteil eines Plattenführungsschnitts (Führungsplatte mit Schnittplatte verstiftet und verschraubt). (AWF.)

die Zwischenlage, die den Abstand der Führungsplatte von der Schnittplatte bestimmt und zugleich die seitliche Führung des Streifens übernimmt. Man macht im allgemeinen den Abstand der beiden Zwischenlagen bis ½ mm größer als die Streifenbreite. Sollte der Streifen so ungenau geschnitten

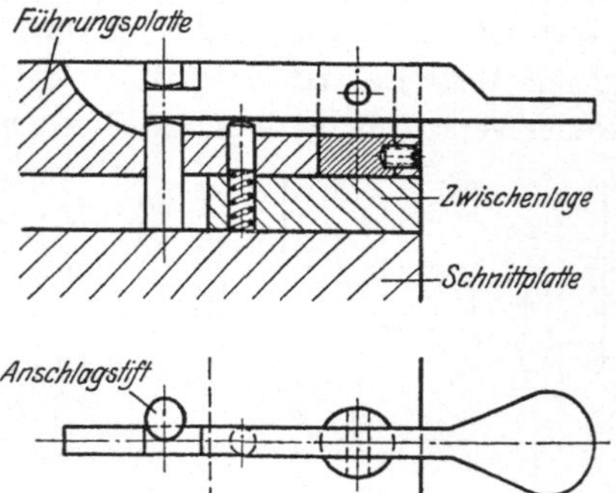

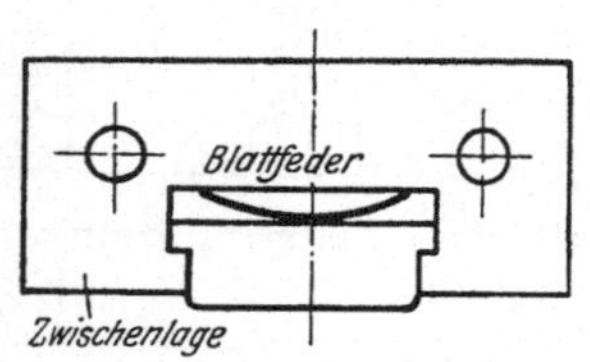

Abb. 133. Federnde Seitenführung der Blechstreifen bei ungenau geschnittener Breite. (AWF.)

Abb. 134. Beweglicher Anschneide-Anschlag für den zweiten Durchlauf eines Blechstreifens bei Führungsschnitt. (AWF.)

sein, daß diese Zugabe nicht genügt, so zieht man, um die Schnittsicherheit nicht zu verringern, vor, an Stelle der Vergrößerung der Zugabe die Führung nach Abb. 133 federnd zu machen.

Für den Längsvorschub werden Einhängstifte, wie bei den Freischnitten gezeigt, verwendet, vorwiegend die abgebogenen. Da aber die geschlossene Bauweise der Schnitte die Sicht beim Schneiden völlig nimmt, ist für eine Erleichterung des Anschneidens beim zweiten Durchlauf eines Streifens Sorge zu tragen. Dazu dient ein beweglicher Anschneideanschlag nach Abb. 134, der beim zweiten Streifendurchlauf in ein beim ersten Durchlauf geschnittenes Loch eingreift und so die Schnittstellung für den ersten Schnitt des zweiten Durchlaufs bestimmt. Bei kleineren Stückzahlen genügt für denselben Zweck auch ein Anschlag nach Abb. 135. Allerdings erfüllt er die Forderung, daß der Anschlag während des

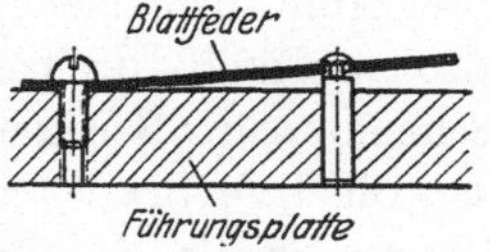

Abb. 135. Einfacher Anschneide-Anschlag für den zweiten Durchlauf eines Blechstreifens bei kleinen Stückzahlen. (AWF.)

Schneidens unbedingt außer Wirkung bleibt, nicht mit der gleichen Sicherheit.

Aber auch für die Vorschubführung wird bei den Plattenführungsschnitten häufig noch ein anderer Anschlag, ein sogenannter Hakenanschlag, nach Abb. 136 gewählt. Der Hebel hat in der Führungsplatte begrenzte Bewegungsfreiheit nach der Seite und wird deshalb beim Vorschub des Streifens in der Schnittrichtung gegen seine Endlage in der Nute gedrückt. Mit dem Aufsetzen des Schnittstempels setzt sich der am Stempelkopf angebrachte Stift auf das freie Ende des Hakenanschlags und hebt ihn beim weiteren Niedergang über den Streifen weg, so daß er von der Feder in die andere Endlage, die der Nute gezogen wird, beim Hochgehen des Druckstifts auf das Blech zwischen dem vorhergehenden und dem neuen Schnitt zu

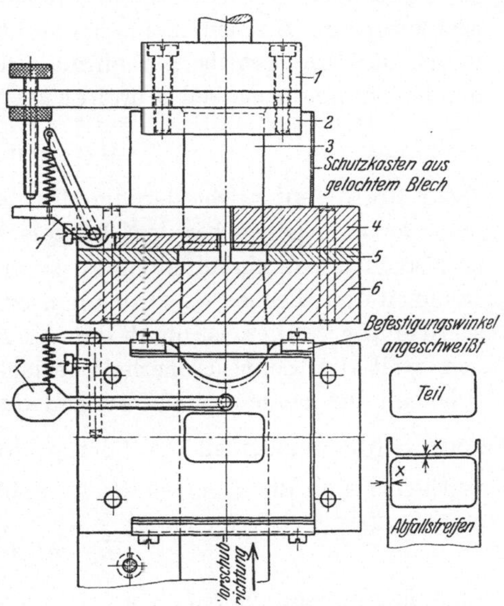

Abb. 136. Bewegter Vorschub-Anschlag zur Erleichterung und Beschleunigung des Handvorschubs. (AWF.)

liegt kommt, um beim Vorschub in die neu geschnittene Öffnung einzutreten.

Führungsschnitte haben gegenüber der Freischnitten neben der größeren Lebensdauer wegen der sicheren Stempelführung den großen Vorteil des größeren Schutzes des Arbeiters, besonders wenn man sie noch mit einem Blechschutzkasten nach Abb. 131 umgibt. Sie lassen deshalb eine größere Arbeitsgeschwindigkeit zu.

c) Mehrfachschnitte. Bisher war immer nur von Einfachschnitten die Rede, Schnitten, die mit jedem Stempelhub eine Scheibe ausschneiden. Es besteht aber ohne weiteres die Möglichkeit, die Werkzeuge mit zwei oder drei oder noch mehr gleichen Schnittstempeln auszuführen, also zweifach, dreifach oder Mehrfachschnitte zu bauen, um so beim Schneiden großer Massen die Ausbringung zu steigern und je nachdem den Blechverbrauch zu verringern. In dieser Möglichkeit liegt einer der Hauptvorteile des Schneidens mit Schnitten. Das sollen die Ausführungen über den Blechverbrauch besonders zeigen.

56. Der Werkstoffverbrauch beim Schneiden mit Schnitten.

a) Beim Einfachschneiden. Im Gegensatz zum Einzelschnitt mittels der Schneidmaschine wird beim Einfachschnitt die endgültige Scheibenform nicht aus diese enthaltenden vieleckigen Einzelscheiben geschnitten, sondern aus der endgültigen Scheibe angepaßten schmäleren oder breiteren Streifen. Beim Einfachschnitt wird die Breite B so gewählt, daß die Scheibe nur einmal in ihr enthalten ist, sie also nur um die Schneidsicherheit a breiter als die Scheibenbreite b ist, also:

$$B = b + a.$$

Diese Breite entspricht der der Einzelscheibe beim Einzelschnitt. In ihr kann also gegenüber dem Einzelschnitt kein Vorteil liegen. Dieser ist also in der Längsaufteilung zu suchen, und zwar bleibt, da von der Rohform des Blechs ganz abzusehen ist, nur die Verkürzung des Längsschritts übrig. Diese ist durch das Ausschneiden aus dem Streifen möglich, weil die Schneidsicherheit zwischen zwei aufeinander folgenden Scheiben für beide nutzbar ist und daher jeder Scheibe nur auf einer Seite Schneidsicherheit im Betrag von $\frac{a}{2}$ zuzurechnen ist. Dadurch verringert sich der Längsschritt L_s beim Einzelschnitt von

$$L_s = l + a$$

beim Einfachschnitt auf

$$L_s = l + \frac{a}{2}, \tag{82}$$

also um $\frac{a}{2}$.

Da die Schneidsicherheit $\frac{a}{2}$ von der Blechdicke nach Abb. 125 abhängig ist, ist die erzielbare Ersparnis um so größer, je dicker das zu schneidende Blech ist.

Mit den gleichen Bezeichnungen wie früher wird weiter:

$$O_b = L_s(b + a) + \frac{L_r}{z_l}(b + a)\,. \tag{83}$$

Hierin schwankt L_r zwischen $L_{r\,\min} = \frac{a}{2}$, der unbedingt nötigen Restlänge, und L_s, dem größten Betrag. Während der Minimalbetrag ohne weiteres zu vernachlässigen ist, ist das beim Maximalbetrag $L_{r\,\max}$, besonders bei kleinen Zahlen z_l nicht erlaubt, denn für ihn wird:

$$O_{b\,\max} = L_s(b + a) + \frac{1}{z_l}L_s(b + a)\,,$$

$$O_{b\,\max} = L_s(b + a)\left(1 + \frac{1}{z_l}\right)\,. \tag{84}$$

Aus dieser Gleichung sind ohne weiteres die Ersparnisse O_e abzulesen, die bei richtiger Bemessung der Länge des Streifens durch Fortfall der Restlänge gemacht werden können. Sie betragen für

$$\left.\begin{array}{lcccc} z_l = 10 & 25 & 50 & 100 \\ O_e = 10 & 4 & 2 & 1\% \end{array}\right\} \tag{85}$$

Diese Stückzahlen kommen beim Schneiden von Ziehscheiben sehr häufig vor und zeigen deshalb, daß man bei der Werkstoffbestellung nicht bloß die Breite, sondern auch, was meist nicht mit der gleichen Pünktlichkeit geschieht, die Länge genau vorschreiben muß.

Für Rundschnitte wird:

$$O_b = \left(D + \frac{a}{2}\right)(D + a) + \frac{L_r}{z_l}(D + a)\,,$$

$$O_b = (D + a)\left(D + \frac{a}{2} + \frac{L_r}{z_l}\right)\,. \tag{86}$$

$$O_{b\,\max} = (D + a)\left(D + \frac{a}{2} + \frac{D + \frac{a}{2}}{z_l}\right)\,,$$

$$O_{b\,\max} = (D + a)\left(D + \frac{a}{2}\right)\left(1 + \frac{1}{z_l}\right)\,. \tag{87}$$

b) Beim Doppeltschneiden, Schneiden auf Umschlag. Wie beim Schneiden aus dem Streifen in der Länge lassen sich gegenüber dem Einzelschnitt auch in der Breite Ersparnisse durch Verringerung des Breitenschritts erzielen. Am einfachsten ist zunächst der Doppelschnitt, bei dem zwei Scheiben aus der Breite geschnitten werden können. Während beim Einzelschnitt für zwei Scheiben eine Gesamtbreite von

$$B = 2(b + a)$$

erforderlich war, ist beim Doppelschnitt die Breite höchstens

$$B_{\max} = 2\,b + \tfrac{3}{2}\,a,$$

also
$$B_{s\,(\max)} = b + \tfrac{3}{4}\,a. \tag{88}$$

Dies, wenn die Scheiben, wie in der Länge, auch in der Breite hintereinander herausgeschnitten werden, wie es aber nur bei Parallelogrammen und Rechtecken vorkommt. Bei allen anderen Formen ist es möglich, die zweite Scheibe nach Abb. 137 teilweise in die Fläche zwischen zwei aufeinanderfolgenden Scheiben hineinzuschieben und so den Breitenschnitt B_s wesentlich zu verkürzen. Er wird z. B. für Rundschnitte statt

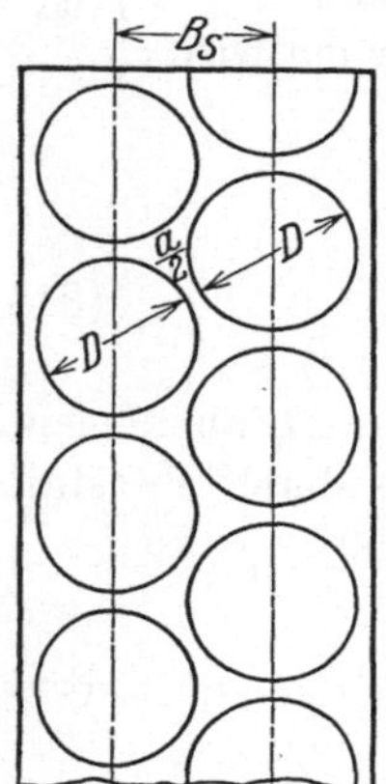

Abb. 137. Blecheinteilung beim Doppeltschneiden.

$$B_o = D + \tfrac{3}{4}\,a,$$

$$B_s = \frac{D + \dfrac{a}{2}}{2}\,\sqrt{3} = \frac{D}{2}\,\sqrt{3} + \frac{a}{4}\,\sqrt{3}. \tag{89}$$

Die Ersparnis ist also:

$$B_{se} = D\left(1 - \tfrac{1}{2}\,\sqrt{3}\right) + \frac{a}{4}\,(3 - \sqrt{3}),$$

mit $\sqrt{3} = 1{,}73$, in Hundertteilen.

$$B_{se} = \frac{0{,}56\,D + 1{,}27\,a}{4\,D + 3\,a} \cdot 100\,\% \tag{90}$$

oder angenähert:

$$B_{se} = \frac{0{,}56\,D}{4\,D} \cdot 100 = \frac{56}{4},$$

$$B_{se} = 14\,\%. \tag{91}$$

Dies wäre die Blechersparnis, die durch das Doppeltschneiden immer erreicht würde, wenn die zweite Reihe die Stückzahl der ersten Reihe erreichte. Sie wird aber wegen der Verschiebung gegenüber der ersten Reihe um 1 kleiner, wenn in der ersten Reihe die Zahl z_l ohne Restlänge geschnitten wurde oder mit andern Worten, es bleibt in der zweiten Reihe die maximale Restlänge

$$L_{r\,\max} = L_s,$$

und es entsteht dadurch der maximale Blechverbrauch $O_{b\,\max}$ je Scheibe. Dies ist wesentlich bei kleinen Stückzahlen, bei denen der Mehrverbrauch durch das Reststück, wie oben gezeigt wurde, ganz beträchtlich steigt, bei $z_l = 10$ z. B. 10 %.

Für andere Scheibenformen als runde kann die Verringerung des Breitenschritts noch größer werden.

Der Blechverbrauch je Scheibe wird bei der Annahme des Minimalverbrauchs in der ersten Schnittreihe und des Maximalverbrauchs in der zweiten, für die Scheibe

der ersten Reihe:
$$O_{b_1} = L_s(b + a), \tag{92}$$

der zweiten Reihe:
$$O_{b_2} = L_s \cdot B_s \cdot \left(1 + \frac{1}{z_{l_2}}\right), \tag{93}$$

im Mittel:
$$O_b = \frac{O_{b_1} + O_{b_2}}{2},$$

$$O_b = \frac{1}{2} L_s \left[b + a + B_s\left(1 + \frac{1}{z_{l_2}}\right)\right].$$

Mit
$$B = b + a + B_s$$

$$O_b = \frac{1}{2} L_s \left(B + \frac{B_s}{z_{l_2}}\right). \tag{94}$$

Nimmt man zum Vergleich mit dem Einfachschnitt

$$B_s = \frac{1}{n}(b + a), \tag{95}$$

dann wird:

$$O_b = \frac{1}{2} L_s \left[b + a + \frac{1}{n}(b + a)\left(1 + \frac{1}{z_{l_2}}\right)\right]`$$

$$O_b = \frac{1}{2}(b + a) L_s \cdot \left(1 + \frac{1 + \frac{1}{z_{l_2}}}{n}\right), \tag{96}$$

d. h. die Ersparnis gegenüber dem Einfachschnitt beginnt, wenn

$$1 \gtrless \frac{1 + \frac{1}{z_{l_2}}}{n},$$

also
$$n \gtrless \left(1 + \frac{1}{z_{l_2}}\right) \tag{97}$$

um so früher, je größer bei gegebenem

$$\left.\begin{matrix} n \\ z_{l_2} \end{matrix}\right\} \left\{\begin{matrix} z_{l_2} \\ n \end{matrix}\right.$$

Für Rundschnitte wird:

$$n \gtrless \frac{D + a}{\dfrac{D + \frac{a}{2}}{2}\sqrt{3}} = \frac{2(D + a)}{\left(D + \frac{a}{2}\right)\sqrt{3}}$$

oder angenähert, wenn D groß gegen a, mit

$$D + a \approx D + \frac{a}{2},$$

$$n \gtrless \frac{2}{\sqrt{3}} = 1,15, \tag{98}$$

so daß die Ersparnis beginnt, wenn:

$$1,15 \gtreqless 1 + \frac{1}{z_{l_2}},$$

$$z_{l_2} \gtreqless \frac{1}{0,15},$$

$$z_{l_2} \gtreqless 6,6. \tag{99}$$

57. Die Bedeutung der Schrittstellung.

Während bei Rundschnitten der Querschritt ohne weiteres errechnet werden kann, wie aus dem Vorausgegangenen zu erkennen ist, kann er bei Scheiben von beliebiger Form oft nur mit Hilfe der Zeichnung ermittelt werden. Zu diesem Zweck zeichnet man eine Anzahl Scheiben in der gedachten Schnittanordnung, also ihrer Schrittstellung. Bei diesem Vorgehen ist es schwer zu beurteilen, ob man bei der vorausgegangenen

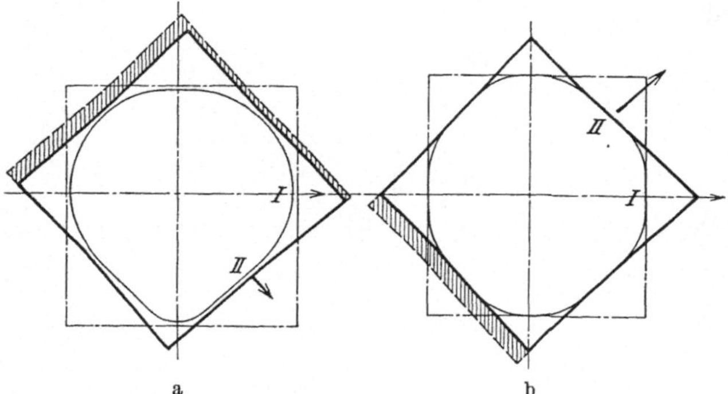

Abb. 138a u. b. Blechersparnis bei richtiger Schrittstellung.

Überlegung die günstigste Stellung getroffen hat, d. h. die, für die das Produkt $L_s \cdot B_s$ ein Minimum ist. Man schneidet daher besser eine Anzahl gezeichneter Scheiben, mindestens drei, aus und steckt sie in verschiedenen möglichen Stellungen nebeneinander, um sicher die günstigste herauszufinden. Dieses Verfahren ist in der reinen Schnittechnik ganz allgemein üblich, doch wird es in der Ziehtechnik häufig vernachlässigt, sehr zu Unrecht, denn nicht selten kann es auch hier das Arbeitsverfahren entscheidend beeinflussen. Man denke nur an die Frage des Ziehens aus dem Streifen oder der einzelnen Scheibe, die später noch näher betrachtet werden wird.

Beispiel: Abb. 138a und b zeigen die Unterschiede im Blechbedarf in zwei verschiedenen Schnittrichtungen für die Zuschnitte der Abb. 88 und 95. In beiden Fällen darf die Schnittrichtung nicht in einer der Symmetrieachsen der Gehäuse liegen, sondern in einem Winkel zu ihr.

Würde sie mit der Gehäuseachse zusammengelegt, so entstünde ein Mehrverbrauch, der durch die schraffierte Fläche gekennzeichnet und so seiner Bedeutung nach hervorgehoben ist.

58. Werkstoffersparnis beim Vielfachschneiden.

Es ist selbstverständlich, daß man die Verringerung des Querschritts zur Vermehrung der Werkstoffersparnis sich ebenso häufig zunutze machen kann wie beim Längsschritt dadurch, daß man die Werkstoffbreite nicht nur für zwei, sondern für beliebig viele, z. B. z_b Scheiben vorsieht. Berücksichtigt man noch, daß unter dem Gesichtspunkt der Lagerhaltung man für jede Dicke nur eine Breite zu verwenden trachten soll, selbst wenn man dadurch den Verbrauch je Ziehstück etwas erhöht, weil die Einteilung nicht immer ohne Reststücke möglich ist, dann wird man auch aus diesem Grund nach der größten Werkstofffläche streben, aus der ausgeschnitten werden kann, dem ganz breiten endlosen Band. Je breiter es ist, desto eher läßt es eine solche Aufteilung auch in der Breite zu, daß die nicht mehr zu verwendende

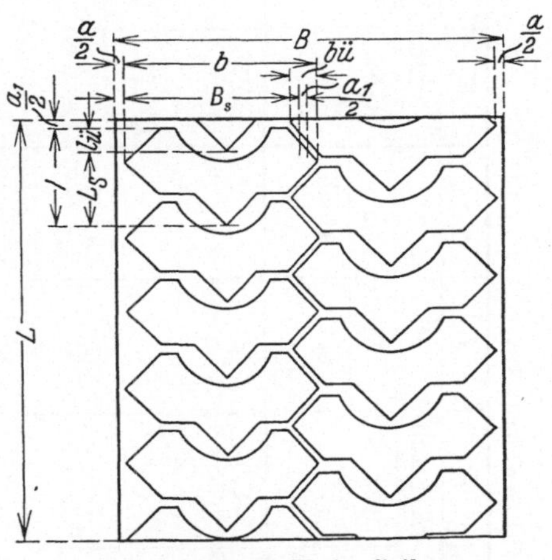

Abb. 139. Allgemeine Blechaufteilung.

Restbreite ein Minimum wird. Die Aufteilung eines solchen Bands stellt den allgemeinsten Fall der Blechaufteilung überhaupt dar. Für ihn wird mit den früheren Bezeichnungen und denen der Abb. 139 usw.

die Restbreite B_r . . . . $B_{r\,\mathrm{min}} = b + a - B_s$, $B_{r\,\mathrm{max}} = b + a$;
die Restlänge ungerader Reihen . . . . $L_{r\,\mathrm{min}} = l + a_1 - L_s$;
die Restlänge gerader Reihen . . . . . $L_{r\,\mathrm{max}} = l + a_1$;
die Stückzahl ungerader Reihen . . . . z_l;
die Stückzahl gerader Reihen . . . . . z_{lg};
die Gesamtstückzahl . . . . Z, z_u, z_o;

1. die Streifenbreite B für n-fachen
   Schnitt . . . . $B = b + a + (n-1) B_s$;

2. die Reihenzahl n für gegebene
   Breite B . . . . $n = \dfrac{B - B_r}{B_s}$;

3. die Streifenlänge L für z_l Stücke . $L_s = (l + a) + (z_l - 1) L_s$,

4. die Stückzahl z_l aus der Länge L
   bei ungeraden Reihen $(1; 3 \ldots n)$ $z_l = \dfrac{L - L_{r\,\mathrm{min}}}{L_s}$;

Zahlentafel 18.

1	2	3	4	5	6	7	8	9	10	11	12
	Werkstück-bezeichnung					Werkstoff		Stand zum		Länge in Richtg.	
Lfde. Nr.	(Werte für Kreiszuschnitte)	Z.-Nr.	Art	Dicke s cm	Spez. G. γ	Preis je kg neu $p_n M$	Abfall $p_a M$	Rand $\frac{a}{2}$ cm	Werkstück $\frac{a_1}{2}$ cm	Schritt l cm D	quer b cm D
1.	Gehäuse	210	Ms 63	0,025	8,9			0,1	0,1	22,0	22,0
2.											
3.											
4.											
5.											
6.											
7.											
8.											

13	14	15	16	17	18	19	20	21
Schritt		Streifen		Reihenzahl n oder m	Stückzahl je Reihe		Reststück	
längs L_s cm	quer B_s cm	Breite B cm	Länge L cm	$=\frac{B-B_r}{B_s}$	ungerade z_l	gerade Z_{lg}	längs $L_{r\,\mathrm{min}}$	quer $B_{r\,\mathrm{min}}$
$=\left(D+\frac{a_1}{2}\right)$	$=\frac{L_s}{2}\sqrt{3}$	$=b+a+(n-1)B_s$ $=D+a+(n-1)D+\frac{a_1}{2}\sqrt{3}$	$=L_s(z_l-1)+l+a_1$ $=(D+a_1)+(z_l-1)\left(D+\frac{a_1}{2}\right)$	$=\frac{B_r}{\left(D+\frac{a_1}{2}\right)\frac{\sqrt{3}}{2}}$	$=\frac{L-L_r}{L_s}=\frac{L-\frac{a_1}{2}}{D+\frac{a_1}{2}}$	$=Z_l-1$	$=l+a_1-L_s$ $=\frac{a_1}{2}$	$=b+a-B_s$ $=D+a-\frac{L_s}{2}\sqrt{3}$
22,1	22,1	22,2	230,0	1	10	—	0,1	0
	19,1	41,3	230	2	10	9		3,1
		60,4	230	3	10	9		
		22,2	2000	1				
		22,2	4000	1				
		41,3	2000	2				
		41,3	4000	2				
		60,4	4000	3				

22	23	24	25	26	27	28
Reduzierte		Stückzahl	Werkstoff je Scheibe			
Länge L_{red} cm $= L - L_r = L - \frac{a_1}{2}$	Breite B_{red} cm $=B-B_r=B-\left[D+a-\frac{L_s}{2}\sqrt{2}\right]$	Z $z_u = n\frac{L_{red}}{L_s} - \frac{n-1}{2}$ $z_g = n\frac{L_{red}}{L_s} - \frac{n}{2}$	brutto cm² O_b $= \frac{BL}{Z}$	netto cm² O $=\frac{\pi D^2}{4}$	brutto g G_b $= O_b \cdot s \cdot \gamma$	netto g G $= O \cdot s \cdot \gamma$
229,9	22,2	10	510	380	113,2	84,5
	38,3	19	500		111,2	
	57,9	29	482		107	
	22,2	90	493		110	
	22,2	181	490		109	
	38,3	179	463		103	
	38,3	361	458		102	
	57,9	542	448		100	

29	30	31	32	33	34	35	36	37	38
Abfallmenge und Wert			Werkstoffkosten		Blechersparnis				
cm² $O_a = O_b - O$ (O_e)	g $G_a = O_a\ s \cdot \gamma$	M $W_a = G_a \cdot p_a$	brutto M $W_b = G_b\ p_n$	netto M $W = W_b - W_a$	von $n$fach	gegen $m$fach	% $O_e\% = \dfrac{O_b^n - O_b^m}{O_b^m}$	g	M
130 (10)	29,7								
120	27,7				2	1	1,96		
102 (28)	22,5				3	1	5,5		
113 (17)	25,5				1	1	3,3		
110 (20)	24,5				1	1	3,92		
83 (47)	18,5				2	1	9,2		
78 (52)	17,5				2	1	10,2		
68 (62)	15,5				3	1	12,2		

5. die Stückzahl z_{lg} aus der Länge L

bei geraden Reihen $(2; 4 \ldots n+1)$ $z_{lg} = \dfrac{L - L_{r\,max}}{L_s}$;

6. Gesamtstückzahl bei ungerader Reihenzahl, also $1, 3, 5 \ldots n$ fachem

Schnitt . . . . $z_u = n\dfrac{L - L_{r\,min}}{L_s} - \dfrac{n-1}{2} = n\dfrac{L_{red}}{L_s} - \dfrac{n-1}{2}$;

7. Gesamtstückzahl bei gerader Reihenzahl, also $2, 4, 6 \ldots (n+1)$

fachem Schnitt . . . . $z_g = n\dfrac{L - L_{r\,min}}{L_s} - \dfrac{n}{2} = n \cdot \dfrac{L_{red}}{L_s} - \dfrac{n}{2}$;

8. der Werkstoffverbrauch O_b je

Scheibe in mm² . . . . $O_b = \dfrac{BL}{Z}$;

9. der Werkstoffverbrauch G_b je
Scheibe in g . . . . $G_b = O_b \cdot s \cdot \gamma$;

10. der Werkstoffabfall O_a je Scheibe
in mm² . . . . $O_a = O_b - O$;

11. der Werkstoffabfall G_a je Scheibe
in g . . . . $G_a = O_a \cdot s \cdot \gamma$;

  $G_a = G_b - G$;

12. der Werkstoffverbrauch O_b je
Scheibe in mm²

für n-fachen Schnitt . . . . . $O_b^n = \dfrac{B_n L}{z_n} = \dfrac{L}{z_n}\left[b + a + (n-1) B_s \right]$,

,, m- ,,   ,, ... $O_b^m = \dfrac{B_m L}{z_m} = \dfrac{L}{z_m}\left[b + a + (m-1) B_s \right]$,

13. die Werkstoffersparnis für n-fachen

Schnitt gegenüber m-fachem . . $O_e = \dfrac{O_b^n - O_b^m}{O_b^m} \cdot 100$

$$= \left(1 - \frac{B_n z_m}{B_n \cdot z_n}\right) \cdot 100,$$

$$O_e = \left[1 - \frac{z_m}{z_n} \cdot \frac{b+a+(n-1)B_s}{b+a+(m-1)B_s}\right] \cdot 100. \quad (100)$$

Bei der Ermittlung des Werkstoffverbrauchs benützt man am besten Tabellen nach Zahlentafel **18**. Aus diesen ist in übersichtlicher Weise die Zweckmäßigkeit der einen oder der andern Schneidweise herauszulesen. In Zahlentafel **18** ist eine solche Zusammenstellung für verschiedene Rundschnitte gemacht, und zwar enthält die Tabelle in den Spalten 25 und 27 den Blechverbrauch bei 1, 2 und 3 fachem Schnitt aus Streifen (lfde. Nr. 1, 2, 3), bei 1 fachem Schnitt aus endlosen Bändern verschiedener Länge (lfde. Nr. 4, 5), bei 2 fachem Schnitt aus endlosen Bändern verschiedener Länge (lfde. Nr. 6, 7), endlich bei 3 fachem Schnitt aus dem längsten Band, sowie, in Spalte 36, die Blechersparnis in Hundertteilen bei mehrfachem Schnitt aus Streifen, einfachem Schnitt aus Bändern, sowie mehrfachem Schnitt aus Bändern gegenüber dem einfachen Schnitt aus Streifen. Nach den vorausgegangenen Erörterungen ist die Tafel ohne weitere Erklärung verständlich, bemerkt sei nur noch, daß die Ersparnisse geringer wären, wenn beim einfachen Schnitt aus dem Streifen die Länge L nicht willkürlich mit 230 angenommen, sondern dem Längsschnitt L_s angepaßt worden und also

$$L = (l + a) + (z_l - 1)\,L_s,$$
$$L = (22,2) + (10 - 1)\,22,1,$$
$$L = 221,1 \text{ cm}$$

genommen worden wäre.

59. Mehrfachwerkzeuge.

Bisher wurde über die Art des Schneidens beim Doppelt- und Mehrfachschneiden nicht gesprochen. Es kann natürlich mit einem einfachen Schnittwerkzeug nach Abb. 112 das Blech in der beschriebenen Weise aufgeteilt werden. Man kann aber auch Mehrfachwerkzeuge nehmen, d. h. Werkzeuge, die nach Abb. 140 aus 2, 3, 4 oder beliebig vielen einfachen Schnitten zusammengestellt sind, so daß sie bei jedem Stößelhub der Maschine 2, 3, 4 oder mehr Scheiben aus dem Streifen, dem Band oder der Tafel schneiden. Bei kleineren Ziehscheiben werden sie mit großem Vorteil verwendet, besonders auch der Arbeitsbeschleunigung wegen.

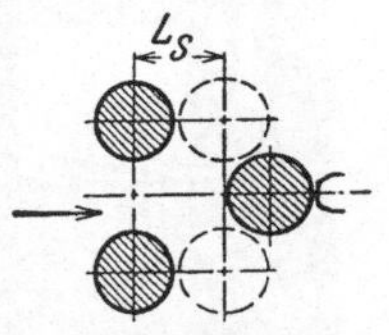

Abb. 141. Versetzung der Schnittstempel bei einem 3-Fach-Schnitt zur Verstärkung der Schnittplatte.

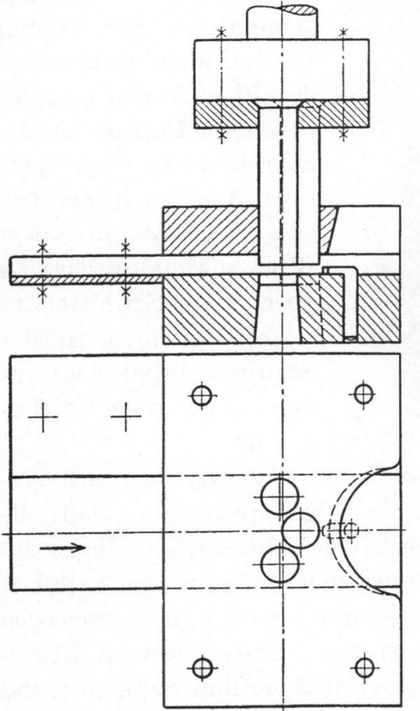

Abb. 140. 3facher Plattenführungsschnitt.

Wenn man bei der Werkzeugfertigung für die Festigkeit des **Blechs** zwischen den beiden Schnittöffnungen fürchten muß, dann kann man die Schnittstempel so versetzen, wie Abb. 141 zeigt, so daß der zweite um einen Schritt zurückliegt.

60. Die Schnittmaschinen.

a) Arbeitsweise, Bau und Verwendung. Die Maschinen zur Betätigung von Schnitten heißen allgemein Pressen; sie werden nach Art des Antriebs unterschieden in: Hand-, Fuß-, Exzenter-, Kurbel-, Spindel- und

Friktionspressen (Abb. 113 bis 115 und 142 bis 144). Für das Zuschneiden
der Ziehscheiben kommen, wenn es sich nicht um Einzelarbeit handelt,
wie sie bei der Abfallverwertung nicht zu vermeiden ist, ausschließlich
Exzenterpressen in Anwendung. Das Grundsätzliche ihres Baus zeigt
Abb. 145. Das von der Transmission oder von einem besonderen Elektro-
motor angetriebene, mit der Welle W verkeilte Schwungrad A bewegt
den Pressenstößel S mittels des Exzenterzapfens Z und der Schubstange H bei jedem Um-
lauf auf und ab. Ist nun
die Schnittplatte so auf
dem Pressentisch ver-
schraubt, daß der im
Pressenstößel befestigte
und geführte Schnitt-
stempel in der tiefsten
Lage mindestens um einen
der Blechstärke entspre-
chenden Betrag in die
Schnittplatte eindringt,
so wird er bei jedem Hub
eine Scheibe aus dem
Blech schneiden, das man
über die Schnittplatte
schieben kann, sobald der
Schnittstempel hoch ge-
nug über diese gestie-
gen ist.

Abb. 142. Kurbelpresse mit Räderübersetzung.
(L. Schuler.)

Wenn man sich ver-
gegenwärtigt, daß die
Schnitte verschieden groß sind, je nach der Leistung, die ihnen zugemutet werden soll, daß die zu schneidenden Bleche die verschiedensten Dicken haben sollen, also die Schnittstempel ganz verschieden
tief in die Schnittplatten eindringen müssen, weiter sowohl Einzelschnitt als auch Dauerschnitt möglich sein und endlich Schneiden und
Einstellung der Schnitte rasch vor sich gehen muß, dann sind aus
der einfachen Beschreibung wesentliche Forderungen für den Pressenbau abzuleiten:

1. Bequeme Bedienung;
2. Gleichmäßige und sichere Arbeit;
3. Rasche Anbringung der Schnitte,
   a) des Schnittstempels im Stößel,
   b) der Schnittplatte auf dem Tisch,
4. Leichte Einstellung des Schnittstempels;

5. Schnelle und zuverlässige Ein- und Ausrückung der Maschine;

6. Leichter Übergang vom Einzelschnitt zum Dauerschnitt.

Den Forderungen 1 bis 4 ist bei fast allen Pressen in gleicher Weise entsprochen. Die zylindrischen Stempel werden in entsprechenden Bohrungen der Stößel mittels einer Schraube festgeklemmt, während die Schnittplatten mittels Pratzen nach Abb. 118 und 119 und in Nuten des Tisches geführten Schrauben in einfachster Weise auf den Pressentisch aufgeschraubt werden.

Zur Berichtigung der relativen Stellung des Schnittstempels zur Schnittplatte ist die Schubstange nach Abb. 146 und 147 verstellbar. Rasches Aus- und Einrücken ist erst möglich geworden, als man die starre Keilverbindung zwischen Schwungrad und Welle nach Abb. 145 löste, so daß im allgemeinen das Schwungrad lose auf der Welle läuft und nur zeitweise zum Zweck der Arbeitsleistung mit ihr gekuppelt wird. Die grundsätzliche Ausbildung dieser Kupplungsart, die schon vor über 50 Jahren in Amerika durchgeführt wurde, zeigt Abb. 148 a.

Abb. 143.   Spindelpresse mit Räderübersetzung.
(L. Schuler.)

Wird der Fußtritt T nach unten getreten, so wird durch den Winkelhebel H die Kupplungshälfte K, die von einem Keil der Welle geführt wird, in die Gegenhälfte K' geschoben und von dieser, die mit dem Schwungrad fest verbunden ist, gedreht. Die Welle dreht sich mit und bewegt mittels Exzenter und Schubstange den Stößel. Ließe man den Fußhebel los, so würde die Exzenterwelle und der Stößel in irgendeiner Lage festgesetzt. Mit Rücksicht auf ungestörtes und sicheres Arbeiten ist es aber zweckmäßig, wenn der Schnittstempel seinen Arbeitsweg immer in der Höchststellung beginnt und beendet, denn nur dann kann man den Hub klein halten und so eine unnötige Steigerung der Massenbeschleunigungen vermeiden. Das wird dadurch erreicht, daß mit der Verbindung der beiden Kupplungshälften

Abb. 144. Friktionspresse (Reibscheibenpresse). (Gebr. Tümmler.)

(Abb. 148 b) eine Klinke A hinter die Kupplungshälfte K fällt und ein Entkuppeln verhindert, bis sie durch die Nase N über den Umfang der Kupplungshälfte K hinausgehoben ist, in welcher Stellung die Kupplungshälfte K unter der Einwirkung der am Winkelhebel H angreifenden Feder F (Abb. 148 b) unter ihr zurückgleitet, sofern der Fußhebel entlastet ist. Die Nase N ist so gestellt, daß der Stößel in seiner Höchstlage zum Stillstand kommt. Der Einzelschnitt geht mit dieser Kupplung so vor sich, daß man den Fußhebel niedertritt, aber gleich entlastet, so daß nach dem Schnitt der Stößel zur Ruhe kommt, und wieder niedertritt, wenn der nächste Schnitt vorbereitet ist. Entlastet man den Fußhebel nicht, dann kommt der Stößel nicht nach jedem Schnitt zur Ruhe, sondern bewegt sich dauernd weiter. Ist man in der Lage, in dem Zeitraum zwischen einem Stempelniedergang und dem nächstfolgenden das Blech so weit zu ver-

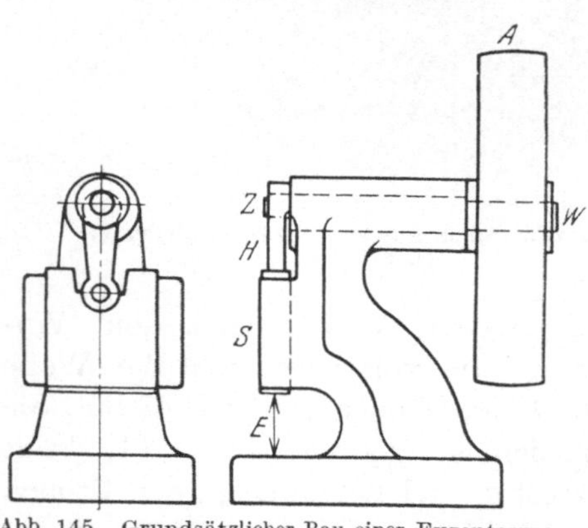

Abb. 145. Grundsätzlicher Bau einer Exzenterpresse mit direktem Schwungrad-Antrieb. A Schwungrad, E Einbauhöhe, H Schubstange, S Pressenstößel, Z Exzenterzapfen.

schieben, daß ein neuer Schnitt vorbereitet ist und erfolgen kann, dann kann man auch mit jedem Stößelhub, also dauernd, schneiden.

Der Dauerschnitt wird beim Schneiden von Ziehscheiben immer angestrebt.

Die Forderungen der Punkte 5 und 6 sind nicht ohne weiteres zu vereinen, denn das bequeme Arbeiten am Werkzeug und bei der

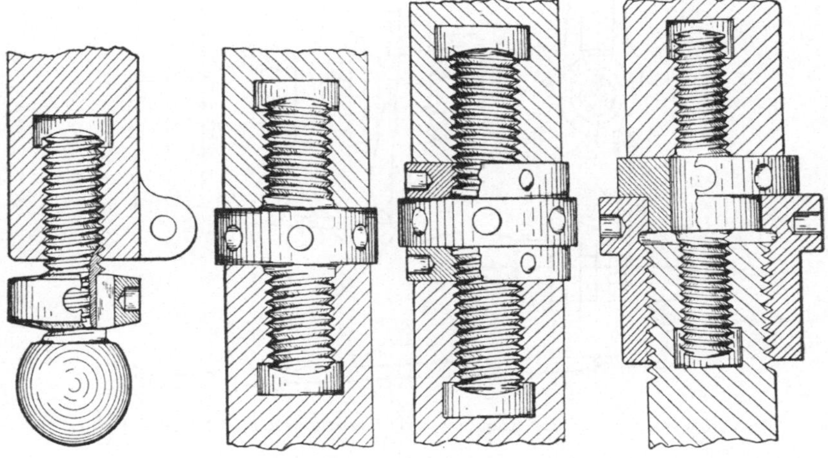

Abb. 146. Verstellbare Stößelverbindungen.

Werkstoffzuführung erfordert leichte Zugänglichkeit und daher Geräumigkeit. Geräumigkeit aber beeinflußt den Pressenbau; je größerer Raum geschaffen werden soll, desto umfangreicher, schwerer und mächtiger wird der Pressenkörper, oder, wenn man den Größenverhältnissen entsprechend nicht verstärkt, desto schwächer, nachgiebiger und unzuverlässiger wird der Körper. Es ist aber nicht möglich, eine Forderung vor die andere zu stellen, sondern im einen Fall hat diese, im andern jene den

Abb. 147. Stößelverstellung von außen. (L. Schuler.)

Vorrang, je nach der Art des Schneidens, ob von Hand oder automatisch und ob Tafel- oder Bandblech geschnitten wird.

Die Forderungen der Punkte 5 und 6 bestimmen also die Form des Pressenkörpers, nach der die Hersteller unterscheiden:

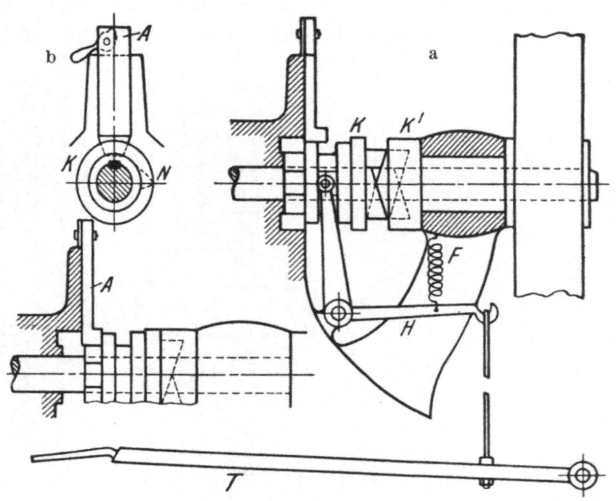

Abb. 148a u. b. Lösbare Kupplung zwischen Schwungrad und Exzenterwelle.

1. Volle Einständerpressen (Abb. 149).
2. Durchbrochene Einständerpressen (Abb. 150a und 150b).
3. Doppelständerpressen (Abb. 151).

Abb. 149. Volle Einständerpressen. (L. Schuler.)

Treffender sind die Bezeichnungen:

1. Ausladende Einständerpressen, Rachenpressen.

2. Ausladende Zweiständerpressen, offene Rachenpressen.

3. Gerade Zweiständerpressen, Bogenpressen.

Von diesen berücksichtigen die ausladenden Einständerpressen in erster Linie die Forderung der leichten Zugänglichkeit bei der Blechzuführung von Hand, die geraden Zweiständerpressen im Gegensatz dazu die Forderung hoher Sicherheit bei leichtem Bau, während die ausladenden Zweiständerpressen beiden Forderungen gleichmäßig gerecht zu werden versuchen.

Es ist nun aber nicht so, als ob die Einständerpressen nur für Handzuführung und die geraden Zweiständerpressen nur für die weniger die leichte Zugänglichkeit beanspruchende automatische Zuführung geeignet wären, sondern man kann auch auf geraden Zweiständerpressen mit Handvorschub arbeiten. Nur ist dies nicht so einfach und zweckmäßig. Wenn man das aber in Kauf nehmen will, um eine allgemein zu verwendende Presse zu haben, wird man richtiger der geraden Zweiständerpresse den Vorzug geben, denn die Sicherheit und Starrheit ihres Baus bürgt für eine lange Lebensdauer von Maschine und Werkzeug; auch bei zeitweiliger Überlastung. Gleich Günstiges kann man von ausladenden Pressen, insbesondere den vollen Einständerpressen nicht sagen. Diese neigen infolge der ungünstigen Biegungsbeanspruchung des Pressenkörpers stark zum Federn und Vibrieren, das bei großen Pressen schon bei zulässiger Beanspruchung mehrere Millimeter ausmachen kann, so daß ein gewissenhafter Betriebsmann die Pressen bei ihrer Arbeit nur mit sorgendem Herzen betrachtet. Das Vibrieren hat eine Schwenkbewegung des Schnittstempels zur Folge, wegen der der Schnittstempel nicht mehr senkrecht zur Fläche und in der Achse des Schnittrings, sondern entsprechend der Größe der Federung des Pressenkörpers unter einem kleineren oder größeren Winkel zu ihr in den Schnittring eintritt, in ihm sich klemmt und dadurch die eigene Schärfe und die des Schnittrings verdirbt. Dadurch wird die Ausbringung des Werkzeugs

Abb. 150 a. Durchbrochene Einständerpresse mit einmal gekröpfter Welle. (L. Schuler.)

Abb. 150 b. Durchbrochene Einständerpresse mit zweimal gekröpfter Welle. (L. Schuler.)

von Schliff zu Schliff stark beeinträchtigt; es wurde schon festgestellt, daß sie nur 15000 betrug gegenüber 250000 auf einer geeigneteren Presse.

Dieser Nachteil der vollen Einständerpressen ist allgemein bekannt. Man versucht ihm häufig durch Abstützen des vorladenden Kopfs gegen den Pressentisch nach Abb. 152 abzuhelfen. Das ist aber nur ein Zeichen für die Verkennung

Abb. 151. Doppelständer-pressen. (L. Schuler.)

Abb. 152. Einständer-Kurbelpressen mit Stützstangen zwischen Pressentisch und Pressenkopf.

Abb. 153. Bruchgefahr für eine überlastete Einstän-derpresse. (Öhler: Werkz.-Masch. 1927, S. 425.)

der Verhältnisse. Abgesehen davon, daß den Pressen durch die Anbringung der Stangen der Hauptvorteil der Einständerpressen, die leichte Werkzeugbedienung und bequeme Werkstoffzuführung verloren geht, werden die Pressen so lange weiterfedern, immer weniger natürlich, bis die Stützstangen dem Pressenkopf eine solche Vorspannung gegen den Pressentisch hin geben, daß diese der entgegengesetzt wirkenden, zuvor die Federung verursachenden Spannung das Gleichgewicht hält. Man müßte

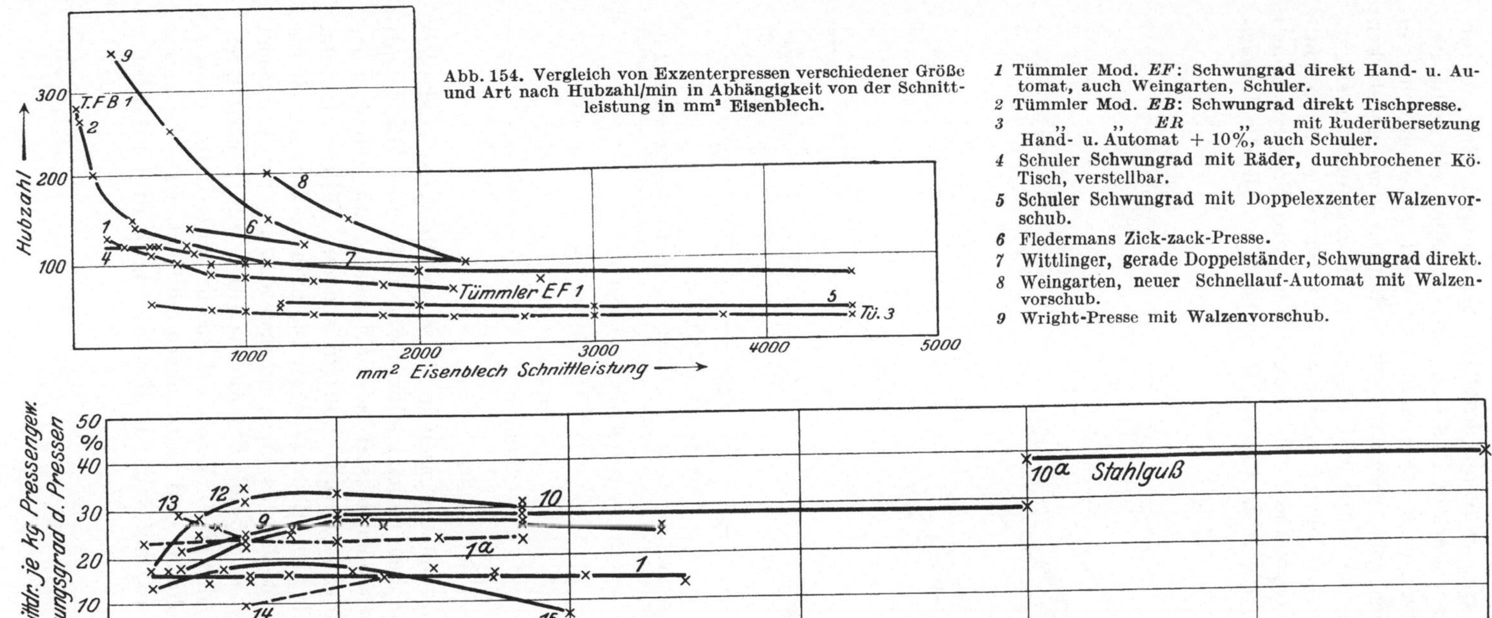

Abb. 154. Vergleich von Exzenterpressen verschiedener Größe und Art nach Hubzahl/min in Abhängigkeit von der Schnittleistung in mm² Eisenblech.

1 Tümmler Mod. *EF*: Schwungrad direkt Hand- u. Automat, auch Weingarten, Schuler.
2 Tümmler Mod. *EB*: Schwungrad direkt Tischpresse.
3   ,,   ,,   *ER*   ,,   mit Ruderübersetzung Hand- u. Automat $+$ 10%, auch Schuler.
4 Schuler Schwungrad mit Räder, durchbrochener Kö. Tisch, verstellbar.
5 Schuler Schwungrad mit Doppelexzenter Walzenvorschub.
6 Fledermans Zick-zack-Presse.
7 Wittlinger, gerade Doppelständer, Schwungrad direkt.
8 Weingarten, neuer Schnellauf-Automat mit Walzenvorschub.
9 Wright-Presse mit Walzenvorschub.

Abb. 155. Vergleich von Exzenterpressen verschiedener Größe und Art nach Schnittdruck je kg Pressengewicht in Abhängigkeit vom Schnittdruck.

1 Tümmler — Einständerautomat — Schwungrad direkt — Zangenvorschub und mit Rädervorgelege.
1a Handvorschub.
9 Wittlinger 1911, gerade Zweiständerpresse für Handvorschub, Schwungrad direkt.
10 Wittlinger, gerade Zweiständerpresse für Handvorschub mit Räderübersetzung 2 mal.
10a Dgl. mit Stahlgußkörper.
10 Wittlinger, gerade Zweiständerpresse für Walzenvorschub, Schwungrad direkt und mit Räderübersetzung.
12 Wittlinger, ausladende Einständerpressen für Handvorschub und Walzenvorschub.
13 Wittlinger, ausladende Zweiständerpressen.
14 Fledermans Einständer-Zickzack-Presse — Schwungrad direkt.
15 Wright-Presse.

also den Pressenkörper dauernd unter der Spannung halten, die er, allerdings in entgegengesetzter Richtung, ohne Stangen zeitweilig auszuhalten hat. Davor wird man sich aber wohl scheuen, und so bringen die Stangen, auch wenn sie zur Verhütung einer zu starken Verspannung gegen den Kopf und gegen den Tisch schultern, eigentlich nur eine Sicherheit gegen eine starke Überlastung, die bei falscher Bedienung vorkommen und einen Bruch des Pressenständers herbeiführen kann, wie Abb. 153 zeigt. So häufig, daß die Lebens-

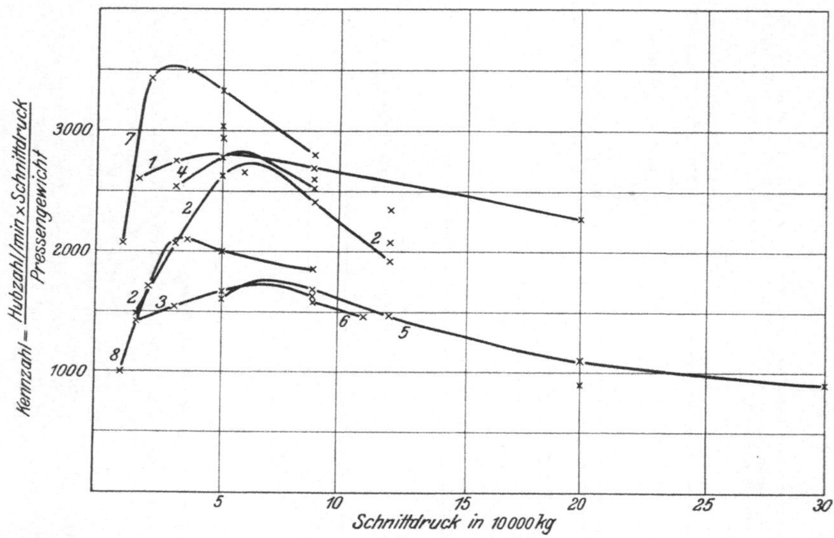

Abb. 156. Vergleich von Exzenterpressen verschiedener Größe und Art der Maschinenfabrik A.-G. Geislingen nach Hubzahl/min. Schnittdruck je kg Pressengewicht in Abhängigkeit vom Schnittdruck.

1 Gerade Zweiständerpressen, Schwungrad direkt, Handvorschub.
2   ,,   ,,   ,,   ,,   ,,   schräg stellbar.
3 ,,   ,,   ,,   ,, Walzenvorschub mit Druckregler.
4 Wie (2)   ohne   ,,
5 Stahlguß   ,,   mit Rädervorgelege, Handvorschub.
6 Wie (5)   ,,   ,,   Walzenvorschub.
7 Einständerpressen   ,,   direkt   ,,   Handvorschub.
8   ,,   wie (7)   Walzenvorschub.

berechtigung der Einständerpressen in Frage gestellt wäre, sind allerdings diese Katastrophen nicht, selbst ohne daß man die Unentbehrlichkeit der Einständerpressen beim Schneiden von Scheiben unmittelbar aus Blechtafeln heraus oder in anderen Fällen als beim Zuschneiden, von dem hier allein die Rede ist, zu ihren Gunsten in die Wagschale wirft, sonst wäre es nicht möglich, daß in den Katalogen der Pressenfabriken ebensoviel Einständerpressen wie gerade Zweiständerpressen zu finden sind. Wie stark hierbei allerdings menschliche Trägheit, Gewöhnung und Herkommen mitwirkt, wäre zu untersuchen, denn sicher ist, daß weder in Katalogen noch in der Literatur

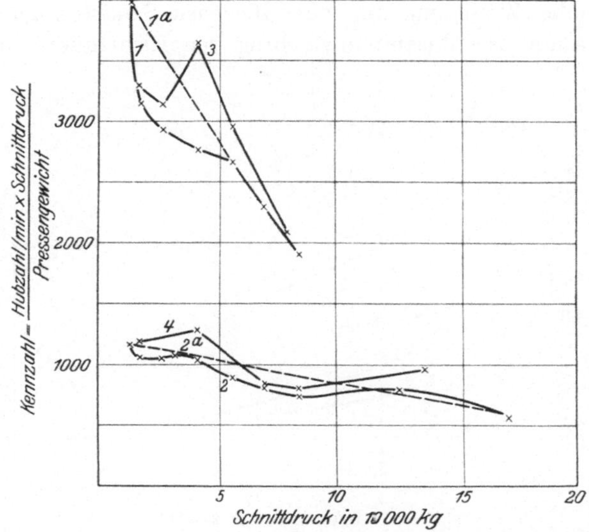

Abb. 157. Vergleich von Exzenterpressen verschiedener Größe und Art der Maschinenfabrik Carl Kneusel, Zeulenroda, nach Hubzahl/min. Schnittdruck je kg Pressengewicht in Abhängigkeit vom Schnittdruck.

1 Ausladende Einständerpressen mit direktem Schwungradantrieb.
2   ,,   ,,   ,, Räderübersetzung.
3 Gerade Zweiständerpressen   ,, direktem Schwungradantrieb.
4   ,,   ,,   ,, Räderübersetzung.

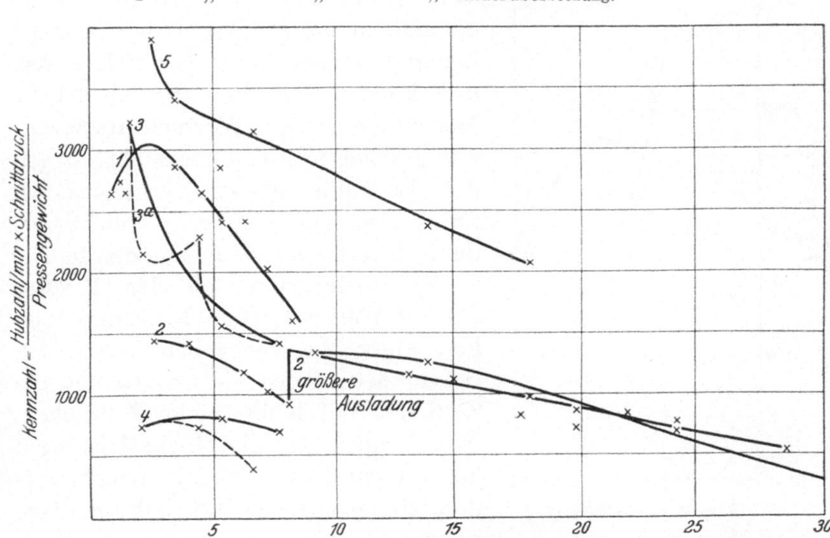

Abb. 158. Vergleich von Exzenterpressen verschiedener Größe und Art der Maschinenfabrik L. Schuler nach Hubzahl/min. Schnittdruck je kg Pressengewicht in Abhängigkeit vom Schnittdruck.

1 Einständerpressen mit direktem Schwungradantrieb.
2   ,,   ,, Räderübersetzung.
3 Ausladende Zweiständerpresse mit direktem Schwungradantrieb.
4   ,,   ,,   ,, Räderübersetzung.
5 Gerade Zweiständerpressen mit direktem Schwungradantrieb.
6   ,,   ,,   ,, Räderübersetzung.

eine kritische Würdigung der verschiedenen Bauarten zu finden ist,
nirgends auch eine Zusammenstellung von Richtlinien, nach denen

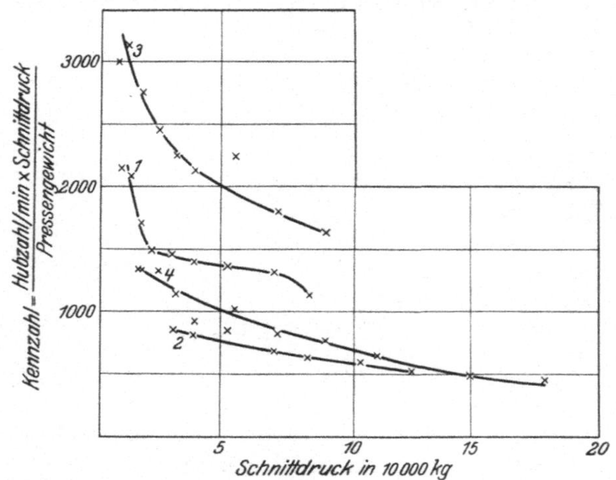

Abb. 159. Vergleich von Exzenterpressen verschiedener Größe und Art der Maschinenfabrik
R. Tümmler nach (Hubzahl/min. Schnittdruck) je kg Pressengewicht in Abhängigkeit vom Schnittdruck.

1 Tümmler Mod. *EF*   Schwungrad direkt Zangenvorschub.
2   „   „ *ERh*   „   -Räder, Zangenvorschub.
3   „   „ *EF*   „   direkt Handvorschub.
4   „   „ *ER*   „   Räder   „

vom Standpunkt des Verbrauchers die
Maschinen unter einigermaßen einheitlichen Gesichtspunkten verglichen werden können, wie dies für elektrische
Maschinen und für Wärmekraftmaschi-
nen geschehen ist und geschieht. Wegen
der Bedeutung dieses Vergleichs soll
nun erstmals der Versuch gemacht werden, Unterlagen für ihn zu schaffen.

b) Leistungsvergleich der Pressen.
Für die Werkstatt ist die Leistungsfähigkeit einer Presse gegeben durch den
Schnittdruck, den sie ausübt und die
Zahl der Stößelhübe in der Zeiteinheit.
Nun können aber die Höchstleistungen
auf verschiedensten Wegen erreicht werden, so daß sich unwillkürlich die Frage
danach erhebt, wie die Leistung erreicht wird, mit welchem Aufwand und
insbesondere mit welchem Gewicht. Nach
diesen Überlegungen kann man zum Vergleich drei Merkmale herausstellen:

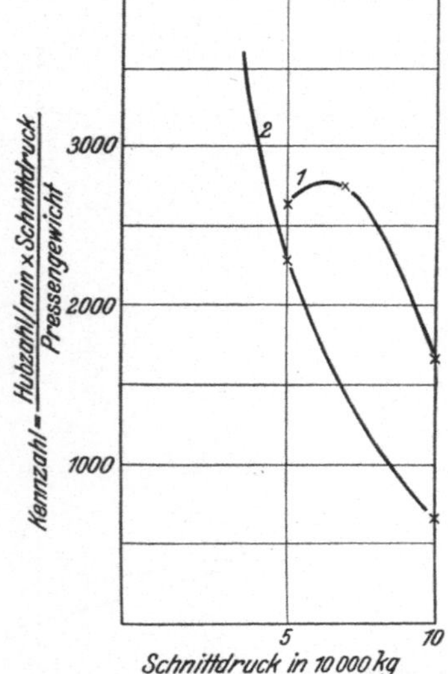

Abb. 160. Vergleich der amerikanischen
Schnellaufpresse Wright und der neuen
automatischen Exzenterpresse der Maschinenfabrik Weingarten nach (Hub-
zahl/min. Schnittdruck) je kg Pressengewicht in Abhängigkeit vom Schnittdruck.

1 Weingarten-Schnellaufpresse.
2 Wright-Schnellaufpresse.

1. Die Zahl der Stößelspiele n in einer Minute abhängig vom Schnittdruck P; also $n/\mathrm{min.} = f(P)$;

2. den erzielbaren spezifischen Schnittdruck P_s je kg Pressengewicht G abhängig vom Schnittdruck P.

$$P_s = P/G = f(P).$$

3. Das Produkt aus der zulässigen Zahl der Stößelhübe in der Minute n und dem höchsten spezifischen Schnittdruck P_s je kg Pressengewicht, abhängig vom höchsten Schnittdruck P

$$P_s \cdot n = \frac{P}{G} \cdot n = f(P).$$

Abb. 161a. Automatische Exzenterpresse mit Walzenvorschub älterer Ausführung, die die unmittelbare Kopplung des vorderen und hinteren Walzenpaares zeigt, wodurch eine übereinstimmende Bewegung der beiden Paare erreicht wird.

Abb. 161b. Automatische Exzenterpresse mit Walzenvorschub neuer Ausführung, die eine genauere Übereinstimmung der Bewegung der beiden Walzenpaare gewährleistet und daher einen genaueren Vorschub erreicht.

(Maschinenfabrik Weingarten.)

Dabei läßt sich ohne weiteres sagen, daß eine Presse bei einem bestimmten Schnittdruck um so günstiger ist, je größer die Zahl der Stößelhübe in der Minute, je größer der spezifische Schnittdruck und je größer das Produkt aus spezifischem Schnittdruck und der Zahl der Stößelspiele in der Minute. Da wissenschaftliche Zahlen über die Grenzwerte oder die Normalwerte fehlen, bleibt nichts anderes übrig, als die in den Katalogen der verschiedenen Maschinenfabriken bekanntgegebenen Ziffern zu betrachten. Diese sind zur Erleichterung dieser Betrachtung in 7 Kurvenbildern (Abb. 154 bis 160) niedergelegt. Schon der erste Blick zeigt den Wert des Vorgehens durch die Ungleichheit des Verlaufs und der Lage der Kurven gleicher Typen;

dann fällt auf, daß die Steigerung der Leistungsfähigkeit bei neuen Entwürfen mehr in der Richtung der Erhöhung der Stößelhubzahl als in
der Verringerung des spezifischen Drucks liegt und schließlich das

Abb. 162a. Automatische Exzenterpresse mit Greifervorschub. (Gebr. Tümmler.)

Unberechenbare der Kennzahlkurven von verschiedenen Erzeugnissen
gleicher Fabriken.

Bei der Betrachtung der Leistungsfähigkeit der Pressen ist auch
ein Wort über die Bedienung zu reden. Um diese für die Arbeit so

Abb. 162b. Glocken, die mit der automatischen Exzenterpresse der Abb. 162a gezogen werden.

leicht und so gering wie möglich zu machen, läßt man den Blechvorschub von der Presse selbst besorgen, man „automatisiert" die Pressen.
Mit der Automatisierung des Vorschubs verbindet man die Verbesse-

rung der Blechausnützung durch unmittelbares Ausschneiden der Scheiben aus Bändern und Tafeln. Während man zum Ausschneiden aus Bändern, die in gerolltem Zustand auf Haspel gesetzt sind, Abb. 162a, Einrichtungen verwendet, die den Werkstoff nur in einer Richtung bewegen mittels Walzen (Abb. 161a und b) oder Greifern (Zangen) (Abb. 162), wonach die Maschinen in automatische Pressen mit Walzenvorschub und in automatische Pressen mit Zangenvorschub unterschieden werden, braucht man zum Schneiden der Scheiben aus Tafeln Vorrichtungen, die den Werkstoff auf dem Pressentisch zur Aufteilung nach Abb. 165 in zwei zueinander senkrechten Richtungen bzw. im Zickzack bewegen können, wonach solche Pressen Zickzackpressen heißen (Abb. 164).

Der Walzenvorschub, Abb. 161, ist mechanisch der einfachste automatische Vorschub und aus diesem Grunde wohl auch der älteste. Da die Vorschubwalzen sich nur in einer Richtung bewegen bzw. rotieren und daher völlig ausgeglichen (ausgewuchtet) sind, Massendrücke also nicht auftreten, läßt der Walzenvorschub die höchste Zahl der Stößelhübe und den

Abb. 163a. Automatische Exzenterpresse mit Zangenvorschub (auch zum nachträglichen Anbau an Pressen geeignet). (Lattermann.)

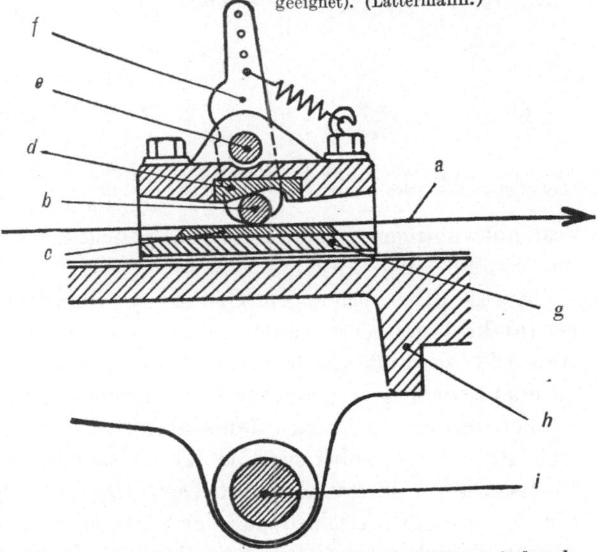

Abb. 163b. Anordnung der Klemmwirkung der Zange zwischen *b* und *c* auf das Blech *a* beim Zangenvorschub der Presse Abb. 162a. (Lattermann.)

größten Vorschubweg zu, dessen Länge durch geeignet übersetzten Antrieb der Walzen von der Kurbelwelle aus bestimmt wird. Er hat aber den Nachteil, daß die geringste mechanische Veränderung, ungleichmäßige Abnutzung am Umfang oder Verbiegung der Lagerzapfen, handelsübliche Unebenheiten und Ungleichmäßigkeiten des Blechs in der Dicke, Verschiedenheiten des Vorschubs oder gar Hemmungen beim Abrollen des Blechs herbeiführen können. Daher kann der Walzenvorschub bis heute hohen Anforderungen hinsichtlich Genauigkeit und Zuverlässigkeit im Vorschub nicht in allen Fällen genügen, besonders nicht bei den Ungleichheiten, wie sie bei Blechen über 2 mm auftreten. Es muß aber gesagt werden, daß die Vorrichtungen mit 4 gleichbewegten Walzen, zwei zum Zuführen, zwei zum Abführen des Blechs, insbesondere bei dünnem Blech, wesentlich zuverlässiger arbeiten als die mit nur zwei Walzen zum Zuführen, weil bei jenen das Bandstück unter dem Schnittwerkzeug immer straffgespannt und sicher geführt ist. Für Ziehscheiben, die meist aus Blechen unter 2 mm geschnitten werden und bei denen es auf die ganz genaue Einhaltung des Vorschubs (Schritts) nicht so sehr ankommt, weil die Toleranzen immer noch innerhalb der mindest notwendigen Stegbreite liegen, genügt der Walzenvorschub in den meisten Fällen.

Abb. 163 c. Zangenvorschub wie Abb. 163 a mit vorgebautem Blechrichtapparat. (Lattermann.)

Wo aber aus irgendeinem Grunde die Einhaltung höchster Vorschubgenauigkeit gefordert werden muß, wird besser der Zangenvorschub, Abb. 162, gewählt, gleich, ob die Zangen beim Öffnen und Schließen in gleicher aber entgegengesetzter Richtung zueinander bewegt werden, wobei sie sich mit reinem Druck aufeinandersetzen oder aber schief zueinander, Abb. 163a bis c, wobei sie eine Klemmwirkung ausüben, die sich mit wachsendem Widerstand erhöht. Der letztere hat gegenüber dem ersteren nur den einen Unterschied, daß der Vorschub sich mit der Dickentoleranz ändert, weil bei den dickeren Stellen die Klemmwirkung früher eintritt und daher der Vorschub etwas größer wird als bei den dünneren; aber diese Einflüsse sind praktisch zu vernachlässigen. Der Zangenvorschub hat den Nachteil, daß die Vorschubteile sich nicht in einer Richtung bewegen, rotieren, sondern sich hin- und herbewegen. Dadurch entstehen starke Massendrücke, insbesondere bei steigendem Vorschub und großen Hubzahlen, die eine beliebige Steigerung verbieten und so die Leistungsfähigkeit der Pressen begrenzen. Störungen und Ungenauigkeiten im Vorschub treten nicht auf.

Abb. 164. Zickzackpresse mit eingespannter Blechtafel. (Fledermaus A. G.)

Zu den Pressen mit Zangenvorschub sind auch die Zickzackpressen, Abb. 164, zu rechnen, weil die Tafel in einer Zange eingespannt ist. Sie wird auf einem Tisch geführt; der Vorschub ist aber nicht so genau wie beim eigentlichen Zangenvorschub in einer Richtung, weil die Bewegungsmöglichkeit des Blechs in zwei Richtungen einen etwas verwickelteren Mechanismus mit mehr Antriebsgliedern erfordert, deren zulässige Herstellungsfehler sich addieren. Doch ist die relativ recht hohe Genauigkeit und vor allem die eine hohe Stößelhubzahl gestattende gute bauliche Lösung anzuerkennen, besonders aber die leichte

Verstellbarkeit für die verschiedenen möglichen Tafelaufteilungen nach
Abb. 165;

I mit versetzten ungleichzahligen Reihen,
II mit versetzten gleichzahligen Reihen,

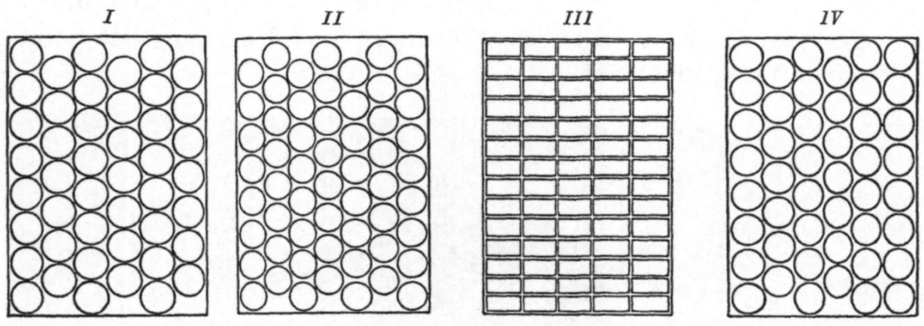

Abb. 165. Blechtafelaufteilung für die Zickzackpresse der Abb. 164.

III mit nicht versetzten gleichzahligen Reihen und

IV mit versetzten ungleichzahligen Reihen und einer nicht versetzten Reihe.

XIV. Selbstkosten des Schneidens.

61. Umfang der Selbstkosten.

Die Selbstkosten ergeben sich allgemein als Summe sämtlicher
unmittelbarer und mittelbarer Aufwände bei der Erstellung eines Werkstücks, also der Summe von

1. Werkstoffkosten,   4. Schnittlohn,
2. Werkzeugkosten,   5. Betriebsunkosten.
3. Maschinenkosten,

Sind zur Fertigung eines Werkstücks verschiedene Arbeitsstufen erforderlich, so sind die Selbstkosten für jede Arbeitsstufe zu ermitteln,
so daß sich die Selbstkosten für das fertige Werkstück als Summe
der Selbstkosten für die einzelnen Arbeitsstufen ergibt und also die
Rechnung für die Zieharbeiten aus der für die Schnittarbeit abgeleitet
werden kann. Darum wird nur die Kostenermittlung für die letztere
ausführlich behandelt.

62. Die Werkstoffkosten.

Diese sind bestimmt durch den Werkstoffpreis und die Werkstoffmenge. Der Werkstoffpreis wiederum hängt ab von Werkstoffart und
-Güte, die häufig mit dem Enderzeugnis gegeben sind, das erstellt werden
soll. Oft aber sind Werkstoffart und -Güte auch nur durch die Verformbarkeit bedingt. In diesem Fall wird die Güte wesentlich bestimmt

durch die mehr oder weniger zweckmäßige Art der Verarbeitung, also letzten Endes durch die bessere und geringere Eignung, Geschicklichkeit und Erfahrung des den Herstellungsgang bestimmenden Technikers. Von dieser ist auch die aufzuwendende Werkstoffmenge zu einem Teil abhängig. Liegt das Arbeitsverfahren und mit ihm Werkstoffgüte und Werkstoffmenge je Werkstück fest, dann ergeben sich die Werkstoffkosten:

$$\text{Werkstoffkosten je Werkstück} = \text{Werkstoffmenge je Werkstück} \cdot \text{Werkstoffpreis je kg}$$

oder mit

$$\text{Werkstoffkosten je Werkstück} = W_1 \text{ RM},$$
$$\text{Werkstoffmenge } \quad ,, \qquad ,, \qquad = G_1 \text{ kg},$$
$$\text{Werkstoffpreis} \quad ,, \text{ kg} \qquad = p \text{ RM},$$

$$W_1 = G_1 \cdot p \text{ RM}. \tag{101}$$

Hierin ist der Werkstoffpreis nicht gleich dem Marktpreis, sondern um die Transportkosten und die Einkaufskosten höher, also gleich dem Istpreis bei der Einlieferung ins Werkstofflager, mit der er der Betriebsverwaltung zur Verfügung gestellt wird.

Die Werkstoffkosten können bei hochwertigen Werkstoffen, insbesondere allen Nichteisenmetallen durch eine richtige Abfallverwertung verringert werden, so daß:

$$\text{Werkstoffkosten je Werkstück} = \text{Gesamtwerkstoffmenge je Werkstück} \cdot \text{Werkstoffpreis je kg} - \text{Abfallmenge} \cdot \text{Abfallpreis je kg Werkstoff}$$

oder einfacher mit den Bezeichnungen oben und

$$\text{Abfallmenge} = G_a \text{ kg},$$
$$\text{Abfallpreis je kg Werkstoff} = p_a \text{ RM/kg},$$
$$W_1 = G_1 \cdot p - G_a \cdot p_a \text{ RM}. \tag{102}$$

63. Die Werkzeugkosten.

Diese können auf verschiedene Weise bei der Ermittlung der Selbstkosten berücksichtigt werden:

1. durch Umlegung auf eine bestimmte Stückzahl,
2. durch Umlegung eines jährlichen Verzinsungs- und Abschreibungsbetrags auf den Arbeitslohn,
3. durch sofortige Umlegung des ganzen Beschaffungsbetrags auf den Arbeitslohn.

Jeder der drei Wege hat seine Vorteile und Nachteile. Der erste hat zweifelsohne den Vorteil der gerechtesten Verteilung, da der ganze Werkzeugbetrag W_{zg}, dem Erzeugnis zufällt, durch das er verursacht wurde. Er hat aber den Nachteil, daß es in Zeiten schwankender und unsicherer

Konjunktur schwer ist, die Werkstückmenge festzulegen, auf die die Werkzeugkosten umgelegt werden sollen, so daß man häufig vor der Frage steht, entweder die Marktfähigkeit bei Umlage auf zu kleiner Werkstückmenge zu gefährden oder aber der Möglichkeit ins Auge zu sehen, bei Umlage auf eine zu große Werkstückmenge diese gar nicht zu erreichen.

Der zweite Weg hat auch nur Berechtigung bei klar vorauszusehender Konjunkturentwicklung, weil auch er voraussetzt, daß man mit der Marktgängigkeit des Erzeugnisses mindestens bis zur Beendigung der Abschreibung und Verzinsung der Werkzeugkosten rechnen darf. Ist dies wider Erwarten nicht der Fall, dann müssen andere Erzeugnisse mit dem gesamten Rest der Werkzeugkosten belastet werden, während sie beim richtigen Ablauf des Geschäfts nur zum Tragen mit herangezogen worden wären, eine Maßnahme, die bei dem geringen Jahresbetrag immerhin noch gerechtfertigt werden kann.

Der dritte Weg ist ganz von der Unsicherheit der Wirtschaftslage beherrscht. Er will die Ausgaben beim Verkaufspreis gleich ganz in Rechnung stellen, selbst auf Kosten einer Gewinnmöglichkeit. In Zeiten schlechter Konjunktur offenbar eine gesunde Maßnahme, denn sie verhütet die Erhöhung des festgelegten Kapitals, aber mit der Folge, daß die Selbstkostenermittlung immer unklarer und schwieriger wird, weil die Aufwände neben dem für die eigentliche Fertigung ungleich höher werden als der Betrag für die Erstellung selbst.

Man sieht den überragenden Einfluß der Wirtschaftslage auf die Erzeugungsmöglichkeit und erkennt ohne weiteres, daß diese bestimmend ist für die Entscheidung für den einen oder den andern der drei Aufrechnungsarten und auch, daß die klare Konjunkturentwicklung die Preisbildung erleichtert, die unklare sie erschwert; die klare die Ware verbilligt, die unklare sie verteuert.

64. Die Maschinenkosten.

Ist der Preis, der für eine Maschine bezahlt werden muß, nicht allein durch die Leistungsfähigkeit der Maschine bedingt, so daß für gleiche Leistungsfähigkeit der gleiche Preis bezahlt werden muß, wobei Vorteile und Nachteile des Baus zu Lasten der Erzeuger gingen, sondern bei gleicher Leistungsfähigkeit durch die Ausführung, die die tatsächlichen Gestehungskosten maßgebend beeinflußt, dann ist bei der Wahl einer Maschine neben der technischen Durchbildung auch nach dem Preis der Maschine zu entscheiden. Bei den zahlenmäßig hohen Schnittleistungen der Pressen machen die Pressenkosten einen wesentlichen Betrag der gesamten Schnittkosten aus, insbesondere, wenn man mit dem Schnittlohn vergleicht. Ist der Preis der Maschine, die Aufstellungskosten eingerechnet, PRM, die Zahl der tatsächlichen Arbeitsstunden im Jahr n, die Kapitalverzinsung $p\%$ und die Abschreibungsquote $q\%$, so ist mit:

$P = 10000$ RM (autom. Presse),

$n = 200 \cdot 8$ (die Einstellzeit wird nicht als tatsächliche Arbeitszeit gerechnet),

$p = 5\%$ der gesamten Kaufsumme, Mittelwert,

$q = 10\%$ Abschreibung in 10 Jahren

der Anteil K der Maschine an den Schnittkosten in jeder Stunde:

$$K = \frac{\frac{p+q}{100} \cdot P}{n} = \frac{(5+10)\,100}{200 \cdot 8} = \frac{1500}{8 \cdot 200} = 0,94\,\text{RM}\,. \tag{103}$$

Selbst wenn man die Arbeitstage mit 300 voll rechnet, erhält man

$$K = \frac{1500}{300 \cdot 8} = 0,625\,\text{RM}\,,$$

ein Betrag, der mindestens 50 bis 60% des Stundenverdienstes eines Arbeiters erreicht.

65. Der Schnittlohn.

Wenn man den Schnittlohn je Werkstück P_1 ermittelt, sucht man ihn heute zur genauen Kenntnis der Arbeit immer mehr aus der Summe der Teilarbeiten festzulegen, die bei jeder Schneidarbeit mit Schnittwerkzeug und Schnittpresse erledigt werden müssen. Diese sind zunächst in zwei Hauptgruppen zu trennen:

1. die Gesamteinrichtezeit,
2. die Stückzeit.

Die Gesamteinrichtezeit ist sachlich bestimmt durch den Bau und den Zustand der Presse, sowie durch die Ausbildung des Werkzeugs und seiner Verbindung mit dem Pressenstößel, aber auch durch die räumliche und verwaltungsmäßige Betriebsgliederung. Während jene die Zeit der eigentlichen Einrichtarbeit bestimmen, beeinflußt diese die Zeiten für die Maschinen- und die Werkzeugwartung, sowie für die Beschaffung der Arbeitsunterlagen und der zur Arbeit notwendigen Hilfsstoffe. Diese Zeiten sind eine unerwünschte, aber nicht vermeidbare Zugabe, die die eigentliche Arbeit behindern; sie werden deshalb als Verlustzeiten betrachtet. So ist also:

$$\text{Gesamteinrichtezeit} = \text{eigentl. Einrichtezeit} + \text{Verlustzeit.} \tag{104}$$

Die Stückzeit ist ebensowenig die Zeit für einen einheitlichen Arbeitsvorgang. Sie ist bestimmt als Summe der Zeit für die eigentliche Arbeit, der Hauptzeit, und der für regelmäßige Bewegung des Werkstoffs oder der Werkstücke bei der Zuführung zur Maschine oder zum Abtransport von der Maschine, wie dem Herausnehmen aus Kasten oder

Kisten und dem Einlegen in diese. Sie wird, weil zwar für die Erledigung der Arbeit erforderlich, aber sie doch hindernd, als Nebenzeit angesprochen. Zu diesen Arbeitszeiten tritt noch wie bei der Einrichtezeit die Verlustzeit, so daß:

$$\text{Stückzeit} = \text{Hauptzeit} + \text{Nebenzeit} + \text{Verlustzeit}.$$
$$= \text{Grundzeit} \qquad + \text{Verlustzeit}. \qquad (105)$$

Die Arbeiten, die zu den verschiedenen Zeitgruppen gehören, müssen in jedem Betrieb genau und vollzählig aufgeführt und zugeteilt sein, damit eine einwandfreie Erfassung möglich ist und nicht das Ergebnis beeinträchtigende Unterlassungen begangen werden. Eine musterhafte Aufteilung wurde von der Arbeitsgemeinschaft deutscher Betriebsingenieure in Stuttgart vorgenommen, auf die hier verwiesen werden muß, weil ein weiteres Eingehen zu weit führen würde.

Die Gesamteinrichtezeit und die Stückzeit je Werkstück bestimmen in Verbindung mit dem Stundenlohn des Arbeiters den Arbeitslohn für das Schneiden, und zwar ist der Lohn für das Schneiden von einem Werkstück, wenn die Zeiten in Sekunden angegeben werden:

$$\text{Lohn je Stück} = \frac{\text{Lohn je Stunde} \cdot (\text{Gesamteinrichtezeit} + \text{Stückzeit})}{3600}$$

oder, wenn man zur Abkürzung bezeichnet,

$$\begin{aligned}
&\text{Lohn je Stück} \quad \text{mit } P_1 \,\text{RM}, \\
&\quad \text{,,} \quad \text{,, Stunde} \quad \text{,,} \quad L\,\text{RM}, \\
&\text{Gesamteinrichtezeit mit } Ae\,\text{sek}, \\
&\text{Stückzeit} \qquad\qquad \text{,,} \quad Ast\,\text{sek},
\end{aligned}$$

$$P_1 = \frac{L\,(Ae + Ast)}{3600}\,\text{RM}$$

und mit
$$T_1 = Ae + Ast = \text{Gesamtfertigungszeit},$$

$$P_1 = \frac{L \cdot T_1}{3600}\,\text{RM}. \qquad (106)$$

66. Die Betriebsunkosten.

Mit der Maschinenarbeit sind Aufwände verschiedenster Art (siehe Zahlentafel 19) verbunden, für: Kraftbedarf und Schmiermittel, Hilfswerkzeuge, Instandhaltungs- und Instandsetzungsarbeiten, Hilfsstoffe für Reinigung, insbesondere für den Arbeitsraum, seine Erstellung, Heizung, Beleuchtung u. a., mit der Arbeitsunterteilung Aufwände für: Arbeitsüberwachung, Einteilung, Transport, Qualitätsprüfung (Kontrolle), Arbeitsverbuchung- und Verrechnung und mit jedem Arbeiter endlich Aufwände für Sozialversicherungen. Alle diese Aufwände werden nicht für jede Arbeit, sondern gewöhnlich insgesamt

Zahlentafel 19. Betriebsunkostenplan.

Abteilung: .... Nr.: .... Gebäude Nr.: .... Stock: ...

Hauptgruppen	Einzelkosten	Nr.	Januar	Februar	März	April	Mai	Juni
a) Anlage- und Instandhaltungskosten	Grundstücke, Gebäude: Verzinsung, Abschreibung, Unterhaltung . . . . Maschinen: Verzinsung, Abschreibung, Unterhaltung . . . . . . Hauptwerkzeuge . . . . Leitungsanlagen . . . . Transportanlagen . . . . Werkstatteinrichtungen							
b) Kosten der Hilfsstoffe	Schmier- u. Reinigungsmittel . . Kleinwerkzeuge und Lehren . . Kraftstromverbrauch . . . . . . Lichtstromverbrauch . . . . . . Preßluftverbrauch . . . . Dampfverbrauch . . . . Versch. Materialien: Schreib- und Packmaterial . . .							
c) Gehälter und Löhne	Transportlöhne . . . . Reinigungslöhne . . . . Maschinenwartung . . . . Kontrollöhne . . . . Gehälter der Betriebsbeamten . Musterarbeiten u. Neueinführung Anlernkosten . . . . Überstundenzuschläge, Urlaubsgeld . . . . Versch. Kosten: Betriebsrat, Nachtwächter . . . . Soziale Versicherung . . . . . . Materialprüfung und Versuche .							
d) Verwaltungs- und Sonderkosten	Änderungen und Nacharbeiten . Betriebsumstellung . . . . Reisespesen (auch Autokosten) . Sach- und Personenversicherung Technische Leitung . . . . Verwaltung, Kalkulation, Lohnbüro, Betriebsbuchhaltung . . . Lagerverwaltung . . . . Steueranteil . . . . Zinsanteil vom Wert des Umlaufs							
	Summe des produkt. Lohnes . . . . . . Summe der Gruppe a) . . . . Summe der Gruppe b) . . . . Summe der Gruppe c) . . . . Summe der Gruppe d)							
	Summe der Gruppen a) bis d)							
	Prozentsatz des prod. Lohnes							

ermittelt, dem gesamten Arbeitslohn gegenübergestellt und bei der Ermittlung der Selbstkosten in dem ermittelten Verhältnis, der Unkostenziffer, dem Erzeugungslohn zugerechnet, so daß:

$$\text{Unkostenziffer} = \frac{\text{Unkostensumme}}{\text{Gesamterzeugungslohn}}$$

oder mit

$$\text{Unkostenziffer} = u\,,$$
$$\text{Unkostensumme} = \Sigma U\,,$$
$$\text{Gesamterzeugungslohn je Stück} = P\,,$$

$$u = \frac{\Sigma U}{P}\,. \tag{107}$$

67. Wirtschaftliches Schneiden.

Bei einer Arbeitsweise ganz für sich betrachtet kann von „wirtschaftlich" oder „Wirtschaftlichkeit" nicht gesprochen werden, höchstens von zweckdienlich oder sparsam. Wirtschaftlich ist eine Arbeitsweise, nur im Vergleich mit anderen, von Wirtschaftlichkeit bei einer Arbeitsweise ist nur zu reden im Vergleich mit anderen. Allerdings kann die andere Weise gedanklich gegenübergestellt sein, und zwar ist wirtschaftlich eine Arbeitsweise einer andern gegenüber dann, wenn die Selbstkosten dieses Verfahrens geringer sind, also irgendeiner der maßgebenden Anteile, Lohnkosten, Sachkosten oder Unkosten günstiger sind. Daß die Wirtschaftlichkeit sich in den Erzeugungskosten darstellen läßt, rührt daher, daß alle wirtschaftlichen Energieformen sich letzten Endes im Geld, der allgemeinsten und konzentriertesten, ausdrücken und vergleichen lassen. So auch die Wirtschaftlichkeit eines Produktionsverfahrens, einer Häufung geistiger und stofflicher Energien.

Soll eine Schneidweise, z. B. Schneiden von Ziehscheiben, aus endlosen Bändern mit Mehrfachwerkzeugen auf automatischen Exzenterpressen wirtschaftlich sein gegenüber dem Schneiden aus Scheiben, aus Streifen, auf Umschlag mit Einfachwerkzeugen auf einfachen Exzenterpressen, so muß, wenn für die

	autom. Exzenterpresse	einfache Exzenterpresse
1. Werkstoffkosten je Werkstück	W_1	W_1'
2. Werkzeugkosten „ „	W_{zg_1}	W_{zg_1}'
3. Maschinenkosten „ „	K_1	K_1'
4. Schnittlohn „ „	P_1	P_1'
5. Unkostenziffer „ „	u	u'
6. Selbstkosten „ „	S_1	S_1'

sein:
$$S_1 \leqq S_1' \tag{108}$$

oder

$$W_1 + W_{zg_1} + K_1 + P_1 + u \cdot P_1 \leqq W_1' + W_{zg_1}' + K_1' + P_1' + u' \cdot P_1' \tag{109}$$

oder, wenn man annimmt, daß

$$u = u',$$

weil die Unkosten doch gleichmäßig auf den Lohn verteilt werden:

$$W_1 + W_{zg_1} + K_1 + (1 + u)P_1 = W'_1 + W'_{zg_1} + K'_1 + (1 + u)P'_1$$

oder, was meist untersucht wird:

$$(1 + u)(P'_1 - P_1) + (W'_1 - W_1) = (W_{zg_1} + K) - (W'_{zg_1} + K'_1). \qquad (110)$$

Mit Worten:

eine Lohnverringerung ist erst dann wirtschaftlich, wenn sie zusammen mit der Werkstoffersparnis mindestens die Erhöhung der Werkzeugkosten und Maschinenkosten aufwiegt

und:

eine Lohnerhöhung ist dann wirtschaftlich, wenn sie zusammen mit der Werkstoffverteuerung durch die Verringerung der Werkzeugkosten und Maschinenkosten ausgeglichen wird.

Dies erhellt die Notwendigkeit, bei der Kostenberechnung nicht allein nach dem reinen Arbeitslohn, sondern nach den wirklichen Gestehungskosten zu urteilen.

D. Das Ziehen.
XV. Die Berechnung der Ziehwerkzeuge.
68. Die Ziehkraft.

Nach Ausführung der vorbereitenden Schneidarbeit wird zum eigentlichen Ziehen mit Ziehwerkzeug und Ziehpresse geschritten werden. Die Hauptaufgabe dabei ist, in möglichst wenig Arbeitsstufen, Zügen, zu dem gewünschten Ziel zu kommen und also die Werkzeuge so zu bauen, daß sie diesem Zweck entsprechen, denn die Entscheidung liegt zuerst bei den Werkzeugen.

Schon eingangs wurde ausgeführt, daß die Grenze für die Ziehfähigkeit eines Werkstoffs dann gegeben ist, wenn die Ziehkraft gleich der Wandfestigkeit des zu ziehenden Hohlgefäßes wird. Es muß deshalb ein Ziehwerkzeug so gebaut sein, daß es das Hineinziehen des Werkstoffs in die Ziehöffnung möglichst begünstigt, und also die Ziehkraft so klein wie möglich hält.

69. Die Ziehkantenrundung.

Wenn man das Ziehwerkzeug (Abb. 166) betrachtet und sich vergegenwärtigt, daß der Werkstoff in jedem Augenblick während des Zugs über die Ziehkante abgebogen werden muß, dann ist verständlich, daß die Rundung der Ziehkante für die Ziehkraft von entscheidender Bedeutung sein muß, denn es ist leichter, einen Stab über eine Rundung mit großem Halbmesser zu biegen als über eine Rundung mit kleinem Halbmesser, weil bei dieser die Verformung des Werkstoffs eine weit größere ist. Danach wäre es das nächstliegende, die Ziehscheiben über eine Rundung zu ziehen, deren Krümmungshalbmesser r gleich dem halben Unterschied zwischen Ziehstempeldurchmesser d und dem Ziehscheibendurchmesser D ist. Dieser Unterschied stellt die Breite b des umzuformenden Blechflansches vor, so daß wäre

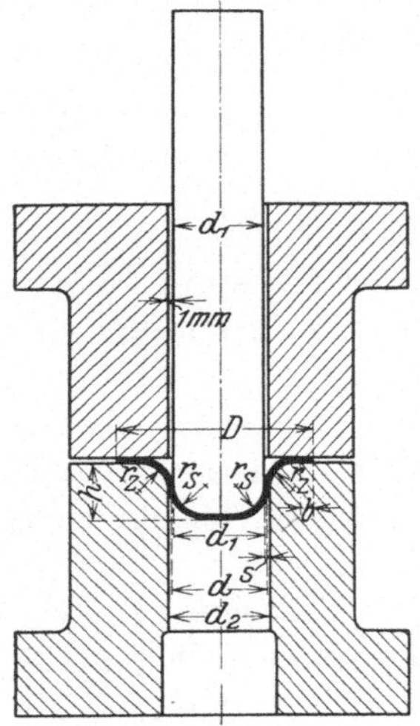

Abb. 166. Ziehwerkzeug mit Niederhalter. (Aus Willi Sellin: Einfluß der Rundung.)

$$r = \tfrac{1}{2}(D - d) = b. \qquad (111)$$

So macht man auch die Rundung beim Schlagwerkzeug, dem Ziehwerkzeug ohne Faltenverhüter, das so lange angewendet werden kann, als die beim Ziehen entstehenden Falten (s. Abb. 3 und 167) in der Ziehöffnung wieder beseitigt werden, ohne daß eine Bruchgefahr für das Blech eintritt, also eine zu starke Erhöhung der Ziehkraft bei der Faltenbeseitigung, oder die Form des Hohlgefäßes, insbesondere dessen Rand, in unerwünschter Weise verändert wird.

Das geht am besten bei sehr dickem Blech, weil dieses den Veränderungen weniger unterworfen ist als dünnes Blech. Wenn aber

Abb. 167. Ziehfalten.   Abb. 168. Falten- und Zipfelbildung bei großer Ziehringrundung.

eine Faltenverhütung während des Ziehens notwendig ist, dann muß die Rundung kleiner sein als die Breite des Ziehflansches. Ja, man kann ohne weiteres sagen, daß die Faltenverhütung und daher die Form des Hohlgefäßes um so besser wird, je größer die Breite ist, auf der die Faltenbildung unmöglich ist (s. Abb. 166), denn immer, wenn der Rand des Ziehflansches auf die Ziehringrundung tritt, wird noch eine, wenn auch unbedeutende — Faltenbildung auftreten (Abb. 168), die erst beim Eintritt in die Ziehöffnung ausgeglichen wird. So daß die Faltenverhütung am vollkommensten wäre, wenn der Rundungshalbmesser $r = 0$ wäre. Dies hätte aber auf die Ziehkraft oft den ungünstigsten Einfluß, würde sie so beträchtlich steigern, daß auch der seichteste Zug nicht mehr möglich wäre; m. a. W. bei $r = 0$ tritt Scherwirkung ein, die Ziehscheibe wird einfach durchstoßen, ausgeschnitten.

Den Einfluß der Rundung zeigten unmittelbar auch die Ziehkraftdiagramme der Abb. 30 und 30a, zeigen aber noch besser die Abb. 169[1,2,3], die ganz klar die Abnahme der Ziehkraft mit relativ zunehmender Rundung für Biegung und Zug und bei großer Rundung den erneuten Kraftanstieg nahe am Ende des Ziehwegs zeigen, der notwendig ist zum Hochbiegen des Rands, nachdem dieser den Niederhalter verlassen hat.

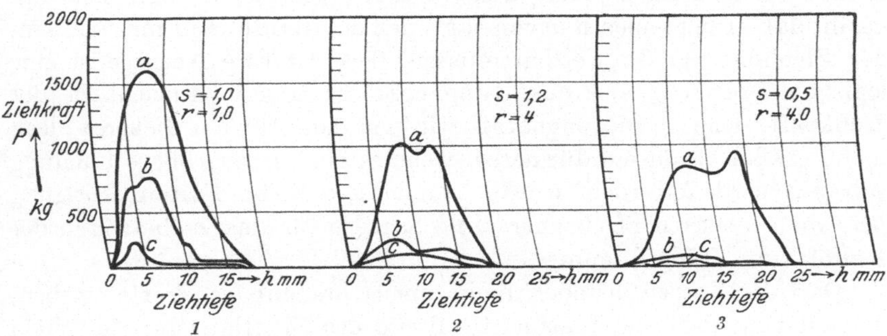

Abb. 169. Ziehkraftänderung bei verschiedenen Rundungsverhältnissen.
Kurve a: Zug mit Niederhalter,   Kurve b: Biegung mit Niederhalter,   Kurve c: reine Biegung.

Die Rundung ist zu klein in Abb. 169[1], weil die Ziehkraft unnötig groß wird, und sie ist schon bedenklich groß in Abb. 169[3], weil die Ziehkraft beim Hochbiegen des Rands höher wird als sie beim Ziehbeginn war[1].

Es sind also zwei Grenzwerte für die Rundung gefunden, bei denen die Ziehkraft zu groß wird, die kleinste Rundung $r = 0$ und die größte $r = b$, innerhalb der die für die Ziehkraft günstigste Rundung liegen muß. Diese zu ermitteln wurde auf die verschiedenste Weise versucht.

Musiol suchte sie auf dem Rechnungsweg zu ermitteln. Da die s. Z. bekannten Rechnungsunterlagen aber nur für Formänderungen im Gebiet bis zur Elastizitätsgrenze Geltung hatten, mußte er mit ihrer Benutzung fehl gehen. Auch seit jener Zeit ist man in der Rechnung noch nicht weiter gekommen. So können brauchbare Werte nur die Beobachtungen der Praxis liefern. Diese haben zu verschiedenen Formeln geführt, die mehr oder weniger richtig sind. Eine ganz gebräuchliche ist:

$$r = 2 + 0{,}01 \cdot D \ \text{mm}. \tag{112}$$

---

[1] Vgl. hier die Annahme von Sommer und Ruhrmann, S. 17 ff., daß bei der Ziehkraftberechnung die Ziehringrundung nicht beachtet werden braucht.

Diese sieht die Rundung nur in Abhängigkeit vom Ziehscheibendurchmesser. Diese Annahme ist nach den vorausgegangenen Ausführungen offenbar ein Trugschluß, denn die Beanspruchung bei der Abbiegung hat mit dem Ziehscheibendurchmesser gar nichts, aber auch gar nichts zu tun.

Der Wahrheit näher kommt schon die Annahme von Kaczmarek, der nach Betrachtung einer großen Zahl gezogener Hohlgefäße die Rundung für konstante Blechdicke s als Funktion des Ziehflansches annimmt, also:

$$r = f(D - d) = f(b), \qquad \text{für } s = \text{konstant} . \tag{113}$$

Die Verbesserungen gegenüber der ersten Formel liegen darin, daß K. damit ausspricht, daß die Rundung um so größer werden muß, je breiter der Ziehflansch wird, also je tiefer gezogen werden muß und darin, daß er mit seinen Kurven sagt, daß die Rundungen mit wachsender Blechdicke größer werden müssen. Diese letztere Aussage ist eine logische Folgerung aus den Eingangsüberlegungen hinsichtlich der Ziehkraft, denn die Biegungskraft wird nur dann für ein dickeres Blech nicht größer als für ein dünneres, wenn es über eine größere Rundung gebogen wird. Außerdem wurde angeführt, daß die Faltenbeseitigung bei einem dickeren Blech eher ohne Schaden für das Ziehstück in der Ziehöffnung erfolgen kann.

Daß die Kurven dennoch nicht immer brauchbare Werte ergeben, liegt daran, daß eine bestimmte Breite des Ziehflansches für einen kleinen Ziehringdurchmesser einem viel höheren Verformungsgrad entspricht als für einen großen. Während man bei den ersteren vielleicht bis an die Grenze der Ziehmöglichkeit überhaupt heranreicht, kommt man bei letzterem vielleicht mit reinem Schlagen, also ohne Faltenverhüter aus, z. B. mit $b = 5$ für $d = 5$ bzw. $b = 5$ für $d = 200$. Schließlich hat die Breite des Ziehflansches auch nichts mit der bei der Abbiegung über die Rundung sich ergebenden Blechbeanspruchung zu tun, die einen wesentlichen Anteil der Ziehkraft ausmacht; diese hängt offenbar nur von der Blechdicke ab, weil — wie schon oben gesagt — bei dickerem Blech die Rundung größer werden muß, wenn der Verformungsgrad gleich bleiben soll. Deshalb hat die Angabe Berechtigung, die der deutsche Ausschuß für technisches Schulwesen macht mit

$$\left.\begin{array}{l} r = 10 \cdot s \text{ für Eisenblech Tiefziehqualität,} \\ r = 5s \text{ für Aluminium, Messing und Kupfer.} \end{array}\right\} \tag{114}$$

Diese Angabe berücksichtigt neben der Blechdicke auch die Werkstoffart, die bei den früheren Formeln unberücksichtigt geblieben war. Allerdings kann auch sie keine Allgemeingültigkeit beanspruchen, denn wenn sie auch die günstigsten Verhältnisse darstellen sollte, so sind diese in allen Fällen gar nicht notwendig. Gewiß, für die sparsame Bemessung der Ziehkraft sind sie immer von Bedeutung, doch wird diese — abgesehen von der Grenze der Ziehmöglichkeit — nur dann den Ausschlag geben, wenn man an die Grenze der Ziehkraft der Presse herankommt und also peinlichst dafür sorgen muß, daß diese nicht überschritten wird. Dieser Zwang wird aber selten vorliegen. Viel wichtiger ist dagegen, daß man weiß, welche Durchmesserabnahme bei einer bestimmten Rundung möglich ist oder umgekehrt, welche Durchmesserabnahme bei einer verlangten Rundung erreicht werden kann. Denn häufig ist die Rundung durch die Form des zu erstellenden Gefäßes bestimmt. Für solche Fälle genügen die bisherigen Angaben nicht, und daher ist es zu begrüßen, daß Dr. Ing. Willi Sellin die Untersuchung dieser Verhältnisse bei zylindrischen Hohlgefäßen in seiner Dissertation unternommen hat. Mit Recht ging er rein versuchsmäßig vor. Seine Versuche — reichlich 1500 — erstrecken sich auf die Ziehstempeldurchmesser: 10, 30, 60, 100, 200 mm, die Blechsorten: Druckmessing, Tiefzieheisen, Zink u. a., mit den Dicken 0,2; 0,5; 0,8; 1,0; 1,5 mm. Die Rundungen wurden von 1 bis 20 mm Halbmesser geändert, und zwar zuerst die Ziehringrundung bei gleichbleibender Stempelrundung und dann die Ziehstempelrundung bei gleichbleibender Ziehringrundung. Als günstigste Rundung wurde die kleinste angesehen, mit der die größte Scheibe gezogen wurde. Die wesentlichen Versuchsziffern sind in Zahlentafel 20 zusammengestellt, weil einerseits so planmäßige Ziehversuche bisher in der Literatur noch nicht bekannt gegeben worden sind und sie andererseits wegen der Planmäßigkeit für weitere Forschungsarbeiten von großem Nutzen sein können.

Für Messingblech gibt der Verfasser die günstigsten Werte in Zahlentafel 21. Er schließt daraus, daß ein Zusammenhang zwischen Rundungshalbmesser und Blechstärke nicht gefunden werden könne, und begnügt sich mit der ungefähren Angabe

$$r_z = (6 \div 10) \cdot s, \tag{115}$$

die denen des deutschen Ausschusses für technisches Schulwesen am genauesten entspricht. Dieses Ergebnis ist ungenügend und unbefriedigend, insbesondere deswegen, weil es für die Ziehstempelrundung gar keine Angabe macht. Bei vergleichender Betrachtung der Versuchsziffern ist aber für diese doch ein Zusammenhang mit der Ziehringrundung zu finden, denn man kann beobachten, daß bei den Ziehgängen, bei denen die Größe der Ziehstempelrundung mit der der Ringrundung getauscht wird, das gleiche Ergebnis erzielt wird. Daraus ist zu schließen, daß die Ziehstempelrundung denselben Einfluß hat wie die Ringrundung und daher am besten — sofern die Gefäßform es erlaubt — so groß wie diese genommen wird. Nun ist es naheliegend, weiter zu folgern, daß nicht für die Ringrundung allein ein Zusammenhang mit den be-

Zahlentafel 20.

Lfde. Nr.	d_1	Blechst. s	r_s	r_z	r_s+r_z	$\dfrac{r_s+r_z}{s}=x$	D	h	F_s	α	$\dfrac{d}{D}=m$
						Druckmessing.					
	100	2,0	15	20	35	17,5	220				0,444
	200	0,2	1	1	2	10	260				0,769
			1	1	2	10	280		8		0,715
			1	3	4	20	280		8		0,715
			10	3	13	65	280		8		0,715
			10	3	13	65	280		nicht		0,715
		0,5	1	5	6	12	370	12,5	36,125	0,979	0,535
			10	5	15	30	410	16,8	55,125	0,981	0,487
			10	5	15	30	410	16,5	55,125	0,995	0,487
			10	8	18	36	410	16,5	55,125	0,995	0,487
			10	8	18	36	400	16	50	0,972	0,5
			1	8	9	18	360	11,5	32	0,981	0,555
			1	8	9	18	370	12,5	36,125	0,975	0,535
		0,8	1	5	6	7,5	360	11,5	32	0,984	0,555
			1	5	6	7,5	370	12,2	36,125	0,991	0,535
			10	5	15	18,75	390	16	45,125	0,924	0,512
			10	5	15	18,75	400	16,5	50	0,949	0,5
			10	8	18	22,5	410	17	55,125	0,972	0,487
			10	8	18	22,5	410	16,8	55,125	0,981	0,487
			10	10	20	25	410	16,5	55,125	0,995	0,487
			1	10	11	13,75	380	13	40,5	1,005	0,526
			1	10	11	13,75	380	13,5	40,5	0,971	0,526
			1	10	11	13,75	380	13	40,5	1,005	0,526
			1	10	11	13,75	380	13,2	40,5	0,992	0,526
	100	0,2	2	1	3	15	180	65	16,1	0,906	0,55
	100	0,2	2	3	5	25	180	61	16	0,948	0,55
	100	0,2	2	5	7	35	190	69	20,3	0,956	0,526
			2	7	9	45	180	62	16	0,936	0,55
			5	7	12	60	190	71	20,3	0,961	0,526
		0,5	5	1	6	12	180	72	16	0,854	0,55
		0,5	5	3	8	16	190	74	20,3	0,931	0,526
		0,5	5	5	10	20	210	91	30,3	0,966	0,476
			5	7	12	24	210	93	30,3	0,95	0,476
			5	10	15	30	200	83	25	0,943	0,5
			5	15	20	40	210	93	30,3	0,95	0,476
		0,8	5	5	10	12,5	210				
		0,8	5	8	13	16,25	210	91	30,3	0,96	0,476
		0,8	12	12	24	30	220	106	36	0,922	0,454
			12	12	24	30	220	102			
			12	12	24	30	220	102	36	0,96	0,454
			12	15	27	33,75	210				
		1,0	12	8	20	20	215	103	33,1	0,906	0,465
			12	12	24	24	220	109	36	0,906	0,454
			12	20	32	32	200	85	25	0,916	0,5
		1,5	15	10	25	16,66	210	99	30,5	0,928	0,476
			15	10	25	16,66	220	109	36	0,939	0,454
		1,0	15	10	25	25	200				
		1,5	15	15	30	20	220	111	36	0,924	0,454
			15	20	35	23,33	222	113	37,2	0,924	0,450
		2	15	10	25	12,5	210	102	30,25	0,906	0,476
			15	10	25	12,5	210	98	30,25	0,936	0,476
			15	15	30	15	215	106	33,1	0,919	0,465
			15	20	35	17,5	220	111	36	0,924	0,454
	60	0,2	2	1	3	15	115	44	12,6	0,948	0,521

Zahlentafel 20 (Fortsetzung).

Lfde Nr.	d_1	Blechst. s	r_s	r_z	r_s+r_z	$\dfrac{r_s+r_z}{s}=x$	D	h	F_s	α	$\dfrac{d}{D}=m$
			5	1	6	30	115	44	12,6	0,921	0,521
			10	1	11	55	120	52	15	0,851	0,5
			10	3	13	65	120	52	15	0,851	0,5
			3	3	8	40	115	44	12,6	0,921	0,521
	60	0,2	2	5	7	35	115				0,521
			2	5	7	35	115	43	12,6	0,965	0,521
			2	5	7	35	120	46	15	0,996	0,5
			5	5	10	50	120	50	15	0,91	0,5
			10	5	15	75	120	50	15	0,91	0,5
			10	8	18	90	115	4,0	12,6		0,521
		0,5	10	1	11	55	115	51	12,6	0,892	0,521
			5	1	6	12	115	50	12,6	0,873	0,521
			2	3	5	10	120	51	15	0,915	0,5
			5	3	8	16	120	52	15	0,924	0,5
			10	1	11	22	125	58	17,6	0,945	0,48
			10	5	15	30	130	61	20,4	0,98	0,461
			5	5	10	20	130	58	20,4	0,99	0,461
			2	5	7	14	125	53	17,6	0,964	0,48
			2	8	10	20	130	58	20,4	0,972	0,461
			10	8	18	36	135	67	23,4	0,968	0,444
			10	12	22	44	130	60	20,4	0,995	0,461
			2	12	14	28	130	58	20,4	0,972	0,461
*		0,4	2	12	14	35	125	51			0,48
		0,8	15	1	16	20	115				0,521
			10	1	11	13,75	110	47	10,4	0,978	0,545
			5	6	11	13,75	110	42	10,4		0,545
			1	1	2	2,5	105	38	8,4	0,865	0,571
			1	5	6	7,5	115	43	12,6	0,954	0,521
			5	5	10	12,5	125	55	17,6	0,952	0,48
			10	5	15	18,75	125	59	17,6	0,929	0,48
			5	15	20	25	130	65	20,4	0,952	0,461
*		0,7	15	5	20	28,57	130	65	20,4		0,461
		0,8	15	8	23	28,75	130	65	20,4	0,952	0,461
			10	8	18	22,5	130	60	20,4	0,915	0,461
			5	8	13	16,25	125	56	17,6	0,936	0,48
			1	8	9	11,25	120	47	15	0,968	0,5
			1	12	13	16,25	120				0,5
	60	0,8	15	12	27	33,75	135	68	23,4	0,988	0,444
			15	15	30	37,5	130	65	20,4	0,958	0,461
			5	15	20	25	125	53	17,6		0,48
			1	15	16	20	120	46	15		0,5
		1,0	1	1	2	2	100	30	6,66	0,922	0,6
			5	1	6	6	105				0,571
			16	1	17	17	110				0,545
			15	1	16	16	110				0,545
			15	5	20	20	130	70	20,4	0,895	0,461
			10	5	15	15	125	61	17,6	0,901	0,48
			5	5	10	10	125	59	17,6	0,897	0,48
			1	10	11	11	120	48	15	0,944	0,5
			15	10	25	25	135	73	23,4	0,926	0,444
			10	10	20	20	130	62	20,4	0,962	0,461
			5	10	15	15	125	55	17,6	0,952	0,48
			1	10	11	11	120	46	15	0,975	0,5
			1	15	16	16	120	46	15	0,975	0,5

Zahlentafel 20 (Fortsetzung).

Lfde. Nr.	d_1	Blechst. s	r_s	r_z	r_s+r_z	$\dfrac{r_s+r_z}{s}=x$	D	h	F_s	α	$\dfrac{d}{D}=m$
			5	15	20	20	130	60	20,4	0,956	0,461
			10	15	25	25	135	67	23,6	0,968	0,444
			15	15	30	30	135	70	23,6	0,962	0,444
			15	15	30	30	135	71	23,6	0,951	0,444
			15	20	35	35	135	69	23,6		0,444
			10	20	30	30	130	54,5	20,4		0,461
			5	15	20	20	125	52	17,6		0,48
			1	15	16	16	125	52	17,6		0,48
		1,5	5	5	10	6,66	120	56	15	0,86	0,5
			10	5	15	10	125	62	17,6	0,896	0,48
			15	5	20	13,33	125	63	17,6	0,95	0,48
			20	5	25	16,66	130	72	20,4	0,902	0,461
			20	10	30	20	135	78	23,60	0,899	0,444
			15	10	25	16,66	130	67	20,4	0,922	0,461
			10	10	20	13,33	130	63	20,40	0,962	0,461
			5	10	15	10	130	60	20,4	0,966	0,461
	60	1,5	1	10	11	7,33	115	43	12,6	0,956	0,521
			1	15	16	10,6	115	42	12,6	0,973	0,521
			5	15	20	13,33	130	61	20,4	0,946	0,461
			10	15	25	16,66	130	63	20,4	0,962	0,461
			20	15	35	23,33	135	78	23,6	0,899	0,444
			20	15	35	23,33	135	77	23,6	0,912	0,444
			20	20	40	26,66	135	75	23,6	0,933	0,444
			10	20	30	20	135	70	23,6	0,94	0,444
			5	20	25	16,66	130	62	20,4	0,935	0,461
			1	20	21	14	120	47	15	0,974	0,5
	30	0,2	1	1	2	10	54	19	4,8	0,932	0,555
			5	1	6	30	54	20,5	4,8	0,945	0,555
			10	1	11	55	54	24,0	4,8	0,908	0,555
			15	1	16	80	54	25,0	4,8	0,973	0,555
			15	3	18	90	62	34	8,55	0,932	0,483
			10	3	13	65	62	33	8,55	0,894	0,483
			5	3	8	40	62	29	8,55	0,932	0,482
			1	3	4	20	54	19	4,8	0,931	0,555
			1	5	6	30	54	18,5	4,8	0,95	0,555
			5	5	10	50	54		8,55		0,555
			10	5	15	75	54	23	4,8	0,943	0,555
			15	5	20	100	54	25,5	4,8	0,951	0,555
		0,5	15	1	16	32	62	36	8,55	0,882	0,482
			10	1	11	22	62	34	8,55	0,855	0,482
			5	1	6	12	54	21,5	4,8	0,92	0,555
			1	1	2	4	54	20,5	4,8	0,868	0,555
			1	3	4	8	54	18,5	4,8	0,936	0,555
			5	3	8	16	62	29	8,55	0,941	0,482
			10	3	13	26	62	31	8,55	0,936	0,482
			15	5	20	40	62	32	8,55	0,974	0,482
			10	5	15	30	62	30	8,55	0,965	0,482
			5	5	10	20	62	28,5	8,55	0,961	0,482
	30	0,5	1	5	6	12	54	18	4,8	0,996	0,555
			1	8	9	18	54	17,5	4,8	0,996	0,555
			5	8	13	26	66	33	10,8	0,955	0,454
			10	8	18	36	66	35	10,8	0,945	0,454
			15	8	23	46	70	42	13,33	0,966	0,428
			15	12	27	54	70		13,33		0,428

Zahlentafel 20 (Fortsetzung).

Lfde. Nr.	d_1	Blechst. s	r_s	r_z	r_s+r_z	$\dfrac{r_s+r_z}{s}=x$	D	h	F_s	α	$\dfrac{d}{D}=m$
			15	12	27	54	66		10,8		0,454
			10	12	22	44	66	33,5	10,8	0,985	0,454
			5	12	17	34	66	31,5	10,8	0,995	0,454
			1	12	13	26	54	17	4,8	0,975	0,555
		0,8	1	1	2	2,5	54	18.5	4,8	0,939	0,555
			1	1	2	2,5	54	19,5	4,8	0,905	0,555
			5	1	6	7,5	62	30,5	8,55	0,88	0,482
			15	1	16	20	62	34	8,55	0,926	0,482
			15	5	20	25	66	37	10,8	0,966	0,454
			10	5	15	18,75	66	35,5	10,8	0,932	0,454
			10	5	15	18,75	66	35	10,8	0,941	0,454
			5	5	10	12,5	62	27	8,55	0,977	0,482
			1	5	6	7,5	54	17	4,8	0,998	0,555
			1	8	9	11,25	62	25	8,55	0,982	0,482
			1	8	9	11,25	62	24,5	8,55	0,998	0,482
			5	8	13	16,25	66	32,5	10,8	0,949	0,454
			10	8	18	22,5	66	35	10,8	0,945	0,454
			15	8	23	27,5	70	42	13,33	0,941	0,428
			15	10	25	31,25	70	41	13,33	0,936	0,428
			15	10	25	31,25	70	41,5	13,33	0,925	0,428
			15	15	30	37,5	70	40,5	13,33	0,991	0,428
			10	15	25	31,25	70	38,5	13,33	0,972	0,428
			5	15	20	25	66	31	10,8	0,968	0,454
			1	15	16	20	62	24,5	8,55	0,998	0,482
			1	15	16	20	62	24	8,55	1,015	0,482
30		1,0	5	1	6	6	51	23,5	4,8	0,834	0,555
			5	1	6	6	54	24	4,8	0,819	0,555
			15	1	16	16	62	37,5	8,55	0,982	0,482
			15	1	16	16	62	38	8,55	0,965	0,482
			1	1	2	2	54	21,5	4,8	0,838	0,555
			1	5	6	6	62	27	8,55	0,922	0,482
			5	5	10	10	66	35,5	8,55	0,875	0,454
			5	5	10	10	66	35	8,55	0,885	0,454
			10	5	15	15	66	37,5	10,8	0,884	0,454
			15	5	20	20	66	38,5	10,8	0,932	0,454
			15	10	25	25	66	38	10,8	0,942	0,454
			15	10	25	25	70	44	13,33	0,911	0,428
			10	10	20	20	66	36	10,8	0,920	0,454
			5	10	15	15	66	33,5	10,8	0,920	0,454
			1	10	11	11	62	26	8,5	0,955	0,482
			1	15	16	16	62	25	8,55	0,996	0,482
			5	15	20	20	66	32,5	10,8	0,965	0,454
			10	15	25	25	70	40	13,33	0,935	0,428
			10	15	25	25	70	39,5	13,33	0,945	0,428
			10	15	25	25	70	41,5	13,33	0,977	0,428
		1,5	15	1	16	10,66	54	28,5	4,8	0,821	0,555
			15	1	16	10,66	54	27,5	4,8	0,851	0,555
			10	1	11	7,33	54	26	4,8	0,829	0,555
			5	1	6	4	54	24,5	4,8	0,80	0,555
			1	1	2	1,33	51	18	3,68	0,831	0,588
			1	5	6	4	54	18,5	4,8	0,897	0,555
			5	5	10	6,66	62	28,5	8,55	0,927	0,482
			10	5	15	10	66	36,5	10,8	0,899	0,454
			10	5	15	10	66	37	10,8	0,886	0,454

Zahlentafel 20 (Fortsetzung).

Lfde. Nr.	d_1	Blechst. s	r_s	r_z	r_s+r_z	$\dfrac{r_s+r_z}{s}=x$	D	h	F_s	α	$\dfrac{d}{D}=m$
			15	5	20	13,33	66	38,5	10,8	0,919	0,454
			15	10	25	16,66	70	33,5	13.33	0,935	0,428
			10	10	20	13,33	66	35	10,8	0,935	0,454
	30	1,5	5	10	15	10	66	33,5	10,8	0,91	0,454
			1	10	11	7,33	62	25,5	8,55	0,932	0,482
			1	10	11	7,33	62	26	8,55	0,917	0,482
			1	15	16	10,66	62	25	8,55	0,946	0,482
			5	15	20	13,33	70	37,5	13,33	0,926	0,428
			10	15	25	16,66	70	39	13,33	0,948	0,428
			15	15	30	20	70	41,5	13,33	0,955	0,428
	10	0,2	5	1	6	30	20,3	11,5	2,65	0,885	0,492
			3	1	4	20	18	7,5	1,6	0,935	0,555
			1	1	2	10	18	6,5	1,6	0,939	0,555
			1	2	3	15	20,3	8,5	2,65	0,966	0,492
			3	2	5	25	20,3	9,5	2,65	0,962	0,492
			5	2	7	35	20,3		2,65		0,492
			5	3	8	40	20,3	9,8	2,65	1,045	0,492
			3	3	6	30	20,3		2,65		0,492
		0,5	3	1	4	8	18	8,8	1,6	0,800	0,555
			5	1	6	12	18	9,2	1,6	0,780	0,555
			5	2	7	14	18	9	1,6	0,790	0,555
			5	2	7	14	20,3	12,5	2,65	0,80	0,492
			5	2	7	14	20,3	11,5	2,65	0,870	0,492
			3	2	5	10	20,3	10	2,65	0,942	0,492
			1	2	3	6	20,3	9,2	2,65	0,892	0,492
			1	3	4	8	20,3	8,5	2,65	0,952	0,492
			5	4	9	18	22,5	12,5	3,91	0,980	0,444
			5	4	9	18	22,5	13,2	3,91	0,928	0,444
			3	4	7	14	22,5	12	3,91	0,937	0,444
			3	5	8	16	22,5	12	3,91	0,937	0,444
		0,8	5	1	6	7,5	20,3	12	2,55	0,822	0,492
			3	1	4	5	18	8	1,6	0,863	0,555
			1	1	2	2,5	18	7,2	1,6	0,845	0,555
			1	3	4	5	20,3	9,2	2,65	0,876	0,492
			3	3	6	7,5	20,3	9,2	2,65	0,965	0,492
			5	3	8	10	22,5	13,5	3,91	0,892	0,444
	10	0,8	5	5	10	12,5	22,5	13	3,91	0,929	0,444
			3	5	8	10	22,5	12,2	3,91	0,906	0,444
			1	5	6	7,5	20,3		2,65		0,492
		1,0	1	1	2	2	18	7	1,6	0,859	0,555
			3	1	4	4	20,3	10,5	2,65	0,851	0,492
			5	1	6	6	20,3	12	2,65		0,492
			5	3	8	8	23,5	13,9	3,977	0,882	0,444
			5	3	8	8	22,5	13	3,91	0,918	0,444
			5	3	8	8	23,2	14	4,35	0,91	0,431
			5	3	8	8	23,2	13,5	4,35	0,944	0,431
			3	3	6	6	22,5	12,5	3,91	0,883	0,444
			1	3	4	4	20,3	9,2	2,65	0,869	0,492
			1	5	6	6	20,3	8,5	2,55	0,93	0,492
			3	5	8	8	23	13	4,225	0,89	0,434
			5	5	10	10	23,5	14,2	4,56	0,915	0,425
			5	6	11	11	23,9	15	4,83	0,897	0,418
		1,5	3	1	4	2,66	20,3	10	2,65	0,866	0,492
			5	1	6	4	20,3		2,65		0,492

Zahlentafel 20 (Fortsetzung).

Lfde. Nr.	d_1	Blechst. s	r_s	r_z	r_s+r_z	$\dfrac{r_s+r_z}{s}=x$	D	h	F_s	α	$\dfrac{d}{D}=m$
			5	3	8	5,33	20,3	10,5	2,65	0,904	0,492
			5	5	10	6,66	23,5	14,5	4,56	0,816	0,425
			5	5	10	6,66	23,5	13,5	4,56	0,929	0,425
			3	5	8	5,33	23	12,5	4,225	0,895	0,434
			3	5	8	5,33	23,5	12	4,56	0,97	0,425
			1	5	6	4	20,3	8,3	2,65	0,91	0,492
			1	7	8	5,33	22,5	11,5	3,91	0,854	0,444
			1	7	8	5,33	22,5	11	3,91	0,889	0,444
			3	7	10	6,66	23,9	14	4,83	0,88	0,418
			5	7	12	8	23,9	14,5	4,83	0,894	0,418
			5	7	12	8	24,5	15	5,26	0,905	0,408
			5	10	15	10	23,9	13,8	4,83	0,94	0,418
			3	10	13	8,66	23,9	13	4,83	0,93	0,418
			1	10	11	7,33	22,5	11,5	3,91	0,855	0,444

Doppelt dekapiertes Eisenblech.

Lfde. Nr.	d_1	Blechst. s	r_s	r_z	r_s+r_z	$\dfrac{r_s+r_z}{s}=x$	D	h	F_s	α	$\dfrac{d}{D}=m$
	10	0,5	5	2	7	14	18	8,5	1,6	0,935	0,55
			3	2	5	10	18	7,2	1,6	0,966	
			1	2	3	6	18	6,7	1,6	0,906	0,555
			1	3	4	8	18	6,7	1,6	0,906	
			3	4	7	14	20,3	9	2,65	0,996	nicht 0,493
			3	5	8	16	20,3	8,8	2,65	1,02	
		0,8	5	1	6	7,5	18		1,6		
			3	1	4	5	18	7,8	1,6	0,884	
			1	3	4	5	20,3	8,8	2,65	0,91	0,493
			3	3	6	7,5	20,3	9,5	2,65	0,935	
			3	3	6	7,5	20,3	9,2	2,65	9,5	
			1	5	6	7,5	18		1,6		
			1	1	2	2,5	18	7	1,6	0,859	
		1,0	3	3	6	6	20,3	9,30	2,65	0,956	
			1	5	6	6	20,3	8,5	2,65	0,93	
			5	5	10	10	22,5		3,91		0,445
	60	0,8	1	5	6	7,5	115	41	12,6	0,989	0,52
			5	5	10	12,5	120	48	15	0,952	0,5
			15	5	20	25	130	62	20,4	0,996	0,462
			1	12	13	16	115	46	12,6	0,985	
			5	12	17	21	115	47	12,6	0,968	
			15	12	27	33,75	135	67	23,4	1,00	0,445
			10	15	25	31	130	58	20,4		
		1,0	5	5	10	10	125	58	17,6	0,906	0,48
			5	10	15	15	125	56	17,6	0,936	
			10	10	20	20	130	62	20,4	0,962	
			10	10	20	20	130	62	20,4	0,962	0,462
			1	10	11	11	110	46	15	0,82	0,545
			10	15	25	25	130	62	20,4		
			15	20	35	35	135	69	23,6	1,005	0,445
	100	0,5	5	1	6	12	160	45	9	0,943	0,625
	100	0,5	12	8	20	40	200	80	25		0,5
			12	8	20	40	180	63	16	0,931	0,555
		1,0	12	12	24	24	215	99	33,1	0,917	0,465
			12	20	32	32	200	85	25	0,916	
			15	10	25	25	200				

Zahlentafel 20 (Fortsetzung).

Lfde. Nr.	d_1	Blechst. s	r_s	r_{sz}	r_s+r_z	$\dfrac{r_s+r_z}{s}=x$	D	h	F_s	α	$\dfrac{d}{D}=m$
200	0,75	1	5	6	8	350	105	28,12	0,976	0,57
		10	5	15	20	360	110	32	1,095	0,555
		10	5	15	20	360	115	32	1,01	
		10	5	15	20	370	120	36,12	1,0	0,54
		10	8	18	24	360	115	32	1,006	
		10	16	26	27	370	120	36,12	1,03	
200	0,75	1	10	11	14,7	350	9,5	28,13	1,06	

Zinkblech.

d_1	Blechst. s	r_s	r_{sz}	r_s+r_z	$\dfrac{r_s+r_z}{s}=x$	D	h	F_s	α	$\dfrac{d}{D}=m$
60	12er 0,8	5	5	10	12,5	90	21	3,75	0,995	0,67
		10	5	15		100				
						nicht				
		5	12	17	20,1	95	23	5,1	1,04	0,63
		15	12	27	33,75	95	28	3,75	Falten	0,63
100	12er 0,5	5	10	15	19	150	42	6,25	0,87	0,67
		5	10	15	19	140	29	4	0,946	0,7

Zahlentafel 21. Günstigste Rundungen für Messing.

s	d	D	r_s	r_z	r_s+r_z	$\dfrac{r_s+r_z}{s}$	$\dfrac{d}{D}$
0,2	100	190	1	5	6	30	0,528
	200	280	1	5	6	30	0,715
	10	20,3	3	3	6	30	0,494
	30	62	5	3	8	40	0,484
	60	120	2	5	7	35	0,5
0,5	10	22,5	3	4	7	35	0,445
	30	70	15	8	23	40,6	0,43
	60	135	10	8	18	36	0,443
	100	210	5	5	10	20	0,476
	200	410	10	8	18	36	0,488
0,8	10	22,5	3	5	8	10	0,445
	30	70	15	8	23	30	0,428
	60	130	10	8	18	22,5	0,462
	100	220	12	12	24	30	0,455
	200	410	10	22	22	27,5	0,488
1,0	10	23,9	5	6	11	11	0,42
	30	70	15	10	25	25	0,428
	60	135	15	10	25	25	0,444
	100	220	12	12	24	24	0,455
1,5	10	24,5	5	7	12	8	0,41
	30	70	10	15	25	16,5	0,428
	60	135	10	20	30	20,3	0,444
	100	222	15	10	25	16,5	0,452

einflussenden Faktoren — Ziehstempeldurchmesser und Blechstärke —
zu suchen ist, sondern für die Summe beider Rundungshalbmesser. Dabei
müssen die Werte mit dem 10 mm Stempel außer acht bleiben, da bei
diesen Werkzeugmaßen die günstigsten Rundungen nicht erreicht werden konnten. Nach der zeichnerischen Auswertung (Abb. 170), hängt
die Rundung linear ab von der Blechstärke; es ist

und

$$\text{für Messing: } r_s + r_z = 40 - \frac{40}{2,2} s \left.\begin{matrix} \\ \\ \end{matrix}\right\} \quad (116)$$
$$\text{für Eisen: } r_s + r_z = 51 - \frac{51}{2,2} \cdot s.$$

Diese Gleichungen geben allerdings eine grobe Annäherung, die für
den Bereich bis zur Blechstärke 2,0 mm genügt, während von 2,0 mm
ab zweckmäßig

$$r_s + r_z = 10\,s \quad (116a)$$

genommen wird. Zu
beachten ist, daß die
Rundungen nach Gl.
(116) nur für maximale
Stufung genommen
werden müssen und
daß für kleinere Stu-
fung und seichtere
Züge kleinere genom-
men werden können.

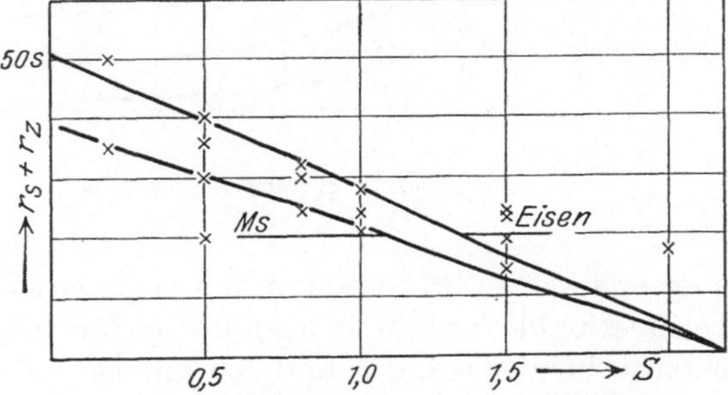

Abb. 170. Summe der Ziehstempel- und Ziehringrundungen in
Abhängigkeit von der Blechdicke.

Auf jeden Fall ist aus dem Zusammenhang zu schließen, daß der
Teil der Ziehkraft, der zum doppelten Abbiegen des Ziehblechs notwendig ist, den Ziehgang entscheidend beeinflußt.

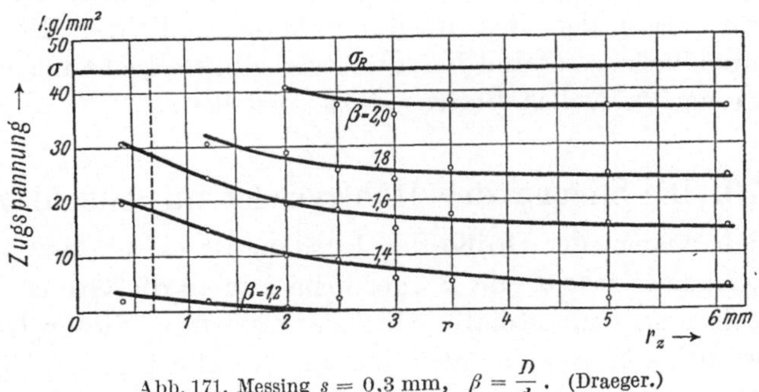

Abb. 171. Messing $s = 0,3$ mm, $\beta = \dfrac{D}{d}$. (Draeger.)

Dies beweist auch die Arbeit von Dr.-Ing. Draeger über den „Einfluß der Abrundung beim Ziehen von Hohlkörpern aus dünnen Blechen“,
durch die versucht wurde, die günstigste Rundung nach ihrem Einfluß

auf die Zugspannung im Ziehblech (der Gefäßwand) zu finden, und zwar als die, die den kleinsten Ziehdruck verursacht. Das Ergebnis der Versuche geben Abb. 171 und 172 für die verschiedenen Bleche wieder. Danach nimmt die Zugspannung mit größer werdender Rundung zunächst ganz erheblich, dann immer langsamer ab, anscheinend um sich asymptotisch einem Mindestbetrag zu nähern. Bei einer größeren Zahl der Kurven beginnt die langsamere Abnahme schon bei $r = 3$ mm, bei den andern

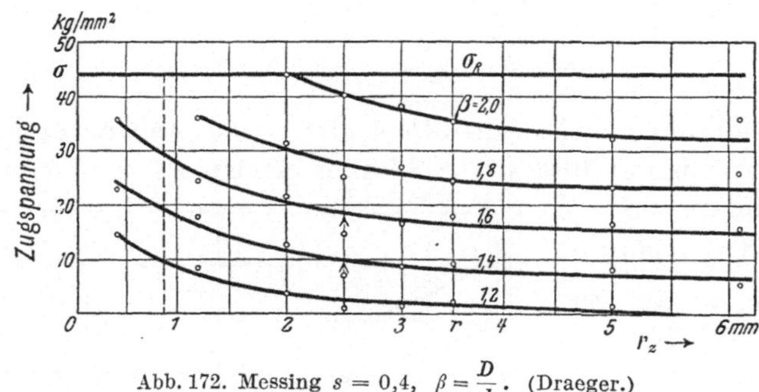

Abb. 172. Messing $s = 0{,}4$, $\beta = \dfrac{D}{d}$. (Draeger.)

aber erst später, bei $r = 4{,}5$; 5; $5{,}5$ und noch später. Man könnte deshalb bei Messingblech sehr wohl als günstige Rundungen für $s = 0{,}3$; $0{,}35$; $0{,}4$ entsprechend $r = 4{,}5$; 5 und $5{,}5$ ansehen, Werte, die den oben angegebenen sehr nahe kommen, da nach ihnen $r_s + r_z = 30\,s$, $28\,s$, $27\,s$, und den Eindruck gewinnen, daß das Schlußurteil, $r = 3$ mm sei die günstigste Rundung unter den gewählten Versuchsbedingungen gewesen, noch durch andere,, nicht ausgesprochene Überlegungen zustande gekommen ist. Wie dem aber auch sei, einen Anspruch auf völlige allgemein gültige Klärung der Rundungsverhältnisse können diese Untersuchungen wegen der Beschränkung hinsichtlich der Blechdicken, Ziehstempeldurchmesser und Rundungsverhältnisse nicht machen, wenn sie auch einen wertvollen Beitrag dazu vorstellen.

70. Die Stufung der Hohlzylinder im Anschlag.

Ähnlich wie mit der Größe der Rundung ist es mit der Größe der Stufung. Auch sie macht erst Sorge, wenn man an die Grenze der Ziehfähigkeit kommt und deshalb wird die Festlegung dieser Grenze die nächst wichtige Frage sein, nachdem die der günstigsten Abrundung, soweit es möglich war, geklärt ist. Auch dabei versagt vorläufig der Versuch, bei gegebenen Festigkeitswerten mittels Rechnung zu einem brauchbaren Ergebnis zu kommen — wie schon eingangs ausführlich erörtert wurde — und bleibt ebenso nur übrig, gestützt auf Erfahrungswerte und Versuche, zu einer brauchbaren Formulierung zu kommen.

Da die gewählte Stufung m, d. i. die Abnahme des Scheibendurchmessers D auf den Ziehstempeldurchmesser d, ausgedrückt durch das Verhältnis

$$m = \frac{d}{D} \tag{117}$$

im Anschlag bzw. im Weiterschlag von einem Ziehstempeldurchmesser d_n auf einen nächsten d_{n+1}, mit dem Verhältnis $\frac{d_{(n+1)}}{n}$ die Zahl der Züge, d. h. der Arbeitsgänge zur Erstellung des Ziehstücks bestimmt, ist es notwendig, die Grenze so genau wie möglich zu kennen, damit man die Stufung möglichst groß und die Zahl der Ziehgänge (mit diesen auch die Zahl der Werkzeuge), also die Erstellungskosten des Werkstücks, möglichst klein machen kann. Das gelingt am besten für zylindrische Hohlgefäße.

Die Hohlzylinder sind die Gefäße, die am häufigsten gezogen werden müssen; man sollte daher meinen, daß wenigstens für sie, die zugleich die einfachste Ziehform vorstellen, einheitliche Stufungsangaben gefunden und festgelegt worden seien. Wenn man aber die Erfahrungswerte zusammenstellt, wie dies in Zahlentafel 22 zunächst für den Anschlag geschehen ist, so erkennt man, daß dieser Glaube täuscht. Eine Erklärung dafür ist die Tatsache, daß die Grundlagen für die Stufungsgröße aus praktisch durchgeführten Zügen genommen wurden, sicher ohne immer auf die Einheitlichkeit der Bedingungen an Blech und Werkzeug, Maschine und Bedienung zu achten. Das ist begreiflich, wenn man sich an die Zahl der verschiedenen Einflüsse erinnert:

1. Sorte des Ziehblechs.
2. Dicke des Ziehblechs.
3. Werkstoff des Ziehwerkzeugs (Stahl oder Gußeisen) und Schmierung.
4. Weite des Ziehwerkzeugs zwischen Ziehstempel und Ziehring.
5. Abrundungen der Ziehstempel- und der Ziehringkante.
6. Form des Werkstücks.
7. Ziehgeschwindigkeit
a) beim Ziehbeginn,
b) im Mittel.

Auch die Formeln beweisen es. Bei Gruppe 1 ist die Stufung so klein gewählt, daß sie selbst im ungünstigsten Fall genügt. Ohne Zweifel ist diese Annahme unbefriedigend, denn sie bedingt einen geradezu verschwenderischen Werkstoffverbrauch, der sowohl privatwirtschaftlich als auch volkswirtschaftlich nicht vertreten werden kann.

Bei Gruppe 2 ist die Stufung im Anschlag für alle Ziehstempeldurchmesser und alle Blechdicken gleich groß genommen und daher ebenso klein wie in Gruppe 1, während im Anschlag ein Unterschied in der

Zahlentafel 22. Erfahrungswerte der

Anschlag $m = \dfrac{d_1}{D} \cdot 100$	1.	2.	3.	4.	5.
Eisen und Stahlblech (Tiefziehqualität) bis 2 mm . . .	60	60	56	$56 + 0{,}02\,D$	$56 + 0{,}016\,D$
über 2 „ . . .	60	60	56	$56 + 0{,}02\,D$	$56 + 0{,}016\,D$
Messing, Tombak, Kupfer, Silber bis 2 mm . . .	60	60	50	$56 + 0{,}02\,D$	—
über 2 „ . . .	60	60	52	$56 + 0{,}02\,D$	—
Aluminium bis 2 mm . . .	60	60	$55 \div 60$	$56 + 0{,}02\,D$	—
über 2 „ . . .	60	60	$55 \div 60$	$56 + 0{,}02\,D$	—
Zink	—	—	$70 \div 75$	$56 + 0{,}02\,D$	—

Blechdicke gemacht wurde, aber merkwürdigerweise und entgegen jeder
überlegungsmäßig gewonnenen Erwartung für dickere Bleche eine kleinere,
also ungünstigere Stufung angenommen wurde als für dünnere. Umgekehrt
schiene es richtiger, denn, wenn die größtmögliche Blechbeanspruchung
berücksichtigt werden soll, dann ist zu erwarten, daß das dickere Blech
einen größeren Ziehdruck aushält. Allerdings entspräche diesem auch
eine stärkere Dehnung, so daß die Angaben unter dem Gesichtspunkt
verstanden werden könnten, daß diese vermieden werden soll. Es ist
natürlich etwas grundsätzlich verschiedenes, ob die Angaben der Stufung
mit der Absicht gemacht werden, die ursprüngliche Blechdicke während
der Umformung möglichst zu erhalten oder eine möglichst große Stufung
mit einer möglichst großen Blechdehnung zu erreichen, wobei die Blechdehnung geradezu als Werkstoffersparnis gebucht werden muß. Für
die meisten Aufgaben der Werkstatt erscheint dieser Weg als der vor-
teilhaftere und deshalb werden an ihm auch weiterhin alle Angaben gemessen.

Bei Gruppe 3 ändert sich die Stufung mit der Werkstoffart, während alle anderen Einflüsse unberücksichtigt bleiben. Auch dadurch
ist noch eine kleinere Abstufung bedingt, als vielleicht im günstigsten
Fall möglich wäre.

Gruppe 4 und 5 ändern die Stufung nach der Scheibengröße, die
gezogen werden soll, derart, daß mit größer werdender Scheibe die
Stufung kleiner wird. Von der Möglichkeit dieses Einflusses, bzw. des
zu erreichenden Gefäßdurchmessers, war oben noch nicht die Rede,
aber offenbar ist er doch irgendwie von Bedeutung. So haben wir, vorausgesetzt, daß der Einfluß auch der Größe nach richtig erkannt ist,
die Möglichkeit, aus den Angaben der Zahlentafel 22 die Einflüsse
von Gefäßdurchmesser, Werkstoffart und Werkstoffdicke zu verwerten.

Stufung beim Anschlag für Hohlzylinder.

6.	7.		8.	
$45 \div 54$	$\dfrac{x \cdot D}{100 \div 0,025\,D}$; $x = f(x)$		54	1. Ing. Wildner, Leipzig 1922.
$45 \div 54$			—	2. Ing. Kaczmarek: Die moderne Stanzerei.
	s	x		3. L. Schuster, Göppingen 1922.
$40 \div 48$	$0,4 \div 0,45$	$61 \div 68$	$40 \div 45$	4. Deutscher Ausschuß für technisches Schulwesen.
bei günstiger	0,5	$58 \div 65$	—	5. Ing. Musiol.
Rundung	$0,55 \div 0,6$	$56 \div 65$		6. Sellin.
$55 \div 60$	0,7	$54 \div 60$	45	7. Sparkuhl-Kurrein, 2. Ausg.
$55 \div 60$	0,8	$50 \div 56$	—	8. Ing. Scheffel, 1930.
	1,5	$47 \div 53$		
	3,0			
$63 \div 68$			—	

Unberücksichtigt bleiben die übrigen Einflüsse, der Werkstoff des Ziehwerkzeugs und die Schmierung, die Rundungen der Ziehkanten und die Weite des Ziehwerkzeugs, die Form des Werkstücks und die Ziehgeschwindigkeit.

Die schon früher erwähnten Versuche von Dr.-Ing. Willi Sellin: „Über den Einfluß der Rundungen" können die Grundlagen zur Weiterführung der Klärung geben, und zwar der Klärung der Einflüsse der Gefäßdurchmesser, der Werkstoffdicke, der Rundungen und in beschränktem Maß auch der Werkstoffart. Er ist auch, zusammen mit dem der Blechdicke und der Ziehgeschwindigkeit, bei Gruppe 6 in Rechnung gestellt.

a) Der Einfluß des Gefäßdurchmessers und der Blechdicke auf die Stufung $m = \dfrac{d}{D} = f(d)$. In Abb. 173 sind die größten mit verschiedenen Blechsorten und Blechdicken ($s = $ konst.) bei verschiedenen Gefäßdurchmessern erreichten Stufungen aufgezeichnet. Danach wachsen die Werte von m mit steigendem Gefäßdurchmesser, werden also die möglichen Stufungen kleiner. Die Abhängigkeit kann für Blechdicken über 0,2 mm als linear angesehen werden, während für 0,2-mm-Bleche die Stufungsmöglichkeit rascher abnimmt. Dies rührt wohl daher, daß bei diesem dünnen Blech die Dickentoleranzen von viel größerem Einfluß sind als bei dickerem Blech. Für sämtliche Durchmesser liegen aber die Werte für 0,5-mm-Blech höher als die von 0,8- bis 1,0- und 1,5-mm-Blech, für die die Abstufungsmöglichkeit gleich anzunehmen ist, und die von 0,2 höher als die von 0,5 mm.

b) Der Einfluß der Blechsorten. In Abb. 173 sind neben den Stufungswerten für Messingblech auch die für Eisenblech und einige für Zinkblech eingetragen. Obwohl sie kein abgeschlossenes Bild geben können, zeigen sie doch, daß die Werte von Eisen 3 bis 6 % über denen von gleich dickem Messing und die von Zink 13 % über denen des Eisens liegen, ferner, daß bei Eisen die Blechdicke nicht den großen Einfluß hat wie bei Messing. Kleinere Dicken als 0,5 mm wurden bei Eisen nicht unter-

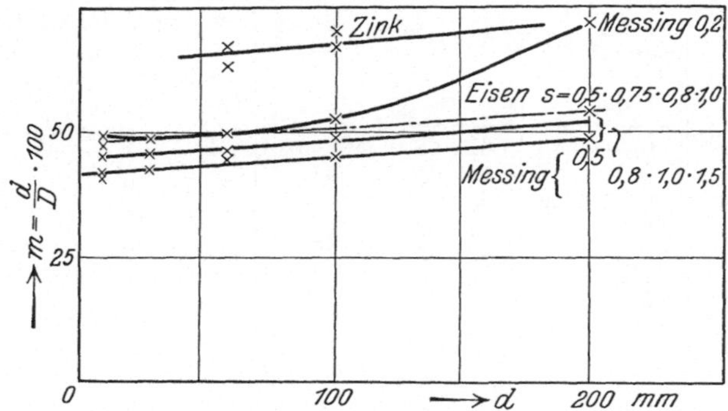

Abb. 173. Änderung der Stufungsmöglichkeit mit dem Gefäßdurchmesser.

sucht. Besser noch als Abb. 173 zeigen die Kurven der Abb. 174 den Zusammenhang zwischen Stufung und Blechdicke. Danach nimmt die Stufungsmöglichkeit mit wachsender Blechdicke zu, zunächst beträchtlich, dann langsamer, um schließlich sich bei etwa 1,5 mm Dicke einem

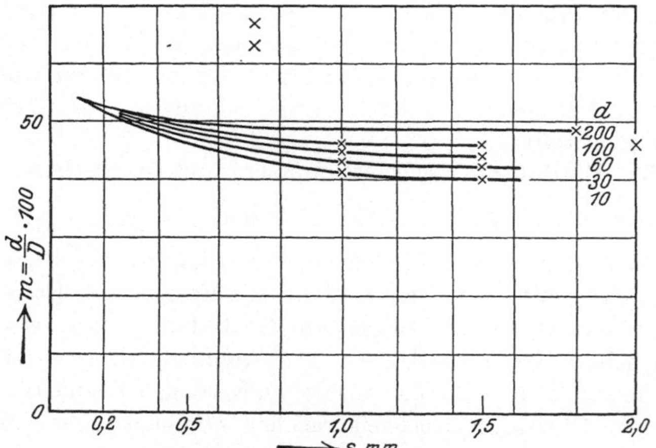

Abb. 174. Änderung der Stufungsmöglichkeit mit der Blechdicke.

je nach Durchmesser verschiedenen Höchstbetrag zu nähern. Der Unterschied der Stufung zwischen 0,2 mm dickem Blech und 1,5 mm dickem Blech beträgt bei kleinstem Ziehdurchmesser $d = 10$ mm 10 bis 12 %. Der Einfluß der Blechdicke wird mit wachsendem Ziehdurchmesser geringer; sein Betrag für Ziehdurchmesser $d = 200$ mm sinkt auf 4 bis 5 %. Immerhin ist er noch der Beachtung wert.

c) **Der Einfluß der Rundungen.** Auf den hervorragenden Einfluß der Rundungen auf die erreichbare Stufung wurde schon früher hingewiesen und gezeigt, daß erst bei einer bestimmten Größe der Run-

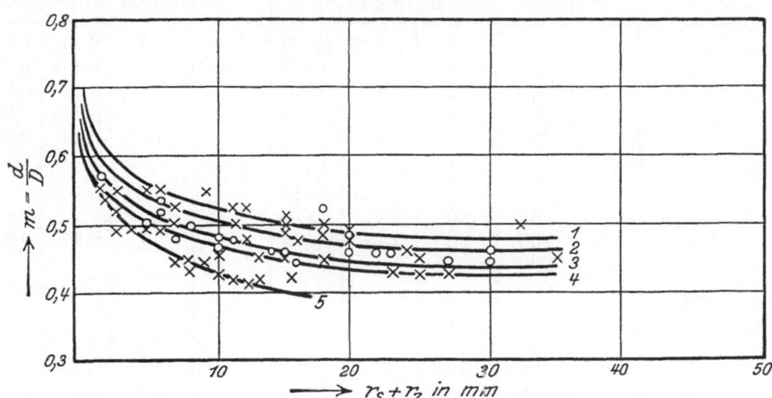

Abb. 175. Druckmessung. Änderung der Stufungsmöglichkeit mit der Rundung.
1 $d = 200$; $s = 0{,}2 \cdot 0{,}5 \cdot 0{,}8$. 2 $d = 100$; $s = 0{,}2 \cdot 0{,}5 \cdot 0{,}8 \cdot 1{,}0 \cdot 1{,}5 \cdot 2{,}0$.
3 $d = 60$; $s = 0{,}2 \cdot 0{,}5 \cdot 0{,}8 \cdot 1{,}0 \cdot 1{,}5$. 4 $d = 30$; $s = 0{,}2 \cdot 0{,}5 \cdot 0{,}8 \cdot 1{,}0 \cdot 1{,}5$.
5 $d = 10$; $s = 0{,}2 \cdot 0{,}5 \cdot 0{,}8 \cdot 1{,}0 \cdot 1{,}5$.

dungshalbmesser die größte Stufung erreicht wird. Die kleinsten Beträge der Rundungen für maximale Stufung gab Abb. 170. Nicht

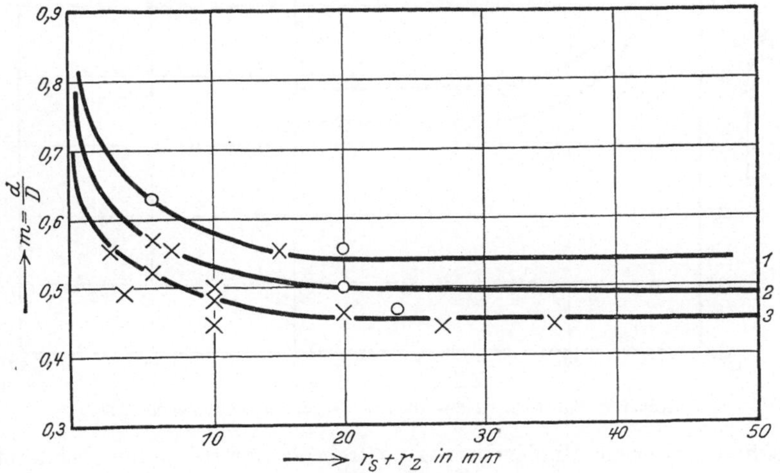

Abb. 176. Doppelt dekap. Eisenblech.
1 $d = 200$; $s = 0{,}75$, 2 $d = 100$; $s = 0{,}5 \cdot 1{,}0$, 3 $d = 60$; $s = 0{,}8 \cdot 1{,}0$

gezeigt wurde aber die Veränderung der Stufungsziffer mit veränderlichen Rundungen. Diese zeigen nun Zahlentafel 23 und die Kurven der Abb. 175 bis 177 je für verschiedene Ziehstempeldurchmesser und

Zahlentafel 23. Zusammenstellung der größten Stufung bei der kleinsten

Werkstoff	Dicke	Gefäß ∅	$r_s + r_z$ in mm	$m = \dfrac{d}{D}$ in mm	α	Dicke	$r_s + r_z$ in mm	$m = \dfrac{d}{D}$ in mm	α
Ms.	0,2	10	5	0,492	0,962	0,5	7	0,444	0,937
		30	8	0,482	0,932		13	0,454	0,955
		60	7	0,5	0,996		18	0,444	0,968
		100	7	0,526	0,956		10	0,476	0,966
		200	2	0,715	—		15	0,487	0,995
Ms.	1,5	10	12	0,408	0,905	2,0			
		30	20	0,428	0,926				
		60	30	0,444	0,899				
		100	35	0,45	0,906		35	0,454	0,924
		200							
2 mal dekap. Eisenblech . .	0,5	10	7	0,55	0,935	0,75			
		60							
		100	20	0,5	—				
		200					15	0,54	1,0
Zink	Nr. 12	60	17	0,63	1,04				

verschiedene Blechdicken. Nach ihnen nimmt die Stufungsziffer bei kleinen Rundungen zunächst sehr stark ab, bei größeren langsamer,

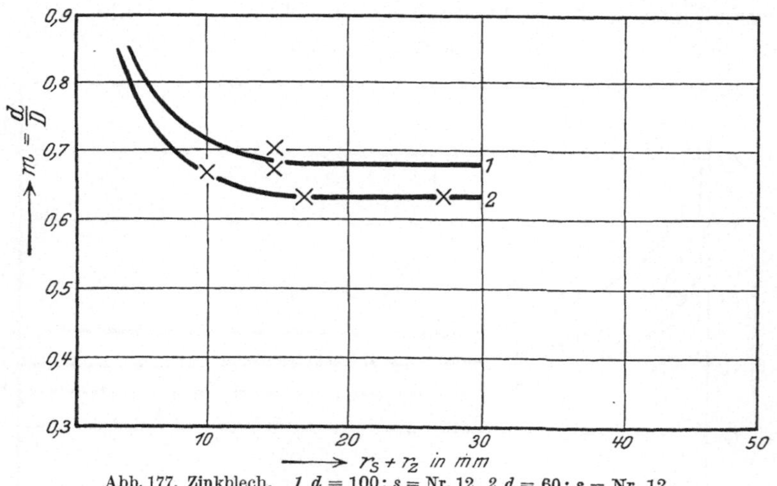

Abb. 177. Zinkblech.　1 $d = 100$; $s =$ Nr. 12, 2 $d = 60$; $s =$ Nr. 12.

anscheinend einem Mindestbetrag zustrebend, der für jeden Ziehdurchmesser und für jede Blechdicke verschieden groß ist. Bei großen Ziehdurchmessern ist der Einfluß der Rundungen weniger groß als bei kleinen, sowohl hinsichtlich der relativen Änderung als auch hinsichtlich des Höchstmaßes der Änderung der Stufungsziffer[1].

---

[1] Die Abb. 175 bis 177 erhellen deutlich die überragende Bedeutung der Ziehkantenrundung für den Ziehvorgang.

Rundungssumme $(r_s + r_z)$ und der geringsten Blechdehnung α.

Dicke	$r_s + r_z$ in mm	$m = \dfrac{d}{D}$ in mm	α	Dicke	$r_s + r_z$ in mm	$m = \dfrac{d}{D}$ in mm	α
0,8	8	0,444	0,906	1,0	11	0,418	0,897
	23	0,428	0,941		25	0,428	0,945
	27	0,444	0,958		25	0,444	0,968
	24	0,454	0,96		24	0,454	0,906
	18	0,487	0,981				
0,8	4	0,493	0,91	1,0	10	0,445	
	27	0,445	1,00		35	0,445	1,005
					24	0,465	0,917

d) Werkstoff und Weite des Ziehwerkzeugs, Ziehgeschwindigkeit und Schmierung. Diese Einflüsse sind in unmittelbarem Zusammenhang mit der erreichbaren Stufung noch nicht eingehend untersucht. Einige Versuche deuten aber darauf hin, daß sie für das Höchstmaß der erreichbaren Stufung kaum entscheidend sind. Auf sie soll daher erst später eingegangen werden.

71. Die Stufung von Hohlgefäßen mit zwei Symmetrieachsen im Anschlag.

Wie diese Hohlgefäße bei der Berechnung des Zuschnitts als aus Teilen von Hohlzylindern verschiedener Durchmesser zusammengesetzt betrachtet wurden, so auch bei der Stufung. Den bestimmenden Einfluß hat dabei der Hohlzylinder mit dem kleinsten Durchmesser, denn je kleiner der Durchmesser d eines Hohlzylinders bei einer ge-

Zahlentafel 24. Abstufungskoeffizienten m für Kantenrundungen bei rechteckigen Hohlgefäßen.

Materialart	Anschlag $d_1 = (m/100)\cdot D$	Weiterschlag $d_n = (m/100)\cdot d_n - 1$
Eisen- u. Stahlblech (Tiefziehqualität).	25÷40	35÷55
Messing, Tombak, Kupfer, Silber . .	20÷30	30÷42

Die großen Stufen sind nur bei günstigen Rundungen der Kanten von Ziehstempel und Unterteil zu wählen.

gebenen Höhe h ist, desto schwerer, d. h. in desto mehr Ziehstufen, ist er zu erstellen. Es wäre nun das nächstliegende, bei der Betrachtung

Zahlentafel 25a. Erfahrungswerte der Stufung beim Weiterschlag mit Niederhalter.

Weiterschlag $m_n = \dfrac{d_n}{d_{n-1}}\,100$	1.	2.	3.	4.	5.	6.	7. $\dfrac{x_1 d_{n-1}}{100 - 0,025\,d_{n-1}}$		8.
							s	x	
Eisen- und Stahlblech									
bis 2 mm . . .	85	80	80	$76 + 0,025\,d_{n-1}$	$72 + 0,02\,d_{n-1}$	$70 \div 75$			$(76 \div 78)$ $+ 0,02\,d_{n-1} - s$
über 2 „ . . .	85	83	83	$76 + 0,025\,d_{n-1}$	—	—			—
Messing, Tombak, Kupfer,									
Silber　　bis 2 mm . . .	85	80	80	$76 + 0,025\,d_{n-1}$	—	$65 \div 70$	$0,4 \div 0,45$	$74 \div 81$	$70 + 0,02\,d_{n-1} - s$
über 2 „ . . .	85	83	83	$76 + 0,025\,d_{n-1}$	—	bei günstigst. Rundung	$0,5$ $0,55 \div 0,6$	$73 \div 80$ $72 \div 80$	
Aluminium　bis 2 mm . . .	85	80	80	$76 + 0,025\,d_{n-1}$	—	$70 \div 80$	$0,7$ $0,8$	$71 \div 79$ $70,5 \div 77$	$72 + 0,02\,d_{n-1} - s$
über 2 „ . . .	85	83	83	$76 + 0,025\,d_{n-1}$	—	—	$1,5$ $3,0$	$70 \div 75$ $70 \div 65$	
Zink	—	—	91			88			—

Zahlentafel 25b. Erfahrungswerte der Stufung beim Weiterschlag ohne Niederhalter.

Kaczmarek: Werkstattstechnik 1912, S. 341	Wie mit Niederhalter; für alle Bleche $m = 90 \div 93$

der Stufungsmöglichkeit von den Erfahrungen bei den Hohlzylindern auszugehen, also nach diesen die Stufen des kleinsten Zylinders zu ermitteln, aber die Praxis zeigt, daß die Stufen für die vorliegenden Gefäße größer gewählt werden können, weil die neben den Zylinderteilen kleiner Rundung liegenden Zylinderteile großer Rundung, die weniger starker Beanspruchung unterworfen sind, einen Teil der Nachbarlast mittragen; um so mehr natürlich, je weniger Beanspruchung sie selber unterworfen sind und daher am meisten, wenn ihr Durchmesser unendlich, der Teil des Zylindermantels eine ebene Fläche ist, also nur gebogen wird. Bei rechteckigen Gefäßen sind die geraden Seitenflächen als reine Biegungsflächen zu betrachten.

Darum ist man für rechteckige Gefäße bei günstigen Rundungen auf die Stufungswerte der Zahlentafel **24** gekommen. Es empfiehlt sich natürlich, die Erkenntnisse über die Einflüsse der Rundungen und der Blechstärken, die aus den Ziehversuchen bei Hohlzylindern im Anschlag gewonnen wurden, auch bei der Wahl der Stufen rechteckiger Hohlgefäße zu beachten, und zwar in demselben Verhältnis zur günstigen Stufung wie bei den Hohlzylindern gefunden, denn der Einfluß ist sicher hier der gleiche.

72. Die Stufung beim Weiterschlag von Hohlzylindern.

Wegen der größeren Kosten sind die Verhältnisse der Stufung beim Weiterschlag, d. h. dem Übergang des ersten auf den zweiten, des zweiten auf den dritten und allgemein des n-ten auf den $(n + 1)$-ten weniger genau untersucht als die beim Anschlag. Die Werte, die in der Zusammenstellung der Zahlentafel 25 angegeben sind, bei der die gleiche Spaltenziffer dieselbe Quelle bezeichnet wie Zahlentafel 22, unterliegen daher mindestens ebensosehr wie die des Anschlags den Einschränkungen, die im Abschnitt 70 aufgeführt wurden. Die Besprechung an dieser Stelle wäre eine Wiederholung und kann deshalb unterbleiben, dennoch sei darauf hingewiesen, daß erwartet werden darf, daß unter denselben günstigen Bedingungen auch dieselbe günstige Veränderung der Stufungswerte zu erzielen ist.

Die Ermittlung der Schlagzahl (Züge, Stufen) n zum Erreichen eines bestimmten Gefäßdurchmessers d_n bei gegebenem Scheibendurchmesser D ergibt sich dann leicht aus dem im Anschlag erreichbaren Gefäßdurchmesser d_1, wenn die Abstufung der Weiterschläge unter sich gleich ist. Ist die des Anschlags m und die der Weiterschläge m_1, dann ist:

$$d_1 = mD,$$
$$d_2 = m_1 d_1 = m_1 (mD),$$
$$d_3 = m_1 d_2 = m_1^2 (mD),$$
$$d_n = m_1^{(n-1)} d_1 = m_1^{(n-1)} (mD), \qquad (118)$$

daraus wird:

$$\log d_n = (n - 1) \log m_1 + \log (mD),$$
$$n = 1 + \frac{\log d_n - \log (mD)}{\log m_1}. \qquad (119)$$

Einen andern Weg zur Ermittlung der Stufen hat Dr.-Ing. Brasch ausgearbeitet. Aus einer großen Reihe von Ziehvorgängen zieht er als gemeinsame Eigenschaft aller 3 Sätze, nach denen:

1. die Stufungsziffer von Stufe zu Stufe größer wird und sich immer mehr der Zahl 1 nähert,

2. das Verhältnis $\frac{h_n}{d_n}$, Gefäßhöhe zu Gefäßdurchmesser, mit der Zahl n der Ziehgänge linear wächst,

3. das Produkt $h_n \cdot d_n$, Gefäßhöhe mal Gefäßdurchmesser, durch alle aufeinanderfolgenden Ziehstufen hindurch gleich groß bleibt.

Da für den Ziehgang 0, die Ziehscheibe, mit $h = 0$ auch $\dfrac{h}{D} = 0$ wird, geht die Gerade, die die Abhängigkeit $\dfrac{h_n}{d_n} = f(n)$ kennzeichnet, durch den Anfangspunkt des Koordinatensystems mit den Achsen $\dfrac{h_n}{d_n}$ und n. Mit ihrer Hilfe können danach die Größen $\dfrac{h_n}{d_n}$ für alle Stufen entnommen werden, wenn nur für eine Stufe der Wert $\dfrac{h_n}{d_n}$ bekannt ist, der mit ihr erreichbar ist. Nimmt man dabei den in dieser Stufe erreichbaren Höchstwert, so erhält man die Höchstwerte für alle Stufen und kann auf diese Weise sofort angeben, mit welcher geringsten Zahl von Zügen die beliebigsten Gefäße gefertigt werden können. Nach Brasch liegen die Höchstwerte für $\dfrac{h_n}{d_n}$ auf einer Geraden mit der Gleichung:

$$\frac{h_n}{d_n} = \operatorname{tg} \alpha \cdot n, \quad \text{wo} \quad \operatorname{tg} \alpha = \frac{5{,}8}{6} = 0{,}97 \,. \tag{120}$$

Die Gefäßformen, die ausgeführt werden, haben nur selten Abmessungen, die den Höchstwerten $\dfrac{h_n}{d_n}$ entsprechen, für die die Stufenzahl n aus der Geradengleichung mit

$$n = \frac{\dfrac{h_n}{d_n}}{\operatorname{tg}\alpha} = \frac{\dfrac{h_n}{d_n}}{0{,}97} \tag{121}$$

zu ermitteln wäre (immer aufrunden), sondern solche, die zwischen den Maximalwerten der einen und der nächstfolgenden Stufe liegen. Nun könnte man zwar immer die ersten Stufen gleich machen, so daß mit ihnen immer die Höchstwerte der $\dfrac{h_n}{d_n}$ erzielt werden, und nur die letzte Stufe so klein wählen, daß die gewünschten Abmessungen erreicht werden, aber das würde für die ersten Züge eine unnötig hohe Blechbeanspruchung mit sich bringen und damit die Gefahr eines vermeidbar hohen Ausschußbetrags. Aus diesem Grund zieht man vor, die den einzelnen Stufen entsprechenden Werte der $\dfrac{h_n}{d_n}$ dem Endwert entsprechend zu verringern, also nach einer anders gerichteten Geraden zu arbeiten. Als Grenze ist dabei anzunehmen, daß das Durchmesserverhältnis, das in einer bestimmten Stufenzahl zu erreichen ist, erst mit der nächst höheren $(n+1)$ erstrebt wird. Die hierdurch bestimmte Gerade hat die Richtung:

$$\operatorname{tg}\alpha = \frac{4{,}7}{6} = 0{,}68 \,. \tag{122}$$

Da die in den verschiedenen Ziehstufen erreichbaren Gefäßdurchmesser auch noch durch das Produkt $h_n \cdot d_n$ beeinflußt werden und deshalb eine individuelle Behandlung jeder Ziehaufgabe notwendig ist, wird man mit allen zwischen den durch tg $\alpha = 0{,}97$ und tg $\alpha = 0{,}68$ begrenzten Richtungen rechnen müssen. Die Rechnung ist einfach.

Nach der Geradengleichung: $\dfrac{h}{d} = \mathrm{tg}\,\alpha \cdot n$ werden mit tg $\alpha = \dfrac{\left(\dfrac{h_n}{d_n}\right)}{n} = \dfrac{x}{n}$ die Werte für $\dfrac{h}{d}$ für die

$$
\left.
\begin{aligned}
\text{1. Stufe} \qquad & \frac{h_1}{d_1} = \frac{x}{n} \cdot 1; \\[2mm]
\text{2. Stufe} \qquad & \frac{h_2}{d_2} = \frac{x}{n} \cdot 2; \\[2mm]
(n-1)\text{te Stufe} \qquad & \frac{h_{(n-1)}}{d_{(n-1)}} = \frac{x}{n} \cdot (n-1).
\end{aligned}
\right\} \tag{123}
$$

Setzt man in diese Gleichungen, die aus der Gleichung

$$
h_1 \cdot d_1 = h_2 \cdot d_2 = h_n \cdot d_n = y \tag{124}
$$

zu erhaltenden Werte h

$$
h_1 = \frac{y}{d_1}, \quad h_2 = \frac{y}{d_2}, \ldots, \quad h_n = \frac{y}{d_n}
$$

ein, so wird:

$$
\frac{y}{d_1^2} = \frac{x}{n}, \quad \frac{y}{d_2^2} = \frac{x \cdot 2}{n}, \ldots, \quad \frac{y}{d_n^2} = \frac{x \cdot n}{n}
$$

oder

$$
d_1^2 = n \cdot \frac{y}{x}, \quad d_2^2 = n \cdot \frac{y}{x} \cdot \frac{1}{2}, \ldots, \quad d_n^2 = \frac{n y}{x} \cdot \frac{1}{n}
$$

und

$$
d_1 = \sqrt{n \frac{y}{x}}, \quad d_2 = \sqrt{n \frac{y}{x} \cdot \frac{1}{2}}\,\sqrt{2}, \ldots, \quad d_n = \sqrt{\frac{n y}{x} \frac{1}{n}}\,\sqrt{n}\,. \tag{125}
$$

Aus dieser Gleichung geht hervor, daß die Stufungsziffern allein durch den ersten Ziehgang verändert werden, weil nur dieser von den Werten y und x bestimmt ist, während die weiteren Stufen durch ein festes und unabänderliches Verhältnis zur ersten Stufe bedingt sind.

Beispiel: Für einen zu fertigenden Hohlzylinder mit den Endmassen $d_n = 100$, $h_n = 580$, der mit $\dfrac{h_n}{d_n} = 5{,}8$ in $n = \dfrac{5{,}8}{0{,}97} = 6$ Stufen zu erstellen ist, wird, da

$$
\frac{h_n}{d_n} = \frac{580}{100} = 5{,}8 = x,
$$

$$
h_n \cdot d_n = 58000 = y,
$$

$$
\sqrt{\frac{n y}{x}} = 245,
$$

$$d_1 = 245,$$
$$d_2 = 245 \cdot \tfrac{1}{2} \sqrt{2} = 173,$$
$$d_3 = 245 \cdot \tfrac{1}{3} \sqrt{3} = 141,5,$$
$$d_4 = 245 \cdot \tfrac{1}{4} \sqrt{4} = 122,5,$$
$$d_5 = 245 \cdot \tfrac{1}{5} \sqrt{5} = 108,5,$$
$$d_6 = 245 \cdot \tfrac{1}{6} \sqrt{6} = 100.$$

Dieses Beispiel gibt wertvolle Anregung zur Betrachtung über die Stufungsmöglichkeit überhaupt, denn bei einem Ziehscheibendurchmesser

$$D = \sqrt{d^2 + 4dh} = \sqrt{100^2 + 4 \cdot 100 \cdot 580} = \sqrt{242000},$$
$$D = 492$$

wird mit $D = 100\%$

$$d_1 = 0,5 \quad D = 50\%,$$
$$d_2 = 0,35 \quad D = 35\% \quad = 0,7 \quad d_1,$$
$$d_3 = 0,29 \quad D = 29\% \quad = 0,82 \; d_2 = 0,58 \, d_1,$$
$$d_4 = 0,25 \quad D = 25\% \quad = 0,865 \, d_3 = 0,5 \quad d_1,$$
$$d_5 = 0,22 \quad D = 22\% \quad = 0,885 \, d_4 = 0,44 \, d_1,$$
$$d_6 = 0,204 \, D = 20,4\% = 0,92 \; d_5 = 0,41 \, d_1.$$

Die Abnahme der Stufungsmöglichkeit mit der Zahl n der Züge (Satz 1 von Brasch), hatte schon Musiol erkannt. Er hat für den Anschlag

die Stufung $\qquad m_1 = (56 + 0{,}016\,D)$ bis $(63 + 0{,}016\,D),$

die zweite Stufe $\quad m_2 = (63 + 0{,}02\,d_1)$ bis $(72 + 0{,}02\,d_1),$

die dritte Stufe $\quad m_3 = (72 + 0{,}02\,d_2)$ bis $(80 + 0{,}02\,d_2)$ $\qquad (126)$

angegeben. Auch bei diesen entspricht die obere Grenze des Wertes für die eine Stufe der unteren Grenze für die nächstfolgende Stufe, doch ist die Steigerung des Wertes der Stufungsziffer, also die Verringerung der Stufungsmöglichkeit, schwächer als bei Brasch, wenn sie auch bei wachsendem Ziehdurchmesser noch zunimmt. Diese Werte ermöglichen demnach eine größere Stufung als die von Brasch. Da aber keine Beziehung zwischen den einzelnen Ziehstufen besteht, kann auf diesen Vorteil verzichtet werden, zumal er mehr als ausgeglichen wird dadurch, daß man die Sätze 2 und 3 von Brasch auch auf die in den weitgehenden Versuchen für den Anschlag gefundenen Stufungsverhältnisse anwendet und mit diesen die der folgenden Stufen ermittelt.

So wird für

$$D = 222, \quad d_1 = 100, \quad n_1 = 1, \quad h_1 = 113 : \operatorname{tg}\alpha = \frac{113}{100} = 1,13 = x,$$
$$h_n\, d_n = 11\,300 = y.$$

$$d_1 = 100 \qquad\qquad = 0,45\ D,$$
$$d_2 = 100 \cdot \tfrac{1}{2}\,\sqrt{2} = 70 = 0,31\ D,$$
$$d_3 = 100 \cdot \tfrac{1}{3}\,\sqrt{3} = 58 = 0,254\,D,$$
$$d_4 = 100 \cdot \tfrac{1}{4}\,\sqrt{4} = 50 = 0,211\,D,$$
$$d_5 = 100 \cdot \tfrac{1}{5}\,\sqrt{5} = 44 = 0,186\,D,$$
$$d_6 = 100 \cdot \tfrac{1}{6}\,\sqrt{6} = 41 = 0,171\,D,$$

während man nach Musiol folgende Durchmesserstufen erhält:

$$d_1 = \qquad\qquad 132 \quad = 0,595\,D,$$
$$d_2 = \qquad\qquad 86,5 = 0,39\ D,$$
$$d_3 = \qquad\qquad 64 \quad = 0,288\,D,$$

Der Vergleich der Werte für die gleichen Stufen beweist die Richtigkeit der vorher ausgesprochenen Behauptung. Die Stufungsmöglichkeit ist damit allerdings noch nicht erschöpft, wenn man die Richtigkeit der Braschschen Sätze in Zweifel zieht; dazu gibt die Tatsache Berechtigung, daß die Sätze, abgesehen von der Beschränkung auf 0,5 bis 0,6 mm dickes Messingblech, eine starre Stufung ergeben, insbesondere für die Weiterschläge mit $\tfrac{1}{2}\sqrt{2}$, $\tfrac{1}{3}\sqrt{3}$, ... $\tfrac{1}{n}\sqrt{n}$, und zwar in allen Fällen, also ohne Berücksichtigung der bei den Ziehversuchen im Anschlag als entscheidend erkannten Faktoren der Rundung, der Blechdicke und des Ziehdurchmessers.

Ohne Frage haben diese Einflüsse auch für den Weiterschlag ihre Bedeutung und unter ihnen in erster Linie die Rundung. Diese wird im allgemeinen bei Weiterschlägen dadurch gelöst, daß man die Übergänge von einem Ziehdurchmesser zum andern nach

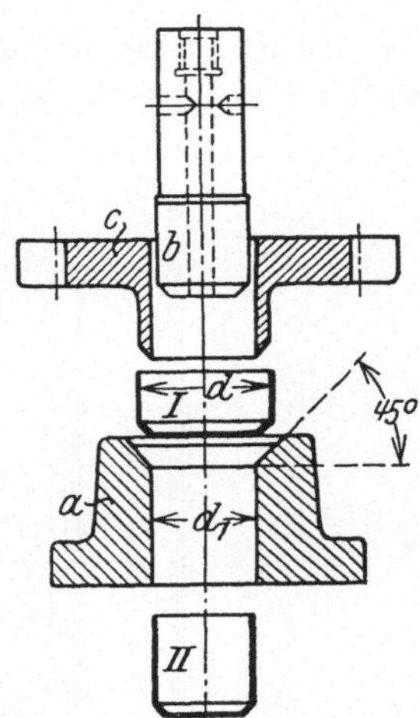

Abb. 178. Ziehring- und Ziehstempelrundung bei Weiterschlägen.

Abb. 178 unter 45° (Kaczmarek unter 35°) ausführt, doch ist diese Angabe deshalb ungenügend, weil sie die Art des Übergangs von der Senkrechten in die 45°-Linie offen läßt. Es ist zweckmäßig, diesen Übergang als Rundung mit dem für den Anschlag gefundenen günstigsten Halbmesser auszuführen, um den Ziehwiderstand zu verringern.

Welche Erhöhung der Stufung dadurch zu erzielen ist, ist leider bis jetzt nicht untersucht, doch ist nicht ausgeschlossen, daß für den Weiterschlag eine ähnliche Vergrößerung der Stufung zu erwarten ist wie für den Anschlag. Beträgt diese bei 1,5 mm Druckmessing und Ziehdurchmesser 100, wo im Anschlag als größte die Scheibe 222 mm bei einer Rundung $r_s + r_z = 23\,s$ gezogen werden konnte, also die Stufungsziffer 0,45 erreicht wurde, gegenüber Musiols Angabe einer Stufungsziffer von 0,595:

$$\frac{0,595 - 0,45}{0,395} = \frac{0,145}{0,595} = 0,245\,,$$

so erhält man für den ersten und den zweiten Weiterschlag, für die Musiol die Stufungsziffern $m_2 = 0,70$ und $m_3 = 0,77$ angibt, wenn dieselbe Verbesserung angenommen wird, als mögliche maximale Stufungsziffern $m_2 = 0,53$ und $m_3 = 0,58$. Damit würde die Stufung beim zuvor angeführten Beispiel wie folgt verlaufen:

$$D = 222 \quad = \quad\quad\quad 1 \quad \cdot D\,,$$
$$d_1 = 100 \quad = \quad\quad\quad 0,45 \cdot D\,,$$
$$d_2 = 53 \quad = 0,53\,d_1 = 0,24 \cdot D\,,$$
$$d_3 = 30,8 = 0,58\,d_2 = 0,14 \cdot D\,.$$

Die Stufung (d), die in Abb. 179 a) der von Brasch angegebenen, b) der von Brasch angegebenen und nach den Anschlagversuchen kor-

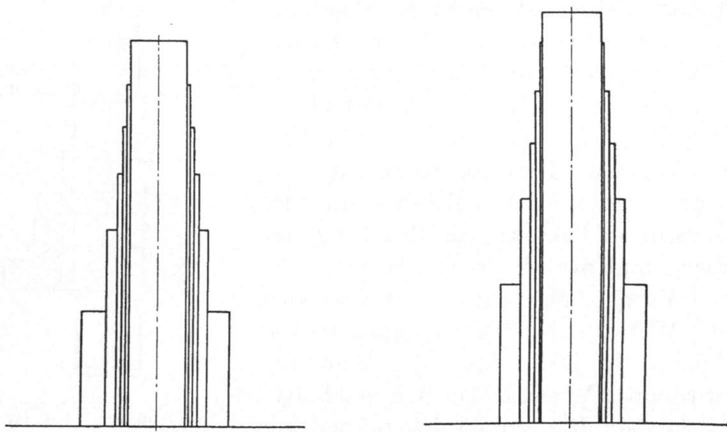

Abb. 179a und b. Vergleich verschiedener Stufungsarten.

$D = 222$ mm. $\qquad d_1 = 111$; $h_1 = 81$.
$d_2 = 78$; $h_2 = 138$. $\qquad d_3 = 64$; $h_3 = 177$.
$d_4 = 55$; $h_4 = 210$. $\qquad d_5 = 49$; $h_5 = 239$.
$\qquad d_6 = 44$; $h_6 = 270$.

$D = 222$ mm. $\qquad d_1 = 100$; $h_1 = 98$.
$d_2 = 70$; $h_2 = 158$. $\qquad d_3 = 58$; $h_3 = 197$.
$d_4 = 50$; $h_4 = 233,5$. $\qquad d_5 = 44$; $h_5 = 268$.
$\qquad d_6 = 41$; $h_6 = 290$.

rigierten, c) der von Musiol angegebenen gegenübergestellt ist, wäre die schnellste. Die Möglichkeit ihrer Durchführungsverwirklichung scheint nicht so fernliegend, wenn man sie mit den anderwärts genannten Stufungsziffern vergleicht:

$$0{,}66;\ 0{,}78;\ 0{,}76;\ 0{,}74;\ 0{,}65;\ 0{,}60;\ 0{,}59;\ 0{,}54;$$

die den Sätzen von Brasch ganz widersprechen und daher nur so zu verstehen sind, daß sie bei Weiterschlägen zwar erreicht wurden, aber nicht bei allen Ziehverhältnissen erreicht werden können.

Diese Stufungsziffern sollen sogar erreicht worden sein, trotz-

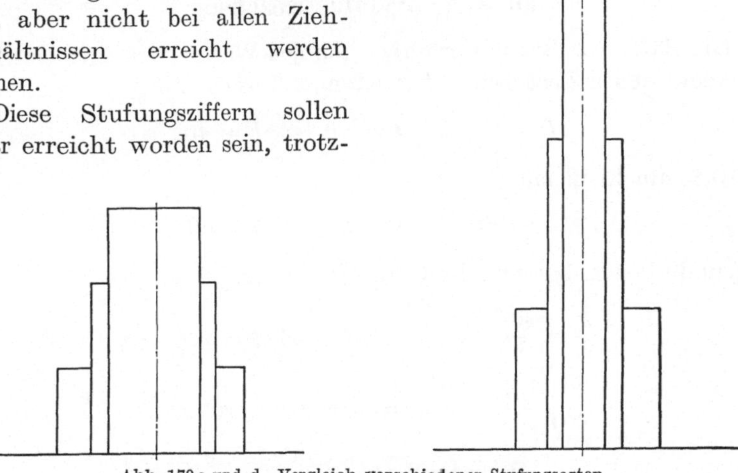

Abb. 179 c und d. Vergleich verschiedener Stufungsarten.

$D = 222$ mm. $d_1 = 132;\ h_1 = 60{,}2.$ $D = 222$ mm. $d_1 = 100;\ h_1 = \ \ 98.$
$d_2 = 86{,}5;\ h_2 = 120.$ $d_3 = \ \ 64;\ h_3 = 172.$ $d_2 = \ \ 53;\ h_2 = 218.$ $d_3 = 398;\ h_3 = 392.$

dem nur nach jedem zweiten oder dritten Zug geglüht wurde, während man sonst bei Weiterschlägen im allgemeinen nach jedem Zug glüht. Dies ist allerdings nicht immer erforderlich, denn bei nicht zu großer Stufung, z. B. einem Anschlag von $m_1 = 129/222 = 0{,}58$ und einem Weiterschlag von $m_2 = 106/129 = 0{,}82$ ist für Tiefziehbandeisen von 0,4 mm eine Zwischenglühung überflüssig, ob sie aber bei so großen Stufen wie den oben genannten entbehrt werden kann, scheint doch fraglich zu sein.

Eine einwandfreie Klärung wäre wegen der Größe des zu erwartenden Erfolgs dringend zu wünschen.

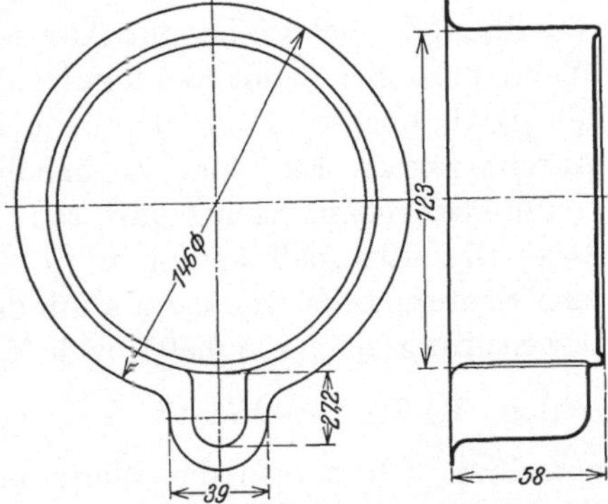

Abb. 180. Schwierige Ziehform im Anschlagwerkzeug vor und fertig gezogen.

Zwischenglühungen ersetzen mitunter die Durchführung des Weiterschlags in einem besonderen Werkzeug. Dies ist vorteilhaft bei schwierigen Ziehformen, z. B. Abb. 180, wo die Fertigung eines zweiten Werkzeugs teuer wäre und daher vermieden werden soll. Wenn man im Anschlag die Ziehscheibe nur zur Hälfte in den Unterteil zieht und das so vorgezogene Gefäß ausglüht, kann man es im gleichen Werkzeug fertig ziehen.

73. Die Stufung beim Weiterschlag von Hohlgefäßen mit zwei Symmetrieachsen.

Die Sätze von Brasch erlauben auf den Werten des Anschlags aufzubauen, denen Zieharbeiten für 1,2 mm Messing mit

$$D = 28, \qquad d = 6, \qquad h = 40,$$

für 0,8 mm Eisen mit

$$D = 80, \qquad d = 16, \qquad h = 69$$

zugrunde liegen. Daraus erhält man für Messing mit:

$$\frac{h}{d} = \frac{40}{8} = x; \qquad h\,d = 40 \cdot 6 = 240 = y;$$

$$\sqrt{\frac{n\,y}{x}} = \sqrt{36} = 6 = d_1 = 0{,}207\,D,$$

$$d_2 = \tfrac{1}{2}\sqrt{2} \cdot d_1,$$

$$d_3 = \tfrac{1}{3}\sqrt{3} \cdot d_1,$$

$$d_n = \tfrac{1}{n}\sqrt{n} \cdot d_1.$$

Man kommt also wieder auf die starre Stufung der Weiterschläge und dieselben Zweifel wie bei der Anwendung der Sätze bei Hohlzylindern. Wenn man sich damit nicht zufrieden gibt, dann bleibt wieder nichts übrig, als ebenso wie bei den Hohlzylindern die Erkenntnisse aus den Anschlagsversuchen, hier natürlich den bei Hohlgefäßen mit zwei Symmetrieachsen, sinngemäß auf die Weiterschläge zu übertragen. Das will heißen, daß, wenn man im Anschlag für rechteckige Hohlgefäße eine Stufungsziffer von 0,2 als mindest zulässig erkannt hat, gegenüber der Stufungsziffer von 0,595 nach Musiol, man für den ersten Weiterschlag eine Stufungsziffer von $\dfrac{0{,}2}{0{,}595} \cdot 0{,}655 = 0{,}22$ annehmen darf. Im allgemeinen scheut man die Weiterschläge von Hohlgefäßen mit mehr Symmetrieachsen. Wenn man sie für einen bestimmten Zweck doch braucht, so kann man sie dadurch umgehen, daß man die ersten Züge zylindrisch macht und erst zum Schluß auf die eckige Form übergeht.

Beispiel: Zu ziehen ist ein rechteckiges Gefäß mit dem Grundriß $51,5 \times 69$ mm und der Höhe $h = 112$ mm, dem Halbmesser der Eckenrundung $r_n = 7,5$ und dem der Ziehkantenrundung $r_s = r_z = 4$ mm.

Die Ermittlung der Ziehscheibe erfolgt wie früher und führt hier (Abb. 181) für die rechteckige Stufung mit der Grundrißgröße 85×70 und die Eckenrundung $r_1 = 15$ mm im Anschlag nach der Rechnung auf einen Kreis vom Halbmesser $R = 97$ mm, während für die zylindrische Anschlagstufung mit dem Durchmesser $d_1 = 98$ mm eine Scheibe vom Halbmesser 95 mm als genügend groß gefunden und ausgeführt wurde.

Beide Wege führen nach einer Zwischenglühung mit dem zweiten Zug zur Schlußform, also gleich rasch zum Ziel, doch läßt sich bei rechteckiger

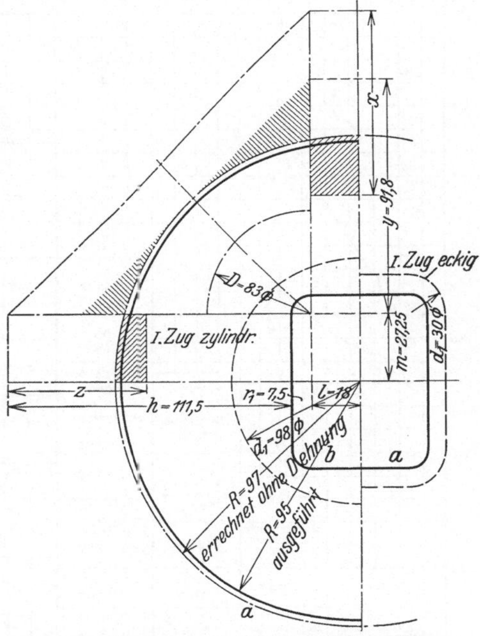

Abb. 181. Weiterschlag bei Gefäßen mit zwei Symmetrieachsen, erst zylindrisch und dann eckig (links) oder gleich eckig (rechts).

Stufung eine bessere Genauigkeit der Form erzielen, während bei zylindrischem Anschlag die Werkzeugkosten niedriger sind.

74. Stufung von Umdrehungshohlgefäßen mit nach oben sich erweiternder, sonst beliebig geformter Erzeugungskurve.

Bei Hohlgefäßen dieser Art, bei denen es weniger auf die Stufengröße ankommt als auf die Sicherheit der Fertigung, gewinnt die Arbeit von Brasch und insbesondere die Übersicht, die er gibt (Abb. 182), eine ganz besondere Bedeutung. Seine bei den Hohlzylindern angeführten Sätze behalten ihre Gültigkeit; sie werden noch ergänzt durch folgende:

1. Je verwickelter die Endform eines Ziehgegenstandes ist, desto mehr Züge sind zu ihrer Ausbildung erforderlich;

2. von großem Vorteil ist es, die Endteile in zwei Teile zu teilen, einen inneren und einen äußeren, und zuerst den inneren Teil und dann den äußeren Teil zu ziehen (Abb. 183);

3. den geringsten Gleitwiderstand R bilden gerade, schräge und senkrechte Ziehflächen, Bauchungen dürfen erst zum Schluß ausgebildet werden;

4. bei jedem Ziehgang ist so viel Material in die Matrize zu ziehen, als die Ausbildung der weiteren Stufen erfordert, ein Zuwenig verursacht Risse, ein Zuviel dagegen Falten;

5. die Endform wird durch Fertigschlagwerkzeuge hergestellt, die die Bauchungen, Anstöße, Winkel, Kurven usw. ausbilden.

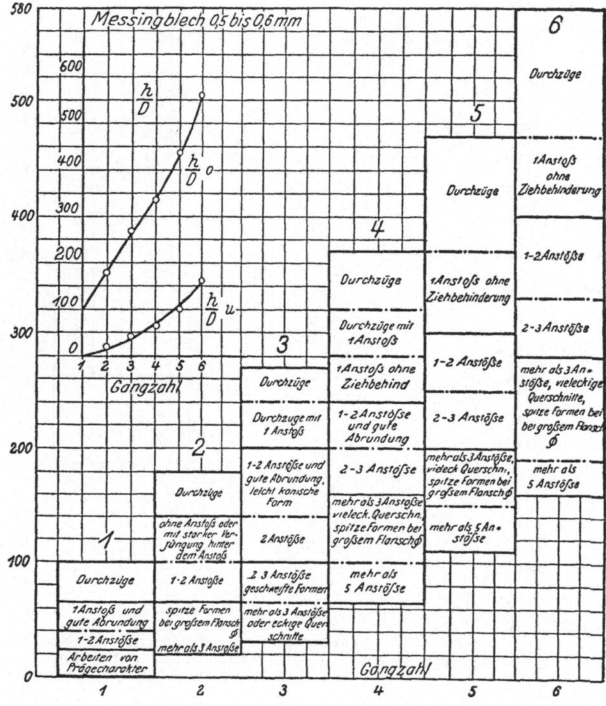

Abb. 182. Stufungsmöglichkeit von Umdrehungshohlgefäßen mit beliebiger Erzeugungskurve.

Die Ermittlung der Stufen erfolgt wie bei den Hohlzylindern. Die Abb. 182 gibt die Zahl der Stufen an, die für die Hohlgefäße je nach der Gefäßform nötig sind, wobei zu beachten ist, daß als Durchmesser d_n jeweils der kleinste und als Höhe h_n die Gesamthöhe genommen werden muß.

Die Werte der Ziehdurchmesser für die einzelnen Stufen ergeben sich dann wieder aus den Gleichungen $\frac{h_n}{d_n} = x \cdot n$ und $h_n \cdot d_n = y$ rechnerisch oder graphisch aus den aufgezeichneten Kurven.

Beispiel: Es soll ein Weckergehäuse gezogen werden mit den Maßen der Abb. 184a aus Messingblech von der Dicke $s = 0{,}4$ mm. Zur Bestimmung der Ziehscheibengröße teilt man das Gefäß in 5 Abschnitte ein:

a) einen Zylinder vom lichten Durchmesser 8,3 cm und der lichten Höhe 0,8 cm;

b) einen Mantelring vom lichten Durchmesser 8,9 cm und der Breite von 1,2 cm;

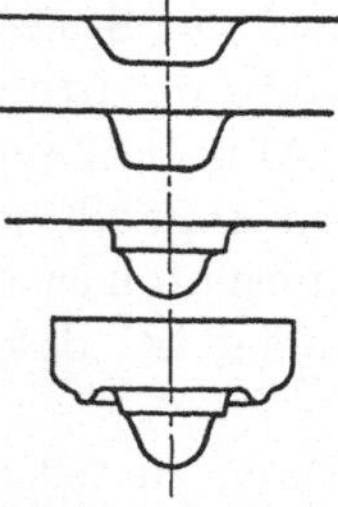

Abb. 183. Anlage der Ziehstufen, erst innerer Teil des Hohlgefäßes, dann äußerer.

c) einen Mantelring vom lichten Durchmesser 10,2 cm und der Breite 2,5 cm;

d) einen Mantelring vom lichten Durchmesser 11,1 cm und der Breite 2,6 cm;

e) einen Kreisring vom mittleren Durchmesser 11,3 cm und der Breite 0,2 cm.

Damit wird der Scheibendurchmesser D gleich

$$\sqrt{8,3^2+4\cdot8,3\cdot0,8+4\cdot8,9\cdot1,2+4\cdot10,2\cdot2,5+4\cdot11,1\cdot2,6+4\cdot11,2\cdot0,2},$$

also
$$D = 189\ \text{cm}.$$

Das Gefäß hat 3 Anstöße, die als geschweift betrachtet werden können, so daß zur Fertigung nach Abb. 182 drei Züge notwendig sind. Mit

$$\frac{h_3}{d_3}\cdot100 = \left(\frac{71}{83}\right)\cdot100 = 85,5$$

ist die Gerade aufzuzeichnen (Abb. 184 b), die dieses Verhältnis für den ersten Zug mit $h_1:d_1 = 2,9$, für den zweiten Zug mit $h_2:d_2 = 5,8$ bestimmt.

Da ferner $d_3\cdot h_3 = 8,3\cdot7,1 = 59$, so wird:

$$h_1^2 = \sqrt{2,9\cdot5,9}\ ;\qquad h_1 = 1,3\ \text{cm},$$
$$h_2^2 = \sqrt{5,8\cdot5,9}\ ;\qquad h_2 = 5,55\ \text{cm}.$$

Mit diesen Werten für h_1 und h_2 würde die Stufung insofern ungünstig, als beim zweiten Zug ein Gefäß mit 3 Anstößen erreicht werden müßte. Dies ist aber nach Abb. 182 nicht möglich, da nach ihr für ein Gefäß mit 3 Anstößen in 2 Zügen nur ein Verhältnis $\left(\frac{h}{d}\right)\cdot100 = 40$ bis 50 erreicht werden kann, im vorliegenden Fall also eine Tiefe von 48,5 bis 54 mm.

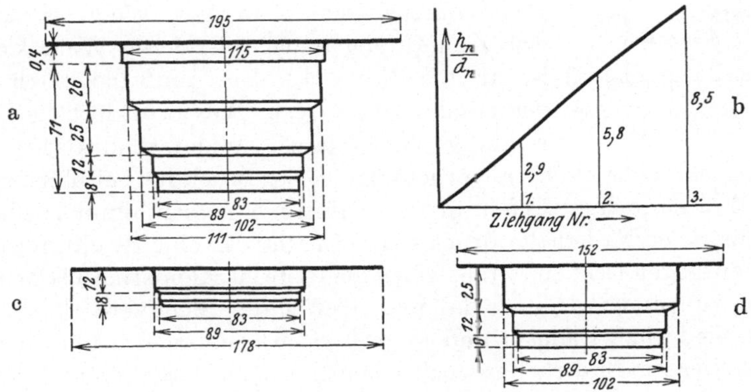

Abb. 184 a bis d. Weckergehäuse und dessen Ziehstufen.

Mit Rücksicht auf die Gehäuseform muß daher gewählt werden: $h_1 = 20$ und $h_2 = 46$, so daß die Stufen der Abb. 184 c und 184 d erreicht werden mit $d_1 = 83$ mm und $d_2 = 89$ mm.

Die Ausführung der Züge hat gezeigt, daß die Größe der errechneten Scheibe nicht ausreichte. Diese Erscheinung ist einigermaßen verblüffend,

denn man sollte eher eine Dehnung erwarten. Bei näherem Zusehen ist
aber die Erklärung leicht zu finden; sie ist in der Werkzeugfertigung verankert. Der Blechflansch der Gefäße nach dem ersten Zug und nach dem
zweiten Zug ist dicker als das Blech vor dem Ziehen. Nun wurden aber
die Weiten der nachfolgenden Ziehwerkzeuge dieser Verdickung entsprechend gewählt, so daß sie erhalten bleibt. Dem Blechbedarf nach bedeutet sie einen Verlust.

So ist also nicht die Form eines Gehäuses allein maßgebend für die
Größe des Zuschnitts, sondern auch die Art der Herstellung. Diese muß
bei der Anwendung jeder Rechnung im Auge behalten und unter Umständen zur Berichtigung der Rechnung herangezogen werden.

XVI. Die Weite des Ziehwerkzeugs.

75. Einfluß der Weite.

Die Weite w des Ziehwerkzeugs, d. i. der halbe Unterschied zwischen
Ziehstempel und Ziehringdurchmesser, also

$$w = \tfrac{1}{2}(d - d_1), \text{ Abb. 185} \qquad (127)$$

wirkt sich zwar der Art nach ähnlich aus wie die Größe der Rundung,
nicht aber der Bedeutung nach, wenigstens so lange nicht, als sie nicht

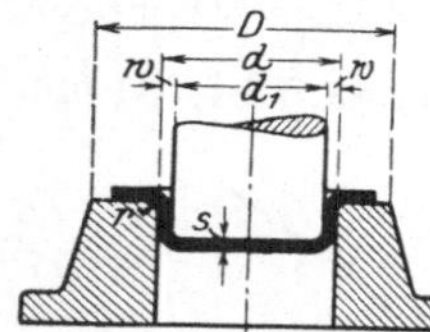

zu klein ist. Wenn der Niederhalter nicht stark genug auf den Blechrand drückt, so kann das Blech
unter dem Niederhalter über seine ursprüngliche
Dicke hinaus verdickt werden. Wenn es nun in
eine Ziehöffnung treten soll, deren Weite kleiner
ist als die Blechdicke, dann muß das Blech wieder geschwächt werden. Dies erfordert die Überwindung eines starken Widerstandes und also

Abb. 185. Weite w des Ziehwerkzeugs.

eine zusätzliche Blechbeanspruchung, die den Bruch herbeiführen kann.

Man kann dieser Gefahr auf zwei Weisen begegnen, einmal dadurch,
daß man den Niederhalterdruck so groß macht, daß eine Blechverdickung
ihm entgegen nicht eintreten, wobei die Weite ihr Kleinstmaß bekommen
kann, zum andern dadurch, daß man die Weite der Blechverdickung unter
dem Niederhalter anpaßt und so groß wie möglich macht, um mit möglichst kleinem Niederhalterdruck arbeiten zu können. Sicherer scheint zunächst der zweite Weg. Offensichtlich erleichtert er die Zieharbeit durch
Ausschalten jeder überflüssigen und unberechenbaren Reibungsarbeit und
durch Auffangen des ersten Ziehdrucks, des Stempelaufpralls bei raschem
Ziehen, mit einer möglichst großen Ringfläche und Verteilung also der
ersten und eigentlich gefährlichsten Beanspruchung auf eine möglichst
große Fläche. Er vermeidet aber auch durch die Unterschiede in der
Blechdicke allenfalls entstehende Schwierigkeiten. Allein er bringt einen

nicht unbeachtlichen Nachteil mit sich; die Verdickung des Blechs über das Anfangsmaß hinaus erhöht den Blechverbrauch in unnötiger und daher unzulässiger Weise. Aus diesem Grund ist es wünschenswert, sich bei den meist üblichen einfachen Zieharbeiten dem ersten Weg zu nähern. Zu diesem drängt auch noch ein anderer Grund. Bei größeren Rundungen verläßt die Blechscheibe die Führung des Niederhalters schon verhältnismäßig früh. Ist in diesem Fall die Weite $w = \frac{1}{2}(d - d_1) > s$, also größer als die Blechdicke, so wird der Rand, wie Abb. 186 zu zeigen versucht, im Ziehring nicht mehr gestreckt und also die Wandung nicht mehr senkrecht zum Gefäß-boden; sie bleibt wellig. Diese Gefahr ist deswegen besonders stark, weil der Blechrand durch die vorauf-gegangene Beanspruchung während der Werkstoffwande-rung verhärtet und steifer geworden ist und durch Nach-federung einer Streckung innerhalb des Verformungs-

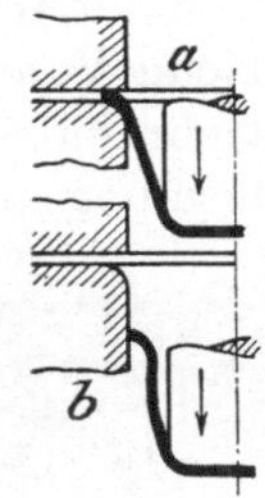

Abb. 186. Veränderung des Gefäßrands bei zu großer Rundung.

bereichs, der durch den vorausgegangenen Höchstgrad begrenzt ist, unüberwindlichen Widerstand leistet. Diese Erkenntnis sagt aber auch, daß die Grenze für die Weite dadurch gegeben ist, daß sie auch den oberen Rand des Gefäßes deformiert, ebnet, also schwächt.

76. Richtige Weite der Ziehöffnung.

Da aus den schon früher aufgeführten Gründen den verwickelten Vorgängen durch die Rechnung nicht beizukommen ist, muß auch über die Zweckmäßigkeit der Weite der Versuch entscheiden. Verlangt wird, durch ihn eine möglichst breite Ziehöffnung zu finden, bei der aber eine Verschlechterung der Form der Hohlgefäßwand noch nicht eintreten darf.

Zu diesem Zweck wurden in einem Werkzeug bei gleichbleibender Weite $w = 1{,}2$ mm

Messingbleche von der Dicke $s = 1{,}3 \cdot 1{,}2 \cdot 1{,}0 \cdot 0{,}9 \cdot 0{,}6 \cdot 0{,}4$ mm und
Eisenbleche von der Dicke $s = 1{,}2 \cdot 1{,}0 \cdot 0{,}8 \cdot 0{,}6$ mm

gezogen. Die Abb. 187 und 188 für Messing und Eisen zeigen die aus einer

Abb. 187. Ziehversuche mit Messingblech zur Ermittlung der größten zulässigen Weite.

Scheibe von $D = 82$ mm gezogenen Gefäße vom lichten Durchmesser $d = 46$ mm und ganz deutlich die Änderung des Hohlgefäßprofils mit abnehmender Blechdicke, die begleitet ist von einer Verschiebung im

Gefäßrand. Dieser ist nicht mehr eben, sondern ungleichmäßig hoch; es bilden sich Zungen, die abgeschnitten werden müssen und deshalb Werkstoffverlust verursachen, der vermieden werden sollte. Auf der andern Seite zeigt sich, daß bei Messing sogar Züge mit einer Weite $w < s$ ohne Anstand möglich sind, woraus zu schließen ist, daß eine kleine Verengung bei ($s = 1,3$) an der Ziehöffnung keinen großen Nachteil mehr bietet, wenn das Blech schon im Zustand der plastischen Verformung, dem Fließzustand, ist und darin erhalten bleibt. Selbst-

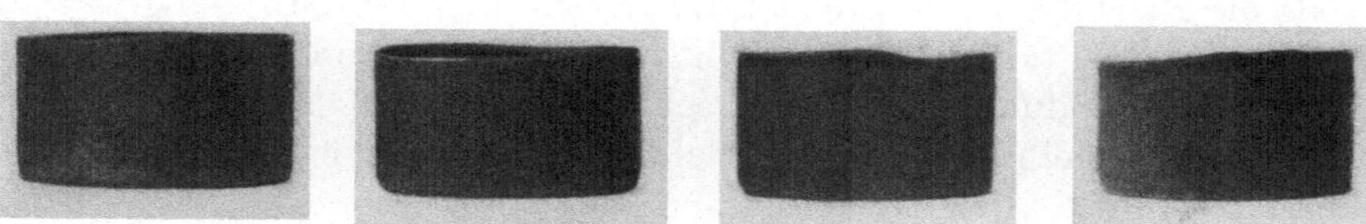

Abb. 188. Ziehversuche mit Eisenblech zur Ermittlung der größten zulässigen Weite.

verständlich darf diese Verengung nicht so weit getrieben werden, daß der durch sie hervorgerufene „Zieh"-Widerstand die Spitzenbeanspruchung verursacht. Aber bis zu dieser Grenze darf man herangehen, besonders da die Erweiterung der Ziehöffnung auch hinsichtlich der möglichen Stufung keinen Vorteil bringt, wie die Züge beweisen, die durch die mit * bezeichneten Ziffern der Zahlentafel 20 dargestellt sind. Dies überrascht einigermaßen, findet aber seine Erklärung durch den Umstand, daß die Beanspruchung des Blechs durch die Enge der Ziehöffnung erst in Wirkung kommt, wenn die Beanspruchung durch die

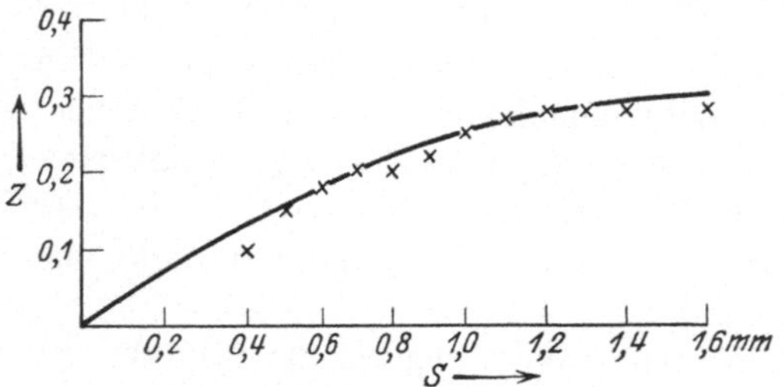

Abb. 189. Abhängigkeit des die Weite bestimmenden Zuschlags z zur Blechdichte s in Abhängigkeit von der Blechdicke.

Verformung ihr Höchstmaß überschritten hat. So kann man wenigstens für Messing und ihm der Ziehfähigkeit nach verwandte Werkstoffe ohne Bedenken eine Weite gleich der ursprünglichen Blechdicke nehmen, also

$$w = s. \tag{128}$$

Bei Eisen sind die Verhältnisse insofern anders, als das Profil sich mit abnehmender Blechdicke weniger rasch verändert. Selbst bei einer Blechdicke von 1,0 mm ist noch kein Formmangel wahrnehmbar. Folgen den Zügen noch Weiterschläge, so ist sogar eine Änderung der Wandform zulässig, die bei $s = 0,9$ und 0,8 mm und einer Weite von $1,3\,s$ bis $1,5\,s$ noch innerhalb der Gütegrenze liegt. Wenn man bei Eisen eine Weite $w = 1,2\,s$ empfiehlt, so in erster Linie mit Rücksicht auf die Schwankungen der Blechdicke einer Tafel bzw. eines Bandes, die bei Eisen infolge des größeren Verformungswiderstandes größer sind als bei Messing.

Von verschiedenen Seiten wird angenommen, daß nicht nur die Blechart, sondern auch die Blechdicke s die Vergrößerung z der Weite w über den Betrag $w = s$ hinaus entscheidet. Die Firma Schuler hat sich auf eine Berücksichtigung in der Höhe von $z = 0$ bis $0{,}2$ beschränkt, wobei die Verteilung des Zuschlags auf die Blechdicken einer jeweiligen Entscheidung vorbehalten bleibt, während anderwärts eine stetige Beziehung zwischen der Blechdicke s und dem Zuschlag z hergestellt ist, die in Abb. 189 wiedergegeben ist. Auf welcher Grundlage diese Ergebnisse aufgebaut sind, ist allerdings nicht gesagt, es scheint aber nicht, daß sie sich auf besonders angestellte Versuche gründen. Die sorgfältige wissenschaftliche Erklärung scheint nach dem geringen Einfluß einer reichlichen Bemessung der Weite über $w = s$ hinaus nicht dringend notwendig.

77. Kegelige Gefäße und Halbkugeln.

Die ausführliche Besprechung des Einflusses der Weite hätte sich durch das Ergebnis hinsichtlich ihrer Bemessung und des Einflusses der Bemessung auf die Ziehfähigkeit nicht gerechtfertigt. Sie schafft aber die gedanklichen Grundlagen für das meist nur versuchsmäßig gewonnene Vorgehen bei gewissen nach unten verjüngten Ziehformen, wie sie z. B. von den kegeligen und halbkugeligen Gefäßen dargestellt werden. Wollte man derartige Gefäße in einem Zug erstellen, ohne besondere Vorkehrungen getroffen zu haben, so würde eine große Fläche zwischen Unterkante des Ziehstempels und Oberkante des Ziehrings liegen, also zwangsläufig ein Ziehwerkzeug mit großer Weite $w = \dfrac{D - d}{2}$ entstehen, mit allen Nachteilen dieser, insbesondere der starken, unhemmbaren Neigung zur Faltenbildung. Beim Tiefergehen des Ziehstempels müßten nämlich die Teile in der Ziehöffnung sich von ihren Durchmessern dx frei auf kleinere Durchmesser dy verringern (Abb. 190). Dabei müßten Falten sich bilden, weil kein Niederhalter oder eine andere Richtung diesem Bestreben entgegengestellt werden können. Die Gefahr kann nur dadurch umgangen werden, daß man die Durchmesser d nicht zur freien Verkleinerung, sondern zur freien Vergrößerung zwingt, also keine Stauchbeanspruchung wählt, sondern eine Zugbeanspruchung des freiliegenden Blechs, als Folge einer Abstufung nach Abb. 191 und

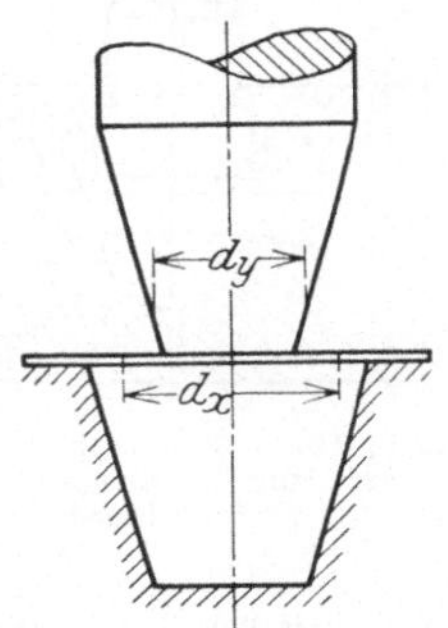

Abb. 190. Kegeliges Gefäß. Erstellung durch Schlagen erforderte freie Durchmesserverringerung.

Zahlentafel 26. Beim letzten Zug, dem Formzug, werden die Stufen zwischen Stempel und Ziehform glatt gepreßt. Während die Art der stufenweisen Formbildung ganz allgemeiner Natur ist, aber nur, wie schon der Name sagt, in mehreren Arbeitsgängen zum Erfolg führt, gibt es für seichte Teile noch andere, einfachere Wege. Wenn es nämlich möglich ist, den Niederhalterdruck so groß zu machen, daß eine

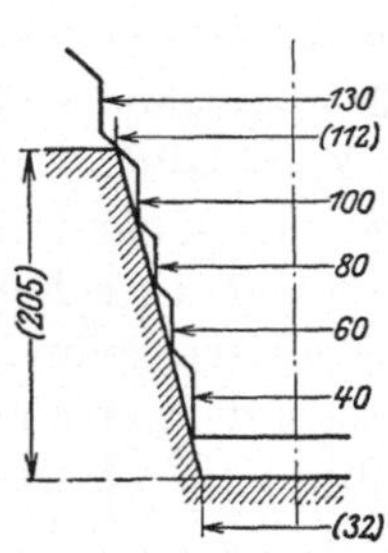

Abb. 191. Stufung eines verjüngten Gefäßes mit Blechreckung beim Formzug.

Zahlentafel 26.

Ziehgang	Stempeldurchm. d_n mm	Abstufungskoeffizient m
0	280	0
1	170	0,61
2	130	0,76
3	110	0,77
4	80	0,80
5	60	0,75
6	40	0,67
7	32	0,80 Formzug

Wanderung des Blechflansches nur dann erfolgt, wenn die Dehnungsfähigkeit der Blechfläche in der Ziehöffnung ganz ausgenützt ist, dann wird die Entstehung von Falten durch die Spannung im Werkstoff von vornherein verhindert. Der Werkstoff wird in diesem Fall auch noch in der Ziehöffnung im Fließzustand sein. Dazu gehört natürlich, daß bis zum Schluß des Ziehgangs ein Flansch unter dem Niederhalter ist.

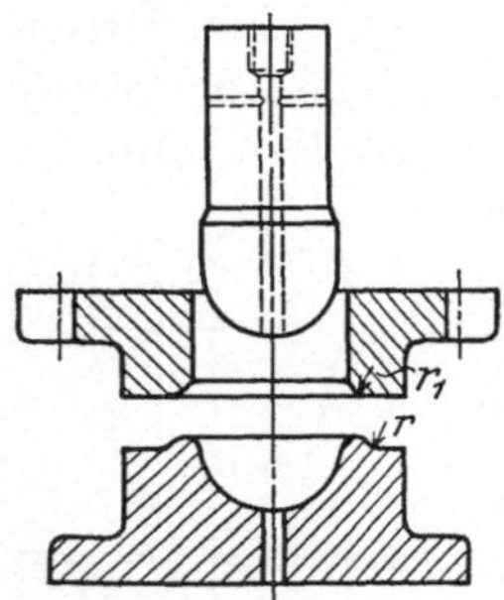

Abb. 192. Ziehen über eine Wulst zur Vermeidung der Faltenbildung.

Die Aufrechterhaltung dieses Niederhalterdrucks wird begünstigt durch ein dem Schlagen verwandtes rasches Ziehen, weil bei hoher Geschwindigkeit die ganze Wucht des Stempels von dem Blech in der Ziehöffnung aufgenommen werden muß, da der Blechflansch infolge Gegenwirkung (Anfahrwiderstand) nur langsam in Bewegung kommt, oder aber durch ein anderes mehr oder weniger durch Zufall entdecktes, die Anbringung einer Wulst auf dem Ziehring nach Abb. 192 und einer entsprechenden Rille im Niederhalter; mit solchen Halbmessern, daß der Blechflansch beim Übergang von der Fläche des Ziehrings zur Wulst den größten Druck erhält, oder anders gesagt, die engste Stelle zu durchschreiten hat. Diese Ausbildung entspricht örtlich einer Vorverlegung der Ziehkante und spannungsmäßig der Aufrechterhaltung der gleichmäßigen Blechbeanspruchung vom Beginn des Ziehens bis zu seiner Beendigung. Der letztere Zustand ist der wichtigere. Er ist be-

dingt durch die kleinere Rundung des Niederhalters, die als zweite
Biegekante an die Stelle der Stempelkante getreten ist. Die Größe der
Biegekante bedingt mit der Gleichmäßigkeit auch eine Erhöhung der
Blechbeanspruchung. Diese Tatsache widerlegt am besten die in der
Literatur festgehaltene Behauptung, das Wulstverfahren ermögliche auch
eine Vergrößerung der Stufung beim Ziehen von gewöhnlichen zylin-
drischen Hohlgefäßen. Das Gegenteil ist richtig[1].

Beachtet sei aber auch hier die Wechselwirkung zwischen Rundung
und Weite, diesmal in umgekehrter Weise als im Abschnitt 75 gezeichnet.
Während dort der Nachteil einer zu großen Rundung durch entsprechende Ausbildung der Weite behoben wurde, wird hier durch entsprechende Ausbildung der Rundung der Nachteil großer Weite behoben.

78. Ziehen mit Blechschwächung.

Wie die Erbreiterung der Weite über das notwendige Maß hinaus
die Stufung beeinflußt, so auch die Verengerung unter das notwendige
Maß herunter. Bei den gewöhnlichen Zieharbeiten wird man sie vermeiden,
aber es gibt Fälle, wo man sie anwenden muß, um das gewünschte Ziel zu
erreichen, z. B. wenn Gefäße gezogen werden sollen, bei denen der Boden
dicker sein soll als die Wand. Das ist bei Geschoßhülsen und Kartuschen
wegen des Widerstands gegen die Spannung der Pulvergase und bei Koch-
töpfen wegen des erhöhten Widerstands gegen die Brenngase der Fall.

Die Verengung der Weite erhöht natürlich den Ziehwiderstand und
verringert infolgedessen die mögliche Stufung. Es gibt deshalb zwei
Wege, das Ziehen mit Blechschwächung durchzuführen, entweder Stufung und Blechschwächung getrennt und nacheinander durchzuführen
oder miteinander und gleichmäßig. Der erste Weg ist bei hohen Gefäßen
vorzuziehen, weil die Werkzeuge für die ersten Züge dann auch für
Gefäße mit gleicher Dicke von Boden und Wand verwendet werden
können, während der zweite Weg immer dann beschritten wird, wenn
man schon im Anschlag zum Ziel kommt. Allerdings ist hierbei in Kauf
zu nehmen, daß die Dicke der Wand nicht gleich ist von unten nach
oben, sondern zunimmt. Gleichmäßigkeit ist wie bei den Weiterschlägen
nur durch einen besonderen Reckzug zu erhalten.

Grundsätzlich gegenübergestellt und abgewogen waren diese beiden
Wege bisher nicht und deshalb auch in der Werkstatt nicht in diesem Sinne
getrennt, so beginnt Kaczmarek die Blechschwächung für Eisen schon im
Anschlag mit 25% und setzt sie in den Weiterschlägen fort mit 30% der
Blechdicke, während Schuler (s. Abb. 89 und Zahlentafel 27) die Blechschwächung für Messing erst im dritten Ziehgang beginnt und bei abnehmender Stufung den Schwächungsbetrag von 16% der Blechdicke gleich hält.

---

[1] Das Wulstverfahren bedingt einen erhöhten Blechverbrauch, wenn der Rand
nicht gerollt werden muß.

Zahlentafel 27.

Ziehgang	Stempel-durchm. d_n mm	Matrizen-durchm. d mm	Wand-stärke s mm	Abnahme der Wandstärke mm	Abstufungs-koeffizient m
0	90	—	0,35	—	—
1	48	48,7	0,35	—	0,53
2	44	44,7	0,35	—	0,91
3	40	40,6	0,3	0,05	0,92
4	37,5	38	0,25	0,05	0,94
5	35,6	36	0,20	0,05	0,95

Kaczmarek vermeidet allerdings die Verdickung von unten nach oben durch die Verwendung von oben nach unten verjüngter Ziehstempel (Abb. 193), die ermöglicht wird, weil die Weiterzüge nur Streckzüge zu sein brauchen. Da der Grad der Blechschwächung $\frac{s_1}{s_0} \cdot 100 = \frac{0,9}{4} \cdot 100 = 22,5\%$ beträgt, ist der Durchmesser D der Blechscheibe, die man bei Voraussetzung der Volumengleichheit für das Gefäß vom Durchmesser $d = 25$ mm und der Gesamthöhe $h = 110$ mm braucht, nur $D = 50$ mm. Für die Blechstärke $s = 4$ mm entspricht dies für den gewählten Ziehstempeldurchmesser $d_1 = 24,4$ mm einer Stufung im Anschlag von

$$m = \frac{d_1 + 2\,s}{D} = \frac{24,4 + 8}{50} = \frac{32,4}{50} = 0,65\,. \tag{129}$$

Die Stufung ist also wesentlich kleiner als die höchstzulässige, daher kann schon im Anschlag mit der Blechschwächung begonnen werden.

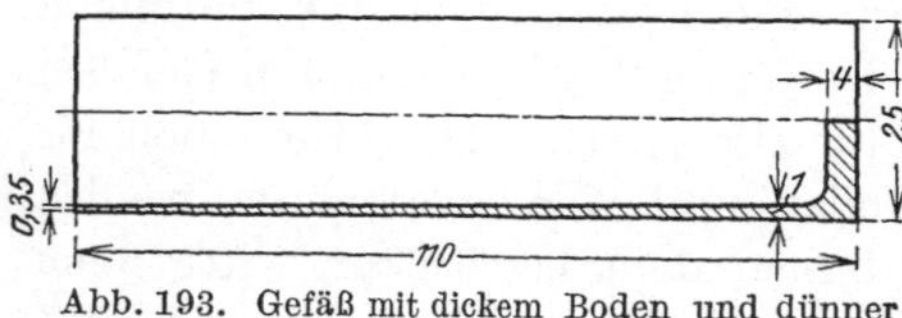

Abb. 193. Gefäß mit dickem Boden und dünner Wand.

Eine Gesetzmäßigkeit in der Abnahme der Blechdicke kann aber nach Zahlentafel 28 entgegen der Aussage von Kaczmarek nicht gefunden werden, denn die Zahlentafel zeigt für den Anschlag eine Abnahme von 42,5% der ursprünglichen Blechdicke und bei den Weiterschlägen eine unregelmäßige, schwankend zwischen 13% und 30% der vorausgegangenen. Da man annehmen darf, daß, richtige Glühung vorausgesetzt, die Blechschwächung bei den Weiterschlägen immer 30% betragen kann, so müßte man bei Verwendung nur eines Ziehstempels Stufungen nach Zahlentafel 29 erreichen können. Dadurch würde ein Ziehgang gespart, und, wenn man nicht vorzieht, die Blechschwächung gleichmäßig auf die einzelnen Züge zu verteilen, beim Endzug eine Blechschwächung von 18% übrigbleiben.

Die Größe der Blechschwächung mit abnehmender Blechdicke abnehmen zu lassen, ist richtig, weil die Widerstandsfähigkeit eines dünneren

Zahlentafel 28.

Zug Nr.	Durchmesser des		Blechdicke	
	Ziehrings	Ziehstempels	s	Schwächung $\varepsilon = \left(1 - \dfrac{s_n}{s_{n-1}}\right)100$
Scheibe	50	—	4	—
1.	29	24,4	2,3	42,5
2.	28	24,2	1,9	17,5
3.	27	24,0	1,5	21
4.	26	23,4	1,3	13
5.	25	23,2	0,9	30

Blechs gegen gleiche Dickenabnahme kleiner ist als die dickeren Bleche, oder, mit anderen Worten, weil bei gleicher Form und gleicher Dickenabnahme der Reckgrad $\varphi = \dfrac{s_n}{s_0} \cdot 100$ für ein dünneres Blech größer ist als für ein dickes. Ob allerdings die der Blechdicke proportionale Bemessung des Reckgrads die richtige ist, sei dahingestellt.

Zahlentafel 29.

Zug Nr.	Durchmesser des		Blechdicke	
	Ziehrings	Ziehstempels	s	Schwächung $\varepsilon = \left(1 - \dfrac{s_n}{s_{n-1}}\right)100$
Scheibe	50	—	4	—
1.	27,8	23,2	2,3	42,5
2.	26,4	23,2	1,6	30
3.	25,4	23,2	1,1	30
4.	25	23,2	0,9	18

Auch die Stufung Schulers könnte nach den obigen Erfahrungen anders gestaltet werden. Mit einer gesamten Stufung von $\dfrac{d_n}{D} = \dfrac{35,6}{90} = 0,395$ und den Teiltuffungen von $m_1 = 0,52$ für den Anschlag und $m_2 = 0,76$ für den Weiterschlag, die nach den Stufungsangaben Schulers möglich sind, würde das gewünschte Endmaß für den Ziehstempel erreicht. In zwei nachfolgenden Reckzügen mit einer Blechschwächung von 0,35 auf 0,245 oder $\varepsilon = 30\%$ und von 0,245 auf 0,2 oder $\varepsilon = 18\%$ müßte die gewünschte Wanddicke erreicht sein. So wäre auch hier die Endform in 4 statt in 5 Stufen erreicht.

Diese Beispiele sollten zeigen, daß nicht die bloße Nachahmung ausgeführter Zieharbeiten anzustreben ist, sondern ihre grundsätzliche Erfassung und die ihr entsprechende Auswertung, die erst die Weiterführung der bisher erreichten Erfolge ermöglicht.

XVII. Entwerfen der Ziehwerkzeuge.
79. Einteilung der Ziehwerkzeuge.

Nach der Festlegung der Hauptmaße der Ziehwerkzeugteile kann man nun zum Entwurf ihrer Form schreiten. Dabei ist noch die Maschine zu berücksichtigen, mit der das Werkzeug betätigt werden soll. Man kann die Werkzeuge der Form nach in 4 große Gruppen einteilen, nämlich in

1. Anschlagwerkzeuge, 2. Weiterschlagwerkzeuge, 3. Formschlagwerkzeuge, 4. Folgewerkzeuge, 5. Verbundwerkzeuge.

80. Anschlagswerkzeuge.

a) Anschlagwerkzeug ohne Niederhalter. Dieses Werkzeug (Abb. 2), das einfachste Ziehwerkzeug überhaupt, besteht nur aus Ziehstempel *a* und Ziehring *b*, wobei je nach der Form des Gefäßes die Ziehkanten verhältnismäßig scharf nach Abb. 2 oder stark abgerundet nach Abb. 194 sein können. Die Ausführung nach Abb. 2 wird man bei dünnen, die Ausführung nach Abb. 194, die das Ziehen erleichtert, bei dicken Blechen vorziehen.

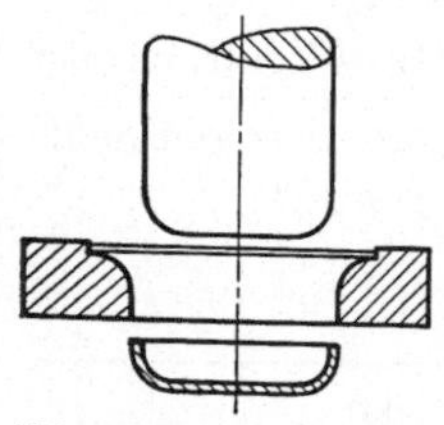

Abb. 194. Anschlagwerkzeug ohne Niederhalter mit großen Rundungen.

Der Ziehstempel erhält wie immer bei Ziehwerkzeugen eine Bohrung, damit beim Rückgang die Luft eindringen und das Hohlgefäß leicht abgestreift werden kann. Wäre sie nicht vorhanden, dann würde der Stempel das Hohlgefäß wieder mit hochzunehmen suchen. Dabei müßte, da das Gefäß nicht ganz eben gezogen wurde, von unten schief in die Ziehöffnung tritt und sich eckt, der Stempel unter Überwindung des Unterdrucks, der beim Versuch des Herausziehens in dem eng anliegenden Hohlgefäß entsteht, von der Maschine mit starkem Druck herausgerissen werden, dabei wird natürlich das Ziehstück verdorben oder aber die Maschine stillgelegt oder aber die Befestigungsschrauben, mit denen das Werkzeug angeschraubt ist, brechen ab, wenn nicht gar ein anderer schwächerer Teil der Maschine, unter Umständen das Pressengestell reißt.

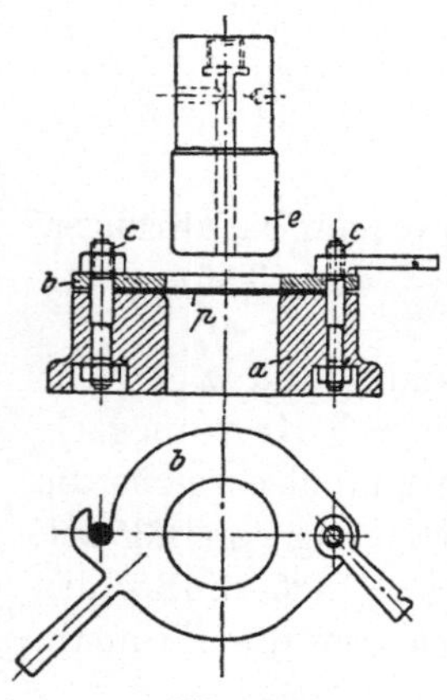

Abb. 195.
Anschlag mit schwenkbarer Platte als Niederhalter.

Ist aber — wie üblich — das Luftloch vorhanden, dann wird das Hohlgefäß vom Werkzeugunterteil leicht abgestreift, wenn dessen Kante recht scharf ist, da es sich infolge elastischer Nachwirkung nach dem Durchzug oben

immer etwas öffnet, wodurch der Randdurchmesser größer wird als
der Ziehringdurchmesser ist.

Der Ziehstempel wird mittels Muttergewinde an den Stößel (Abb. 192),
der Ziehring auf den Maschinentisch geschraubt; am einfachsten direkt
mit Schrauben, die in Rillen des Ma-
schinentischs verankert und in entsprechende Aussparungen im Ziehring

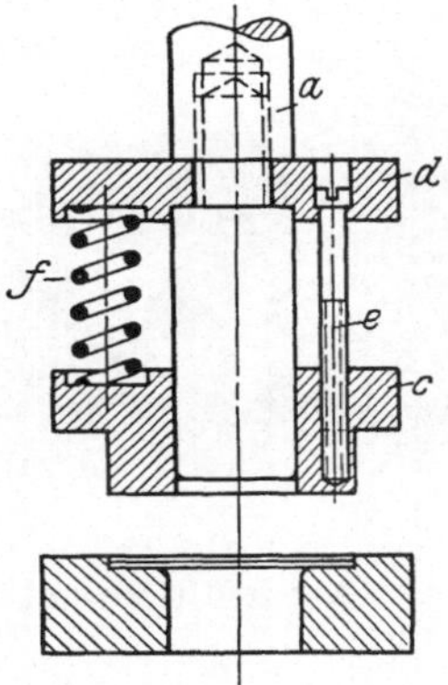

Abb. 196. Anschlag mit gefedertem Niederhalter. Federdruck durch mehrere im Kreis
gelagerte Federn bewirkt.

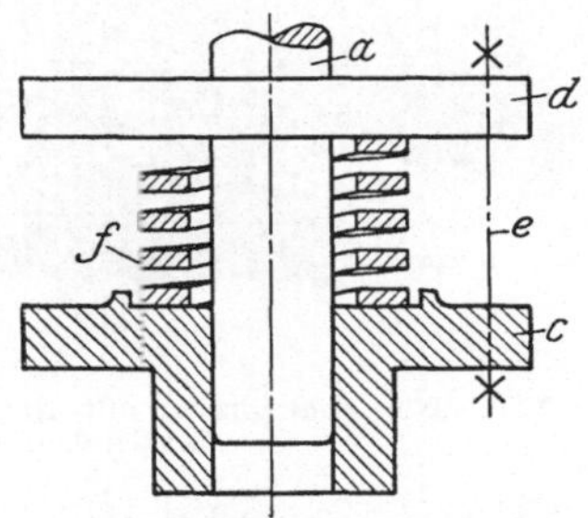

Abb. 197. Werkzeugoberteil mit gefedertem Niederhalter. Federdruck
durch eine kräftige, zentrisch geführte
Feder bewirkt.

eingeführt werden können (Abb. 184) oder aber etwas umständlicher,
aber bei einfacherer Werkzeugausführung, mit Spannpratzen und
Schrauben nach Abb. 118 und 119. Die
Ziehscheibe wird in die ihrer Größe an-
gepaßte Ausdrehung gelegt.

**b) Aufgeschraubte Platte als Nieder-
halter.** Der Zweck des Niederhalters ist,
die Faltenbildung zu verhindern. Das
geschieht am einfachsten durch Auf-
schrauben einer Platte auf den Ziehring
in der Weise, daß zwischen ihr und der
Ziehringfläche nur gerade ein Abstand
gleich der Dicke s_0 der zu ziehenden
Scheibe ist. Da die Platte starr ist, fehlt
der Raum, in dem sich die Falten ent-
wickeln können, weshalb die Scheibe einwandfrei gezogen werden kann. Die einfache Vorrichtung hat zwei große Vorzüge:

1. daß der Niederhalterdruck, der als
Reaktionsdruck auftritt, wenn man von
dem Einfluß der Dickenabweichungen

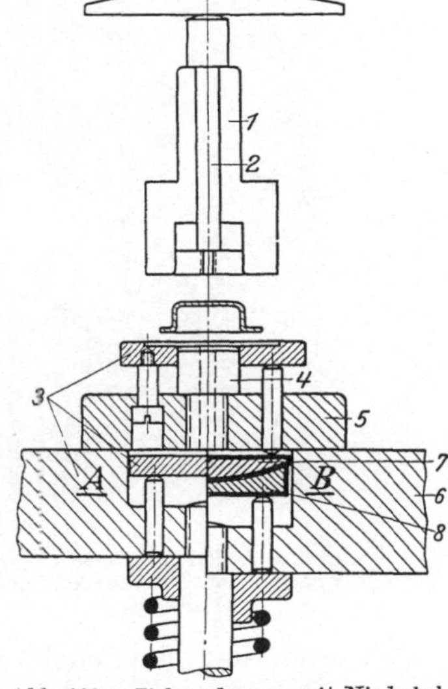

Abb. 198a. Ziehwerkzeug mit Niederhal-
terfedern im Unterteil (Schnittzeichnung).
(AWF.)

des Blechs absieht, nie größer wird, als gerade notwendig ist, um die
Falten zu verhüten, sich also selbsttätig regelt;

15*

2. daß sie auf allen einfachen Maschinen, ja sogar für Handarbeit und im Schraubstock verwendet werden kann. Gerade die letztere Anwendung wird sie am Leben halten, während sie in der Massenfertigung

Abb. 198b. Ziehwerkzeug mit Niederhalterfeder im Unterteil (Ansicht). (Maschinenfabrik Weingarten.)

kaum noch Daseinsberechtigung hat. Für diese hat sie, auch wenn statt der gewöhnlichen Muttern Handhebel mit Mutterngewinde genommen werden und die Niederhalterplatte schwenkbar gemacht ist, wie Abb. 195 zeigt, den großen Nachteil der langen Betätigungszeit. Diese muß ge-

Abb. 199. Exzenterpresse (Einzel-antrieb) mit Federdruckapparat. (L. Schuler.)

Abb. 200. Exzenterpresse mit Federdruck-apparat, schräg gestellt für Wegführung der Ziehstücke durch freien Fall. (L. Schuler.)

spart werden und daher sucht man die Niederhalterbewegung zu mechanisieren.

c) Gefederter Niederhalter. α) Federn am Werkzeugoberteil (Abb. 196). Am Ziehstempel a ist eine Platte d angeschraubt, die ihrerseits mit dem Niederhalter durch Schrauben starr, aber dem Abstand nach verstellbar, durch Schrauben e verbunden ist. Zwischen die Platte d und den Niederhalter c ist entweder eine einzige kräftige Feder nach Abb. 197 oder eine ganze Anzahl schwächerer Spiralfedern nach Abb. 196 gelegt, die den Niederhalter von der Platte d wegdrücken und so den Niederhalterdruck bestimmen, der in gewissen Grenzen durch Drehen der Schrauben e regelbar ist.

Beim Ziehen wird der Niederhalter mit dem Ziehstempel bewegt. Er eilt dem Stempel voraus, setzt sich auf den Blechflansch und bleibt dort während des ganzen weiteren Niedergangs des Ziehstempels ruhen, was durch die Zusammendrückung der Federn f ermöglicht wird. Mit der Zusammendrückung steigt aber der Niederhalterdruck, und das ist von Nachteil, denn er sollte beim Ziehbeginn, dem Augenblick der stärksten Faltenbildung, seinen größten Wert haben und dann entweder gleich bleiben oder aber langsam abnehmen. Dazu kommt noch, daß es kaum möglich sein wird, bei einer größeren Federzahl den Niederhalterdruck gleichmäßig auf die Haltefläche zu verteilen, da kaum alle Federn gleich stark gemacht werden können. Diese Wirkungsweise ist allen durch federnde Mittel betätigten Niederhaltern eigen. Deshalb werden Werkzeuge, die mit ihnen ausgestattet sind, meist nur für seichte Züge angewendet, wo es

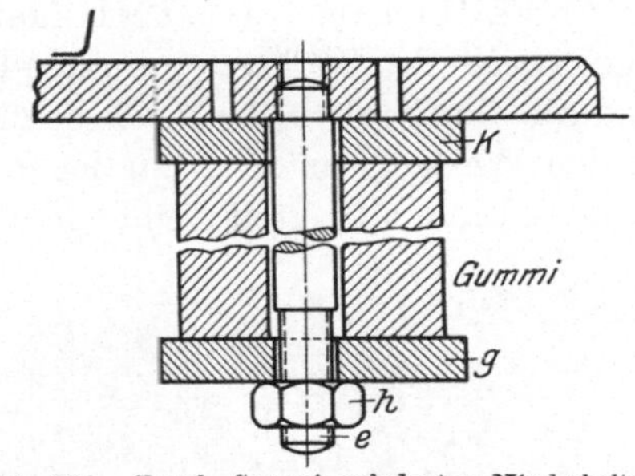

Abb. 201. Durch Gummi gefederter Niederhalter.

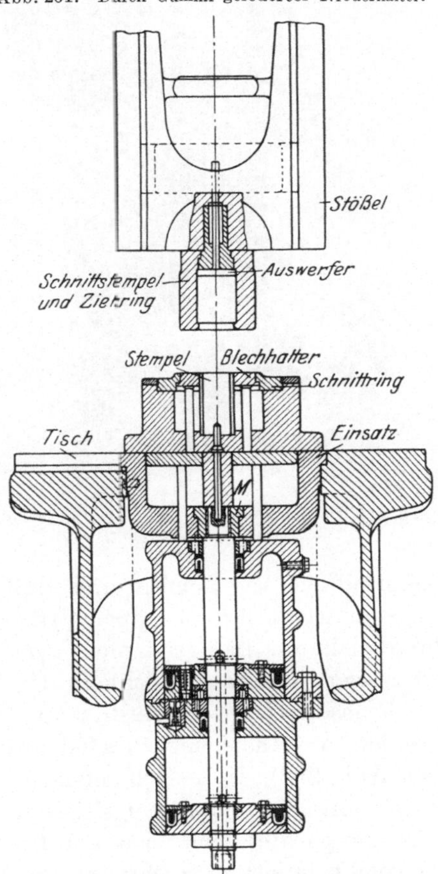

Abb. 202a. Mit Preßluft betriebener, ins Unterteil gelegter Niederhalter. (Fischer, Dissertation.)

auf eine sparsame Bemessung des Niederhalterdrucks nicht ankommt. Für diese aber haben sich die Werkzeuge in hohem Maße eingebürgert, weil sie mit jeder Hand-, Fuß- und Exzenterpresse betätigt werden können.

β) **Federn im Unterteil.** Manchmal zieht man es vor, die Wirkungsweise des Werkzeugs umzukehren, den Stempel, den Niederhalter und die den Niederhalterdruck bewirkenden Federn nach Abb. 198a u. b in den Werkzeugunterteil zu legen. Das ist dann nicht zu umgehen, wenn man im Oberteil keine genügend starken Federn unterbringen kann, denn, wenn auch im Unterteil der Platz für die Federn nicht reicht, dann nimmt man sie einfach aus dem Werkzeug heraus und setzt sie nach Abb. 198b und 250 auf eine Stange e (Abb. 282), die im Werkzeugunterteil festgeschraubt ist und durch den Pressentisch hindurch ragt. Die Federn stemmen sich einerseits über eine Lagerplatte g, die Mutter h und die Stange e gegen das Werkzeugunterteil i, andererseits über die Druckplatte k, deren Abstand von der Lagerplatte g durch die auf der Stange e verstellbare Mutter h geregelt wird, und die Druckbolzen l gegen den Niederhalter b.

Abb. 202 b. Ziehpresse mit Luftpolster unter dem Pressentisch. (L. Schuler.)

Der Vorteil dieser Federanordnung ist, daß die Federn kräftig, lang und daher unempfindlich sein können und daß die Stange mit den Federn als sogenannter Federdruckapparat für verschiedene Werkzeuge verwendet werden kann. Dies vereinfacht wiederum die Werkzeugfertigung und verbessert die Empfindlichkeit der Werkzeuge wie ihre Lebensdauer.

Eines darf bei der Ausführung dieser Werkzeuge nicht vergessen werden, die Anordnung eines federnden Auswerfers im Ziehring (s. Oberteil Abb. 282), da die Hohlgefäße nicht nach oben durchfallen können. Ohne ihn wäre ein störungsloses Arbeiten unmöglich. Die Stange des Druckapparates kann auch am Pressentisch festgemacht sein, damit sie nicht immer ausgeschraubt werden braucht (Abb. 199), am besten am Tisch einer neigbaren Presse, die man während der Zieharbeit schräg stellt (Abb. 200), damit die vom Oberteil ausgestoßenen Ziehstücke frei fallen und also ihre Wegführung vom Werkzeug weder einen besonderen Handgriff, noch eine besondere Einrichtung, ja nicht einmal besondere Zeit oder nur besondere Beachtung erfordert.

d) Elastischer Niederhalter. Statt der Federn kann man zwischen die Platten g und k der Abb. 282 auch nach Abb. 201 Gummipuffer ein-bauen, ohne daß an der Wirkungsweise etwas Grundsätzliches geändert würde.

e) Luftgepreßter Niederhalter. Das beste Druckglied zwischen den beiden Platten sind aber Luftpuffer (Abb. 202 a und b), d. h. mit Preßluft gefüllte Gefäße, in denen ein Kolben durch Preßluft bewegt werden kann. Dabei kann das Luftpolster sowohl, wie in Abb. 202, ins Unterteil, als auch, wie in Abb. 203, ins Oberteil gelegt werden. Allerdings ist die erste Anordnung bei Pressen mit bewegtem Niederhalter und ruhendem Tisch vorteilhafter.

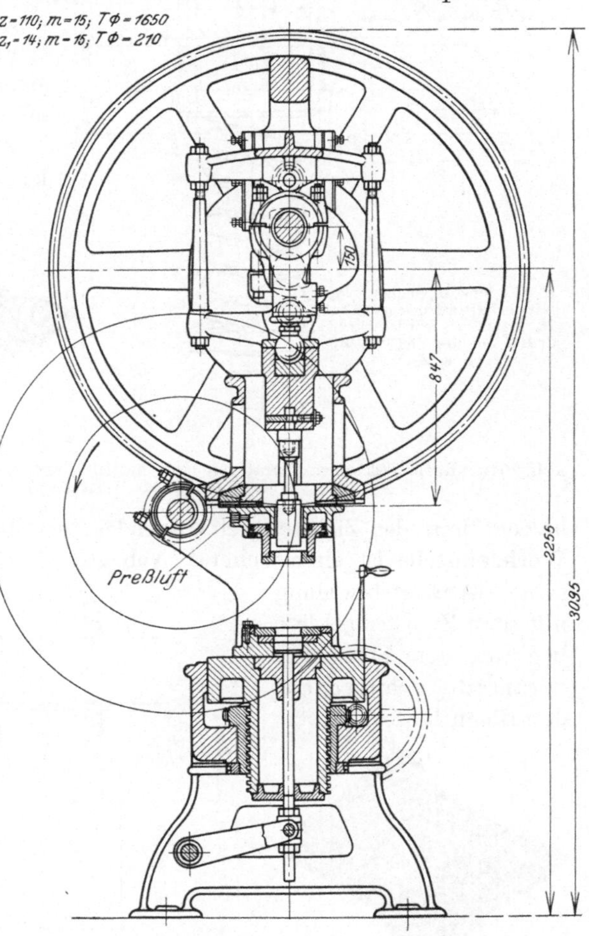

Abb. 203. Ziehwerkzeug mit Luftpolster im Oberteil.
(Aus Fischer, Dissertation.)

Die Verwendung von Luftpolstern hat gegenüber den Federdruckapparaten den seiner praktischen Auswirkung nach in Abb. 204a, b und 205a, b gezeigten Vorteil der leichten und dazu noch mittels Manometer ablesbaren Regulierfähigkeit und der Druckkonstanz, weil die Zusammendrückung der Luft in den im Verhältnis zum Luftkessel kleinen Luftpuffern keine Druckänderung hervorruft. Die Druckkonstanz während des Zuges leitet aber schon über zu den mechanisch bewegten Niederhaltern.

f) Mechanisch betätigter Niederhalter. Die gebräuchlichste Niederhaltereinrichtung ist die mit einem mechanisch betätigten Niederhalter.

Zur Bewegung des Niederhalters sind besonders ausgebildete Pressen notwendig, die Ziehpressen, gekennzeichnet durch zwei auf und ab bewegte Stößel (s. Abb. 206 bis 208), von denen der für den Nieder-

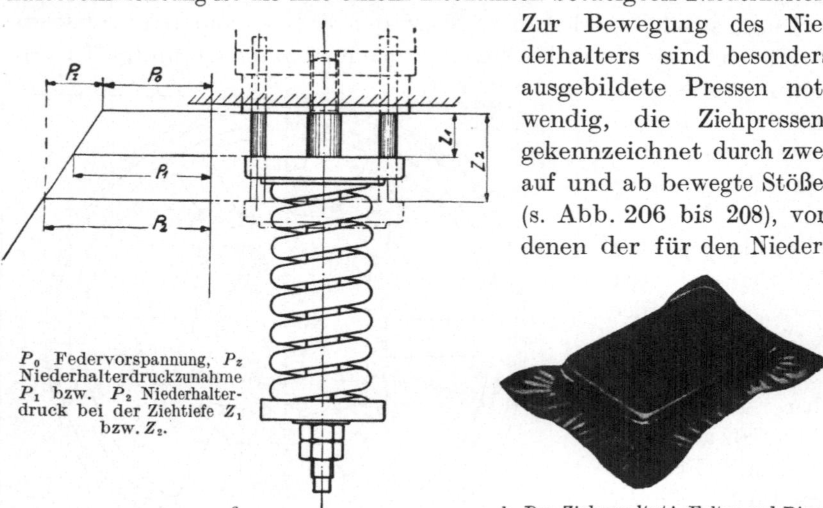

P_0 Federvorspannung, P_z Niederhalterdruckzunahme P_1 bzw. P_2 Niederhalterdruck bei der Ziehtiefe Z_1 bzw. Z_2.

a

b Das Ziehresultat! Falten und Risse

Abb. 204 a und b. Federdruckapparat mit der Ziehtiefe stark zunehmender Niederhalterdruck (Maschinenfabrik Weingarten.)

halter dem den Ziehstempel tragenden, voreilt. Die Bewegung der Werkzeugteile ist entsprechend Abb. 208 so, daß der Niederhalter seine Abwärtsbewegung mit dem Ziehstempel in c beginnt, dem Stempel a vorauseilt, sich bei c_1 auf den Blechflansch aufsetzt

b Das Ziehteil! Ohne Falten und Risse.

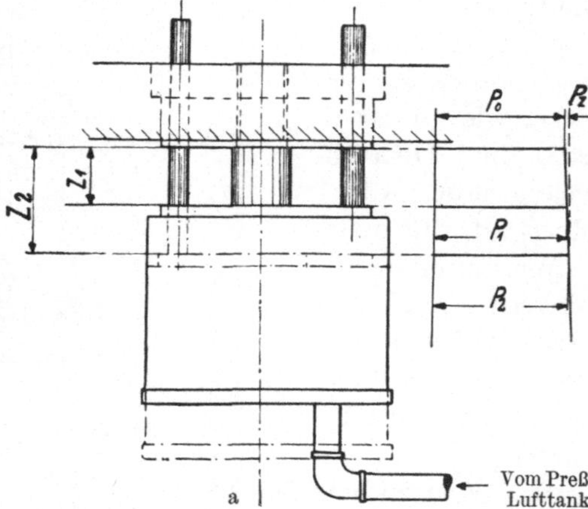

a

Vom Preß-Lufttank.

Abb. 205 a und b. Pneumatische Niederhaltung. Praktisch konstanter Niederhalterdruck. (Maschinenfabrik Weingarten.)

und auf ihm bis c_2 ruhen bleibt, während der Ziehstempel erst bei a_1 auf das Blech trifft, nachdem der Blechhalter sich aufgesetzt hatte, tiefer geht bis a_2 und sofort wieder hochsteigt. Bei a_2 verläßt er die Fläche des Ziehrings, während der Niederhalter noch bis c_2 auf ihr ruht und nur durch schnelleres Hochgehen ihn bei c wieder einholt

Die Bewegung des Niederhalters zum Unterteil ist relativ betrachtet; es kann sich in Wirklichkeit nicht nur der Niederhalter bewegen und der Ziehring stehenbleiben, sondern umgekehrt auch der Ziehring sich bewegen und der Niederhalter stehenbleiben.

Der mechanisch bewegte Niederhalter hat den Federn und den Luftpuffern gegenüber den großen Vorteil der Einfachheit, der Zu-

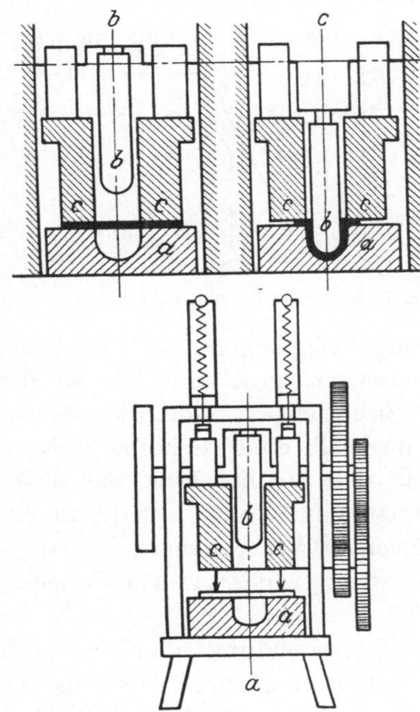

Abb. 206 a. Schematische Darstellung der Niederhalterbewegung einer Ziehpresse. (Federn zum Massenausgleich des Niederhalterstößels.) (Brasch.)

Abb. 206 b. Ziehpresse mit mechanisch durch Kurvenscheiben nach unten und oben bewegtem Niederhalter. (Maschinenfabrik Weingarten.)

verlässigkeit und der Billigkeit im Betrieb, aber den letzteren gegenüber den Nachteil der Starrheit. Er entspricht mechanisch der schwenkbaren Platte, mit dem einen Unterschied, daß die Bewegung vom und zum Ziehring und der Druck auf den Blechflansch nicht durch Handarbeit, sondern maschinell erfolgt. Für die Schnelligkeit und die Gleichmäßigkeit der Ausführung gewiß von nicht zu unterschätzender Bedeutung. Die Gleichmäßigkeit ist aber unerwünscht, wenn Ungleichheiten der Blechdicke eine Anpassung verlangen, wie die durch die Walztoleranz bedingten es schon tun.

Es ist daher kein Wunder, daß mit dem mechanisch betätigten Niederhalter die anpassungsfähigen, luftbetätigten Niederhalter in scharfem Wettstreit liegen. Entgegen manchen hochgestellten, man kann sogar sagen, übertriebenen Erwartungen, die an die luftbetätigten Niederhalter gestellt werden und die diesen in allen Fällen eine ziehtechnische Überlegenheit (insbesondere eine größere Stufungsmöglichkeit) zubilligen wollen, sind die beiden Niederhalterarten der Stufungsmöglichkeit meist gleichwertig, und nur wegen der Größe der augenblicklich vorhandenen handelsüblichen Blechtoleranz ist der Luftbetätigung der Vorzug zu geben: insbeson-

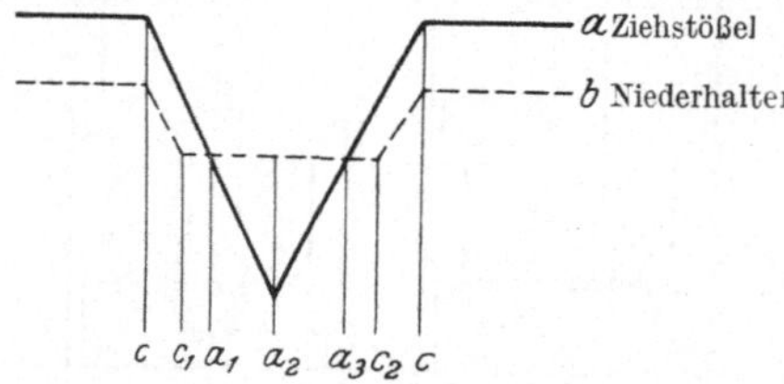

Abb. 208. Diagramm der Ziehpressenbewegung.

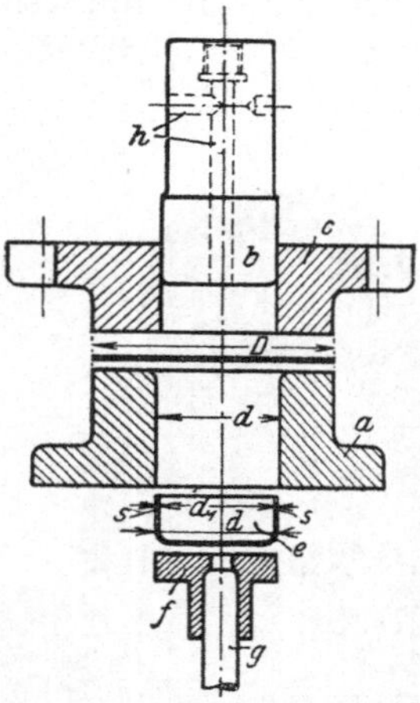

Abb. 207. Ziehwerkzeug für mechanische Bewegung des Niederhalters mittels Ziehpresse.

a Unterteil und Ziehring, *b* Ziehstempel, *c* Niederhalter, *e* Ziehstück, *f* Auswerfer.

dere bei großen Ziehstücken, weil bei diesen die Ziehscheiben sehr groß sind und mit der Größe der Ziehscheiben auch die Dickentoleranzen innerhalb einer Scheibe wachsen. Man sei sich aber darüber klar, daß dieser Vorzug zeitbestimmt ist und mit der Durchführung der von den Verbrauchern angestrebten Verringerung der Dickentoleranz wenn nicht ganz verschwindet, so doch sicher sich verringert.

Damit ist die Frage der Luftpufferverwendung allerdings noch nicht erschöpft, denn neben der Beeinflussung des Werkzeugbaus geht die des Maschinenbaus her, wo eine wesentlich bedeutendere Befruchtung und eine Bereicherung der Gestaltungsmöglichkeit zu erkennen ist.

Darüber wird noch eingehend zu reden sein.

81. Weiterschlagwerkzeuge.

a) Weiterschlag ohne Niederhalter. Die einfachsten Werkzeuge für den Weiterschlag (Abb. 209a, b u. 210), die ohne Niederhalter, entsprechen denen für den Anschlag (Abb. 2 u. 194), mit dem einzigen Unterschied, daß die Aussparung im Unterteil des Ziehwerkzeugs statt für eine Scheibe für ein vorgezogenes Gefäß auszubilden ist. Sie wird je nach der Form des Anschlagstempels — runde oder abgeschrägte Kante — nach Abb. 209a und 210 oder 209b gewählt werden.

Der Weiterschlag ohne Niederhalter kommt nur bei kleinen Stufen in Anwendung, die genommen werden müssen, wenn die Ziehtiefe der

Ziehpressen nicht mehr ausreicht und man auf Kurbelpressen, Friktionspressen oder Spindelpressen gehen muß. Genügt auch deren Hub nicht, so kann man sich dadurch helfen, daß man den Ziehstempel ausschwenkbar macht (Abb. 211), so daß das vorgezogene Hohlgefäß in

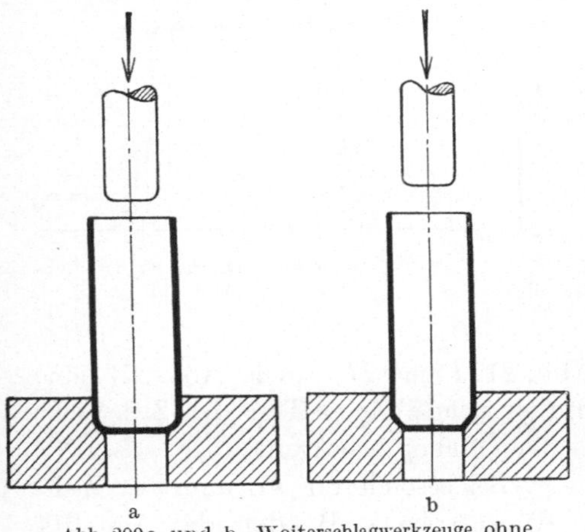

a   b

Abb. 209a und b. Weiterschlagwerkzeuge ohne Niederhalter.

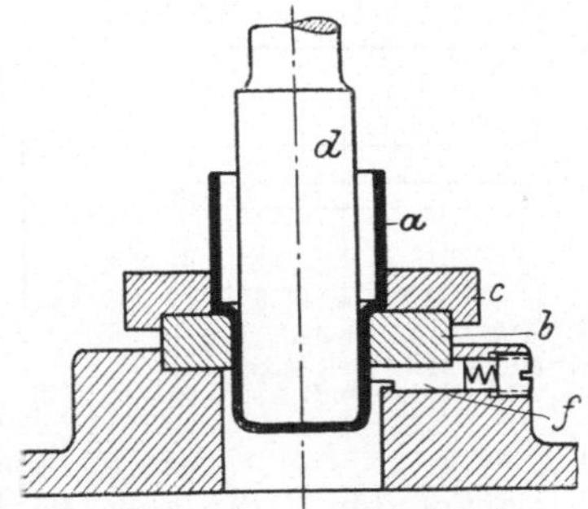

Abb 210. Weiterschlagwerkzeug ohne Niederhalter mit zusammengesetztem Unterteil, bestehend aus Einspannplatte, Ziehring b, Führung c und gefedertem Abstreicher f. Dieser Bau ermöglicht den Austausch des Ziehrings und dessen Erstellung aus hochwertigem Werkstoff bei sparsamer Anwendung.

der ausgeschwenkten Lage auf den Ziehstempel geschoben werden kann. Auf diese Weise kann man Gefäße ziehen von der Höhe $h = 2R$,

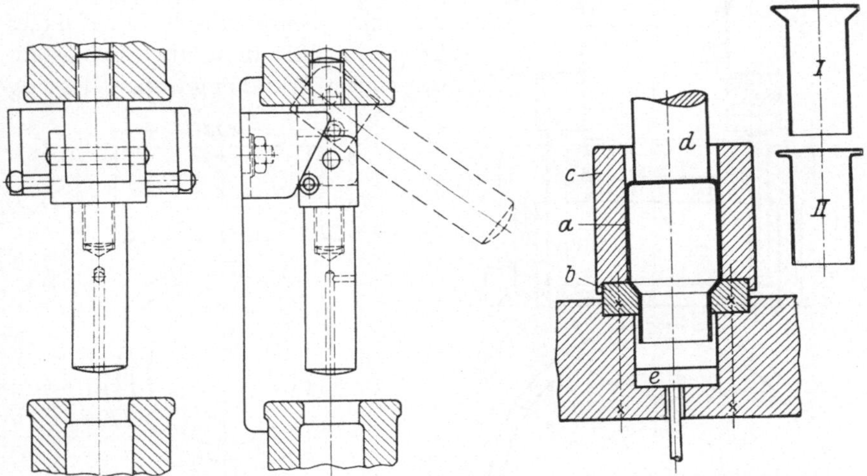

Abb. 211. Schwenkbarer Ziehstempel zur Vergrößerung der Ziehtiefe bei ungenügendem Pressenhub. (AWF.)

Abb. 212. Weiterschlag eines vorgezogenen Gefäßes mit dem Boden voraus.

wo R der Kurbelhalbmesser ist, während gewöhnlich, mit nicht ausschwenkbarem Ziehstempel, bestenfalls die Höhe $h = R$ erreicht werden kann.

Bei den Weiterschlagwerkzeugen der Abb. 209 und 210 können die vorgezogenen Gefäße nach Abb. 212 auch mit der Öffnung voraus in den Ziehring gedrückt werden. Dadurch kann man die Bodenrundung ganz

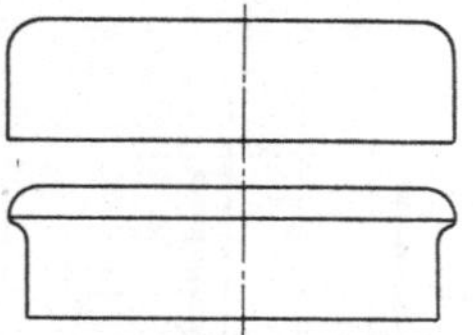

Abb. 213. Ausbauchung an einem Ziehstück durch Weiterschlag mit dem Boden voraus.

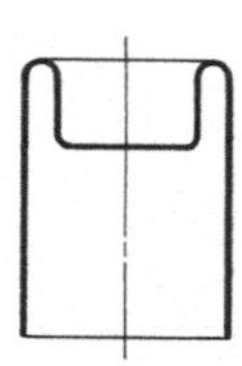

Abb. 214. Doppelwandiges Ziehstück.

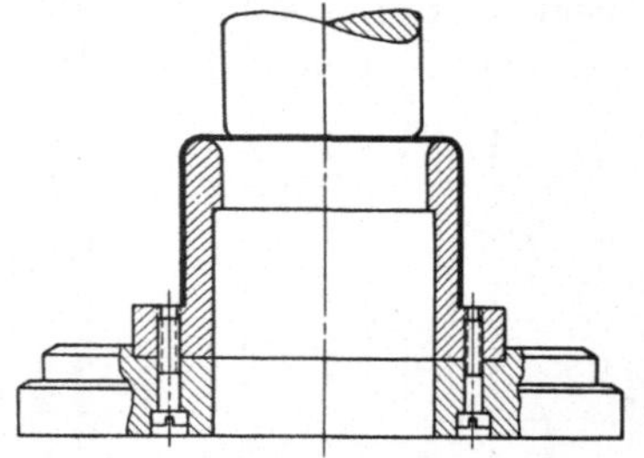

Abb. 215. Umstülpwerkzeug für das Ziehstück der Abb. 213.

vermeiden, oder aber nach Abb. 212 *I* und *II*, sowie Abb. 213 eine Ausbauchung am Boden gegenüber dem übrigen Teil des Ziehstücks der Öffnung erhalten.

Bei besonderen Formen der Ziehstücke, wie z. B. der der Abb. 214 oder für Gefäße mit Doppelwandung kann man mit Vorteil ein Weiterschlagwerkzeug nach Abb. 215 anwenden, das ein vorgezogenes Gefäß umstülpt. Ziehtechnisch bringt dieses Vorgehen, bei dem die Hohlgefäßwand dem Werkzeugumfang entlang

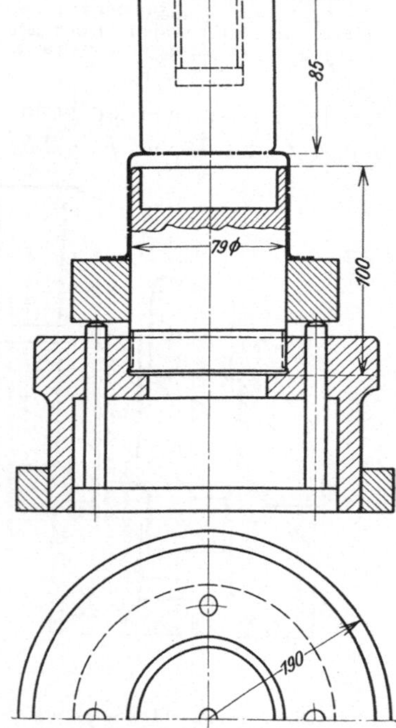

Abb. 216 a. Umstülpwerkzeug.

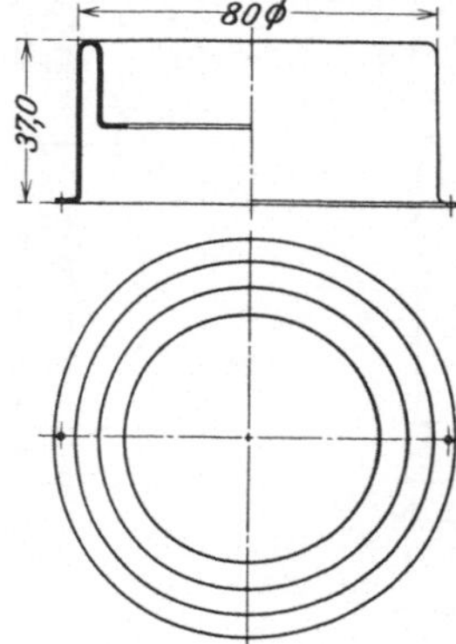

Abb. 216 b. Nach Abb. 216 a umgestülptes Ziehstück.

gleitet und 3 Biegungen unterworfen wird, entgegen anders lautender Aussage, keinen Vorteil. Es läßt sich keine größere Stufung erreichen, im Gegenteil, günstiger scheint ein Umstülpen im wahren Sinn des

Worts zu sein, das dadurch gekennzeichnet ist, daß im Weiterschlagwerkzeug das vorgezogene Hohlgefäß nach Abb. 216a und b mit so viel
Werkstofffläche über das Werkzeug vorsteht, als in
die Werkzeugöffnung hineingedrückt werden soll.

b) Weiterschlag mit Niederhalter. Dieser entwik-
kelt sich (Abb. 217) aus dem Anschlag mit Niederhalter wie der Weiterschlag ohne Niederhalter aus
dem Anschlag ohne Niederhalter. Alle im Anschlag
zu seiner Betätigung angewandten Mittel, auch die
Sonderausführung (Abb. 218) sind
möglich. Die Werkzeuge werden
ausschließlich in Ziehpressen verwendet.

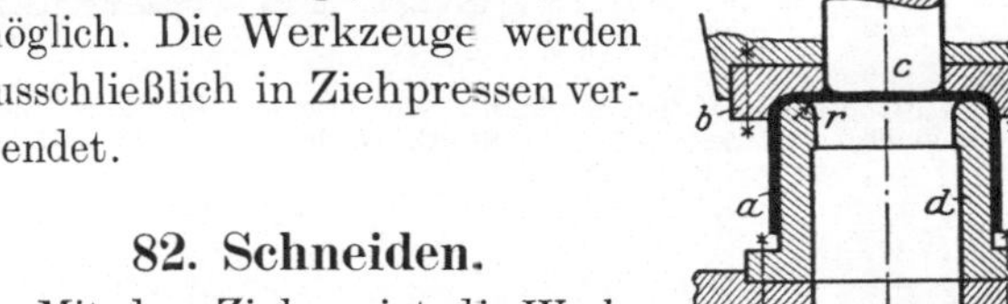

Abb. 217. Weiterschlag-
werkzeug mit Nieder-
halter.

Abb. 218. Ums.ülpwerk-
zeug mit Niederhalter.

82. Schneiden.

Mit dem Ziehen ist die Werk-
stückbearbeitung meist nicht
beendet, sondern es folgen zum
Abschluß meist noch Form-
gebungen durch Schneiden,
Stanzen, Pressen und Drücken,
wie zur Übersicht das Beispiel
der Abb. 219a bis o zeigt.

Vor allem andern ist der
Rand des Ziehstücks glatt zu
schneiden, sei es der Gefäßrand bei den ohne Flansch gezogenen Ziehstücken (Abb. 220),
oder sei es der Flansch (Abb. 221a
und b), wo er vorhanden. Dieses Beschneiden kann im ersten

Abb. 219a. Ansicht des Ziehstücks einer Schutzkappe.
(Machinery 1923.)

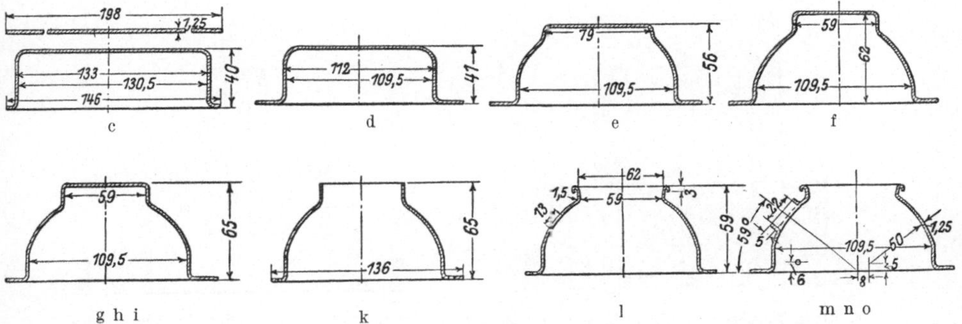

Abb. 219b. Schnittzeichnung der mit den Werkzeugen der Abb. 219c bis o auszuführenden
Arbeitsgänge.

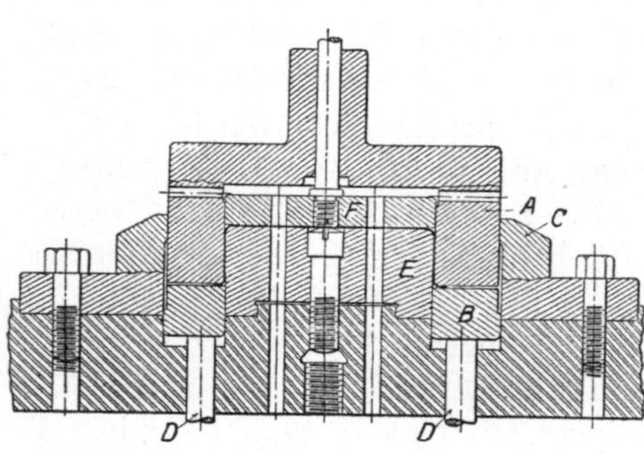

Abb. 219 c. Schnitt der Ziehscheibe und Anschlag mit gefedertem Werkzeug für Stoßwerk, Ziehstempel im Unterteil.

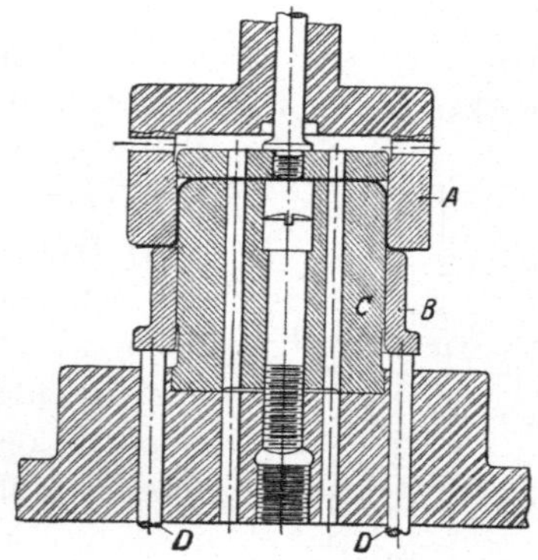

Abb. 219 d. Weiterschlag mit im Unterteil gefedertem Niederhalter *B*.

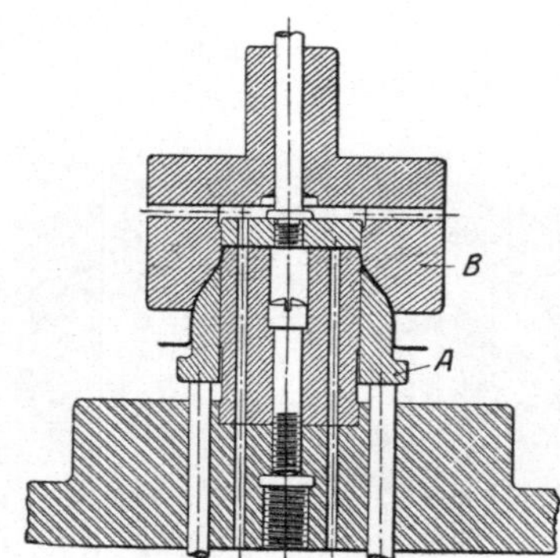

Abb. 219 e. Erster Formzug mit im Unterteil gefedertem Niederhalter *A*.

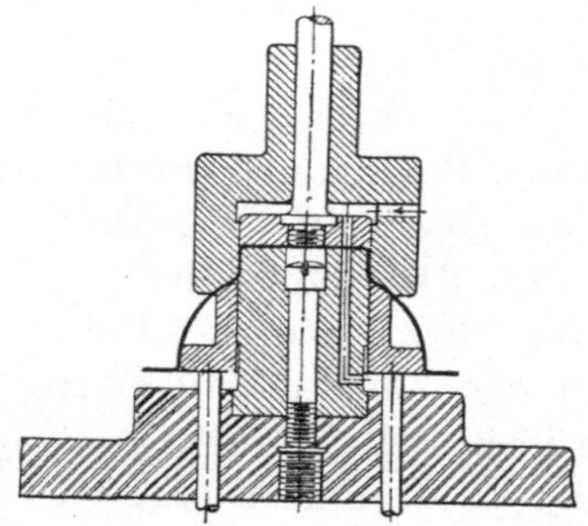

Abb. 219 f. Zweiter Formzug mit im Unterteil gefedertem Niederhalter.

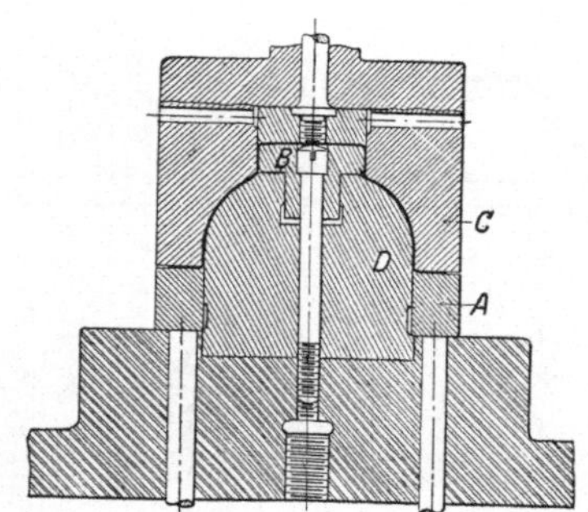

Abb. 219 g. Fertigschlag mit im Unterteil gefedertem Niederhalter.

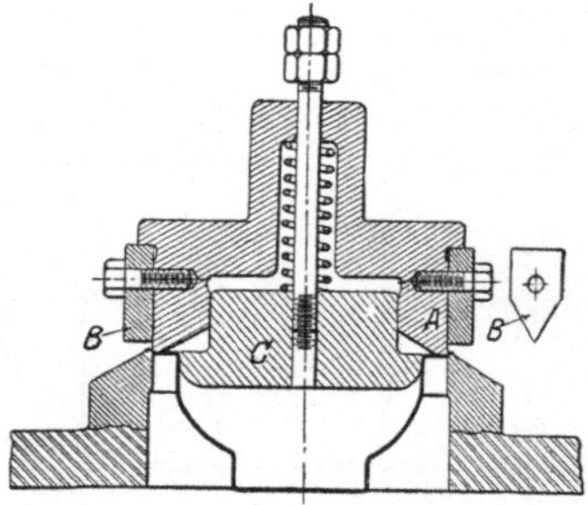

Abb. 219 h. Beschneiden des Gefäßrandes und Zertrennen des abgeschnittenen Blechrings mit den Messern *B*.

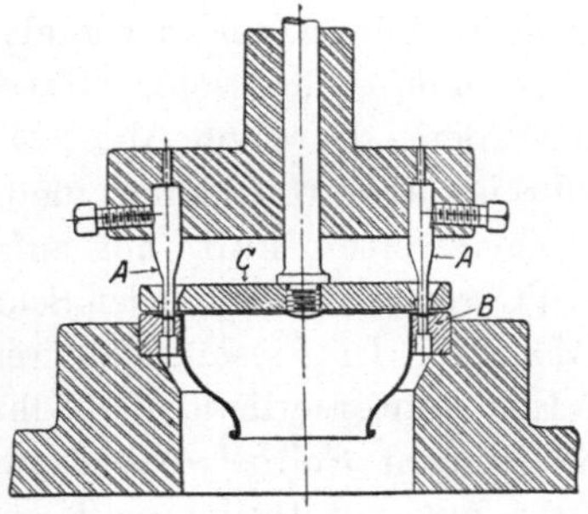

Abb. 219i. Schneiden der Befestigungslöcher in den Gefäßflansch mit Schnittstempel *A* und Schnittplatte *B*.

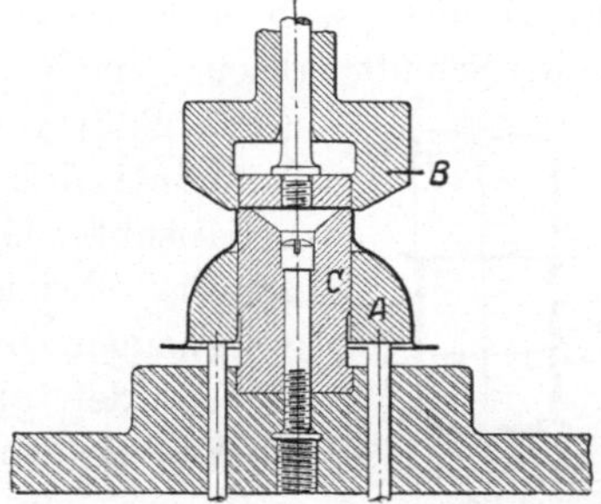

Abb. 219k. Ausschneiden des Gefäßbodens mit Schnittstempel *C* des Unterteils gegen Schnittring *B* des Oberteils.

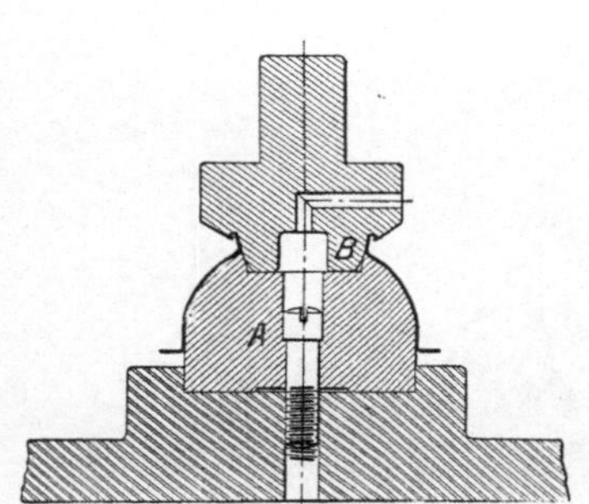

Abb. 219l. Ausweiten des Kappenhalses und Einrollen des Randes durch Stanzstempel *B*.

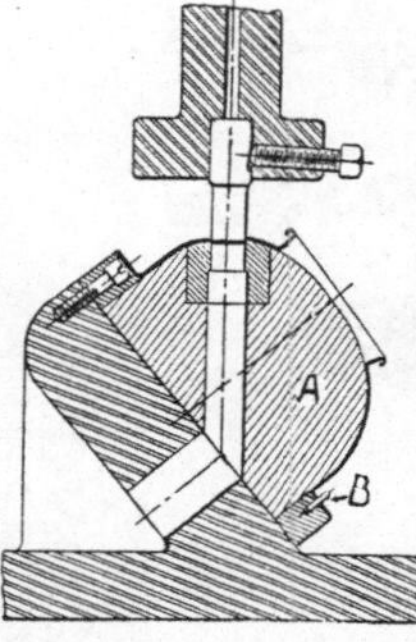

Abb. 219m. Lochen des kugelförmigen Mantelteiles.

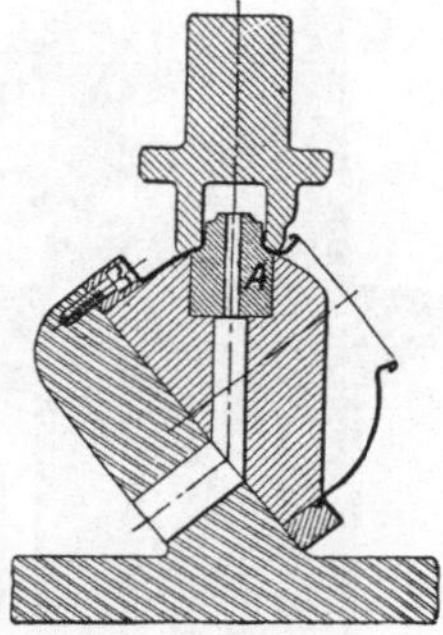

Abb. 219n. Hochstellen (Schlagen) des Lochrandes mittels Stempel *A* ohne Niederhalter.

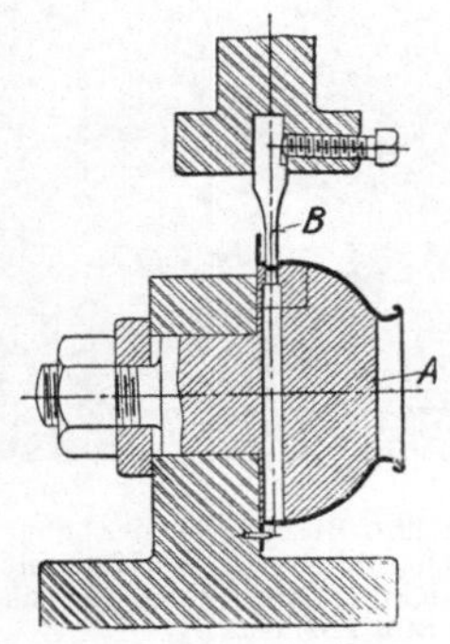

Abb. 219o. Lochen des Mantels im zylindrischen Teil.

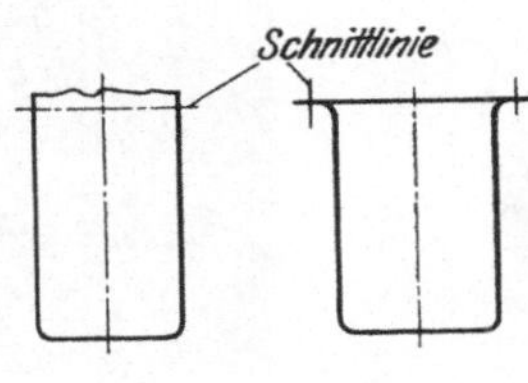

Abb. 220. Ziehstück ohne Flansch.

Abb. 221a. Zylindrisches Ziehstück mit Flansch.

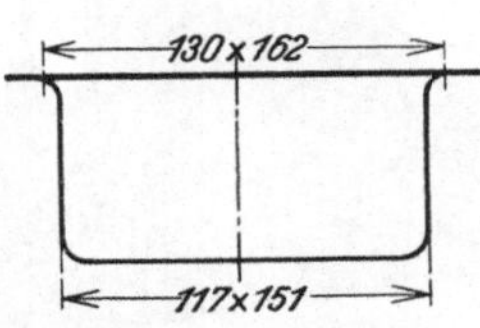

Abb. 221b. Rechteckiges Ziehstück mit Flansch.

Fall ähnlich wie beim Schneiden der Ziehscheiben, einfacher als mit
einem Schnittwerkzeug nach Abb. 222, mit einer Schneidmaschine
(Abb. 223) gemacht werden, die nach Abb. 224 mit
automatischer Zuführung arbeiten kann, und für
geflanschte Gefäße, im zweiten Fall, mit auf Ex-
zenter- oder andere Pressen aufzubauenden Schnitt-
werkzeugen nach Abb. 225. In diesem Fall werden
wegen der großen Höhenunterscdiede der Schnitt-
werkzeuge und der geringen Schnittdrücke zweckmäßig Exzenterpressen mit verstellbarem Tisch gewählt (Abb. 226) und, wenn notwendig, die Werkzeug-
Unterteile nach Abb. 222 zum
Beschicken verschoben(Abb.227).
Dies gilt auch für gleichzeitiges
Ausschneiden der Gefäßböden

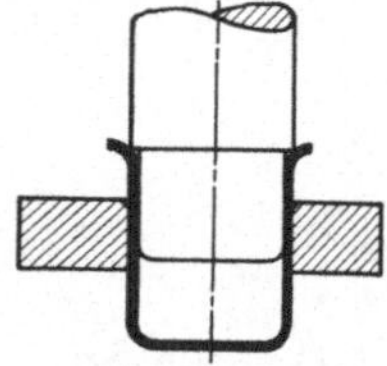

Abb. 222. Schnittwerk-
zeug zum Beschneiden
des Randes eines Zieh-
stücks.

Abb. 223. Maschine zum Beschneiden der Länge
von gezogenen zylindrischen Hohlgefäßen mit
Handbeschickung. (L. Schuler.)

Abb. 224. Maschine zum Beschneiden der Länge
von gezogenen, rechteckigen Hohlgefäßen mit
sebsttätiger Beschickung aus einem Kanal.
(Erdmann Kircheis.)

eines Ziehstückes nach Abb. 228a mit einem oder beliebig vielen Löchern in der Wand, mittels des Werkzeuges der Abb. 228, während für

das Ausschneiden der Wände allein häufig Hornpressen nach Abb. 229 oder aber besondere Lochmaschinen (Abb. 230) genommen werden.

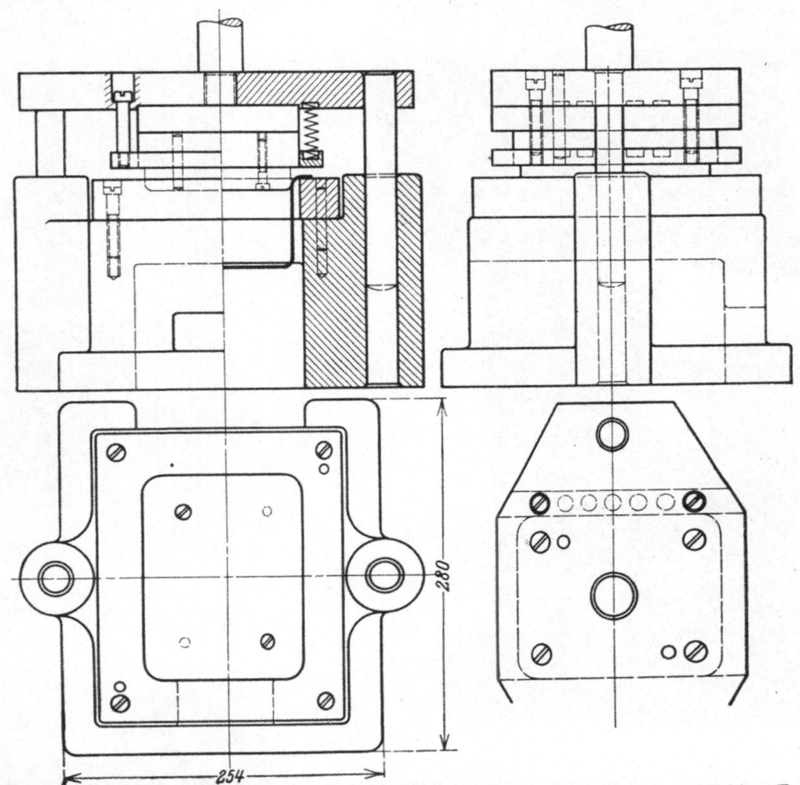

Abb. 225. Schnittwerkzeug zum Beschneiden des Flansches gezogener Hohlgefäße beliebiger Form mit Säulenführung und Abstreifer für den abgeschnittenen Blechring.

83. Stanzen.

a) Formgebung als Anschlag. Formgebung dieser Art entspricht dem, was unter dem Begriff des Formschlagens, einem Teilgebiet des Stanzens, gemeint ist, aber meist mit dem Sammelbegriff „Stanzen" bezeichnet wird, also einem „Umformen zwischen Ober- und Unterstempel von beliebiger Form, an denen sich der Stärke des Stoffs entsprechende Vertiefungen und Erhöhungen gegenüberstehen." Die Form kann an den Seitenwänden oder am Boden der Gefäße verlangt sein. Bei seichten Gefäßen nach Abb. 231 wird man bei der Erstellung im Anschlag trotz gleichzeitiger Formung des Bodens ohne Niederhalter durchkommen, bei tieferen nach Abb. 232 ist er nicht zu entbehren. Solche Werkzeuge vereinigen zwei Formgebungsarbeiten und gehören zu den verwickelteren (s. Abschnitt 87).

Abb. 226. Exzenterpresse mit der Höhe nach verstellbarem
Tisch in einer Anordnung, daß die Achse des Stößels mit
der Achse der Verstellspindel zusammenfällt, diese also nur
auf Druck, nicht auch auf Biegung beansprucht wird. Die
Beanspruchung ist bei dem gewünschten Zweck der Pressen-
gestaltung die günstigste. (Gebr. Götz.)

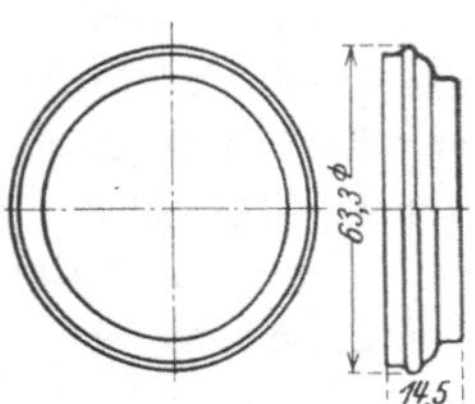

Abb. 228a. Ziehstück, dessen
Boden gleichzeitig mit der
Wand gelocht werden soll.

Abb. 227. Doppelexzenterpresse mit verschieb-
barem Aufspanntisch zum Bearbeiten hoher Ziehstücke. (L. Schuler.)

Abb. 229. Exzenterpresse, in deren Körper
nach Wegnahme des verstellbaren Tisches ein
Hort eingesetzt wurde, in der die Schnittplatte
zum Lochen der Wandung tiefer Hohlgefäße
eingesetzt werden kann. (Maschinenfabrik
Weingarten.)

Formschläge sind auf Ziehpressen wegen der ungünstigen Beanspruchung, der sie der starke Schlußdruck unterwerfen würde, nicht aus-

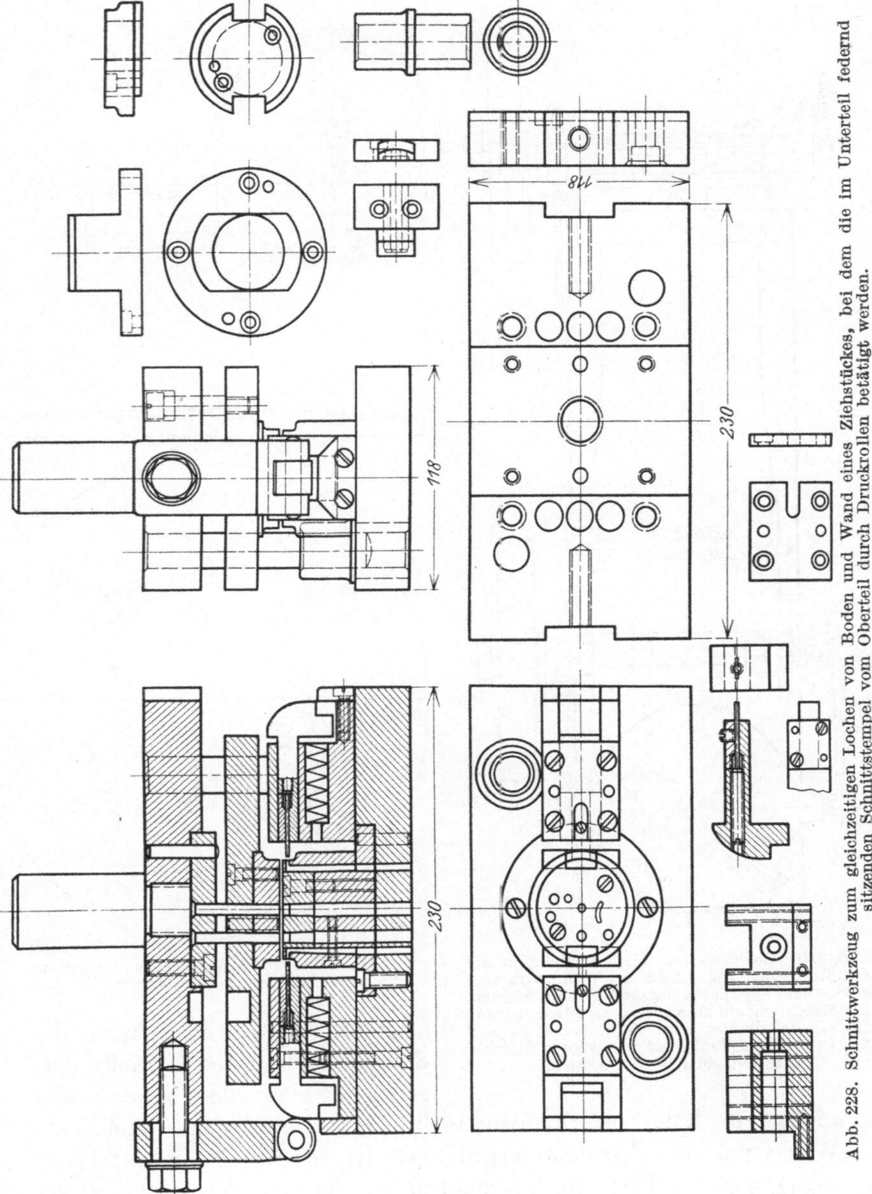

Abb. 228. Schnittwerkzeug zum gleichzeitigen Lochen von Boden und Wand eines Ziehstückes, bei dem die im Unterteil federnd sitzenden Schnittstempel vom Oberteil durch Druckrollen betätigt werden.

zuführen, für die sind Pressen mit kurzem, festem Schlag geeigneter,
also: Fallhämmer, Friktionspressen und Spindelpressen. Bei den beiden

16*

letzten dreht sich der den Stempel tragende Stößel beim Niedergehen um seine Achse und überträgt daher zum Schluß eine Tangentialkraft auf den Formstempel. Dieser muß daher bei der Werkzeugfertigung

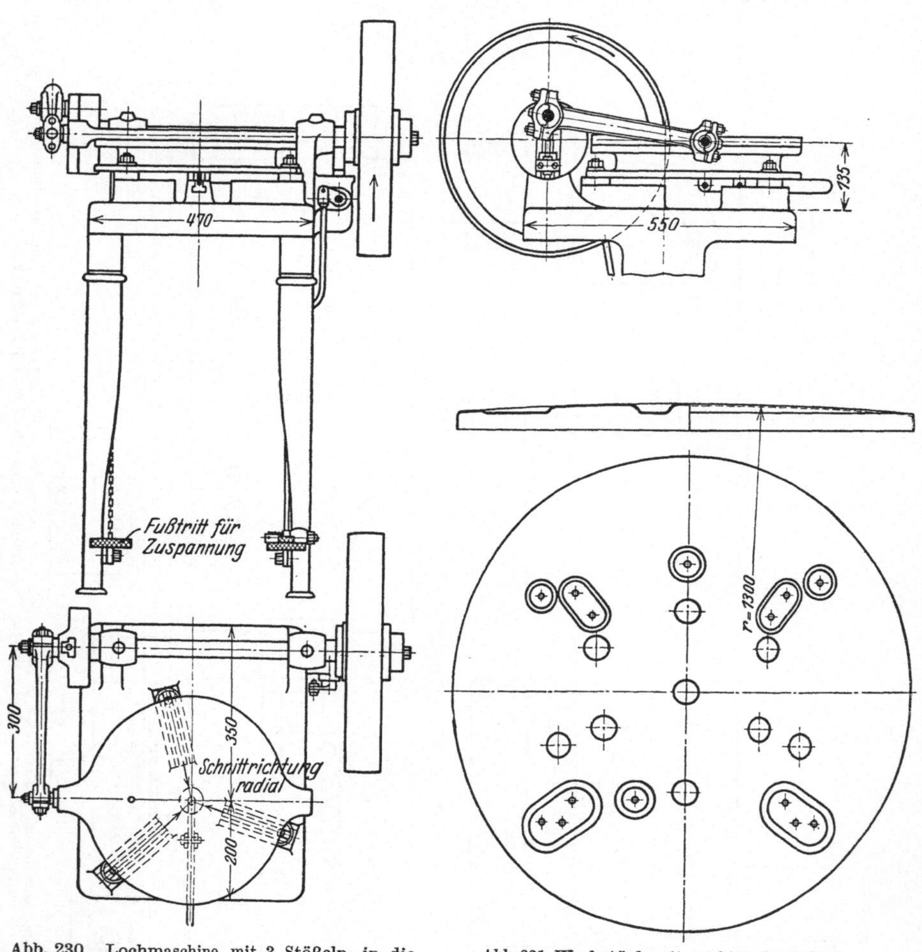

Abb. 230. Lochmaschine mit 3 Stößeln, in die Schnittstempel zum Lochen der Wand von vorgezogenen Ziehstücken eingesetzt werden können. Die Maschinen sind besonders dann günstig, wenn die Schnittstößel im Kreis beliebig verstellbar sind und in größerer Zahl angeordnet werden können. Die Bedienung ist sehr bequem.

Abb. 231. Werkstück mit seichten, durch Stangen aus zu bildenden Vertiefungen im Boden.

nach Abb. 233 durch Führung des Stempelquerhauptes in Säulen entgegengewirkt werden, sobald es sich nicht um Rotationsformen handelt. Da die Form das geschlagene Werkstück im allgemeinen gut festhält, so daß es vom Stempel nicht aus der Form herausgehoben ist, macht man einen Teil der Form beweglich und hebt mit ihm, dem Auswerfer, das geschlagene Werkstück hoch.

b) Formgebung als Weiterschlag. Der Formschlag als Weiterschlag ist der letzte Weiterschlag. Grundsätzlich gilt für ihn dasselbe wie für den Formschlag als Anschlag, nur gilt der Formschlag als Weiterschlag weit öfter der Gefäßwand als dem Gefäßboden (Abb. 191, 234 u. 235a u. b).

c) Flanschen und Rollen. Zur Formgebung als Weiterschlag gehören auch die Arbeiten des Flanschens und Rollens. Flanschen, d. h. das Umbiegen eines erst senkrechten Gefäßrandes nach

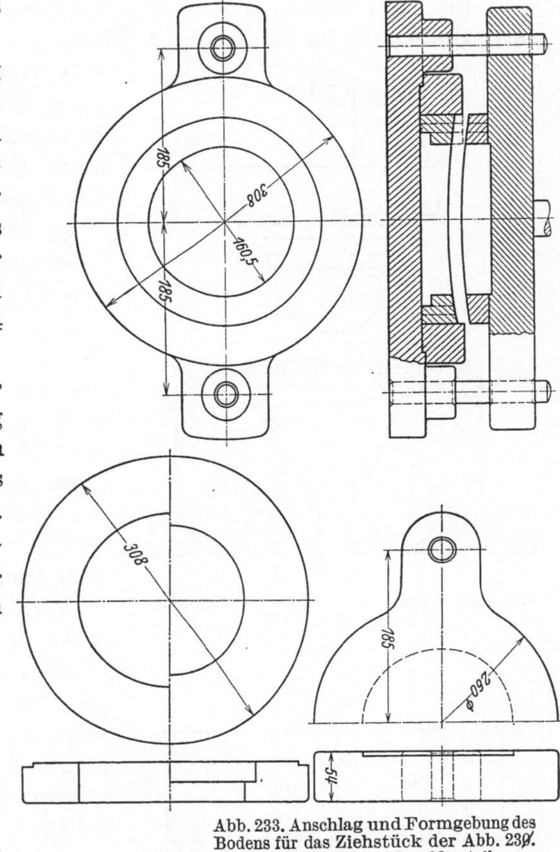

Abb. 233. Anschlag und Formgebung des Bodens für das Ziehstück der Abb. 230. Die richtige Stellung des Oberteils zum Unterteil bei der Formgebung wird durch Säulenführung gesichert. Wie die Zeichnung andeutet, ist das Werkzeug durch Austausch entsprechender Ringe im Oberteil und im Unterteil für Anfertigung verschiedener Durchmesser geeignet.

Abb. 236a um 90° in die waagerechte Lage nach Abb. 236b, gehört zu den selteneren Ziehaufgaben. Es kommt überhaupt nur vor, wo man mit Rücksicht auf die Stufungsmöglichkeit gezwungen war, die ganze Scheibe in die Ziehöffnung zu ziehen. Auszuführen ist die Arbeit nicht ganz leicht,

Abb. 232. Tiefgezogenes Gefäß mit Formgebung des Bodens im Anschlag.

weil der Rand beschnitten ist und daher leicht zum Reißen neigt. Es ist deshalb auch für einen guten Übergang zu sorgen, entweder durch entsprechend große Rundung oder, wenn die mit Rücksicht auf die Formgebung nicht möglich ist, durch Hinzufügen eines weiteren Arbeitsganges. In diesem Fall kann man den Rand im ersten Arbeitsgang auch in eine Stellung von 45⁰ bringen und dann flach schlagen. Dies vereinfacht die Werkzeugausführung, da man nur ein Unterteil und entweder zwei ganz einfache Stempel braucht, oder aber auch nur einen Stempel nimmt, der auf der einen Seite die Schräge von 45⁰ hat, auf der andern aber ganz flach ist.

Weit häufiger sind die Rollarbeiten, einschließlich Verbindarbeiten (Abb. 237 bis 239), die auch am Rand der Hohlgefäße vorgenommen werden und entweder nur die Gefahr einer Verletzung durch die Rauheit und Schärfe des beschnittenen Gefäß-

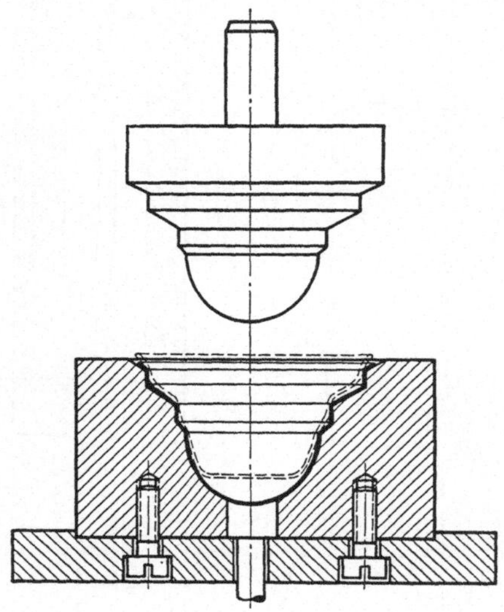

Abb. 234. Formgebung der Wand als Weiterschlag (Fertigschlag). (AWF.)

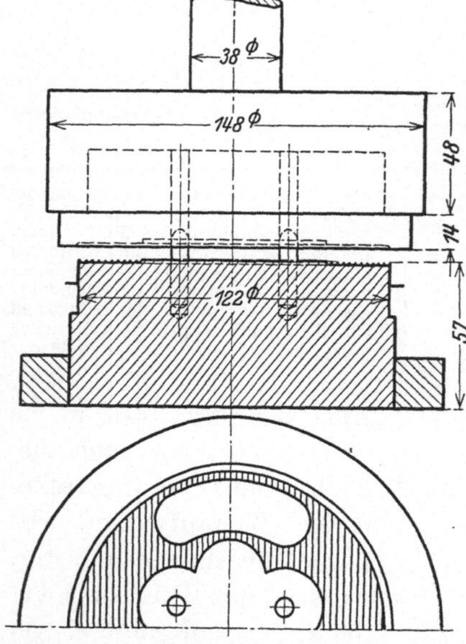

Abb. 235 a. Formgebung des Bodens als Fertigschlag (Rillen und Schrift s. Abb. 235 b).

Abb. 235 b. Ziehstück mit im Fertigschlagwerkzeug der Abb. 234 a geformtem Boden.

randes beheben oder zugleich auch die Gefäßwand verstärken und versteifen sollen.

Zur Ausführung der Rollarbeit, die meist an geflanschten Hohlgefäßen begonnen wird und einer Biegearbeit um 180° entspricht, sind zwei Arbeitsstufen erforderlich, erstens die Biegung von 0 bis 90°, Stufe

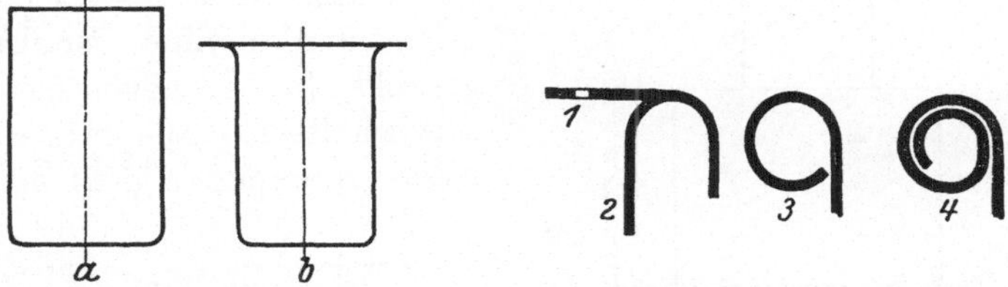

Abb. 236 a und b. Ziehstück vor und nach dem Flanschen.

Abb. 237. Schematische Darstellung der Umformungsstufen beim Rollen.

1 bis 2 und zweitens die Biegung von 90 bis 180°, Stufe 2 bis 3. Die Ausführung des Rollens zeigen die Abb. 237 und 238a und b, die des Verbindens die Abb. 239 und 240a und b.

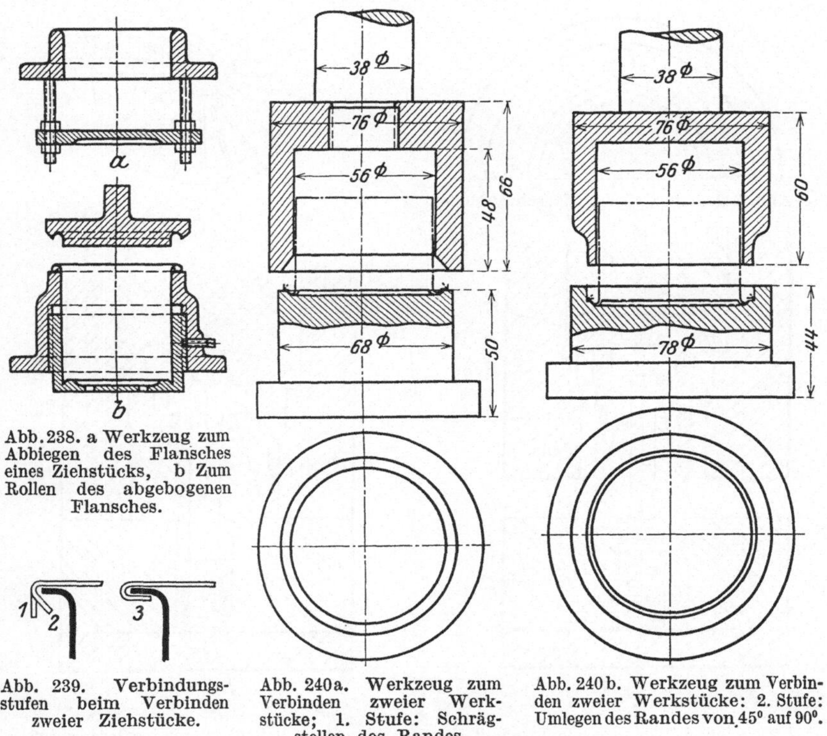

Abb. 238. a Werkzeug zum Abbiegen des Flansches eines Ziehstücks, b Zum Rollen des abgebogenen Flansches.

Abb. 239. Verbindungsstufen beim Verbinden zweier Ziehstücke.

Abb. 240a. Werkzeug zum Verbinden zweier Werkstücke; 1. Stufe: Schrägstellen des Randes.

Abb. 240b. Werkzeug zum Verbinden zweier Werkstücke: 2. Stufe: Umlegen des Randes von 45° auf 90°.

d) Stauchen. Unter Stauchen versteht man das Flanschen der Gefäßwand entweder dicht am Boden nach Abb. 21LII oder an beliebiger Stelle zwischen dem Boden und dem Gefäßrand, dabei entsteht ein

Doppelflansch. Diese Sonderbezeichnung, die sonst nur für volle Körper gebraucht wird, ist von diesen wegen der Gleichartigkeit der Verrichtung übernommen. Ein Hohlgefäß *a* (Abb. 241), wird mit der Öffnung nach unten in eine Formhälfte *b* gesteckt, bis es gegen einen Ansatz schultert. Die zweite Formhälfte (Stempel) *c* paßt dann auf

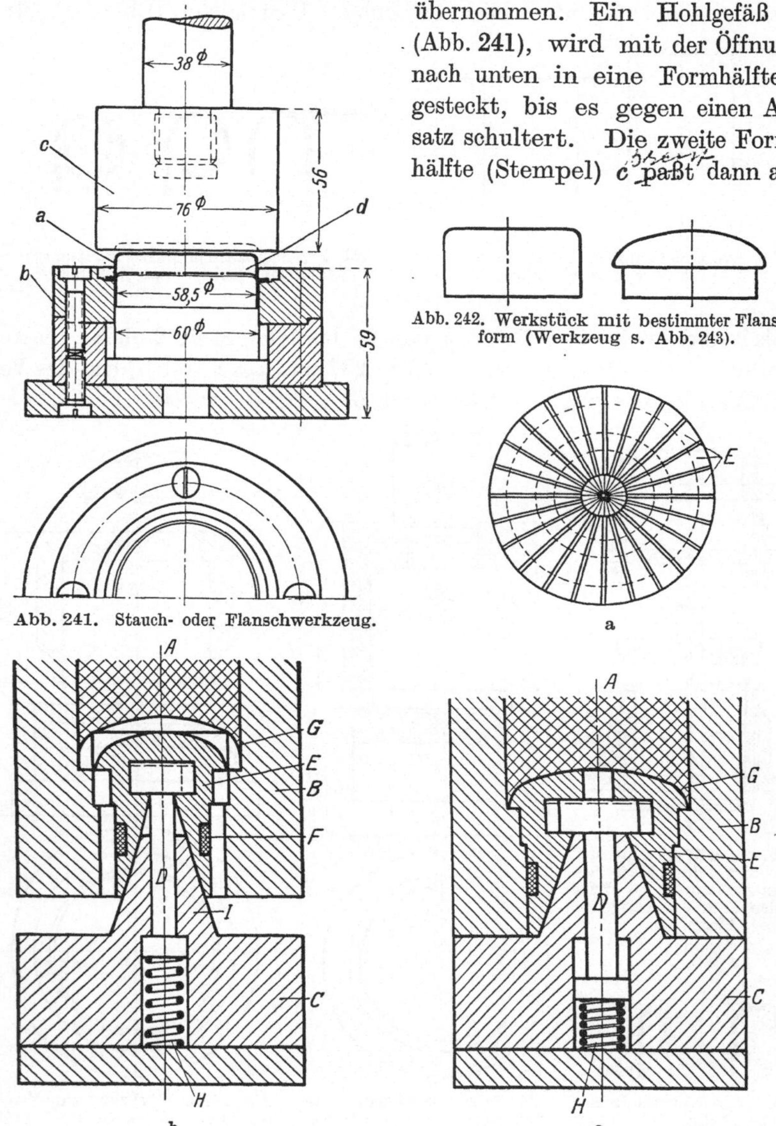

Abb. 241. Stauch- oder Flanschwerkzeug.

Abb. 242. Werkstück mit bestimmter Flanschform (Werkzeug s. Abb. 243).

a

b

c

Abb. 243a bis c. Werkzeug zum mechanischen Stauchen (Ausbauchen) mittels veränderlichem, in Segmente geteiltem Stempel. Federung im Werkzeugunterteil.
a Stempelaufteilung, b vor dem Stauchen, Werkstück eingelegt, c nach dem Stauchen, Segmente durch Keilwirkung nach außen gedrückt.

den Boden, der auf diese Weise gezwungen wird, seinen Abstand von der Führung *d*, die ein seitliches Ausweichen der Gefäßwand verhindert, bei gleich- zeitiger Vergrößerung des Durchmessers zu verkleinern und den Raum zwischen oberer und unterer Form nach Abb. 241—·—·— auszufüllen.

e) Mechanisches Ausbauchen. Die Durchmesservergrößerung durch Stauchen findet bald eine Grenze. Wenn der Hohlraum zwischen dem Boden des aufgesetzten Gefäßes und der Führung zu groß ist und der Flansch eine bestimmte, scharf auszubildende und einzuhaltende Form haben soll, z. B. nach Abb. 242, dann gelingt das Stauchen wie oben beschrieben nur noch, wenn die beiden Ringe des Doppelflansches ganz zusammengepreßt werden, weil die Ausweichmöglichkeit zu groß und die Festigkeit der einzelnen Wandteile zu ungleich ist. Wenn die beiden Ringe des Doppelflanschs wie in Abb. 242 nicht nahe zusammenliegen, kann man aber auch kaum mehr von Flanschen, sondern muß viel eher von Ausbauchen reden. Will man dieses ausführen, so muß man für eine gute beständige Blechführung beim Übergang vom letzten

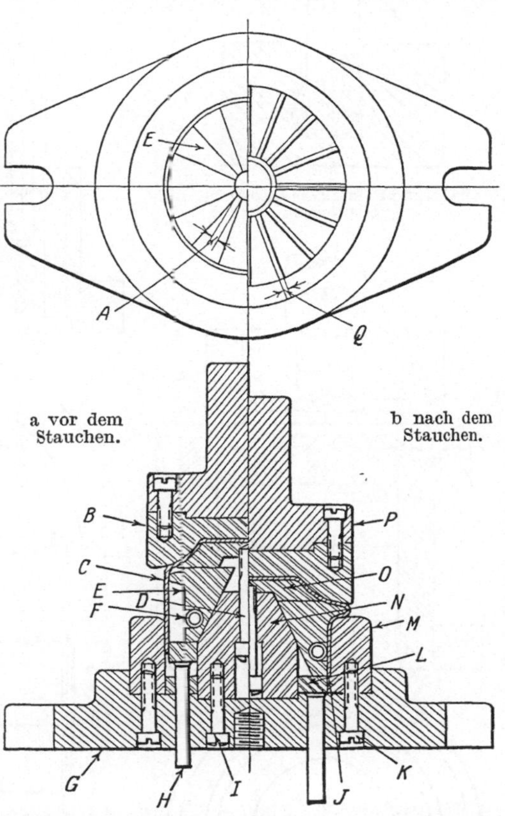

Abb 244. Werkzeug zum mechanischen Ausbauchen mittels veränderlichen Stempels, dessen Segmente durch Keilwirkung auseinandergetrieben und durch Ringfeder und Federdruckapparat wieder zusammengeschoben werden.

Weiterschlag zur endgültigen Formgebung sorgen. Da es sich um eine Durchmesservergrößerung handelt, der die Blechspannung gegenwirkt, ist diese Blechführung gesichert, wenn man den Stempel veränderlich macht. Dies kann geschehen nach Abb. 243a, b, c und 244a, b durch Aufteilung in eine möglichst große Zahl von Segmenten, die durch eine Feder zusammengehalten und beim Niedergang des Stempels durch Keilwirkung auseinandergetrieben werden. Gewähr für einwandfreie Arbeit ist nur geboten, wenn die Teilstempel nicht zu weit auseinander getrieben werden müssen, da sie sonst in der Außenstellung zu weit von

einander abstehen, und das Hohlgefäß nicht mehr als Drehkörper, sondern
vielflächig erscheint. Aus dieser Forderung ist abzuleiten, daß die mechanische Art des Ausbauchens einmal wegen der noch ungenügenden

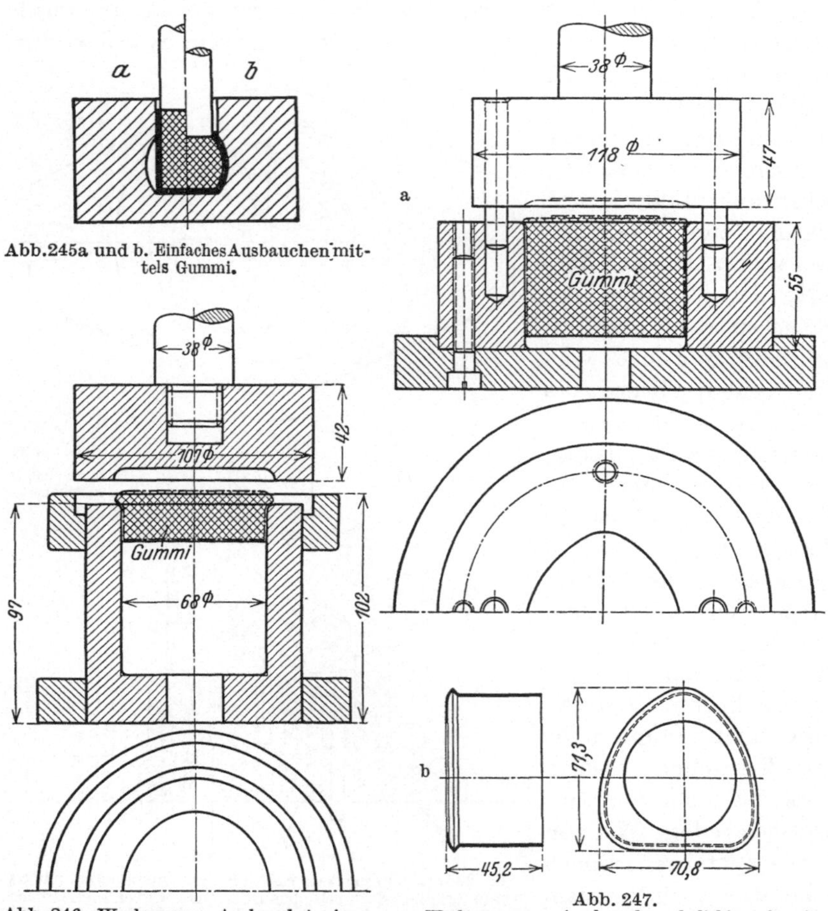

Abb. 245a und b. Einfaches Ausbauchen mittels Gummi.

Abb. 246. Werkzeug zum Ausbauchen eines
zylindrischen Hohlgefäßes auf einer Exzenterpresse. Führung des Stempels in einer
Ausdrehung des Unterteils.

Abb. 247.
a Werkzeug zum Ausbauchen beliebig geformter
Gefäße am Boden mittels einer Friktionspresse.
Führung des Formstempels durch Führungsbolzen,
b Ausgebauchtes Ziehstück.

Blechführung und dann wegen der Werkzeugfertigung sehr schwierig und
teuer ist — ganz abgesehen von der Beschränkung auf Umdrehungshohlgefäße — und daher höchstens für Ausbaucharbeiten von begrenz-
tem Ausmaß in Frage kommen kann.

    f) Ausbauchen mit Gummi (Gummi-Stauchen-Pressen). Eine wirklich
beständige Blechführung ist nur zu erreichen mit einem Stempel, der
stetig veränderlich ist und doch in allen seinen Teilen den Zusammen-
halt behält. Ein solcher Stempel muß leicht verschiebbar, aber nicht

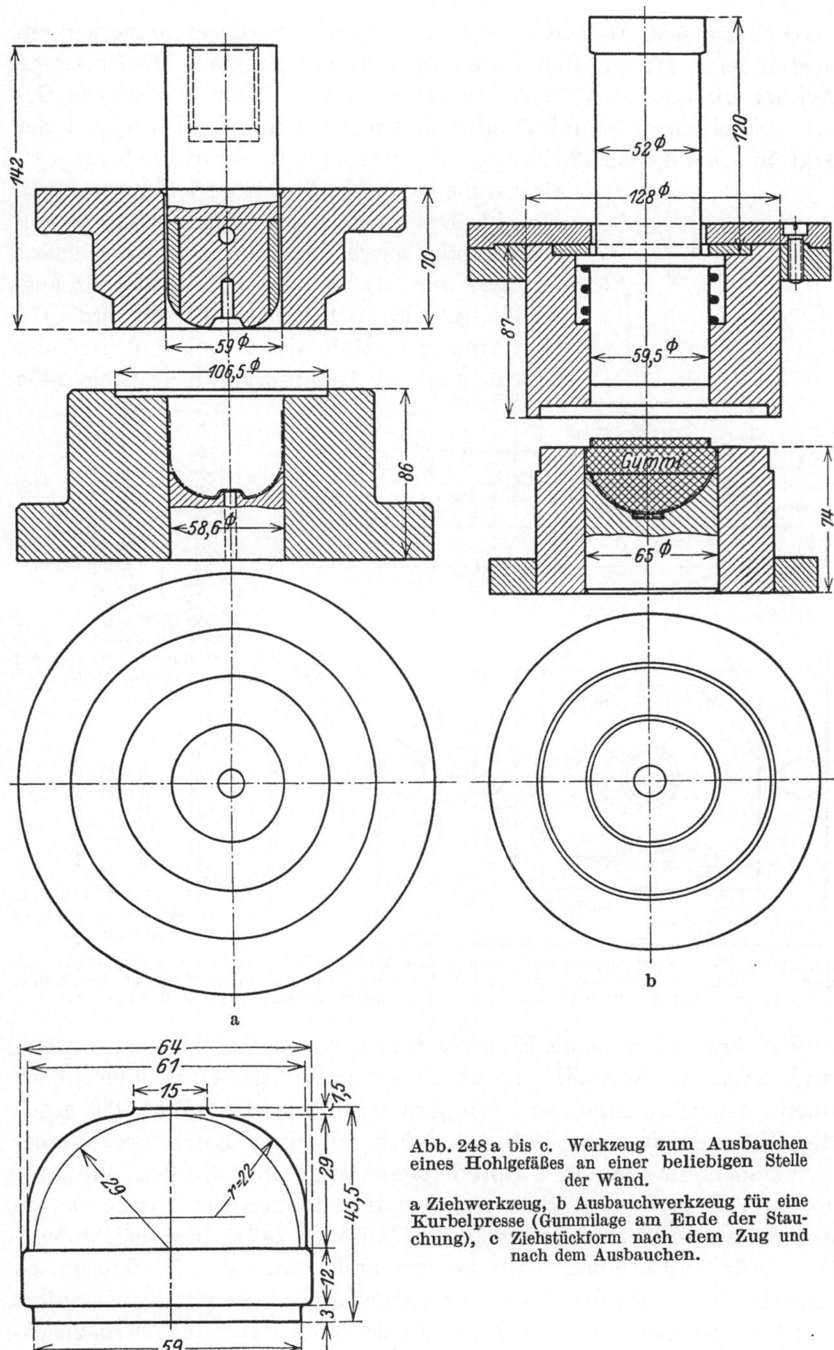

Abb. 248 a bis c. Werkzeug zum Ausbauchen eines Hohlgefäßes an einer beliebigen Stelle der Wand.

a Ziehwerkzeug, b Ausbauchwerkzeug für eine Kurbelpresse (Gummilage am Ende der Stauchung), c Ziehstückform nach dem Zug und nach dem Ausbauchen.

verdichtbar sein. Als fester Stoff kommt Gummi dieser Forderung am besten nach. Die Art der Verwendung ist verschieden. Die einfachste Art ist die lose. Man steckt in das nach Abb. 245 a vorgezogene Gefäß einfach einen Gummizylinder, dessen Durchmesser kleiner ist als der Durchmesser der Gefäßöffnung, aber doch so nahe an diesen herangeht, als es das rasche Einführen und Herausnehmen erlaubt. Das Volumen des Gummizylinders muß größer oder gleich dem des auszubauchenden Gefäßes sein, da dieses sonst nicht ganz ausgefüllt und nicht richtig ausgebaucht wird. Die Umformung verläuft dann so, daß nach der Einführung des Gummizylinders (Abb. 245 a

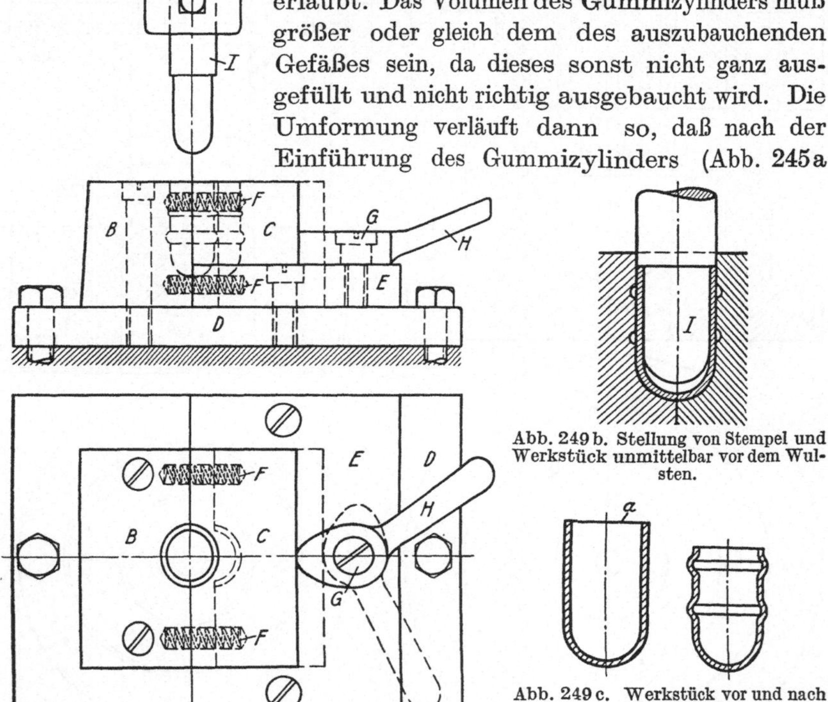

Abb. 249 b. Stellung von Stempel und Werkstück unmittelbar vor dem Wulsten.

Abb. 249 c. Werkstück vor und nach dem Wulsten.

Abb. 249a bis c. Werkzeug zum Ausbauchen zweier Wulste in der Wand eines zylindrischen Hohlgefäßes mit mehrteiligem, von Hand zu öffnenden und zu schließenden Werkzeug mittels einer Exzenter-, Kurbel- oder Friktionspresse. (Aus Kurrein: Pressen 1914, S. 340 und 436.)

und b) der niedergehende Stempel den Gummizylinder zusammendrückt und dabei die Gefäßöffnung abschließt, so daß der Gummi nicht nach oben ausweichen kann, sondern gezwungen ist, das Hohlgefäß gegen die Form zu pressen. Soll die Arbeit auf einer Kurbelpresse, einer Friktionspresse oder einer Spindelpresse ausgeführt werden, also einer Presse mit nur einer Stößelbewegung, dann können für Ausbauchungen am Boden die Werkzeuge nach Abb. 246 und 247 a, b ausgeführt werden. Für Ausbauchungen an anderer Stelle muß das Werkzeug nach Abb. 248a, b, c und Abb. 249a, b, c zweiteilig oder mehrteilig ausgeführt werden. Zur Sicherung der Formgüte ist durch Paßstifte für ein gleichbleibendes Schließen der beiden Formhälften zu sorgen, ob diese nun von Hand nach Abb. 249a und noch einfacher auf Kosten der Arbeitsgeschwindigkeit, nach Abb. 253 und 254 oder mit der Maschine nach Abb. 248 und 250 geschlossen werden. Die Vorrichtung zum Schließen auf Einstößelpressen wäre verwickelt. Will man schon mit der Maschine schließen, dann geht man zweckmäßiger auf eine Ziehpresse, schneidet das Ausbauchwerkzeug entweder auch vertikal nach Abb. 251a, b, c oder einfacher horizontal nach Abb. 248 in zwei Hälften und bewegt die eine Hälfte mit dem Niederhalterstößel[1].

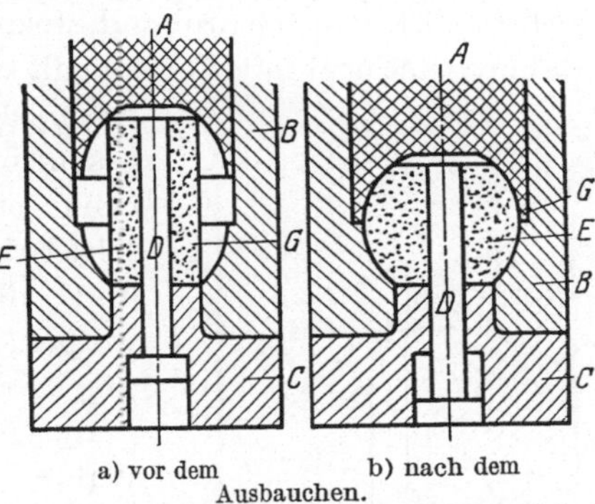

a) vor dem   b) nach dem
Ausbauchen.

Abb. 250. Ausbauchwerkzeug zum Betrieb mittels Ziehpresse, bei dem das Unterteil C auf dem Tisch aufgespannt, Formteil A durch den Ziehstempelstößel und Formteil B durch den Niederhalterstößel bewegt wird.

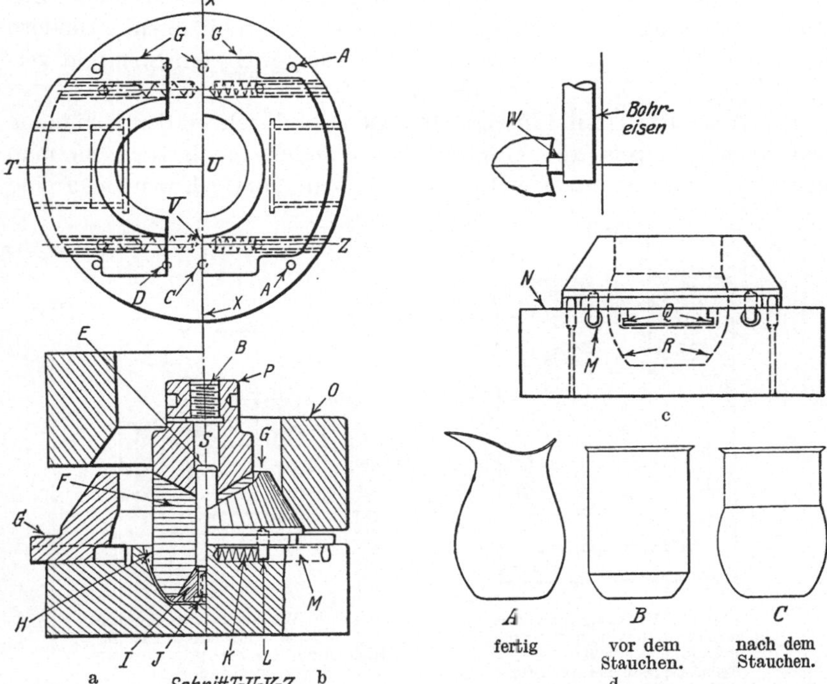

Abb. 251 a—d. Ausbauchwerkzeug zum Betrieb mittels einer Ziehpresse, bei dem das Unterteil vertikal geschnitten ist, durch den Niederhalterstößel geschlossen und durch Federkraft geöffnet wird. a vor dem Einlegen, b nach dem Stauchen, c Stauchform geschlossen, d Werkstück. (Machinery 1926, S. 695.)

Nach dem Hochgehen des Stempels bei dem Werkzeug der Abb. 247 nimmt der Gummi wieder seine Zylinderform an und kann leicht aus

---

[1] In diesem Falle ohne Feder.

dem fertigen Gefäß herausgenommen werden. Das fortwährende Herausnehmen ist, weil zeitraubend, unangenehm, man verbindet den Gummi daher manchmal mit Vorteil mit dem Auswerfer (Abb. 250) oder dem Stempel (Abb. 251), wodurch die Arbeitsgeschwindigkeit eine beträchtliche Steigerung erfahren kann. Der Nachteil der schwierigeren Auswechslung und Ergänzung muß allerdings dabei in Kauf genommen werden. Diese ist in gewissen Zeitabschnitten, deren Länge sich nach dem Verformungsgrad richtet, notwendig, denn der Gummi ist einer Abnützung unterworfen, die von Zeit zu Zeit durch Ergänzung mit kleinen Stückchen und nach wiederholter Ergänzung durch Auswechseln des ganzen Zylinders ausgeglichen werden muß. Das Ausgleichen aber ist bei losen Zylindern leichter als bei den mit den Stempeln verbundenen.

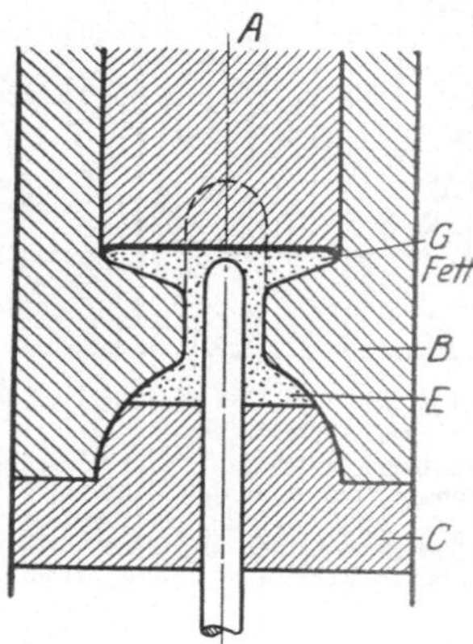

Abb. 252. Werkzeug zum Ausbauchen mit zähflüssigem Stoff (Fett) zum Betrieb auch einer Kurbel- oder Friktionspresse.

g) Ausbauchen mit Flüssigkeitsdruck. Der Nachteil der Abnützung des Stauchstempels aus Gummi, die besonders groß ist wenn man Formen scharf auspressen will, kommt ganz in Fortfall, wenn man eine

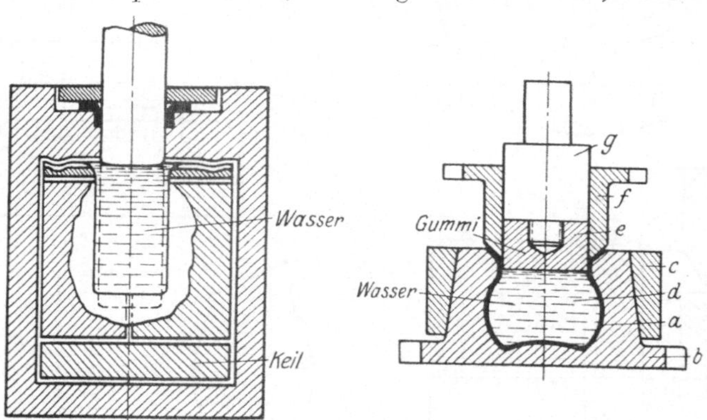

Abb. 253. Werkzeug zum Ausbauchen mittels Flüssigkeit zum Betrieb durch eine Kurbel- oder Friktionspresse bei reichlicher Handarbeit.

Abb. 254. Werkzeug zum Ausbauchen mittels Flüssigkeit zum Betrieb durch eine Ziehpresse bei verringerter Handarbeit.

(Aus Litz: Spanlose Formung.)

Flüssigkeit als Stauchstempel benützt. Ohne Zweifel ist sie das geeignetste Mittel, denn sie entspricht am vollkommensten den Bedingungen der leichten Verschiebbarkeit ohne gleichzeitige Verdichtung. Man kann sie auch ohne weiteres — sei es nun Fett (zähflüssig), Wasser oder Öl —

in gleicher Weise wie den losen Gummi verwenden, d. h. man füllt nach
Abb. 253 bis 254 das vorgezogene Hohlgefäß mit Fett oder Wasser
und läßt den Stempel, der die Flüssigkeit am Austritt nach oben
verhindert, tiefer gehen. Dadurch wird die Flüssigkeit nach der
Seite gedrückt und gezwungen, die Werkzeug-
form auszufüllen. Die Abdichtung der Gefäßöffnung muß sorgfältig ausgeführt sein. Man
kann sie bei einfach wirkenden Pressen gegen
oben nach Abb. 253 sehr gut dadurch erreichen,
daß man den Stempel in seiner Führung ab-
dichtet, und die Seite durch Festklemmen des
Flansches zwischen dem Werkzeugträger und
der Dichtungsplatte, und bei doppeltwirkenden
Pressen einfacher durch Heranziehen des Niederhalters nach Abb. 254. Diese Art der Werk-
zeugausbildung, bei der der Preßdruck im Werkzeug selbst erzeugt wird, hat den Vorteil, daß

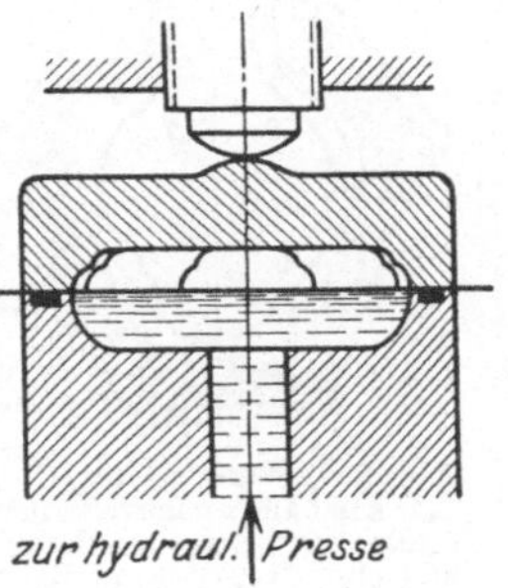

Abb. 255. Ausbauchwerkzeug
zur Betätigung durch eine
hydraulische Presse. (Litz.)

das Werkzeug auf jeder Presse arbeiten kann. Sie hat aber den
Nachteil, daß die Flüssigkeit nach jedem Zug umgeleert werden muß,

Abb. 256. Hydraulische Ziehpresse (doppeltwirkend). (L. Schuler.)

wobei Fett zuvor zu erwärmen ist. Dabei kann immer etwas von der
Flüssigkeit verloren gehen, so daß auf die Erhaltung der richtigen

Menge streng geachtet werden muß. Diese Vorsicht ist durch Anschluß des Werkzeugs an eine hydraulische Presse zu umgehen, wo-

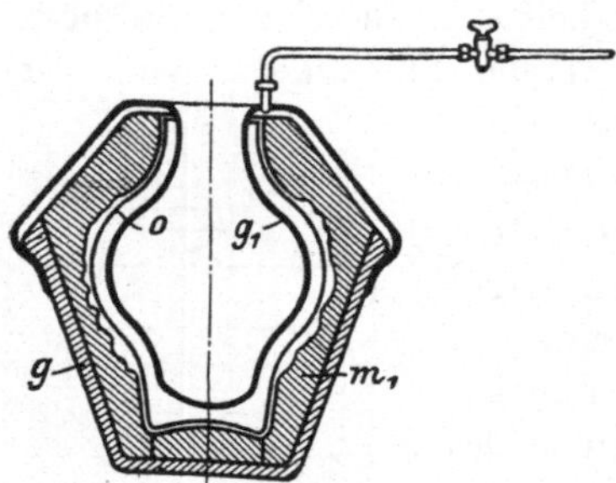

Abb. 257. Werkzeug für „Huberpressung", d. i. Ausbauchen mittels Flüssigkeitsdruck nach vorheriger Entfernung der Luft zwischen Werkstück und Form. (Kurrein: Pressen 1914.)

durch auch der Werkzeugbau nach Abb. 255 wesentlich vereinfacht wird. Eine Beschreibung der Wirkungsweise dürfte sich erübrigen, aber hingewiesen sei doch darauf, daß das Abheben und Schließen des Oberteils mit einer entsprechenden Maschine (Abb. 256) **recht gut** mechanisch ausgeführt werden kann. Das Werkzeug der Abb. 255 ist direkt an die Druckleitung der Flüssigkeit angeschlossen, wobei zu beachten ist, daß von einer Presse aus mehrere Druckleitungen ausgehen können. Man kann den direkten Anschluß aber auch leicht dadurch vermeiden, daß man zum Ausbauchen Werkzeuge nach Abb. 253 und 254 nimmt ohne

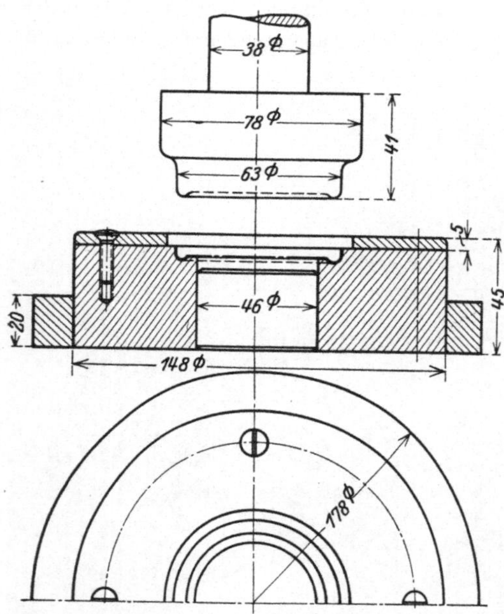

Abb. 258. Prägwerkzeug zum Anbringen einer Verzierung auf der erhabenen Rundung des Ziehstückes.

den Stempel und die Stempeldichtung und sie in einen großen Raum stellt, der erst an die Pressenleitung angeschlossen ist. Das hat den Vorteil, daß man mehrere, und zwar die verschiedensten Pressungen mit einer Füllung ausführen kann.

Eine weitere Vervollkommnung führt zu dem „Huber"-Preßverfahren, bei dem die Abdichtung dadurch erreicht wird, daß die Formteile in einen nahtlosen Behälter g gestellt werden, über den nach dem Einführen des vorgezogenen Gefäßes ein Gummisack g_1 gestülpt wird (Abb. 257), der einerseits den Behälter abschließt und mit ihm zusammen einen geschlossenen Hohlraum bildet, andererseits in das Hohlgefäß hineinragt. Nun kann in den meisten Fällen wie oben gepreßt werden. In besonderen Fällen, wo es sich um sehr scharfe Formgebung handelt, wird der

Raum zwischen Gummisack und Behälter luftleer gepumpt und damit die Luft, die stören würde, weil sie auch gepreßt noch einen gewissen Raum einnehmen muß und so eine ganz scharfe Ausprägung verhindert, entfernt.

h) Prägen. In Verbindung mit Zieharbeiten werden Prägungen hauptsächlich verwendet entweder für Zwecke der Verzierung (Abb. 258) bei Gebrauchsgegenständen (Tafelgeschirr) oder zur Anbringung von Symbolen und Schriftzeichen bei Apparaten und ähnlichen Erzeugnissen,

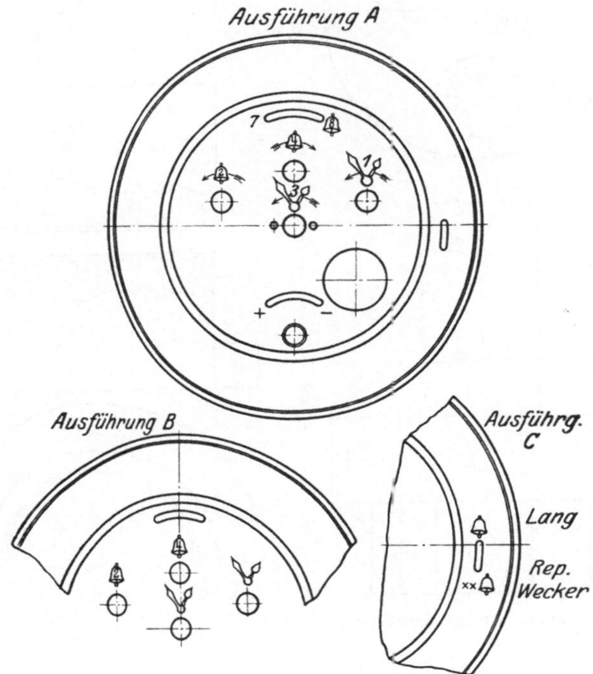

Abb. 259a. Zeichen- und Schriftprägung an einem Ziehstück.

die die Handhabung erläutern. Diese Verwendung zeigt die Rückwand einer **Weckeruhr** (Abb. 259), bei der das Zeigerpaar, die Aufzugstelle und die Richtstelle für den Gehwerklauf, die Glocke, die Aufzugstelle und die Richtstelle für den Weckerlauf anzeigen. Das Werkzeug Abb. 259 besteht nur aus Stempel und Amboß; im Stempel sind die Symbole erhaben herausgearbeitet, der Amboß ist glatt, so daß bei der Ausführung der Prägung die erhabenen Stellen in den Werkstoff der Rückwand eindringen und die Symbole als Vertiefungen zurücklassen müssen. Dabei können die Vertiefungen im Stempel ausgefüllt werden, wenn die Symbole nicht zu hoch über die Stempelfläche herausstehen, oder nicht, wenn sie, wie meist, um eine leichte Veränderung oder teilweise Erneuerung zu gewährleisten, wie in Abb. 259 b auf mehreren kleinen Stempeln I, II, III aufgebracht sind, so daß zwischen diesen große Lücken bestehen, die unmöglich ausgefüllt werden können.

Da die Prägestempel scharf herausgearbeitet sind, genügt zur Ausführung der Prägearbeiten meist schon eine Fußpresse

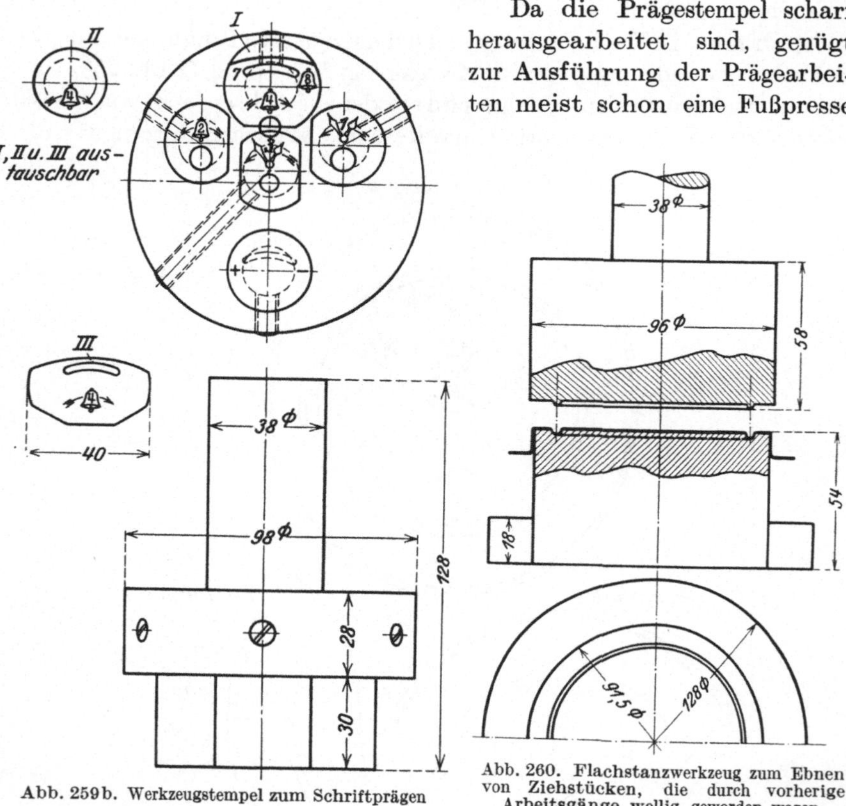

Abb. 259 b. Werkzeugstempel zum Schriftprägen

Abb. 260. Flachstanzwerkzeug zum Ebnen von Ziehstücken, die durch vorherige Arbeitsgänge wellig geworden waren.

oder eine Exzenterpresse, und nur, wenn die Prägung sehr groß ist, wird man gezwungen sein, auf einen Fallhammer, eine Friktionspresse oder eine Kniehebelprägepresse zu geben.

i) Flachstanzen. Flachstanzen wird meist eine dem Prägen der eben beschriebenen Art folgende Arbeit sein, weil das Werkstück, wenn nicht die ganze Stempelfläche auflag, uneben geworden, mittels glatter Ober- und Unterstempel nach Abb. 260 flach gerichtet werden muß. Das geschieht am besten auf Fallhämmern, Friktions- oder Kniehebelprägepressen.

84. Pressen.

Pressen, das Umformen eines Stoffes zwischen Ober- und Untergesenk derart, daß bei ganz zusammengeführten Gesenkdruckflächen die vom Gesenk gebildete Form ausgefüllt und überschüssiger Stoff ausgeschieden wird, ist ein selbständiges, vom Ziehen unabhängiges Arbeitsgebiet der Formgebung, das hauptsächlich die leichtere Bildsamkeit der Werkstoffe im rotwarmen Zustand, also bei hoher Temperatur ausnützt und dabei den Werkstoff aus Stangenform verarbeitet, doch kann es auch in der Ziehtechnik Fälle geben, wo man diese Formgebungsart zu Hilfe nimmt, besonders, wenn an den Ziehstücken ein Teil verstärkt werden soll. Abb. 261 führt einen solchen Fall vor. Das Hohlgefäß soll den nach Abb. 261 A verstärkten Rand bekommen, weil auf ihn ein Gewinde geschnitten werden muß. Die für die Preßarbeit notwendige Werkstoffmenge wird am annähernd fertig gezogenen Gefäß bei ganz geringer Durchmesserabnahme durch zwei Preßgänge an den Gefäßrand gebracht. Das ausführende Werkzeug, das durch eine Exzenterpresse betätigt

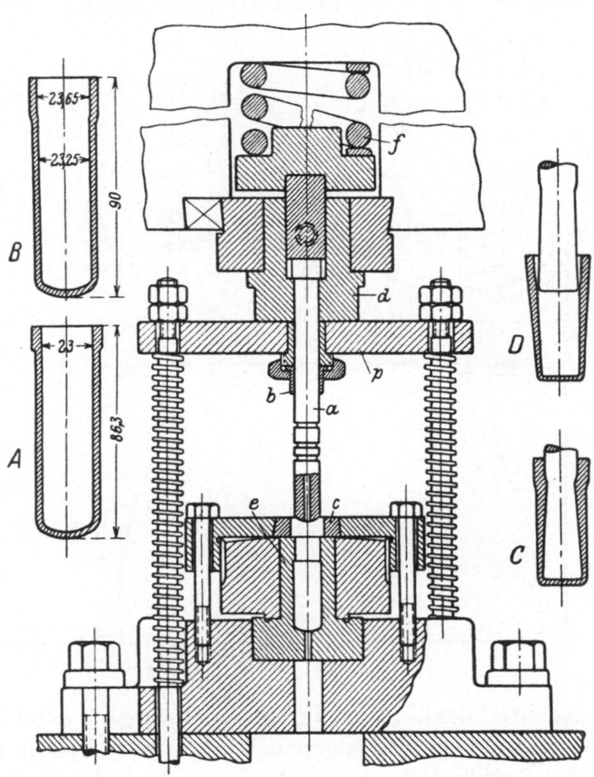

Abb. 261. Werkzeug für Zieh- und Preßarbeit.

wird, gibt die Abb. 261 wieder. Der Stempel a ist gegenüber der Kopfplatte gefedert, so stark, daß er das Gefäß in den Unterteil hineinziehen kann. Sitzt aber das Gefäß auf dem Boden der Ziehform auf, dann sitzt auch der Stempel a still, der Stößel der Presse geht aber, die Feder f zusammendrückend, tiefer und stößt mit dem Preßstempel b gegen den oberen Gefäßrand, so den Werkstoff zwingend, den Hohlraum auszufüllen, der vom Stempel a, dem Preßstempel b und dem Formring c gebildet wird.

17*

85. Drücken, Walzen, Sicken.

Auch das „Drücken" ist eine selbständige Formgebungstechnik; sie gilt wie die Ziehtechnik der Verarbeitung des Werkstoffs in Blechform und benützt wie sie die Verformbarkeit durch Strecken und Stauchen im kalten Zustand zur Überführung von ebenen Scheiben in Hohlgefäße, aber mit andern Mitteln. Die Werkzeuge, die das auf der Drückbank (Abb. 262) umlaufende Werkstück bearbeiten, sind einfacher mit dem Vorteil der allgemeineren Verwendbarkeit und dem

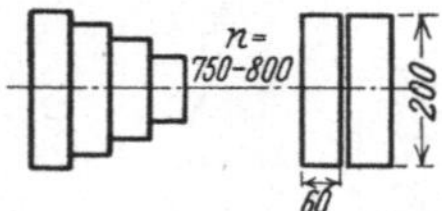

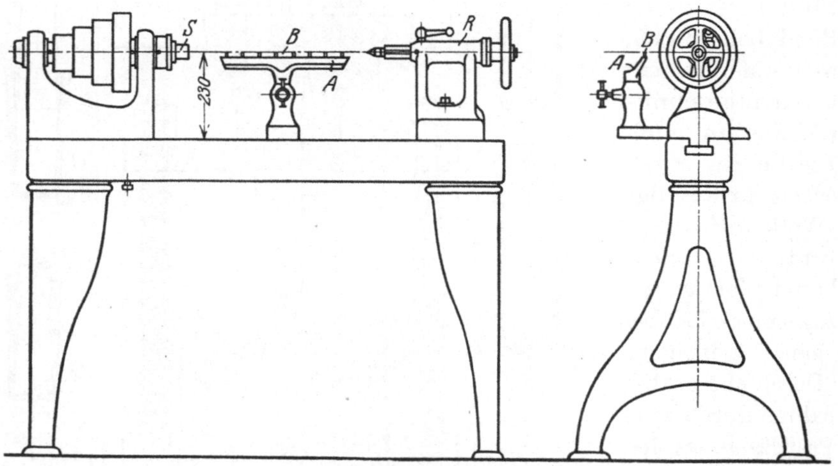

Abb. 262. Drückbank.

Nachteil des kleineren in einem Arbeitsgang erreichbaren Verformungsgrads. Damit sind eigentlich auch die Grenzen für die Berechtigung der Drückarbeit gezogen. Während die Ziehtechnik der Massenfertigung dient, dient die Drücktechnik der Einzel- und der Serienfertigung, also den Fällen, wo die Werkzeugkosten die Lohnkosten übersteigen würden. Sie nimmt also im Gebiet der Umformung dieselbe Stellung ein wie die Schneidarbeit mit den Scheren im Gebiet der Schnittechnik und wird, ebenso wie diese neben dem Schneiden mit Schnitten auf den Pressen, zur Umformung ihr Feld behaupten neben dem Umformen mit Ziehwerkzeugen.

Den Vorgang bei der Umformung durch Drücken zeigen schematisch Abb. 263 u. 264. Auf der Spindel S der Drückbank (Abb. 262) ist am inneren Ende eine Form, die Druckform F, aufgeschraubt, je nach der anzufertigenden Menge der Werkstücke aus Holz oder Metall gearbeitet, die entweder nach Abb. 263 Innenform oder nach Abb. 264 Außenform sein kann. Im ersten Fall (Abb. 263) wird die Scheibe dadurch geführt, daß man ihren Rand um die abgerundete Kante der Form umlegt und erst dann, die Scheibe mittels des gehärteten und hochpolierten Drückwerkzeugs, des Drückstahls mit gut gerundeten Kanten, durch zahlreiche, erst kleinere, dann immer größer werdende und tiefergehende Schwenkbewegungen des Drückstahls in die Form drückt.

Im zweiten Fall (Abb. 264) wird die Scheibe zwischen die Form und eine Körnerspitze oder eine auf den Reitstock R gesetzte umlaufende Druckscheibe gepreßt und, im letzten Fall, zunächst zentriert. Dann wird der über die Form überstehende Rand, wenn er schmal ist, mit dem Drückstahl über die Kante der Form umgelegt. Wenn der überstehende Rand breit ist, dann genügt der Druckstahl allein nicht, wenn Falten nicht auftreten sollen, sondern es muß auf der gegenüberliegenden Seite ein zweites Werkzeug aus Metall oder

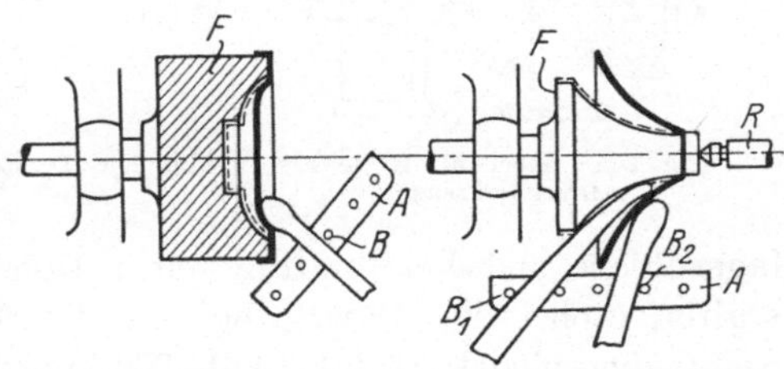

Abb. 263. Innendruckform.　Abb. 264. Außendruckform.
(Aus Werkstoffhandbuch: Nichteisenmetalle P 7, Stahl und Eisen P 63.)

Holz angesetzt werden, das gewissermaßen als Niederhalter wirkt. So können auch beim Drücken wie beim Ziehen die gleichen zwei Arbeitsfälle unterschieden werden.

Die Schnelligkeit des Drückens kann mit Erhöhung der Umlaufgeschwindigkeit des Werkstücks beschleunigt werden. Man lagert die Spindeln und die Gegendruckscheiben daher zweckmäßig in Kugellager, weil diese die Erhöhung der Spindelgeschwindigkeit ohne Gefahr unzulässig hoher Erwärmung gestatten. Eine konstruktive Vereinfachung bedeutet es in diesem Fall, wenn man die Druckbank mit dem Motor verbindet und die Motorlager gleich als Spindellager baut. Nur muß man gleichzeitig auf die Möglichkeit einer schnellen Bremsung bedacht sein, da sonst bei Arbeitsstücken, die nicht auf die laufende Spindel gesteckt, bzw. von dieser abgenommen werden können, das Stillsetzen und Ingangbringen der Spindel gegenüber der produktiven Arbeit zu viel Zeit rauben würde.

Ziehdruck und Niederhalterdruck müssen vom Arbeiter gewöhnlich durch Muskelkraft ausgeübt werden, wobei die Auflage A mit ihren Stiften B (Abb. 262) als Stütze dient. Abgesehen davon, daß zur gleichzeitigen und richtigen Ausübung eine große Geschicklichkeit vereint mit reicher Erfahrung verbunden ist, gehört bei breiten Flanschen und dicken Blechen ein ganz bedeutender Kraftaufwand zur raschen und guten

Erledigung der Arbeit, auch dann noch, wenn der Gegendruck vom Körper des Drückers auf die Anschlagleiste dadurch verlegt ist, daß man den Druckstahl durch eine Gabel ersetzt, in der eine Rolle beweglich gelagert ist, und die Gabel auf einen Stift der Anschlagleiste drehbar aufschiebt (Abb. 265).

Man hat deshalb danach gestrebt, die Muskelarbeit durch Zwischenschalten einer größeren Übersetzung als bei der einfachen Hebelbewegung möglich ist, zu erleichtern durch Anbau eines Kreuzsupports an Stelle der Auf-

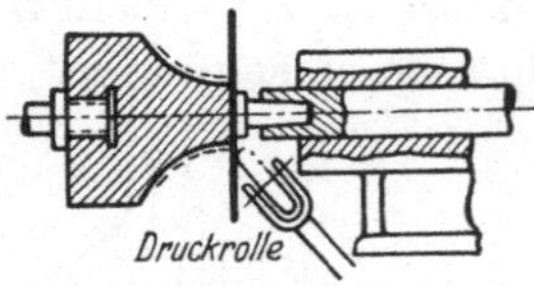

Abb. 265. Gabel mit Rolle als Drückwerkzeug.

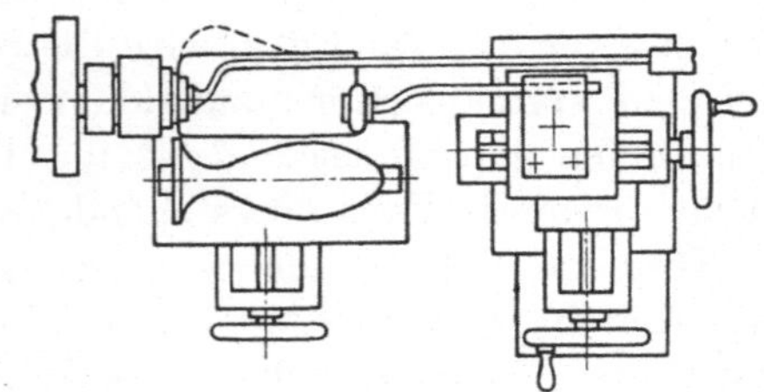

Abb. 266. Darstellung des Drückens mittels Druckrolle (Planieren).

lageschiene und Verwendung einer Drückrolle an Stelle des Drückstahls, wobei die Bewegung der Druckrolle durch Handrad und Schraubenspindel erfolgt (Abb. 266 und 267).

Abb. 267. Schwere Planierbank mit Einzelantrieb. (L. Schuler.)

Diese Einrichtung und Arbeitsweise, gewöhnlich „Planieren" genannt, wird vielfach an Stelle eines Fertigschlags (Kalibrierzugs) verwendet. Sie legt die Wandung des vorgezogenen Werkstücks nicht nur fest an die Druckform an, sondern glättet und verdichtet die Oberfläche auch zugleich, für etwa nachfolgende Veredlungs- und Verschönerungsarbeiten eine wesentliche Erleichterung.

Ferner dient die Einrichtung mit Vorteil zum Ausbauchen von Hohlgefäßen, wozu Teilformen verwendet werden. An Stelle der Teilformen können mitunter auch entsprechend profilierte Rollen (Formrollen) mit fester Achse genommen werden, gegen die das Ziehstück mit der gegenprofilierten Drückrolle gedrückt wird (Abb. 266). Bei diesem Vorgang wird das Ziehstück zwischen Formrolle und Druckrolle gewalzt.

Auch bei den Drückbankarbeiten ist auf die Erhaltung der Bearbeitbarkeit des Werkstoffs großer Wert zu legen. Die Glühungen

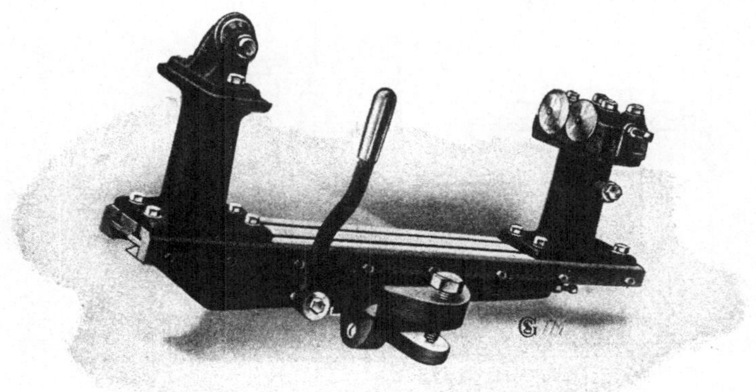

Abb. 268. Sondereinrichtung für die Drückbank zum Beschneiden und Rollen. (L. Schuler.)

sind mit Rücksicht auf die Muskelarbeit noch zahlreicher und bei geringerem Verformungsgrad auszuführen als beim Ziehen mit Ziehwerkzeugen.

Neben den Drück- und Walzarbeiten, zu denen neben dem Rollen auch Verbindungsarbeiten zweier Werkstücke durch Umlegen des Randes des einen über den Flansch des andern gerechnet werden sollen, werden auf der Drückbank auch Schneid-, Dreh- und Polierarbeiten ausgeführt.

An vorgezogenen Zieh-

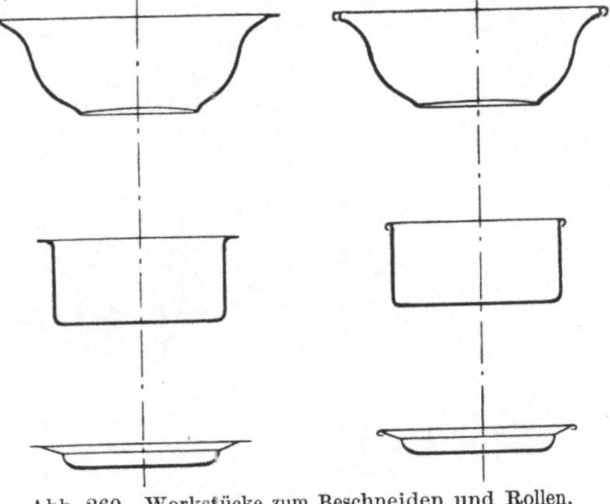

Abb. 269. Werkstücke zum Beschneiden und Rollen. (L. Schuler.)

stücken wird entweder der Flansch auf einen bestimmten Durchmesser, die Höhe auf ein bestimmtes Maß gebracht oder aus dem Boden ein Stück ausgeschnitten.

Gedreht wird zur Glättung der Oberfläche mit einem breiten Stahl, um die Schleifarbeit vor dem Polieren zu ersparen, und poliert wird bei

Wasserzuführung mittels feinst poliertem Druckstahl, um die Hilfsstoffe zu ersparen, die zum gewöhnlichen Polieren nötig sind.

Einzelne Arbeiten, die auf der Drückbank möglich sind, sind, wie das
Drücken bzw. Umformen in das Ziehen, spezialisiert und mechanisiert,

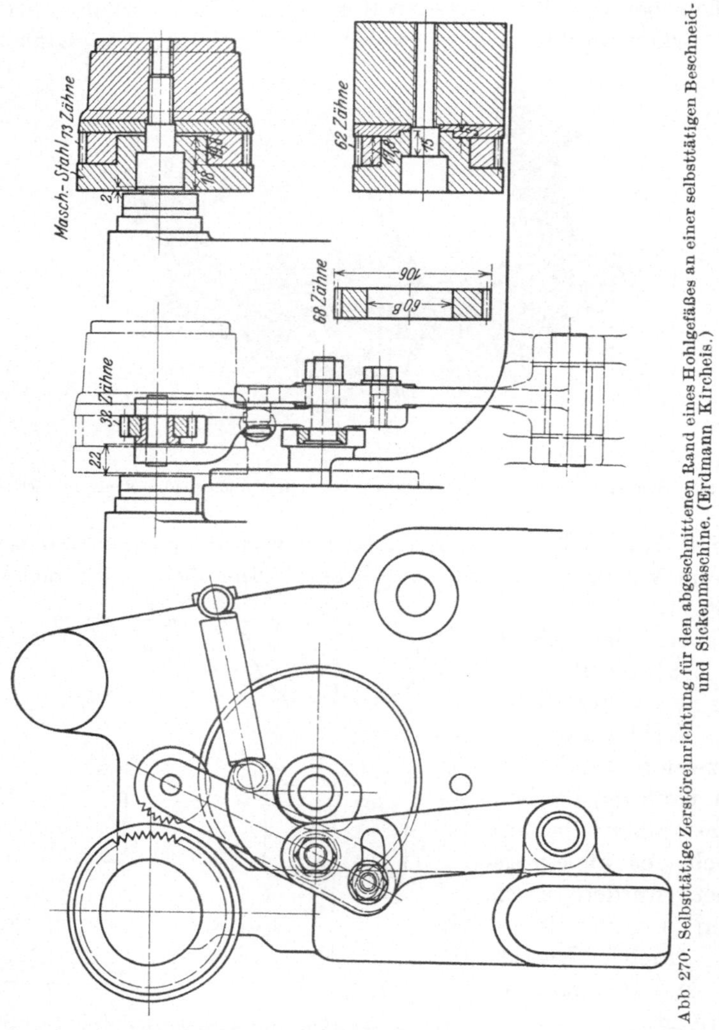

Abb. 270. Selbsttätige Zerstöreinrichtung für den abgeschnittenen Rand eines Hohlgefäßes an einer selbsttätigen Beschneid-
und Sickenmaschine. (Erdmann Kircheis.)

damit man sie von angelernten Arbeitern, Hilfsarbeitern oder gar Frauen
verrichten lassen kann. So das Schneiden, Rollen und das Walzen, das
dann Sicken genannt wird. Dafür wurden entweder Sondereinrichtun-
gen für die Drückbank geschaffen, wie die der Abb. 268 für das
Schneiden und das Rollen (Abb. 269) oder aber Sondermaschinen mit
Handbetätigung und mit maschineller Betätigung, ja sogar (Abb. 224)

mit selbsttätiger Zuführung gebaut. Bei der letzteren werden die Hohlgefäße in einen Kanal oder Behälter geworfen, von dem aus sie einzeln
mittels Schwingarm vor die Rolle gebracht und durch eine Schubstange
mit umlaufender Drückscheibe auf die auf der Maschinenwelle sitzende
Sicken- und Schneidrolle geschoben und während der Arbeitsbewegung
gedrückt werden. Eine Gegenrolle kommt allmählich von einer Kurve
gesteuert von oben und leistet dabei die Schneid- und die Formarbeit,
entweder in zwei Arbeitsgängen getrennt oder aber in einem Niedergang. Nach der Arbeit wird das Werkstück von der zurückgehenden
Schubstange, an der ein Abstreifer angebracht ist, von der Sickenrolle
heruntergeschoben. Wichtig ist die Beseitigung des abgeschnittenen
Streifens, der entweder mit dem Gefäß von der Sickenrolle abgestreift
oder besser durch 2 spitzgezahnte, von der Nockenwelle gesteuerte, in-
einandergreifende Rollen (Abb. 270) gefaßt und in lauter kleine Stücke
geschnitten wird.

86. Folgewerkzeuge.

Die vorstehend beschriebenen Arbeiten, die mit festen Werkzeugen
ausgeführt werden, wie Schneiden, Ziehen, Stanzen, Prägen, können zur
Arbeitsbeschleunigung und -verbilligung statt mit getrennten Werkzeugen auf verschiedenen Pressen oder
auf der gleichen Presse nacheinander,
auch in einem Werkzeug gleichzeitig gemacht werden, wenn dieses Werkzeug aus
den Elementen der einzelnen Werkzeuge
so zusammengebaut ist, daß das durch
das zusammengesetzte Werkzeug durch-
laufende Werkstück bei jedem Stößelhub der Presse von einer Stufe zur nächsten weiterwandert. Man unterscheidet
dabei zwei Gattungen von Werkzeugen,
solche, bei denen die Stanz- oder Zieh-

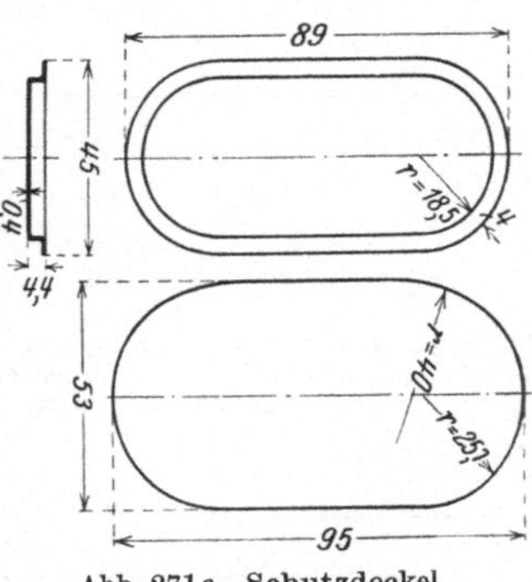

Abb. 271a. Schutzdeckel.

arbeit zuerst erfolgt und die Schnittarbeit zum Schluß, wobei Ziehform und Anschlagstift den Vorschub regeln, und solche, bei denen die
Scheibe zuerst aus dem Streifen geschnitten und dann erst durch einen
besonderen Schieber zur Ziehstelle weitergeführt wird. Die erste Gattung ergibt die einfacheren Werkzeuge. Abb. 271 und 272 zeigen solche,
mit denen gestanzt und geschnitten wird, und Abb. 273 eines, mit
dem 1. gestanzt, 2. gelocht, 3. gezogen, 4. geschlagen und 5. geschnitten wird. Der Nachteil der Bauart ist, daß die Stanzarbeit zuerst
geleistet werden muß, denn dadurch wird der Blechstreifen unflach und
die Führung in der folgenden Arbeitsstelle ungenau und unsicher. Insbesondere bei einem Werkzeug wie dem zweiten mit 5 Arbeitsstellen.

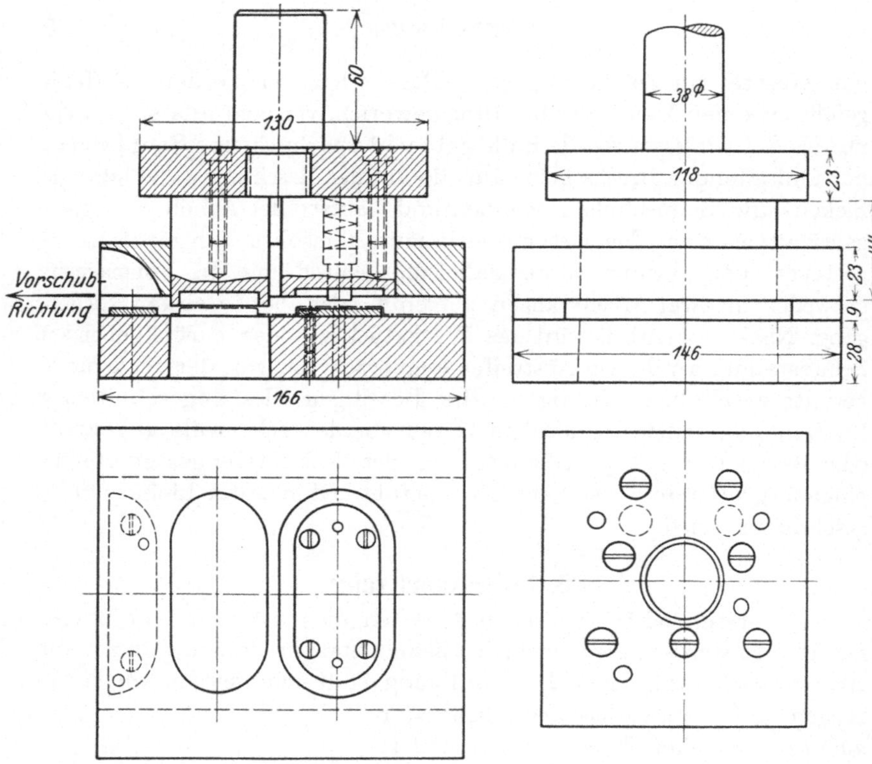

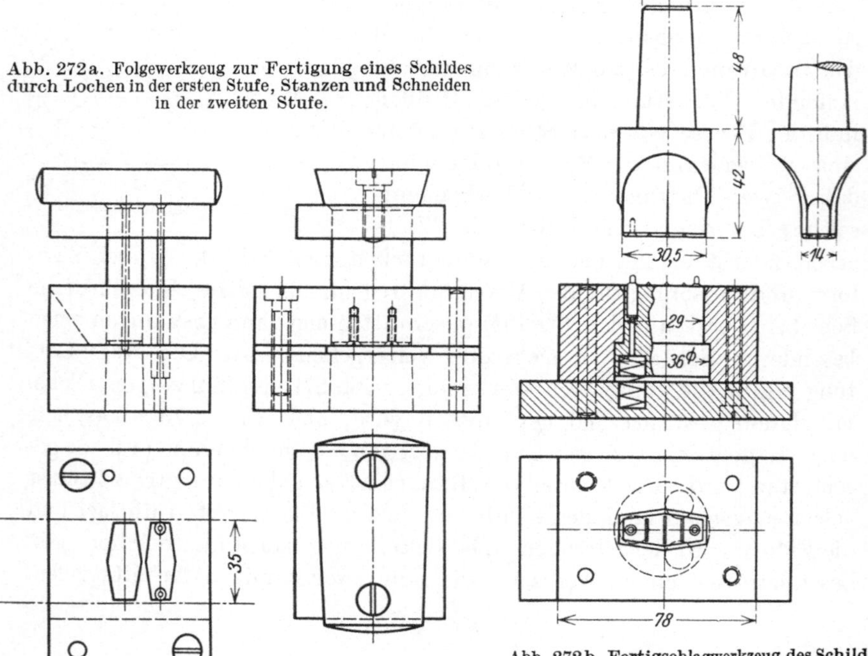

Abb. 271 b. Folgewerkzeug zur Fertigung des Schutzdeckels mittels Stanzen und Schneiden.

Abb. 272a. Folgewerkzeug zur Fertigung eines Schildes durch Lochen in der ersten Stufe, Stanzen und Schneiden in der zweiten Stufe.

Abb. 272b. Fertigschlagwerkzeug des Schildes Abb. 272a.

Die zweite Gruppe vermeidet den Fehler der ersten, umfaßt aber dennoch die verwickelteren Werkzeuge. Abb. 274 zeigt eines, mit dem gelocht, geschnitten und gezogen wird. Die ausgeschnittene Ziehscheibe wird mit dem von der Hauptwelle aus über verschiedene durch Zwischenglieder angetriebenen Schieber von der Schnittstelle weg, senkrecht zur Vorschubrichtung des Werkstoffstreifens unter den Ziehstempel geführt und von diesem durch die Ziehöffnung durchgestoßen oder mit Hilfe eines Federdruck-

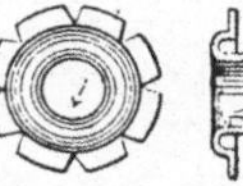

Abb. 273a. Öse, hergestellt im Folgewerkzeug Abb. 273b.

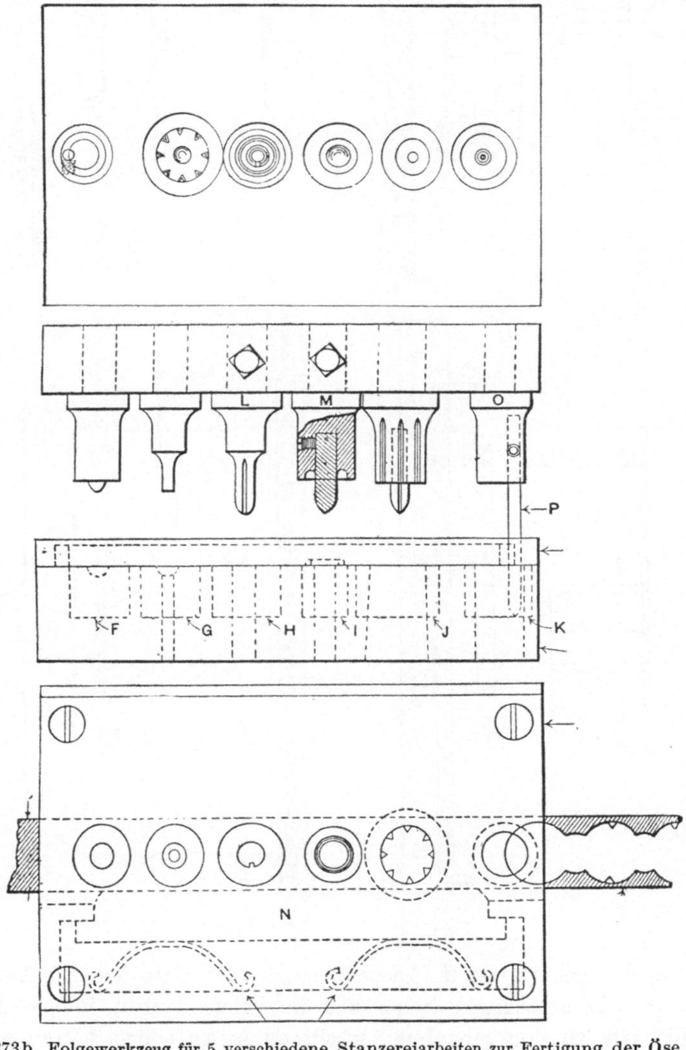

Abb. 273b. Folgewerkzeug für 5 verschiedene Stanzereiarbeiten zur Fertigung der Öse Abb. 273a.
(Aus Kurrein: Pressen 1914, S. 399/400.)

oder Gummidruckapparates gezogen, wobei dann aber eine Auswerfervorrichtung vorgesehen sein muß, wenn die Druckvorrichtung nicht

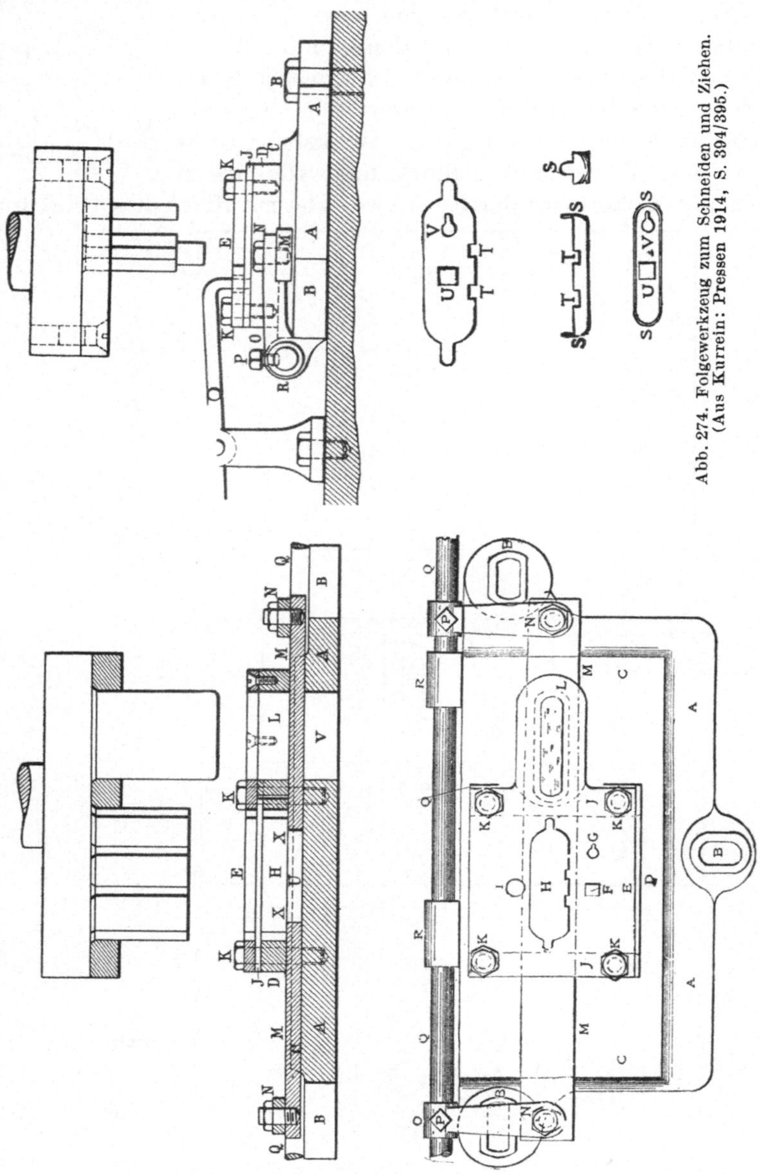

Abb. 274. Folgewerkzeug zum Schneiden und Ziehen. (Aus Kurrein: Pressen 1914, S. 394/395.)

am Stempel angebaut wird. Diese Werkzeugart wird selten gebaut,
weil die Schieberbetätigung teuer und die Einstellarbeit infolge der
Unmöglichkeit, zu den einzelnen Arbeitsstellen zu sehen, zeitraubend

ist. Wenn allerdings einwandfrei eingestellt, geht die Arbeit rasch und gut vor sich, und daher kann sich der Bau für Teile lohnen, die eine Presse lange Zeit beschäftigen.

87. Verbundwerkzeuge.

Eine weit größere Verbreitung haben Werkzeuge gefunden, bei denen verschiedene Arbeitsstufen miteinander innig verbunden sind, so daß zwar die Arbeitsstufen am gleichen Werkstück auch nacheinander oder höchstens teilweise gleichzeitig erfolgen, aber doch bei einem Stößel-
niedergang und so, daß die Werkzeug-
teile, die die eine Arbeitsstufe ergeben, teilweise auch bei der nächstfolgenden mitwirken. Diese Verbundwerkzeuge können Anschlagwerkzeuge und Weiterschlag-
werkzeuge und die verschiedensten son-
stigen Formgebungsarbeiten vereinigen.

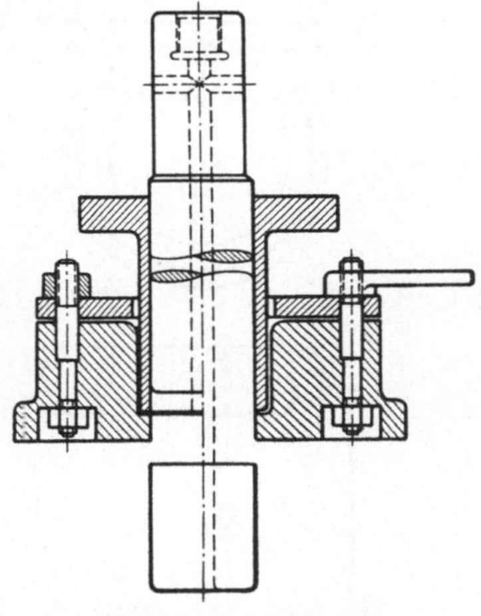

a) Anschlag und Weiterschlag. α) Anschlag mit schwenkbarer Niederhalterplatte und Weiterschlag mit
mechanisch bewegtem Niederhalter (Abb. 275). Der mechanisch be-
tätigte Niederhalter ist nur Niederhalter für den Weiterschlag, aber gleichzeitig Ziehstempel für den Anschlag. Zur Betätigung ist eine Ziehpresse erforderlich.

Abb. 275. Verbundwerkzeug für Anschlag und Weiterschlag mit schwenk-
barem starrem Niederhalter beim Anschlag.

β) Anschlag mit gefedertem Niederhalter und Weiterschlag mit mechanisch bewegtem Niederhalter. Das Werkzeug mit dem schwenkbaren Niederhalter hat den Nachteil der lang-
samen Bedienung und deshalb einer schlechten Pressenausnützung. Dieser Nachteil entfällt bei dem Werkzeug mit federndem Niederhalter (Abb. 276) oder dem der Abb. 277, bei dem der Weiterschlag das vorgezogene Werkstück umstülpt. Macht sich beim letzten Werkzeug, bei dem die Faltenbildung durch die Blechspannung über dem Ziehstempel verhütet werden soll, wegen auftretender Faltenbildung auch beim Weiterschlag die Anbringung eines besonderen Niederhalters erforderlich, so be-

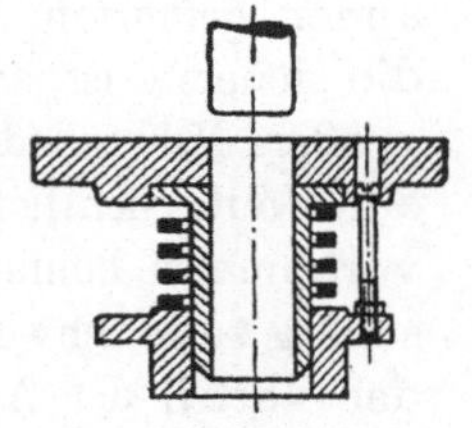

Abb. 276. Verbund-
werkzeug für Anschlag und Weiterschlag mit gefedertem Niederhalter für den Anschlag.

festigt man diesen zweckmäßig durch einen Federdruckapparat oder einen Luftpuffer. (Siehe auch Abb. 215 und 218.)

γ) Anschlag mit mechanisch bewegtem Niederhalter und Weiterschlag ohne Niederhalter (Abb. 278). Das Ziehstück hat zwei Durchmesser, also einen Anstoß; der größere wird mit Verwendung des mechanisch bewegten Niederhalters gezogen, der kleinere ohne Niederhalter. Der Unterschied zwischen den beiden Durchmessern muß deshalb begrenzt sein (s. das darüber bei der Stufung Gesagte), und die Rundungshalbmesser sollen günstig bemessen werden, damit keine Falten entstehen.

δ) **Anschlag mit mechanisch bewegten Niederhaltern für Anschlag und Weiterschlag.** Zur Betätigung eines solchen Werkzeugs, das Abb. 279 wiedergibt, gehört eine Presse mit 3 inein-

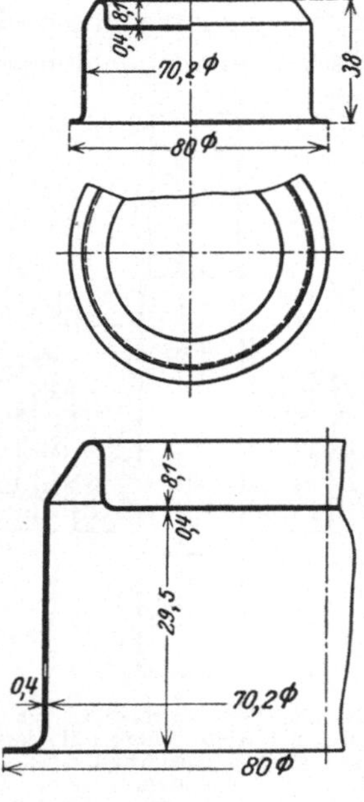

Abb. 277a. Hohlgefäß in einem Arbeitsgang gefertigt.

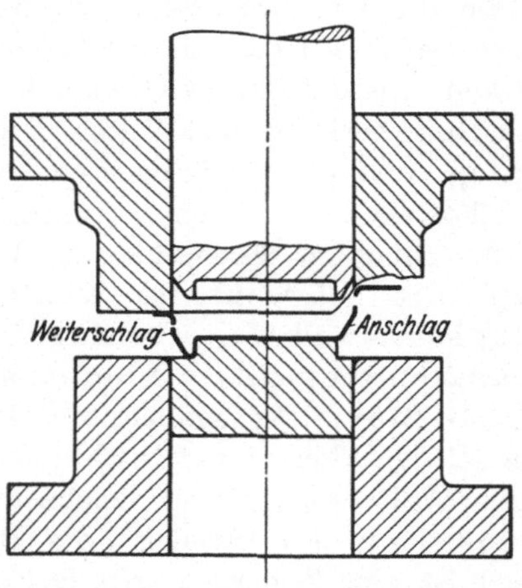

Abb. 277b. Verbundwerkzeug für Anschlag und Weiterschlag zur Fertigung des Gefäßes Abb. 277a. Bei diesem Werkzeug ist der Auswerfer auch Ziehstempel für den Weiterschlag.

ander geführten Stößeln. Wenngleich diese Ausführung mechanisch die sicherste ist, so hat sie doch auch mit den zuvor beschriebenen den großen Nachteil der schwierigen, weil empfindlichen Einstellung und der Unübersichtlichkeit des Anschlags. Die Fehler, die beim Anschlag vorkommen, können nicht ausgemerzt werden und können beim Weiterschlag zu so schweren und häufigen Störungen führen, daß durch diese der Vorteil der Arbeitsverbindung wieder ausgeglichen oder gar ins Gegenteil verkehrt wird.

ε) **Anschlag und Weiterschlag mit luftgepreßten Niederhaltern.** Günstiger als mit mechanisch bewegten Niederhaltern wird die Verbindung von Anschlag und Weiterschlag in Werkzeuge mit luftgepreßten Niederhaltern gelegt, wobei zweckmäßig ein Luftzylinder mit zwei ineinander laufenden Zylindern verwendet wird (Abb. 280a und 280b), denn zur Betätigung des Werkzeugs, das durch die Luftverwendung einen großen Teil der vorerwähnten Nachteile umgeht, vor allem die Bruchgefahr vermindert (s. Abschnitt 80e), genügt eine einfach wirkende Kurbelpresse.

b) Anschlag und Schnitt. Diese Verbindung ist die am meisten übliche. Bei ihr wird der Niederhalter, der Ziehstempel und der Auswerfer gleichzeitig als Schnittstempel verwendet, je nach der Schneidarbeit, die geleistet werden muß.

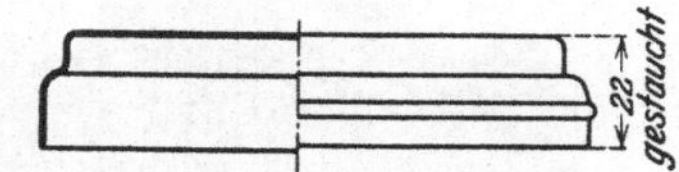

Abb. 278b. Gehäusedeckel nach Werkzeug 278a.

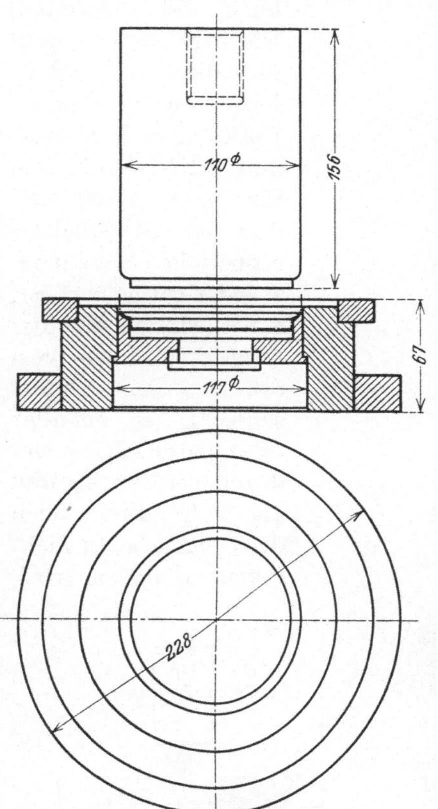

Abb. 278a. Verbundwerkzeug für Anschlag mit und Weiterschlag ohne Niederhalter.

α) **Anschlag und Schnitt der Scheibe.** Der Niederhalter, gefedert oder wie in Abb. 281 mechanisch bewegt, schneidet gegen die Führungsplatte die Ziehscheibe aus dem Blechstreifen heraus, drückt sie auf den Ziehring und ruht auf ihm als Niederhalter während des Stempelniedergangs und des eigentlichen Zugs. Diese Ausnützung des Niederhalters setzt einen ruhenden Tisch voraus,

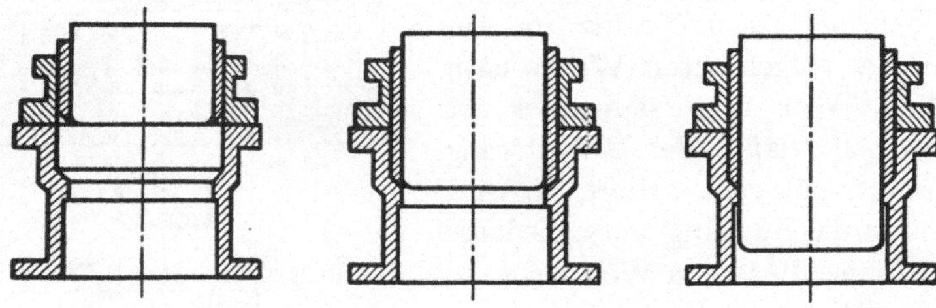

a   b   c

Abb. 279a bis c. Verbundwerkzeug für Anschlag und Weiterschlag mit bewegten Niederhaltern. a vor dem Zug, b nach dem Anschlag, c nach dem Weiterschlag.

ist aber von großem Vorteil dort, wo eine geringe Stufung und daher geringe Störungen beim Ziehgang zu erwarten sind. Die geringen Mehrkosten des Werkzeugbaus werden durch die Verringerung der

Einstellarbeit und der Lohnkosten leicht aufgewogen, sowohl bei einfachen zylindrischen Ziehstücken infolge der einfachen Fertigung als auch bei geformten, wie rechteckigen, weil für diese im andern Fall doch ein Schnittwerkzeug gebaut werden müßte. Bedingung für gute Arbeit ist, daß der Niederhalterstößel im Maschinenständer gut geführt ist, sonst wird die Schnittkante zu rasch verdorben, der Schnitt schlecht; es entsteht Grat und gibt Späne, wodurch der Ziehring und als Folge davon auch die Oberfläche der Ziehstücke verdorben wird.

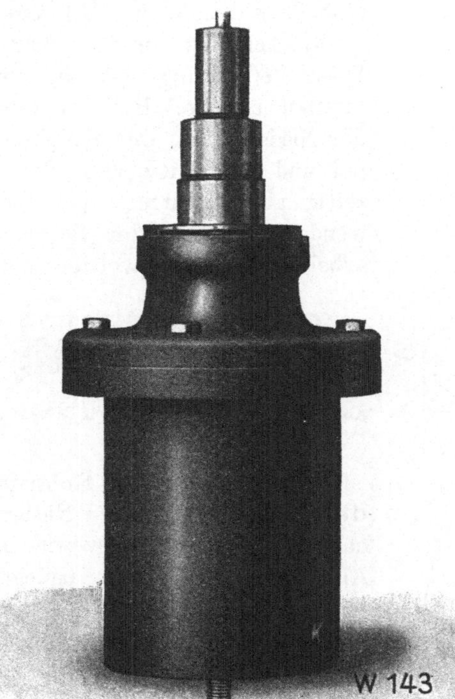

Abb. 280a. Verbundwerkzeug für Anschlag und Weiterschlag, dessen Niederhalter von einem Doppelzugpreßluftzylinder betätigt werden. (Maschinenfabrik Weingarten.)

Die Verbindung mit dem Schnitt der Scheibe ist bei allen im Abschnitt a) aufgeführten Werkzeugen möglich. Wenn man sich aber vor Augen hält, daß jeder Arbeitsgang Störungen mit sich bringt, so wird man sich die Häufung verschiedener Arbeitsgänge in einem Werkzeug vor der Ausführung reiflich überlegen.

β) Anschlag, Schnitt der Scheibe und Schnitt innen mit federndem Niederhalter.

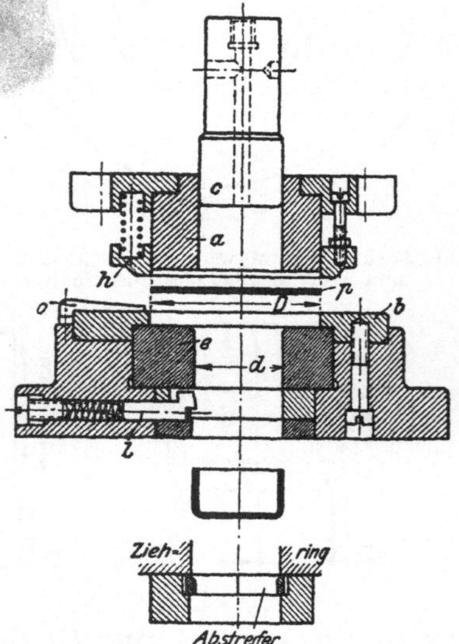

Abb. 281. Verbundwerkzeug für Schnitt und Anschlag.

Die Vorbedingung für die sich lohnende Ausführung nach Abb. 282 ist mehr noch als zuvor die geringe Stufung. Deshalb genügt für die Ar-

beit im allgemeinen der federnde Niederhalter. Der Stempelkopf, der
den Schnittstempel für die Ziehscheibe trägt, der zugleich Ziehring
ist, trägt auch den Schnittstempel
für den innern Schnitt, den Ausschnitt des Gefäßbodens, der aber
gegenüber dem ersten um die
Ziehtiefe zurückgesetzt ist. Bei
der Arbeit wird vom Schnittstempel d zuerst die Ziehscheibe
gegen den Schnittring a ausgeschnitten, vom Schnittstempel
gegen den Niederhalter b gepreßt
und bei weiterem Niedergang vom
Ziehstempel c in den Schnittstempel d hinein-
gezogen. Zuletzt
kommt der
Schnittstempel m
des Bodens und
schneidet aus die-
sem gegen den
Ziehstempel c als
Schnittring eine
Scheibe aus.

γ) Anschlag,
Schnitt der
Scheibe und
Schnitt innen
mit mechanisch
betätigtem
Niederhalter.
Wenn auch für
die geringe Stu-
fung die Ausfüh-
rung des Werk-
zeugs (Abb. 282)
im allgemeinen ge-
nügt, oder, wenn

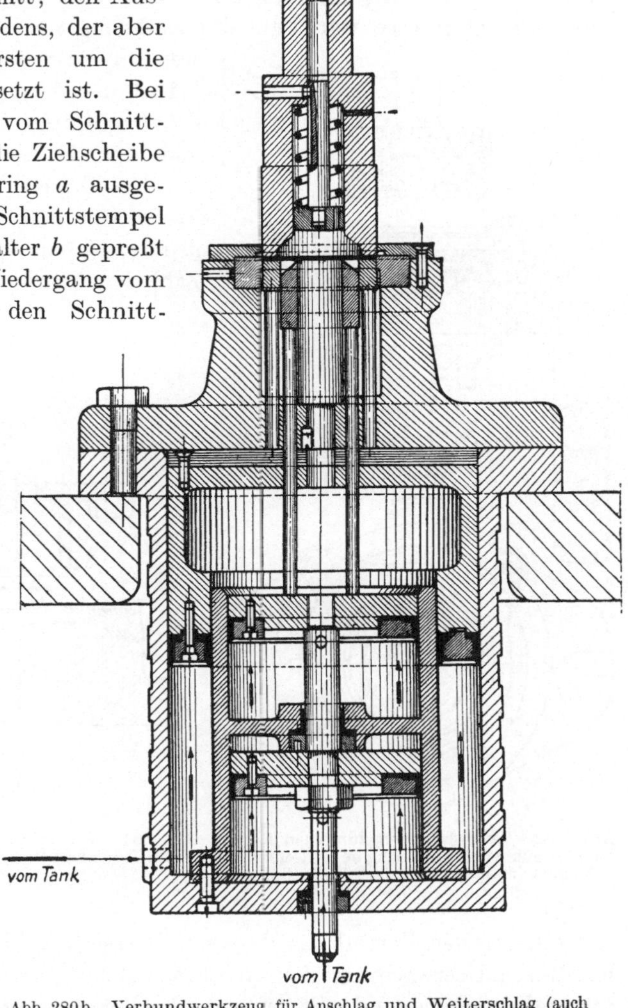

Abb. 280b. Verbundwerkzeug für Anschlag und Weiterschlag (auch
mit Schnitt der Ziehscheibe), dessen Niederhalter von einem Doppel-
Preßluftzylinder betätigt werden (Schnitt). (Maschinenfabrik Weingarten.)

nötig, durch Austausch der Federn gegen Luftpolster verbessert werden
kann, so ist der Bau doch sehr verwickelt und erfordert eine ganz
peinliche Ausführung der Einzelteile und einen nicht minder sorgfältigen Zusammenbau. Außerdem hat er den Nachteil, daß die Einrichtung zur Betätigung der einzelnen Glieder nur für ein Ziehstück ge-

braucht werden kann und die Baukosten mit der Zahl der Glieder beträchtlich steigen.

Wenn man Ziehpressen in genügender Zahl zur Verfügung hat, so verzichtet man gerne auf den Vorteil der Verwendungsmöglichkeit in einer Exzenterpresse und baut das Werkzeug nach Abb. 283 zur Verwendung mit einer Ziehpresse. Dabei ist der Niederhalter gleichzeitig Schnittstempel für die Ziehscheibe und der Ziehstempel Schnittring für den Boden, während der Auswerfer Schnittstempel für den Boden ist. Neben der Verringerung der Zahl der Werkzeugglieder hat die

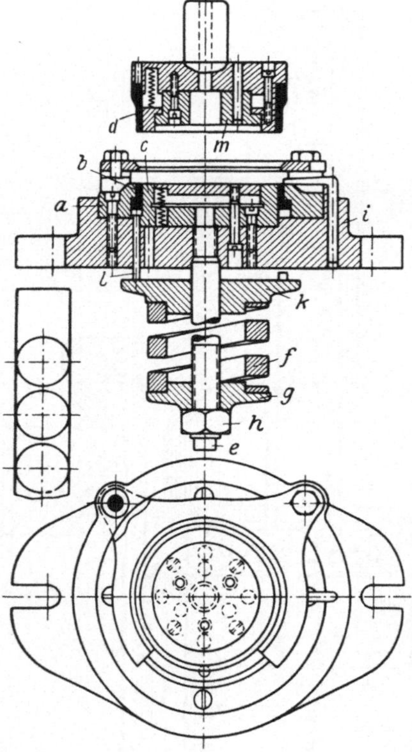

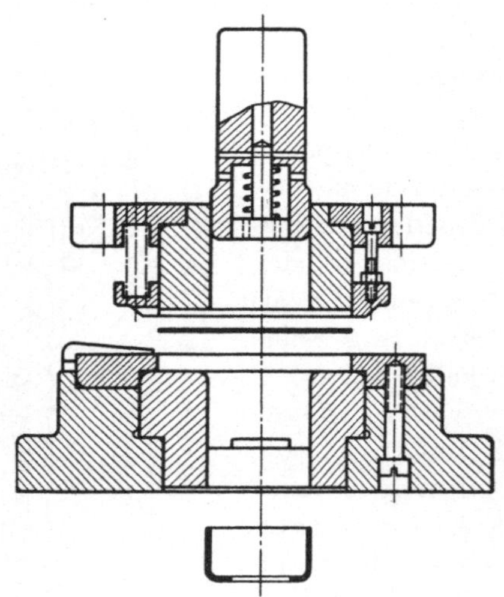

Abb. 282. Verbundwerkzeug für einen Reif erstellt durch Schnitt der Scheibe, Anschlag und Schnitt innen mit federnden Niederhaltern.

Abb. 283. Verbundwerkzeug für Schnitt der Scheibe, Anschlag und Schnitt des Bodens.

Ausführung den Vorteil der besseren Übersichtlichkeit und damit der leichteren Überwachung der Arbeitsausführung und der Möglichkeit, allenfalls vorkommende Störungen schneller zu beheben.

δ) Anschlag, Schnitt der Scheibe und Schnitt des Gefäßrandes. Einfacher als das Ausschneiden des Bodens ist das Abschneiden, eigentlich Abscheren, des Gefäßrands in bestimmter Höhe nach Abb. 284. Der Ziehstempel ist gleichzeitig Schnittstempel dadurch, daß er in einem durch die Höhe des Ziehstücks bestimmten Abstand von der Unterkante einen scharfen Absatz trägt, bzw. eine Durchmessererweiterung in dem Maß erfährt, daß er mit seinem größeren

Umfang gerade in den Ziehring paßt und also gezwungen ist, den noch
am Eingang in den Ziehring vorhandenen Flansch der Ziehscheibe ab-

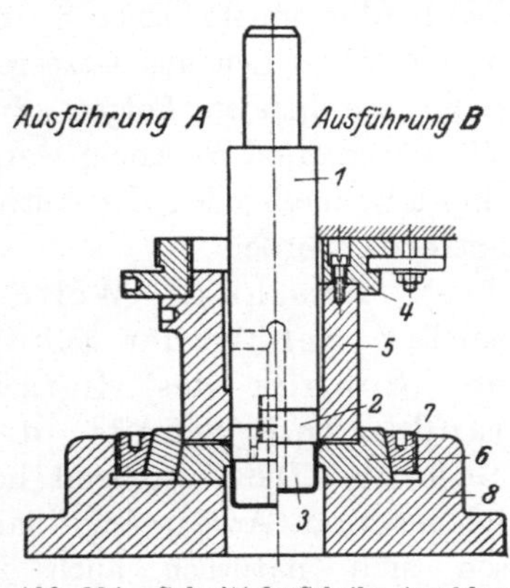

Abb. 284. Schnitt der Scheibe, Anschlag
und Schnitt des Gefäßrandes. (AWF.)

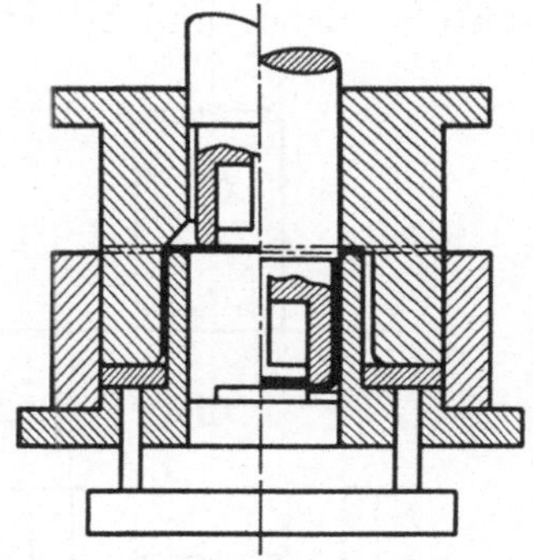

Abb. 285. Schnitt der Scheibe, Anschlag,
Weiterschlag, Schnitt innen und Schnitt
des Gefäßrands, bei Verwendung eines
einfachen wirkenden Luftzylinders und
einer doppelt wirkenden Ziehpresse.

zuscheren, wenn er selber in ihn eindringen will. Diese Art des Be-
schneidens ist für eckige Ziehstücke besonders geeignet, weil das Schneiden mittels Schneidstahl auf der
Druckbank ungünstig ist, verlangt aber eine sorgfältige Ausführung von Stempel und Ziehring, denn, wenn der Unterschied
zwischen Schnittstempel und

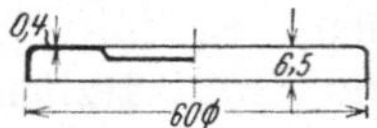

Abb. 286a. Werkstück mit geformtem
Boden.

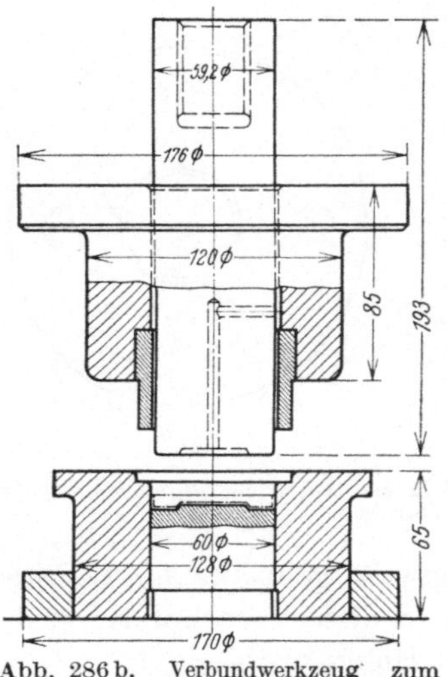

Abb. 286b. Verbundwerkzeug zum
Ziehen und Formstanzen des Bodens
für das Werkstück der Abb. 286a.

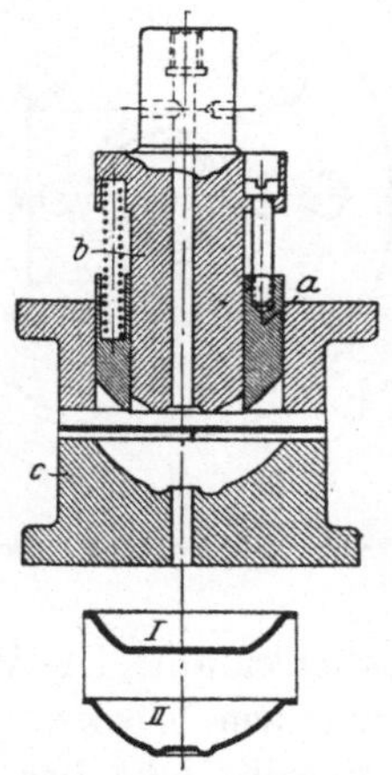

Abb. 287. Verbundwerkzeug
für Anschlag und Form-
stanzen.

Ziehring an einzelnen Stellen größer als die Blechdicke ist, wird der
Rand nicht sauber abgeschert, sondern es entsteht Grat, der zu seiner

Beseitigung einen besonderen Arbeitsgang erfordert. Der Nachteil des Werkzeugs liegt in der nicht ganz einfachen Beseitigung des abgeschnittenen Rands und der etwa beim Schneiden entstandenen Späne und endlich den aus letzteren sich ergebenden Folgen für Werkstück und Werkzeug, wenn sie nicht nach jedem Zug restlos entfernt werden.

ε) Anschlag, Weiterschlag, Schnitt der Scheibe, Schnitt des Gefäßrands und Schnitt des Bodens. Die vorstehend beschriebenen Arbeitsgänge lassen sich natürlich auch in anderer beliebiger Weise und verschiedener Zahl miteinander verbinden, so daß alle gar nicht aufgeführt werden können; es soll daher nur noch die grundsätzliche Verbindungsmöglichkeit nach Abb. 285 gezeigt werden, die 5 Arbeits-

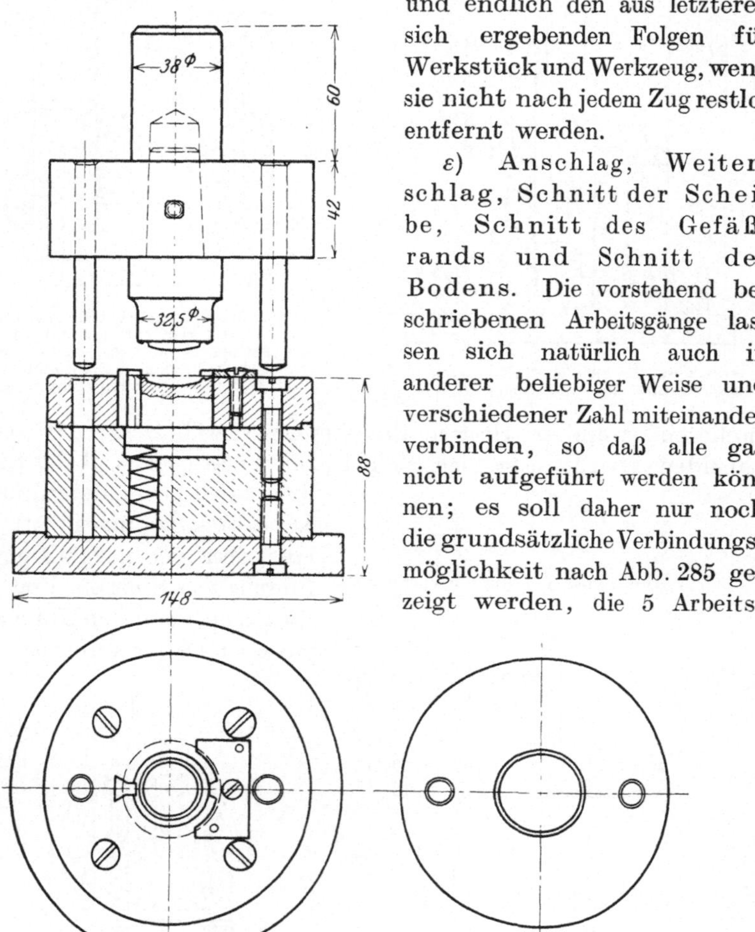

Abb. 288. Verbundwerkzeug für Anschlag und Prägen, ermöglicht durch Führung des Oberteils mittels Stiften.

stufen zusammenfaßt. Die Wirkungsweise geht aus den Beschreibungen für die einzelnen Werkzeuge, die in diesem verbunden sind, hervor und soll deshalb nicht besonders erläutert werden.

c) Anschlag und Stanzen. An Stelle des Schnitts am Boden kann auch eine Formgebung durch Stanzen treten, z. B. nach Abb. 286. Dabei ist der Ziehstempel auch Stanzstempel, der Auswerfer Gegenform (Mutterform).

Aber auch an Stelle des Schnitts für die Gefäßwand kann eine Formgebung durch Stanzen treten, z. B. nach Abb. 287.

d) Anschlag und Prägen. Auch Prägarbeit kann mit dem Anschlag verbunden werden, wenn man z. B. wie in Abb. 288 durch Säulenführung des Stempelkopfes dafür sorgt, daß der Stempel eine stets

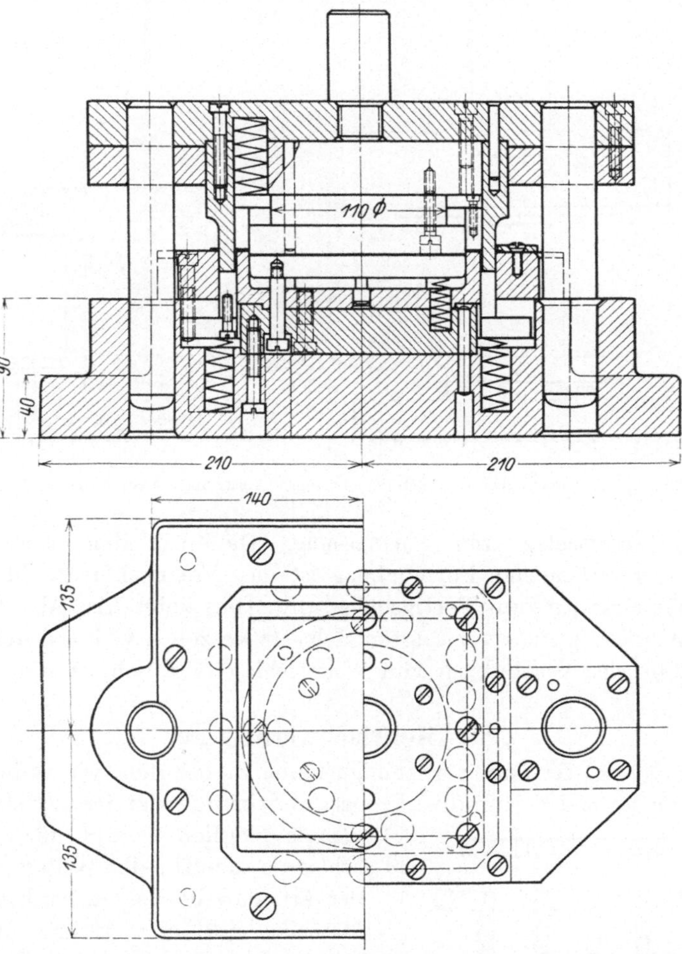

Abb. 289. Verbundwerkzeug für Schnitt der Scheibe, Anschlag, Schnitt des Bodens und Flachstanzen.

gleichbleibende Stellung zur Prellplatte hat, weil sich die Prägung im Laufe der Zeit in diese auch einarbeitet und die Form des Stempels verändern könnte.

e) Anschlag und Flachstanzen. An Stelle der Formgebung durch das Stanzen kann natürlich auch eine Richtarbeit durch Flachstanzen treten. Die Ausführung dieser Arbeit bedingt die Verwendung einer

Friktionspresse oder einer ähnlich arbeitenden Maschine. Abb. 289 zeigt die Verwendung in Verbindung mit Schnitt der Scheibe und Ausschnitt aus dem Boden. Das Flachstanzen ist hier notwendig, weil der Boden durch den Zug gerundet wird, aber ganz flach werden soll.

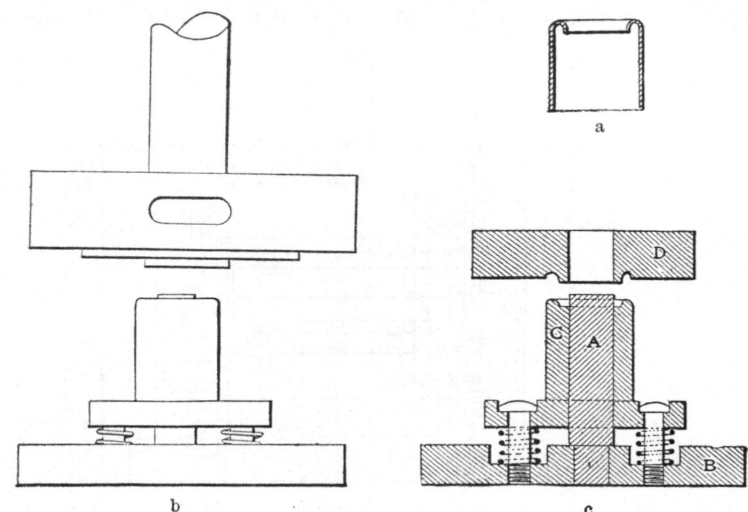

Abb. 290a bis c. Weiterschlag und Schnitt mit einem Werkzeug. (Aus Kurrein: Pressen 1914, S. 415 u. 416.)

f) Weiterschlag und Formgebung. Die mit dem Weiterschlag meistens verbundene Formgebung ist das Formschlagen, durch das der Weiterschlag zum Fertigschlag wird. Dies zeigt klar Abb. 191, die den Werdegang eines verjüngten Hohlgefäßes zeigt, während Abb. 290a bis 290c eine Verbindung von Weiterschlag und Schnitt zeigt.

88. Mehrfachwerkzeuge.

Außer der vertikalen Vereinigung von Ziehstufen, wie sie in Folgewerkzeugen und Verbundwerkzeugen verwirklicht ist, ist auch eine horizontale möglich, sowohl für den Anschlag als auch für den Weiterschlag, in der Art, daß bei einem Stößelhub der Maschine eine oder mehrere Arbeitsstufen nicht nur an einem Ziehstück ausgeführt werden, sondern mehrfach, 1-, 2- oder 3fach. Abb. 291 zeigt die Ausführung für einen Hohlzylinder, wobei mit dem Anschlag auch der Schnitt der Scheibe verbunden ist.

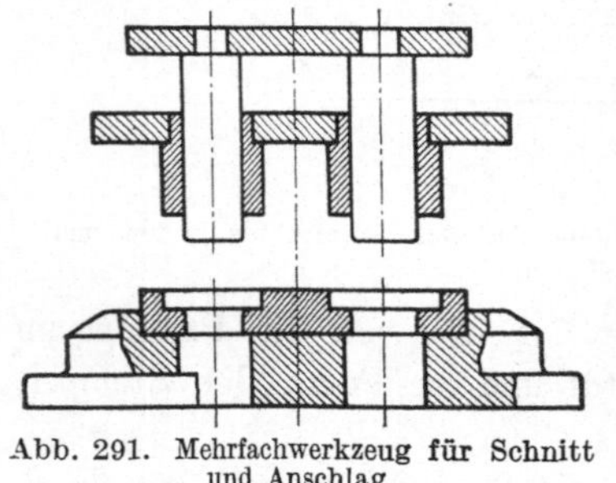

Abb. 291. Mehrfachwerkzeug für Schnitt und Anschlag.

Theoretisch lassen sich natürlich alle Werkzeuge mehrfach ausführen. Folgewerkzeuge und Verbundwerkzeuge und sogar eine Mischung von Folge- und Verbundwerkzeugen, praktisch aber ist die Ausdehnung, die Kombination und die Variation doch beschränkt, durch die damit wachsenden Werkzeugkosten, die infolge der zahlreicheren Störungen weniger gut verdient werden. Am weitesten läßt sich diese Entwicklung für kleine Teile und kleine Ziehstufen treiben, weil für diese meistens die Einstellung nicht genau sein braucht.

89. Führungen, Abstreifer, Auswerfer und Anschläge.

Während man bei den einfachen Werkzeugen, bei denen entweder die Ziehscheibe oder das vorgezogene Ziehstück vom Arbeiter unmittelbar in die Werkzeuge gelegt werden, so daß man außer der Rast für diese Teile kein Hilfsmittel mehr nötig hat, braucht man für die Verbundwerkzeuge wegen des Fehlens der Übersicht mechanische Erleichterungen, wie sie Führungen, Anschläge und Auswerfer ergeben. Führungen dienen wie bei den Schnitten zum seitlichen Anschlag des Blechstreifens und sind Platten oder Stifte, zwischen denen hindurch nach Abb. 292 oder an denen entlang nach Abb. 127 und 282 der Blechstreifen gleitet, aus dem die Ziehscheiben ausgeschnitten werden. Gewöhnlich überdecken die Führungen das Werkzeugunterteil nach Abb. 292 ganz oder nach Abb. 127 und 282 halb, wobei die Deckplatte zum Abstreifen des Blechstreifens vom Schnittstempel dient, der sonst beim Hochgehen den Blechstreifen mitnehmen

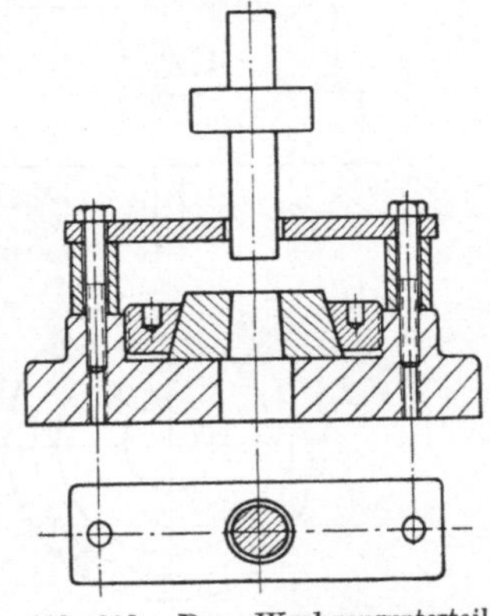

Abb. 292. Das Werkzeugunterteil ganz überbrückender Abstreifer. (AWF.)

und verbiegen würde. Will man auch die kleinste Bewegung des Blechstreifens vermeiden, so verbindet man den Abstreifer nach Abb. 130 und 281 federnd mit dem Stempel.

Außer den Abstreifern für den Blechstreifen braucht man bei Verbundwerkzeugen auch welche für die gezogenen Werkstücke. Sie müssen je nach der Bauart des Werkzeugs im Oberteil nach Abb. 282 und 289 oder im Unterteil nach Abb. 281, immer aber im Ziehring angebracht sein.

Auch bei den einfacheren Ziehwerkzeugen sind sie erwünscht, wenn das Ziehstück durch den Ziehring hindurch fallen soll. Man ordnet in diesem Fall in ihm entweder federnde Ringe nach Abb. 281a oder aber federnde Schieber an nach Abb. 249, die sich an den Stempel legen und die Ziehstücke am Rand abstreifen, wenn der Stempel hochgeht. Während die federnden Ringe nur für Hohlzylinder genommen werden können, sind die federnden Schieber in allen Fällen verwendbar. Das

Abstreifen in der tiefsten Stellung des Ziehstempels ist wegen der geringen Geschwindigkeit vorteilhafter als in der Mittelstellung, die der Stempel inne hat, wenn am Niederhalter abgestreift werden soll, auch wenn man diesem, um eine freie Bewegung zwischen Niederhalter und Stempel zu gewährleisten, nach Abb. 293 eine bewegliche Platte aufsetzt.

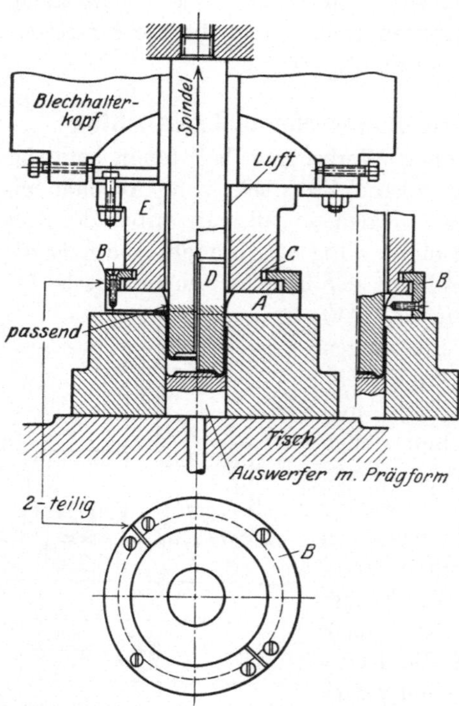

Abb. 293. Ziehwerkzeug mit Abstreifer am Niederhalter.

Auswerfer sind vielfach nichts anderes als Abstreifer für im Werkzeug ausgeschnittene Scheiben, die ebenso wie die im Ziehring verbleibenden Ziehstücke auf die Höhe der Zuführungsbahn gebracht werden müssen, damit sie leicht abgenommen, weggeschoben, weggeblasen werden, oder aber wegfallen können. Sie befinden sich für Ziehstücke immer im Ziehring, für ausgeschnittene Scheiben immer im Schnittring für den Bodenschnitt, ob sie nun wie in Abb. 282 und 289 durch Federn oder wie in Abb. 283 und 285 von der Presse aus mechanisch betätigt werden. Die letzteren werden auch bei den einfachen Werkzeugen eingebaut, wo die Ziehstücke nicht durch den Ziehring hindurchgezogen werden, sondern wie in Abb. 198a, 207, 212, 233, 246, 286 u. a. in ihm verbleiben, sofern es sich nicht bei Zügen in Verbindung mit Formstanzarbeiten als zweckmäßiger erweist, den Auswerfer durch Preßluft zu betätigen. Diesen Weg hat man neuerdings mit großem Erfolg bei der Fertigung großer Werkstücke beschritten (Abb. 320).

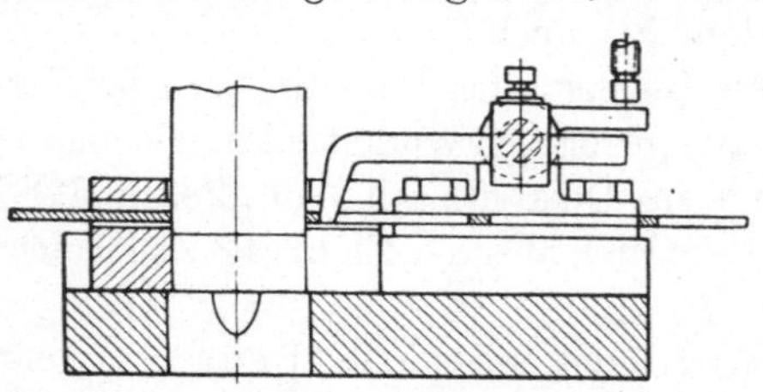

Abb. 294. Vom Pressenstößel gesteuerter verstellbarer Anschlag zur Begrenzung des Streifenvorschubs. (Aus F. D. Jones: Diemaking and Die Design S. 85.)

Anschläge begrenzen den Vorschub des Ziehstreifens. Ihr Abstand von der Schnittkante bestimmt die Breite des Stegs zwischen zwei

Ausschnitten. Sie können wie in Abb. 126 und Abb. 281 am Werkzeug selbst angebracht sein oder aber für allgemeinere Verwendung verstellbar an der Presse, dem Tisch oder dem Pressenkörper. Der abgebogene Stift nach Abb. 281 ist günstiger als der zylindrische nach Abb. 126, weil der letztere in dem gehärteten Schnittring sitzt und diesen nicht unbeträchtlich schwächt, der erstere dagegen im Werkzeugkörper. Eine besonders glückliche allgemein verwendbare Ausführung zeigt Abb. 294. Durch die durch die Steuerung hergestellte Verbindung mit dem Schnittstempel braucht der Blechstreifen immer nur horizontal fortgeschoben und nicht erst, wie bei den andern Stiftanschlägen, hochgehoben werden.

XVIII. Der Bau der Ziehwerkzeuge.
90. Werkstoff.

Die Teile der Ziehwerkzeuge, die das Ziehblech unmittelbar berühren, haben den bei der Verformung auftretenden Kräften zu widerstehen, insbesondere die Faltenbildung zu verhüten, der Reibung zu widerstehen und teilweise auch den Schnittwiderstand zu überwinden.

Zur Verhütung der Faltenbildung gehört eine hohe Festigkeit, zum Widerstand gegen die Reibung ebenfalls, aber dazu auch eine möglichst geringe Rauheit; zur Überwindung des Schnittwiderstands, insbesondere bei dicken Blechen, sowie für Ziehstempel gehört dagegen eine gute Biegungsfestigkeit.

Als Werkstoffe stehen zur Verfügung: Gußeisen, Maschinenstahl, Werkzeugstahl und legierter Stahl.

Für einfache Ziehwerkzeuge, Anschläge und Weiterschläge wird in vielen Fällen, bei großen Abmessungen, wo die hinreichende Festigkeit von vornherein gesichert ist, immer der Festigkeitsgrad und die Rauheit von Gußeisen genügen (s. Abb. 166). Will man ein Übriges tun, so nimmt man einen harten Sonderguß, der, im Preis nicht wesentlich höher, doch eine höhere Festigkeit und ein wesentlich glatteres und dichteres Gefüge besitzt als gewöhnlicher Grauguß. Gußeisen hat die günstige Eigenschaft, daß die Reibung gegen S.M.-Stahl verhältnismäßig klein ist und dazu die Oberfläche mit der Dauer der Beanspruchung verhärtet und bei Gebrauch von Schmiermitteln glatter wird. Dieser Vorteil erleichtert auch das Ziehen von Nichteisenmetallen. Auch da, wo Gußeisen nicht zur Herstellung der arbeitenden Werkzeugteile verwendet wird, dient es zur Fertigung der diese Teile aufnehmenden Kasten. Gußeisen ist eben nach Preis und Bearbeitung der billigste verwendbare Werkstoff und deshalb wird man bestrebt sein, ihn möglichst weitgehend zu verarbeiten. Werden aber die Werkzeuge klein und insbesondere, wie bei den Verbundwerkzeugen, an den arbeitenden Stellen schmal und schwach, dann wäre die Ausführung dieser Teile aus Guß-

eisen zu gefährlich, weil damit gerechnet werden muß, daß sie nicht nur
die bei der gewöhnlichen Zieharbeit, sondern auch bei vorkommenden
Störungen wesentlich darüber hinausgehende Beanspruchung auszuhalten
haben, die dann nicht nur Druck-, sondern auch Biegungskräfte aus-
lösen. Man braucht für diese Werkzeuge deshalb die Werkstoffe mit
größerer Biegefestigkeit und setzt sie nach Abb. 281ff. zusammen. Bei
mittelgroßen Werkzeugen kann auch der Ziehstempel noch zusammengesetzt sein, entweder dadurch, daß man an seinem untern Ende eine
Büchse aufschraubt nach Abb. 44 oder warm aufzieht nach Abb. 295
oder anschweißt nach Abb. 296. Während in den ersten beiden Fällen
der Hauptteil des Stempels aus Gußeisen sein kann, muß er im letzten
aus Maschinenstahl sein. Ob sich die mit diesen Zusammensetzarbeiten
verbundene Erhöhung der Lohnkosten durch die Werkstoffersparnis mindestens wieder ausgleicht, muß von Fall
zu Fall entschieden werden und hängt in erster Linie von
der Größe des Werkzeugs und der
Güte des zu verwendenden Werkzeugstahls ab.

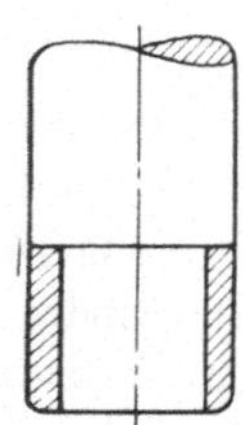

Abb. 295. Zieh-
stempel aus Guß-
eisen oder Ma-
schinenstahl mit
warm aufgezoge-
ner Büchse aus
Werkzeugstahl.

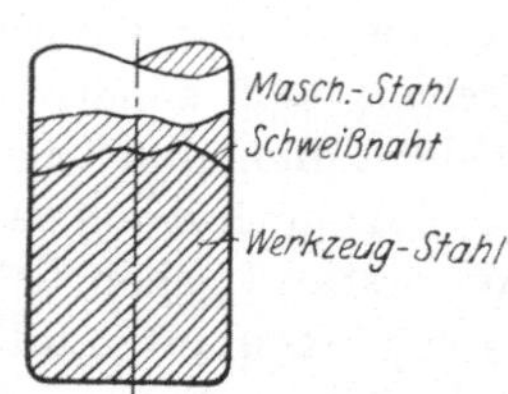

Abb. 296. Ziehstempel aus
Maschinenstahl mit ange-
schweißtem Werkzeugstahl-
stück.

Ob für diesen reiner Kohlen-
stoffstahl mit 1,1% C, in Wasser
härtbarer Chromstahl mit 1,4% C
und etwa 0,5% Cr und einer
Härtetemperatur von 780 bis 800° C
oder in Wasser härtbarer Wolframstahl mit 1,4% C und etwa 5% W
und einer Härtetemperatur von 780 bis 800° C genommen werden soll,
kann vorläufig nur gefühlsmäßig entschieden werden, da ein einwandfreier Maßstab für die Beurteilung der Widerstandsfähigkeit
noch nicht vorliegt und nicht einmal Erfahrungswerte veröffentlicht
worden sind, aus denen man einen Anhalt für die Entscheidung gewinnen könnte.

Das Härten in Wasser hat den Nachteil, daß die Werkzeugteile
sich verziehen können. Muß man dieses nach Möglichkeit zu verhüten
suchen, dann wird man zweckmäßig in Öl zu härtende Schnittstähle
nehmen, entweder einen Silizium-, Chrom-, Wolframstahl mit 0,4 bis
0,5% C, 0,5 bis 1% Si, 1 bis 1,5% Cr, 2% W und einer Härtetemperatur
von 800 bis 830° C, oder einen höher legierten Chromstahl mit etwa
2% C, etwa 13% Cr und einer Härtetemperatur von 900 bis 905° C.
Dieser Stahl kann auch mit Preßluft gehärtet werden, er findet vorteilhaft für Werkzeugteile Verwendung, die zum Formschlagen und Prägen
bestimmt sind. Diese Werkzeugteile sollen zwar eine glasharte Oberfläche, aber einen weichen Kern haben, damit sie auch über eine gute
Zähigkeit verfügen.

Maschinenstahl eignet sich für die arbeitenden Teile eines Ziehwerkzeugs schlecht, auch wenn er im Einsatz gehärtet ist, jedenfalls nicht besser als Gußeisen, denn abgesehen davon, daß die Oberfläche auch nach der Einsatzhärtung noch nicht einmal die Widerstandsfähigkeit gegen Abnützung eines gehärteten Kohlenstoffstahls hat, muß der Einsatz tief geführt werden, um eine Oberflächenbearbeitung durch Schleifen zu ermöglichen. Zur Fertigung von Schnittstempel und Schnittring verbietet er sich von selbst, da abgesehen von der Sprödigkeit, der Einsatz dem öfters zu widerstehenden Schärfen durch Schleifen, also Spanabnahme, im Wege stünde. Dies gilt, wenn auch nicht ganz so streng, für den Ziehring, der geglättet werden muß, wenn seine Fläche durch die Dauer der normalen Beanspruchung oder aber durch losgerissene Werkstoffteile verdorben worden ist. Verchromen verbessert diese Nachteile nicht, es hat sich auch bei gehärtetem Werkzeugstahl nicht bewährt.

Aber für die weniger beanspruchten, nicht eigentlich Formgebungsarbeit leistenden Werkzeugteile, wie Anschläge, Abstreifer und Auswerfer genügt er vollauf und ist zu verwenden, wo Gußeisen unzweckmäßig ist.

Die Verbindung der arbeitenden Teile mit dem Kasten der Werkzeugunterteile bzw. der Niederhalterplatte erfolgt ebenso wie die Anbringung des Stempelschuhs durch Preßsitz oder Schraubenverbindung.

91. Das Härten der Werkzeugteile.

Das Härten ist der wichtigste Teil des Werkzeugbaus, denn von seiner richtigen Ausführung hängt die Lebensdauer der Werkzeuge ab. Es sollen aber dennoch nicht die gesamten Härteeinrichtungen besprochen, sondern nur einige besondere Hinweise gegeben werden.

a) Das Finden der Umwandlungstemperatur. Die richtige Härte hängt ab von der Höhe der Härtetemperatur. Diese wird zwar von den Werkstofflieferanten „etwa" angegeben, ist aber abhängig von der Zusammensetzung des Werkstoffs. Da diese immer etwas von der normalen, „richtigen", abweicht, weicht auch die richtige Härtetemperatur nicht selten von der angegebenen ab. Will man also ganz sicher gehen, so muß man für jede Werkstofflieferung, für die man eine Gleichmäßigkeit bei gleichzeitig erfolgter Erzeugung annehmen kann, die richtige Härtetemperatur suchen. Dazu benutzt man zweckmäßig Öfen nach Abb. 297, die den Umwandlungspunkt, d. h. die richtige Härtetemperatur, durch den Verlauf der Temperaturkurve bei der Erwärmung des Werkstoffs anzeigen. Während der Umformung des inneren Gefüges wird nämlich alle diesem zugeführte Wärme für die Umbildung der Kristalle verbraucht, so daß während ihr die Temperatur des Werkstücks konstant bleibt. Das wird am klarsten sichtbar bei einem elek-

trischen Ofen, der wenig Wärme speichert und daher die Temperatur-
änderung mit dem Werkstoff mitmacht. Man kann die Öfen entweder

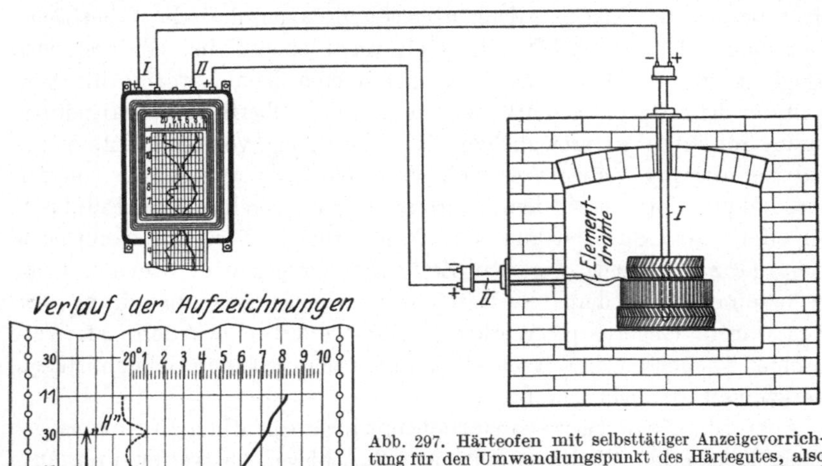

Abb. 297. Härteofen mit selbsttätiger Anzeigevorrich-
tung für den Umwandlungspunkt des Härtegutes, also
der richtigen Härtetemperatur. (Pyrowerk Dr. Huse.)

für jede Härtung verwenden oder aber,
wenn man die Kosten des dauernden
Betriebs und der Abnützung vermeiden
will, nur zum Aufsuchen der richtigen
Härtetemperatur und dann die regelmäßige Härtearbeit in den üblichen mit
Kohle — Gas — oder Öl geheizten Öfen
ausführen. Dabei benützt man zweckmäßig entweder einen Ofen mit Vor-
wärmstelle oder einen mit niederer Temperatur und einen mit der richtigen
Härtetemperatur, damit man die Werkzeugteile allmählich auf die
Höchsttemperatur bringen kann. Diese Maßnahme dient zur Vermeidung von inneren Spannungen, die einen Härte-
erfolg unterbinden oder doch starkes Verziehen zur
Folge haben könnten. Auch auf eine sorgfältige
Reinigung, insbesondere Entfettung der zu härten-
den Teile vor der Einbringung in den Härteofen,
sei noch hingewiesen.

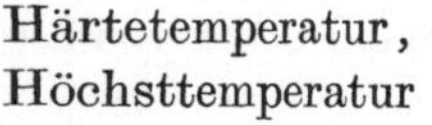

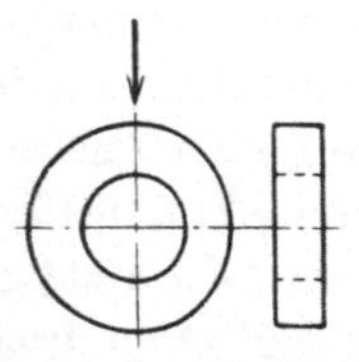

Abb. 298. Eintauchweise
beim Abschrecken schma-
ler Ringe. (Aus Simon:
Härten u. Vergüten II.)

b) Richtiges Abschrecken. Bei den Ziehwerkzeugen sind hauptsächlich Ringe, Stempel und
Büchsen zu härten. Bei Ringen hat man vor allem
dafür zu sorgen, daß die arbeitenden Flächen hart
werden. Sind sie nicht hoch, so kann man sie nach Abb. 298 mit der
schmalen Seite in die Abschreckflüssigkeit eintauchen. Haben sie da-

gegen wie die Ziehringe eine beachtenswerte Dicke und muß dazu noch vorwiegend das Innere, die Bohrung gehärtet sein, dann härtet man am besten mit einer Brause in der von Abb. 299 gezeigten Anordnung, wo b der Auflagering, c der Ziehring, e ein Dichtungsring aus Asbest

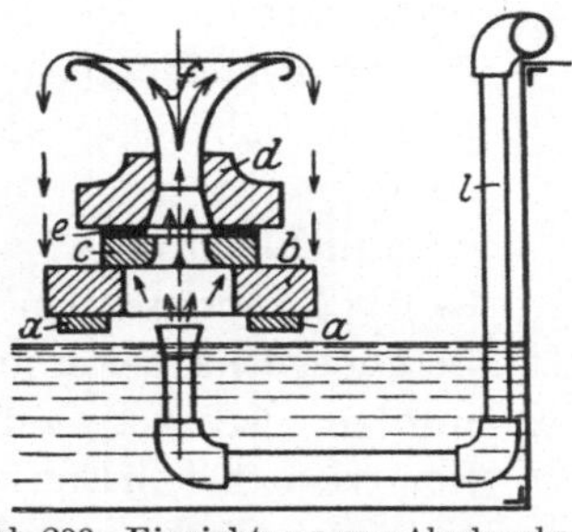

Abb. 299. Einrichtung zum Abschrecken hoher Ringe, bei denen besonders die Bohrung hart werden soll (Ziehringe). (Aus Simon: Härten u. Vergüten II.)

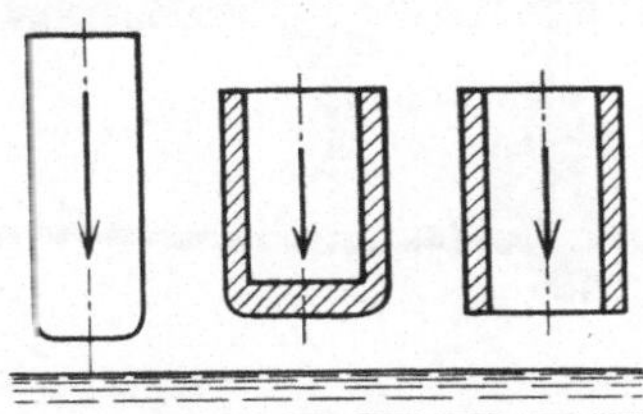

Abb. 300. Eintauchrichtung für Schnitt- und Ziehstempel und Büchsen. (Aus Simon: Härten u. Vergüten II.)

und d ein Beschwerungsring mit Trichter zur Abführung des Abschreckmittels ist.

Stempel werden in der Achsrichtung eingetaucht nach Abb. 300, ebenso die Büchsen, und zwar mit dem Boden nach unten, wenn sie nicht ganz gebohrt sind.

Die Menge des Abschreckmittels ist reichlich groß zu bemessen, damit eine sichere Abkühlung bewirkt wird. Auch empfiehlt es sich, die Abkühlung entweder durch Bewegen des eingetauchten Werkstücks oder durch Bewegen der Abschreckflüssigkeit zu beschleunigen.

92. Die Bearbeitung der Werkzeuge.

Die Anfangsarbeiten zur Fertigung der Rohformen sind die gleichen wie im allgemeinen Maschinenbau, Sägen, Drehen, Hobeln, Fräsen, Bohren; sie werden auch auf den gleichen bekannten Werkzeugmaschinen ausgeführt. Dazu ist weiter nichts hinzuzufügen. Auch noch die Vollendung der Ziehwerkzeuge jeder Art für die Erstellung von Kreiszylindern bewegt sich in diesem Rahmen und erst der Bau der Werkzeuge zur Erstellung von Hohlgefäßen mit Ecken und geraden Seitenflächen in beliebiger Zusammenstellung erfordert, besondere auch dem Schnittbau eigentümliche Einrichtungen und Arbeitsweisen. Die erste Schwierigkeit bietet das richtige Anzeichnen der zur Ausarbeitung aus den Rohformen bestimmten Umrisse. Sie kann zwar einfach so gemacht werden, daß man den Umriß nach einer Zeichnung mit Lineal, Zirkel und Reißnadel auf der Fläche der Rohform aufreißt und, wenn nötig, durch Einschlagen von Körnern verdeutlicht, aber dieses — früher allein geübte — Vorgehen ist sehr ungenau und wird niemals die Fertigung einer Form ohne Nacharbeit erlauben, sondern verlangt das bisher übliche Probieren, das das Auffinden der nachzuarbeitenden Stellen nach dem Aussehen der Ziehproben verlangt. Dieses Probieren zeitigt aber nicht nur stark individuell beeinflußte Ergebnisse, die von dem Grad der Werkstattserfahrung und der Richtigkeit der Werkzeugeinstellung abhängig sind, sondern ist auch umständlich und teuer, weil es die Ziehpresse, den sie bedienendenArbeiter und, infolge der Notwendigkeit wiederholten Einrichtens des Werkzeugs und der Arbeitsbeurteilung, den Werkstattleiter beansprucht. Es muß daher heute, wo die notwendigen Einrichtungen vorhanden sind, danach gestrebt werden, diese zum Beschreiten eines neuen Wegs zu benützen, der erlaubt, ein Werkzeug mindestens bis auf das letzte Ausarbeiten der Ziehscheibenform, das aber mit einer Einspannung des Werkzeugs geschehen kann, in der Werkzeugmacherei zu vollenden.

Dabei ist von Anfang an genauer zu arbeiten als früher. Die Aufzeichnung muß durch besondere Meßvorrichtungen unterstützt werden, die entweder nur zur Kontrolle oder aber

Abb. 301. Meßmaschine zum Ankörnen und Bohren nach Koordinatenmaßen für kleinere Werkstücke mit einer Genauigkeit von 0,001 mm. (Société Genevoise d'Instruments de Physique.)

besser zum unmittelbaren Anzeichnen oder Bohren geschaffen sind, wie die Meßmaschinen und Vorrichtungsbohrmaschinen. Teilweise erlauben sie außer den vorgenannten Arbeiten auch noch Fräsen und Hobeln bzw. Stoßen. Mit solchen Maschinen können dann die Werkzeuge in einer Einspannung vollendet werden. Mit Rücksicht auf den Preis der Maschinen und die Erhaltung der Arbeitsgenauigkeit von bis 0,001 mm wird man sich, insbesondere bei großen Werkzeugen, meist schon mit dem genauen Anzeichnen oder doch dem Vorbohren begnügen, die Weiterverarbeitung aber auf den eigentlichen Werkzeugmaschinen vornehmen und nur zur Kontrolle wieder auf die Meßmaschine zurückgreifen. Meßmaschinen zum Ankörnen und zum Bohren von Löchern mit kleinem

Abb. 302. Große Vorrichtungsbohrmaschine mit Kreuzschlitten. (Pratt und Whitney.)

3 alte Arbeitsweisen:

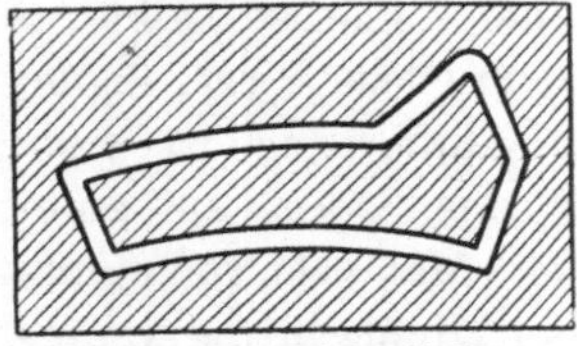

1. Bohren, Meißeln und Handfeilen. Bohren und Meißeln 16 Std., Handfeilen 7 Std.

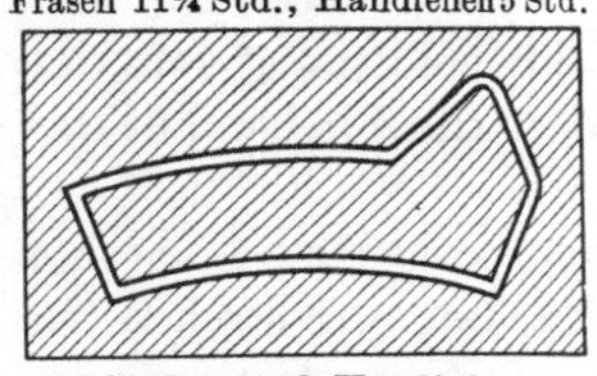

2. Fräsen und Handfeilen. Fräsen 11¾ Std., Handfeilen 5 Std.

3. Stoßen und Handfeilen. Stoßen 9½ Std., Handfeilen 4 Std.

Neue Arbeitsweise:

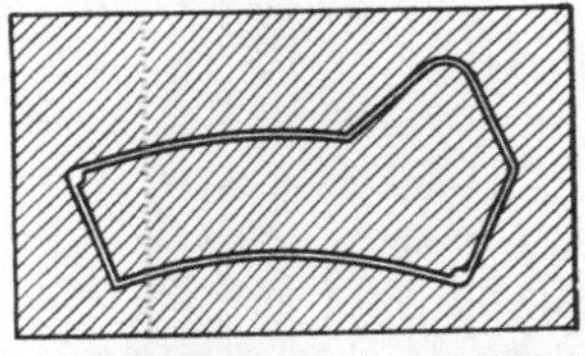

Sägen und Maschinenfeilen 770 mm Schnittumfang. Sägen 7½ Std., Maschinenfeilen 2 Std. Sägenverbrauch: je 600 mm, von 6 und 8 mm Breite.

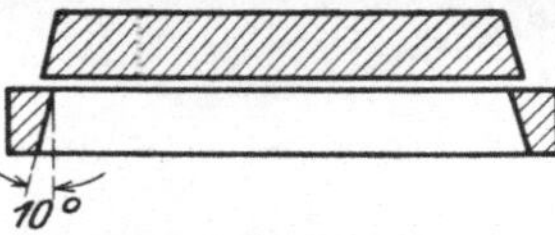

Sparsamer Werkstoffverbrauch. Schnittplatte und Sägeabfall nach dem Sägen.

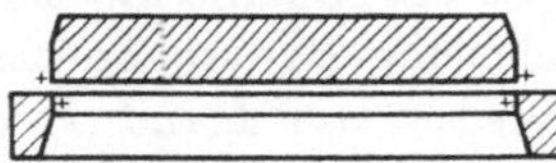

Schnittplatte und Sägeabfall nach dem Maschinenfeilen. Der Sägeabfall ist groß genug, um wieder als Stempel verwendet zu werden.
Die Vorteile der neuen Arbeitsweise hinsichtlich Bearbeitungszeit in % betragen:
gegenüber Bohren, Meißeln, Handfeilen = 59%
,,   Fräsen und Handfeilen . . . = 43%
,,   Stoßen und Handfeilen . . . = 30%
Außerdem bringt sie bessere Arbeit und Werkstoffersparnis!

Abb. 303. Werkstoff: Werkzeugstahl von 75 kg/mm Festigkeit. Abmessungen 380 × 245 × 45 mm. (Gebr. Thiel.)

Durchmesser zeigt die Abb. 301, während Abb. 302 eine Vorrichtungsbohrmaschine zum Bohren und Ausdrehen von Löchern jeder Größe wiedergibt. Alle diese Maschinen haben einen Kreuzschlitten und werden nach rechtwinkligen Koordinaten eingestellt, wobei man von einem durch einen Punkt und einer Geraden gegebenen Achsenkreuz ausgehen muß. Gerade die Fertigung der Rundungen, die man an den vorgearbeiteten Werkzeugen höchstens noch mit Schablonen prüfen könnte, deren genaue Herstellung selbst wieder Schwierigkeit machen würde, ist von großem Wert. Man wird daher in einem Werkzeug diese zuerst ausarbeiten und dabei so vorgehen, daß man zuerst den Mittelpunkt festlegt, vorbohrt, die Lochstellung nachprüft und nachbohrt oder ausdreht. Ist der mit normalen Kaliberzapfen nachzuprüfende Durchmesser richtig, so hat die Rundung die richtige Stellung und die richtige Form.

Zur Bearbeitung der ebenen Flächen gibt es verschiedene Wege. Einer der einfachsten ist wohl der des Sägens auf einer

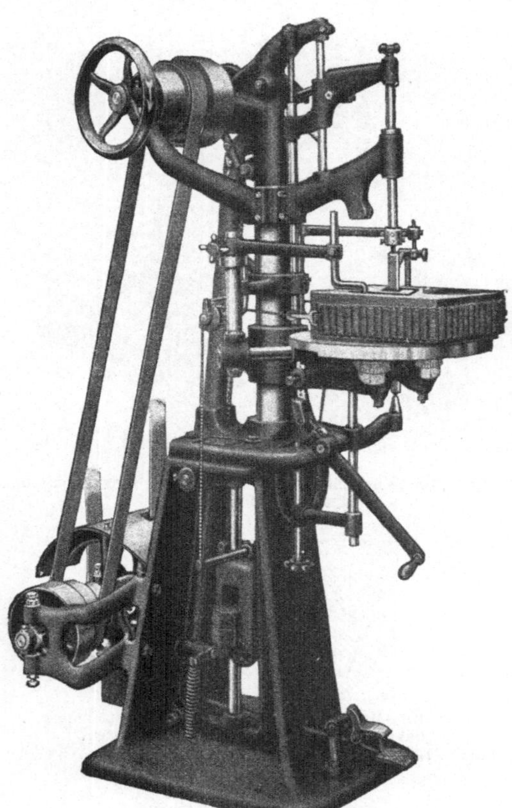

Abb. 304. Feil- und Sägemaschine. (Gebr. Thiel.)

Feil- und Sägemaschine nach Abb. 303 und 304. Man geht von einem Loch aus und sägt so nahe wie möglich, bei einiger Übung bis auf wenige Zehntelmillimeter, der angezeichneten Linie entlang, wobei der Vorschub entweder von Hand vorgenommen oder selbsttätig von der Maschine besorgt wird. Nach dem Sägen werden die Flächen auf der gleichen Maschine fertig gefeilt.

Die Rundungen der Kanten werden zuerst vorgefräst, wozu bei eckigen Werkzeugen ein Normalsatz von Fräsern, bei zylindrischen ein Normalsatz von Formstählen verwendet wird, und von Hand durch Feilen und Schleifen geglättet.

Ähnlich wie bei der Ausbildung der Öffnungen, der sog. Durchbrüche, geht man auch bei der Bearbeitung der Außenformen, der Stempel, vor. Vorbohren auf der Meßmaschine scheidet aus, dagegen ist sehr wichtig das Ankörnen der Achse, das zweckmäßig von zwei Seiten geschieht, damit man den Stempel auf den Arbeitsmaschinen zur weiteren Verarbeitung zwischen Spitzen fassen kann, ob man diese nun auf Hobelmaschinen nach Abb. 305 und Abb. 306 oder auf Fräsmaschinen nach Abb. 307 ausführt; beide Arbeitsarten sind verwendbar, doch dürfte in den meisten Fällen die Hobelmaschine vorzuziehen sein, da sie die Anfertigung von Sonderwerkzeugen, wie Formfräsern erübrigt und die Ausbildung von konvexen Rundungen durch Drehung des zu bearbeitenden Werkstücks während des Hobelns ermöglicht. Konkave Rundungen, die nach der Bearbeitung auf der Hobelmaschine

Abb. 305. Stempelhobelmaschine zum Hobeln mit rundem Übergang zur Kopfplatte, bzw. zum Einspannzapfen. Die Hohlkehle erhöht die Festigkeit der Stempel. (Funk und Vatter.)

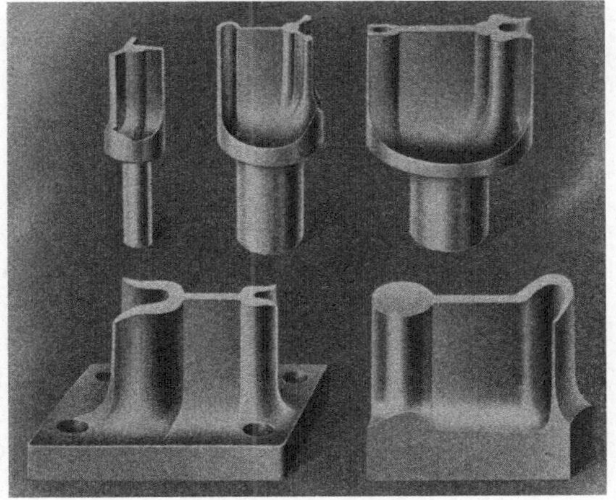

Abb. 305a. Arbeitsbeispiele für die Stempelhobelmaschine Abb. 305. Ganz deutlich die Hohlkehlen, die den Übergang zur Kopfplatte vermitteln. (Funk und Vatter.)

eine nicht unbeträchtliche Nacharbeit von Hand oder auf der Feilmaschine verlangen, werden zweckmäßiger auf der Fräsmaschine mit
Formfräsern ausgearbeitet, so daß diese hier als wichtige Ergänzung
der Hobelmaschine anzusehen ist.

Neben den bisher aufgeführten Sondermaschinen, insbesondere der
Gesenkfräsmaschinen Abb. 302 und 307, sind zur Ausarbeitung von
Formen bzw. Gesenken, wie sie bei Stanz- und Prägearbeiten vorkom-
men, Reliefkopierfräsmaschinen nach Abb. 308 und, wenn größere
Mengen gleicher Formen anfallen, selbsttätig arbeitende nach Abb.
309 zweckmäßig.

Um die schwierige Durchbruchsarbeit zu umgehen und zugleich
den Werkstoffverbrauch zu verringern, kann man die Ziehringe der
eckigen Werkzeuge aus mehreren einfachen Teilen zusammensetzen.
Manchmal geschieht dies auch nur, um bei eckigen Werkzeugen die
meist beanspruchten Teile auswechseln zu

Abb. 306. Stempelhobelmaschine für Lagerung des Werkstücks
zwischen Spitzen für genaue Arbeit. (J. Emrich.)

können und nicht gezwungen zu sein, wegen teilweiser Abnützung
ein ganz neues Werkzeug anzufertigen. Selbstverständlich hat man
nach dem Härten beim Zusammenbau dafür zu sorgen, daß die Übergänge so geglättet und geebnet werden, daß sie keine Ziehfehler
verursachen können.

Die Glättarbeit, meist Schleifarbeit, ist auch bei den andern Werkzeugen, eckigen und zylindrischen nicht zu unterlassen, denn je glatter
die arbeitenden Flächen, desto geringer ist einerseits der Ziehwiderstand,
desto sauberer andererseits die Oberfläche des Ziehstücks und desto
länger die Lebensdauer des Werkzeugs. Ist die Oberfläche nicht glatt,
dann bleiben zu leicht feine Teile des Ziehblechs in den rauhen Stellen
hängen, erhöhen den Ziehwiderstand an begrenzten Stellen und fressen
sich geradezu in das Ziehstück ein, was sich in tiefen Gräben äußert.

Dies muß natürlich verhütet werden. Auch bei zuerst glatten Zieh-ringen kann der Fehler nach längerer Zieharbeit eintreten, der durch wiederholtes Glätten behoben werden muß.

Arbeitsbeispiele.

Lfd. Nr.	Material	Zeit für Vorhobeln Std.	Zeit für Fertighobeln auf der Stempel-Hobelmaschine	Bemerkungen
1	Böhler-Stahl Marke Zähhart	2¼	3½	Sämtl. Stempel werden zwischen den Spitzen fertig gehobelt. Die Vorhobelarbeiten wurden auf einer Shaping-Maschine mit max 450 mm Hub ausgeführt Zeitangabe in Stunden
2	Böhler-Stahl Marke Zähhart	1⅔	2¼	
3	SMStahl 60÷70 kg Festigkeit	1½	1¼	
4	SMStahl 60÷70 kg Festigkeit	2½	1½	
5	Böhler Marke Spez. K.	1¼	1⁴/₅	
6	Böhler Marke Spez. K.	¾	6²/₅	

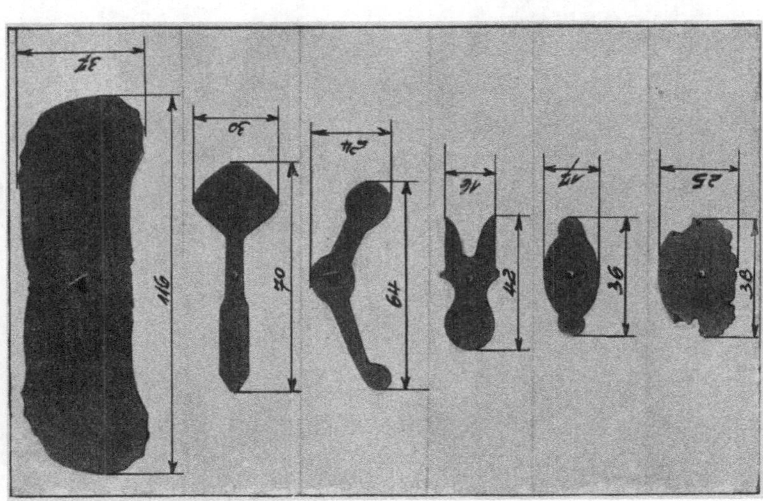

Abb. 306a. Arbeitsbeispiele für die Stempelhobelmaschine der Abb. 206. (J. Emrich.)

19*

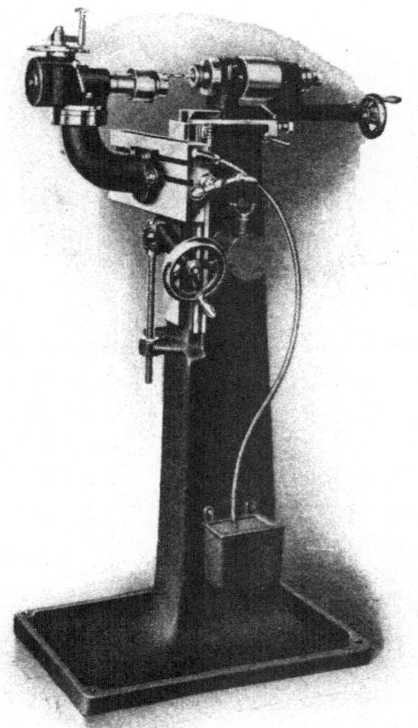

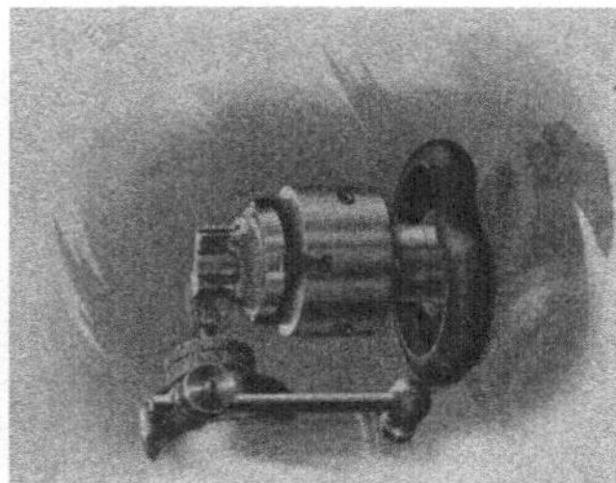

Abb. 307 b.   Einseitig eingespannter
Stempel während der Fräsarbeit.

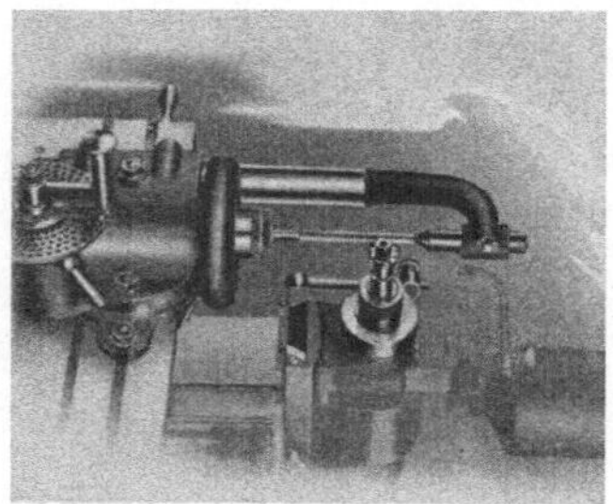

Abb. 307 c. Zwischen Spitzen gespannter
Stempel während der Fräsarbeit.

Abb. 307 a. Stempelfräsmaschine.
(Friedrich Deckel.)

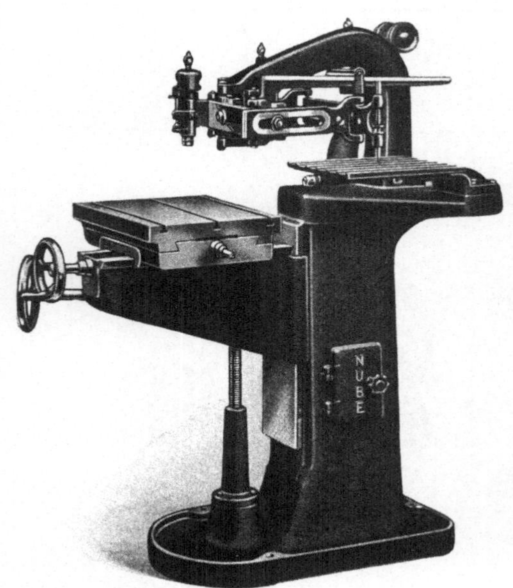

Abb. 308. Relief-Kopiermaschine mit Handvorschub.
(Curd Nube.)

Abb. 309. Selbsttätige Relief-Kopiermaschine.

93. Stücklohn im Werkzeugbau.

Die Stücklohnarbeit hat im Werkzeugbau erst ein beschränktes Ausmaß gewonnen. Meistens wird noch nach der alten Art gearbeitet, Aufreißen der Umrisse oder sogar Festlegen der Konstruktion dem Meister oder dem Arbeiter überlassen, deren Erfahrung und Geschicklichkeit. Wo man aber die neuen Wege der Bearbeitung beschritten hat, wie sie zuvor beschrieben wurden, wodurch eine Mechanisierung und Unterteilung möglich und sogar geboten ist, ist auch die Einführung des Stücklohns möglich. Vorbedingung ist natürlich ein einwandfreier und vollständiger Werkzeugentwurf, der der Werkstatt zur Prüfung vorgelegt wurde und die Aufstellung einer Stückliste, nach der ein Zeitrechner die Bearbeitungsfolge und die Zeiten für die einzelnen Arbeitsstufen festlegt. Für eine große Zahl der Werkzeugteile, die normalisiert sind, wie Paßstifte und Schrauben, wird die Gesamtzeit festliegen, für einen andern Teil, die Dreh-, Hobel-, Fräs-, Bohr- und Schleifarbeit, vor allem bei der Fertigung der Rohformen, sind die Zeiten nach den Erfahrungen des allgemeinen Maschinenbaus zu ermitteln, so daß nur noch die Zeiten für die Sonderbearbeitung zu suchen sind, das Anreißen, Sägen, Feilen, Vollenden und den Zusammenbau. Dabei wird man die Arbeitszeiten wie die des allgemeinen Maschinenbaus unterteilen in die Aufspannzeit und die eigentliche Arbeitszeit.

Beim Aufreißen mit der Meßmaschine oder der Vorrichtungsbohrmaschine ist die Zeit zum Aufspannen wohl immer gleich, denn dieses besteht nur im Suchen des Achsenkreuzes. Die Arbeitszeit selbst zerfällt in das Ankörnen von Strecken mit bestimmten Körner-Abständen, deren Länge die Körnerzahl und die Körnzeit bestimmt und das Ankörnen von einer Anzahl besonders einzustellender Bohrungsmittelpunkte, für die je der gleiche einmalig festzulegende Zeitbetrag gebraucht wird.

Ähnlich ist es mit dem Sägen.

Erst das Feilen und die mit ihm zu erreichende Vollendung macht größere Schwierigkeit, weil die Formen immer neu sind. Allerdings nur die Gesamtformen, Teile der Form wiederholen sich. Die Elemente, aus denen sich die Formen durch verschiedenartige und verschieden häufige Zusammensetzung ergeben, sind immer dieselben und, wie sie bei der Berechnung der Scheibenform und der Stufung als Grundlage dienten, so müssen sie es auch bei der Ermittlung der Bearbeitungszeit für die Vollendung, wie dort, durch Sammlung von Erfahrungswerten (Zahlentafel 30), aus denen dann die Zeitelemente herausgezogen und geordnet werden. Bei der Übertragung auf ähnliche Formen sind die Größenverhältnisse zu berücksichtigen, größere Flächen erfordern längere Zeiten.

Die Anwendung der so gewonnenen Unterlagen zeigt die Zahlentafel 31 für das Ziehwerkzeug der Abb. 94c.

In gleicher Weise wie für die Bearbeitung der Einzelteile sind die

Zahlentafel 30. Unterlagen für Rundungen und Längenbearbeitungen der Ziehwerkzeuge.
H.A.U.-Normen.

Zeichnungen der Ziehwerkzeuge	$F =$ Ziehfläche cm² $\beta =$ Bearbeitungskoeffizient	Zeit $= t_{min}$	Std.	Min.
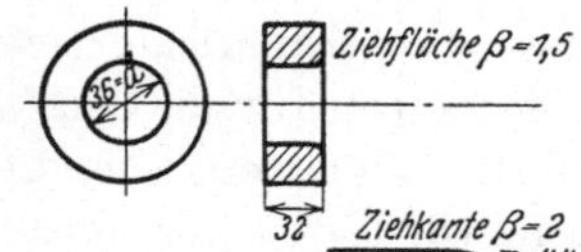 *Ziehfläche β=1,5 — 36° — 32 — Ziehkante β=2, r=4,4*	$F \cdot \beta = t$ $t = D \cdot \pi \cdot h \cdot \beta \quad =$	55		55
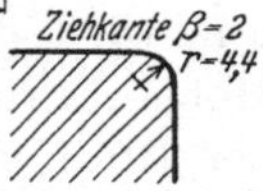	$t = \dfrac{r}{2} \cdot \pi^2 D_1 \cdot \beta \quad =$	18		18
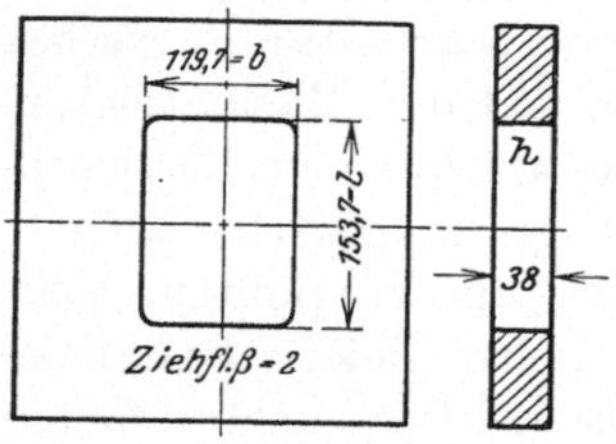 *119,7=b — 153,7=l — h — 38 — Ziehfl. β=2*	$t = 2h(b+l)\beta \quad =$	415	6	55
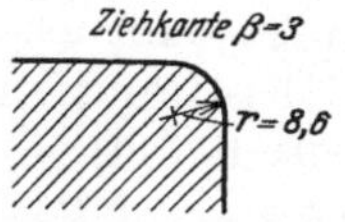 *Ziehkante β=3, r=8,6*	$t = r \cdot \pi (b+l)\beta \quad =$	220	3	40
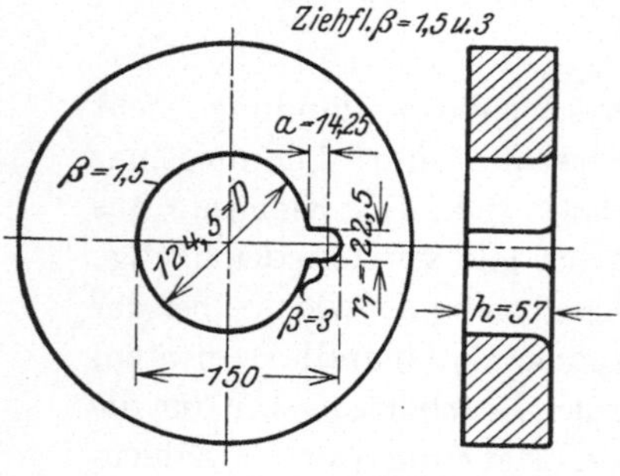 *Ziehfl. β=1,5 u.3 — a=14,25 — β=1,5 — 124,5=D — r₂=22,5 — β=3 — h=57 — 150*	$t = D \cdot \pi \cdot h \cdot \beta \quad =$ $t = h(r_1 \cdot \pi + 2a)\beta \quad =$	320 110	5 1	20 50
Ziehkante β=1,5, r=6,3	$t = \dfrac{r}{2} \cdot \pi^2 \cdot D \cdot \beta \quad =$	65	1	5
	$t = (2a + r_1 \cdot \pi)\dfrac{r}{2}\pi \cdot \beta =$	190	3	10

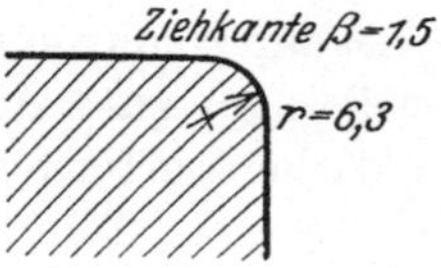

Zeiten für den Zusammenbau aus Erfahrungswerten zu suchen, wobei die Verwendung einer Stempeluhr, die auf der Arbeitskarte den Beginn und das Ende der Arbeitszeit festhält, vorteilhaft ist.

Zahlentafel 31. Kalkulation der Erstellung des Ziehwerkzeug für das Zeitschaltergeh. 11000 Abb. 94c.
H.A.U.-Normen. Ziehw. 7949.

Pos.	Gewicht der einz. Pos. Hobelarbeit gl. Dicke × Länge × Breite	Mat.	kg	Zeit		Löhne	Material-Preis
				Std.	Min.		
1	Außenflächen 38 × 298 × 298 . .	W. St.	29	4	45		
1	Form 38 × 119,7 × 153,7			5			
2	Außenflächen 32 × 298 × 298 . .	M. St.	25	3	15		
2	Form 32 × 121 × 155			2	45		
3	Außenflächen 38 × 262 × 290 . .	„	24	4	15		
3	Form 38 × 122 × 156			2	45		
4	Außenflächen 62 × 300 × 300 . .	G. E.	30	1	30		
4	Form 62 × 122 × 156			2	45		
5	Außenflächen 130 × 118 × 152 . .	M. St.	26	7			
1, 2, 3, 4, 5	Schleifarbeit			7			
5	Dreharbeit: Länge × Durchm. mit Gew.			6	30		
	Mechanikerarbeit:						
1 u. 2	4 Schraubenloch 10 × 50 à 25 Min. .			1	40		
3 u. 4	4 „ 10 × 80 à 25 „			1	40		
1 u. 6	8 „ für Anschlag 6 × 24			3	20		
	4 Paßstiftenloch.			1	30		
6	4 Anschlagleisten	E.	0,75	3	30		
1	Form anreißen und ausbohren, 70 Loch à 3 Min.			3	30		
2	Form anreißen und ausbohren, 70 Loch à 2,6 Min.			2	55		
3	Form anreißen und ausbohren, 70 Loch à 3 Min.			3	30		
2	Form ausfeilen, 175 cm² × 1 . . .			2	55		
3	„ „ 206 „ × 1 . . .			3	26		
4	„ „ 344 „ × 0,5 . .			2	52		
1	Ziehflächen m. Kanten 208 cm² × 3			10	24		
5	„ „ „ 700 „ × 2			23	20		
	4 Schrauben 10 × 80 à 0,15 . . .						60
	4 „ 10 × 50 à 0,12 . . .						48
	8 „ 6 × 24 à 0,05 . . .						40
	4 Paßstiften 7,3 × 43 à 0,22 . . .						88
	Werkzeug ausprobieren.			5			
	Gesamt:						

94. Zusammenbau von Ziehwerkzeugen.

Von einem Zusammenbau ist eigentlich nur bei Folge- und Verbundwerkzeugen zu reden. Er muß so erfolgen, daß eine Zerlegung jederzeit und mit einfachen Mitteln möglich ist, wenn eine Nacharbeit wie Schärfen oder ein Ersatz von Teilen notwendig wird, aber doch nach einem erneuten Zusammenbau die frühere Stellung der Einzelteile zueinander

Stanzereiwerkzeugkarte

1	2	3	4	5	6	7	8	9	10	11	12	13	14	15	16

Abteilung ....

Teil Nr. ....
Zeichng Nr. ....
Teilbezchng. ....
Arbeitsgg. Nr. ....

Werkzeug-benennung ....

Werkzg. Zchng. Nr. | Preis RM | Eingang am

Werkz. Nr. ....
Kennzeichen ....
Regal Nr. ....
Fach Nr. ....

Teil gehört zu ....

Hersteller d. Werkzeuges ....

Zu verarbeitender Werkstoff

Art .... | Stärke .... mm
Legierung .... | Streifen-Band- } Breite .... mm
Zustand .... | Scheibendurchm. .... mm

Baustoffe des Werkzeuges

Streifen-Band- } Länge f. 100 Teile .... m
Bruttogewicht f. 100 ,, ... kg
Nettogewicht f. 100 ,, ... kg
Arbeitszeit f. 100 ,, ... min
bei .... Maschinenhüben je min

Hauptabmessungen des Werkzeuges

Aufspannfläche .... × .... mm
Größte Höhe .... mm
Einspannzapfen ⌀ .... mm
Erforderlicher Preßdruck .... kg
Geeignet für } Maschine .... Gruppe .... Nr. ....

Rundung der Stempelkante ....
Rundung der Ziehringkante ....
Größte Stufung ....
Ziehgeschw. ....

Zur Fertigung des Teiles sind ferner erforderlich	Werkzg. Nr.					
	Kennzeichen					
	Wkzg. Zchg. Nr.					

Ausstellung der Karte
Tag ....
Name ....

Abb. 310a (Vorderseite). (AWF, ergänzt.)

genau wieder hergestellt ist. Dies zeigt am besten das Werkzeug der Abb. 282, bei dem der Ziehring im Unterteil zentriert und festgeschraubt ist und Löcher vorgesehen sind, die das Losschlagen des Ziehrings von seinem Ring gestatten, während im Oberteil der Schnittstempel durch einen Paßstift gegen Verdrehen und durch eine Eindrehung in seiner Lage gesichert ist.

95. Normalisierung und Verwaltung der Werkzeuge.

Der Normalisierung der Werkzeuge wäre mit einer Normalisierung der Ziehstücke, also der Verbrauchsgegenstände, eine große Erleichterung geschaffen. An ihr wird auch unter Führung der AWF mit großem Fleiß gearbeitet, aber der Abschluß der Normung dieser Teile kann nicht abgewartet werden, sondern es muß schon vorher mit der Durchführung der Normung der Werkzeugteile begonnen werden. Auch hier hat der AWF in dankenswerter Weise durch seinen Unterausschuß für Stanzereitechnik die Arbeiten aufgenommen und schon weit fortgeführt, aber diese haben nur vollen Erfolg, wenn sie von der Werkstatt aufgenommen und ausgenützt werden. Das gilt insbesondere für die Bauweise, die die Verwendung handelsüblicher Schrauben, Muttern und Paßstiften ermöglichen muß; das gilt aber ebenso sehr für Federn auf Runddraht und Flachstahl und vor allem für die Werkstoffart und Werkstofform. Die Normung und Beschränkung auf bestimmte Größen hält die Lagerbestände in zulässigen Grenzen, ob es sich nun um Gußkörper oder um Werkzeugstahl in Stangen- oder in Flachform, handelt. Bedingung für die Beschränkung ist eine ständige Überwachung des Verbrauchs der einzelnen Formen und Größen, denn aus dem Verbrauch kann man dann leicht schließen, ob nicht der Verzicht auf die weniger häufig gebrauchten

Abb. 310 b (Rückseite).

1	2	3	4	5	6	7	8	9	10	11	12	13	14	15	16

Abteilung ....

Nebenkarte zur Stanzereiwerkzeugkarte

Teil Nr. ....
Arbeitsgang Nr. ....
Zeichng. Nr. ....

Werkzeug-benennung ....

*) Schliff = × ; Instandsetzung = △ ; Änderung = ○

Werkzg. Nr. ....
Kennzeichen ....
Regal Nr. .... Fach Nr. ....

An Werkzeug-ausgabe (Tag)	Gefertigte Teile rd. Stück	An Werkzeug-macherei (Tag)	Art des Auftrages*)	Von der Werkzeugmacherei ausgeführte Arbeiten bei △ oder ○	Verbrauch an Lohn-stunden	Verbrauch an Werkstoff	
						Stahlart	kg

Abb. 311.

Sorten infolge der Verringerung des Lagerbestands günstiger ist als die Werkstoffersparnis im Einzelfall, trotz des durch den Ersatz durch die nächst größere Form bedingten Mehraufwands an Arbeitslohn oder Werkstoff.

Mit zu den Aufgaben der Normalisierung gehört auch die Überwachung der Leistungsfähigkeit und der Wirtschaftlichkeit der Ziehwerkzeuge. Während die Leistungsfähigkeit von einer Nacharbeit am Werkzeug zur andern in erster Linie die Güte des beim Bau verwendeten Werkstoffs messen soll, vor allem seine Widerstandsfähigkeit gegen Abnützung bei normaler Beanspruchung, müssen zur Beurteilung der Wirtschaftlichkeit darüber hinaus die Ursachen und die Kosten für Nacharbeiten erfaßt, ferner die mit der Arbeitsausführung verbundenen Hauptzeiten, wie die Zuführung des Werkstoffs und die

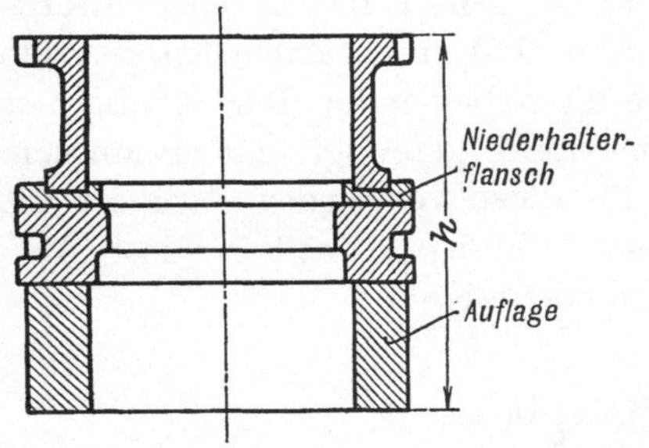

Abb. 312. Ziehwerkzeug mit einer durch veränderliche Unterlage normal zu haltender Bauhöhe.

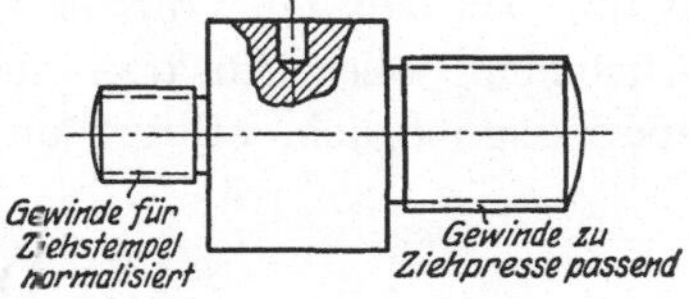

Abb. 313. Paßglied zu Ziehwerkzeugen mit normalem Stempelgewinde für Pressen mit verschiedenen Stößelgewinden.

Abführung des Werkstücks und die Nebenzeiten, die durch das Aus- und Einspannen des Werkzeugs entstehen, herangezogen werden; schließlich auch die Menge des bei der laufenden Arbeit entstehenden Ausfalls. Die jeweils ermittelten Ziffern werden am besten in eine Werkzeugkarte Abb. 310, bzw. deren Nebenkarte Abb. 311, eingetragen, die die Werkzeugnummer tragen. Während die Nebenkarte nur dem Aufschrieb der veränderlichen Beobachtungen dient, trägt die Hauptkarte Abb. 310a und b in der Hauptsache die wichtigen unveränderlichen Angaben über den Bau und die Verwendung des Werkzeugs.

Bei einer solchen Überwachung wird sich schnell der Vorteil nachweisen lassen, der durch Festlegung einer einheitlichen nach Abb. 312 durch Auswechseln der Auflage jeder Presse anzupassenden Bauhöhe für die Einstellung des Niederhalters und durch Zwischenschalten eines Paßgliedes nach Abb. 313 für das Stempelgewinde für die Einstellung des Ziehstempels, insbesondere bei Durchzügen, zu erreichen ist.

Diese Aufschriebe können regelmäßig nur in der Werkstatt gemacht werden, am besten vom Verwalter des Werkzeuglagers, der die Werkzeuge gegen Werkzeugmarke abgibt und gegen Rückgabe der Werkzeugmarke in Empfang nimmt, den Gütezustand prüft und unter Umständen wieder herstellt. In diesem Fall wird der Lagerverwalter Werkzeugmacher sein, dem die zum Ausbessern nötigen Hilfsmittel zur Verfügung gestellt sind.

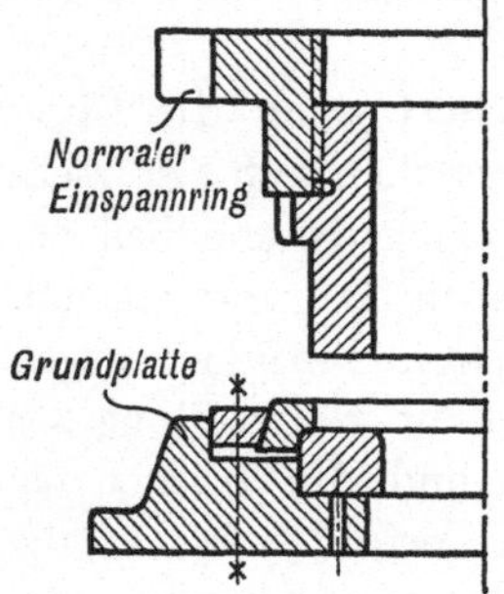

Abb. 314. Ziehwerkzeug mit normaler Grundplatte und Einspannringen.

Die Normung darf aber nicht übertrieben werden, sie findet ihre Grenze in der Bedingung, daß die Normung die Kosten der Herstellung mindestens nicht erhöhen darf. Aus diesem Grund wird eine Normung von Ziehringen und Niederhaltern und der zu ihrer Befestigung notwendigen Teile bei einer Anordnung nach Abb. 314 nur empfohlen werden dürfen, wenn die arbeitenden Teile häufig aus hochwertigem Stahl gefertigt werden müssen. Kann man dagegen Gußeisen auch für diese verwenden, dann ist die Ausbildung aller Ansätze aus einem Gußkörper, weil in einer Aufspannung möglich, billiger und daher vorzuziehen.

XIX. Die Ziehpressen.

96. Einteilung.

Schon die Besprechung des Ziehwerkzeugbaus hat auf die Verwendungsmöglichkeit und teilweise Notwendigkeit verschiedener Pressen hingewiesen. Sie werden daher zweckmäßig zunächst in verschiedene Gruppen eingeteilt, die sich durch die Art der Niederhalterbewegung, bzw. durch die Zahl der Stößelbewegungen unterscheiden. Man findet so 5 Hauptgruppen:

1. Einfach wirkende Pressen,
2. Doppelt wirkende Pressen,
3. Einfach wirkende Folgepressen (Revolverpressen),
4. Verbundpressen,
5. Mehrfachpressen.

Die Pressen der einzelnen Gruppen unterscheiden sich wieder entweder durch die Art der Stößelbewegung, so bei Gruppe 1 als:

Fallhämmer, Spindelpressen, Friktionspressen, Exzenterpressen Kurbelpressen (Stoßwerke), Luftpolsterpressen und hydraulische Pressen,

bei Gruppe 2 und 4 und 5 als:

Kniehebelpressen, Kurvenscheibenpressen und hydraulische Pressen.

Der Wert der einzelnen Maschine der unterteilten Gruppen richtet sich, ziehtechnisch betrachtet, zweifellos nach der mit ihr erreichbaren Ziehtiefe, da mit der Höhe der Ziehtiefe die allgemeine Verwendbar-

keit wächst, wirtschaftlich betrachtet aber auch nach der Arbeitsgeschwindigkeit, bei der die Werkstoffzuführung eine große Rolle
spielt. Nach dieser unterscheidet man die Pressen noch in solche mit:
Handzuführung und selbsttätiger Zuführung. Bei der selbsttätigen sind
verschiedene Zuführungen möglich, von denen die wichtigsten sind:
die Walzen-, Greifer-, Schwerkraft- und Revolverzuführungen, ohne daß
damit die Aufzählung erschöpft und insbesondere, ohne daß der Mannigfaltigkeit der baulichen Gliederung Genüge geleistet wäre. Dies sei
den weiteren Ausführungen vorbehalten.

97. Einfach wirkende Pressen.

a) **Fallhämmer** (Abb. 315). Wenn diese überhaupt bei den Pressen
eingeordnet werden dürfen, dann bei den einfach wirkenden, weil sie
in der Zieherei einen Teil derselben Arbeit wie die einfach wirkenden
leisten und, so betrachtet, eigentlich deren einfachste Ausführung darstellen. Die Formgebungsarbeit leistet ein Bär, der im Gestell gut geführt ist, mechanisch hochgehoben wird und, wenn eingerückt, frei fällt.
Die Arbeitsweise, ein kurzer kräftiger Stoß, beschränkt die Anwendung
auf die Fälle, wo eine große Fläche des zu verformenden Werkstoffs
zur Aufnahme der Wucht des Bärs zur Verfügung steht, auf Stanz- und
Prägearbeiten. Der Vorteil der Fallhämmer liegt außer in der Einfachheit
des Baus und der daraus folgenden Einfachheit der Bedienung in der
Schnelligkeit der Bewegung und der aus ihr sich ergebenden Arbeitsgeschwindigkeit.

b) **Spindelpressen** (Abb. 143). Im Gegensatz zu den Fallhämmern,
wo der Bär frei fällt, wird er hier durch eine Schraubenspindel auf und
nieder bewegt. Seine Bewegung ist daher langsamer und die Wucht
am Ende kleiner als bei den Fallhämmern, dafür kann er schon vom
Bewegungsbeginn an und also auf längerem Weg Arbeit leisten. Deshalb
werden Spindelpressen hauptsächlich für lange Durchzüge benützt.

c) **Friktionspressen** (Abb. 316). In diesen sind die Eigenschaften
der Spindelpressen und der Fallhämmer vereinigt. Die Stößelführung
durch die Schraubenspindel ermöglicht die Arbeitsleistung auf langem
.Weg, hat aber den Nachteil der langsamen Bewegung, andererseits
ermöglicht die im Schwungring aufgespeicherte Energie die Ausübung·
des kurzen kräftigen Schlags. Die Drehbewegung der Spindel verbietet
bei der Betätigung von Verbundwerkzeugen, insbesondere zur Ausführung von Stanz- und Prägearbeiten, die starre Kupplung von Pressenspindel und Werkzeugoberteil und fordert eine gute relative Führung
(durch Säulen) zwischen Oberteil und Unterteil. Dies macht die Werkzeuge verwickelt, weshalb man die Friktionspressen in der Ziehtechnik
so lang als möglich umgeht.

d) Exzenterpressen (Abb. 199). Der Bau und die Arbeitsweise der Exzenterpressen wurden schon früher besprochen. Sie werden zur Verwendung von Zieharbeiten nur noch durch den Federdruckapparat ergänzt. Wichtiger noch als bei Schnittarbeit ist die Neigbarkeit der Pressen bei Zieharbeiten, weil in der Schrägstellung die gezogenen Gefäße, die hochgehoben werden, infolge der eigenen Schwere zwischen dem Werkzeug hervorfallen können, eine Möglichkeit, die durch Zuleitung von Preßluft, also durch Wegblasen gefördert wird.

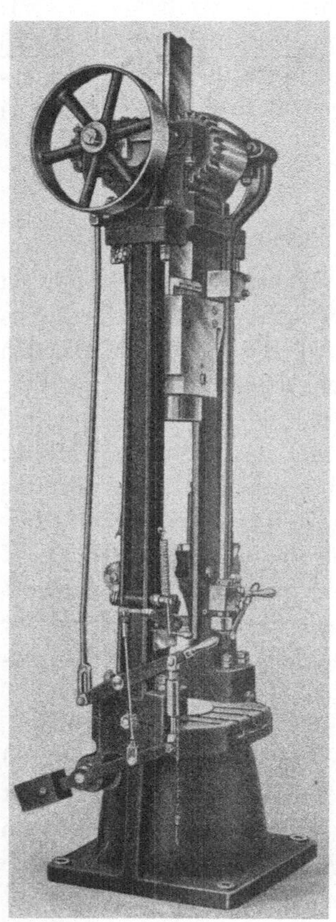

Abb. 315. Fallhammer, dessen Fallhöhe beliebig eingestellt und dessen Bär beim Niedergang in jeder Stellung angehalten werden kann. (J. Emrich.)

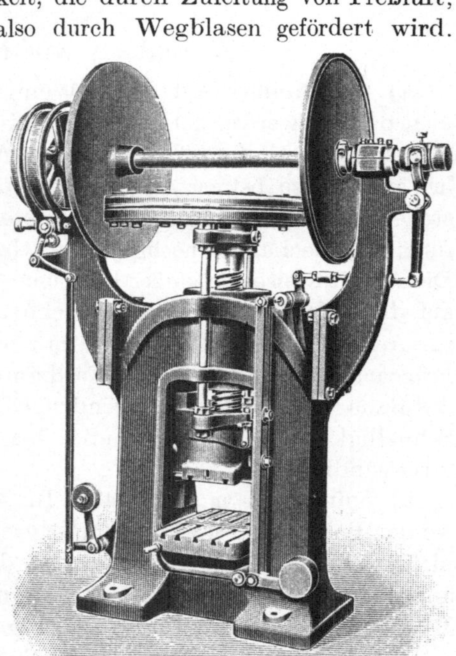

Abb. 316. Friktionsspindelpresse. (Bonner Maschinenfabrik Mönkemöller.)

Dadurch wird die Zieharbeit mit selbsttätiger Zuführung, sei es durch Walzen-, Greifer- oder Zickzackvorschub wesentlich erleichtert. Da bei Exzenterpressen nur ein Stößel bewegt werden muß, sind die bewegten Massen klein und, da der Weg nicht lang ist, auch die Wucht klein. Man kann daher Exzenterpressen sehr rasch laufen lassen und findet eine Grenze erst in der Gefährdung der richtigen Kupplung oder Störung des genauen Vorschubs. Man wird daher Exzenterpressen zur Arbeit mit selbsttätigem Vorschub so häufig als möglich verwenden.

Die Verwendungsmöglichkeit ist aber durch den kurzen Stößelweg sehr beschränkt, so daß Exzenterpressen nur für ganz seichte Hohlgefäße in Frage kommen können. Für Weiterschläge scheiden sie überhaupt aus.

e) Kurbelpressen. α) Aufrechte und neigbare Kurbelpressen mit Federdruckapparat (Abb. 152 und 162a, b). Die Kurbelpressen entstehen aus den Exzenterpressen durch Vergrößerung des Stößelwegs auf ein solches Maß, daß der Weg nicht mehr durch Aufschlagen einer Exzenterscheibe auf die zylindrische Maschinenwelle, sondern durch Verwendung einer Kurbelwelle bewältigt werden muß. Die Vergrößerung der Exzentrizität erhöht aber auch die Beanspruchung des Pressenkörpers, so daß die Kurbelpressen allgemein zu den schwereren Exzenterpressen zu rechnen sind.

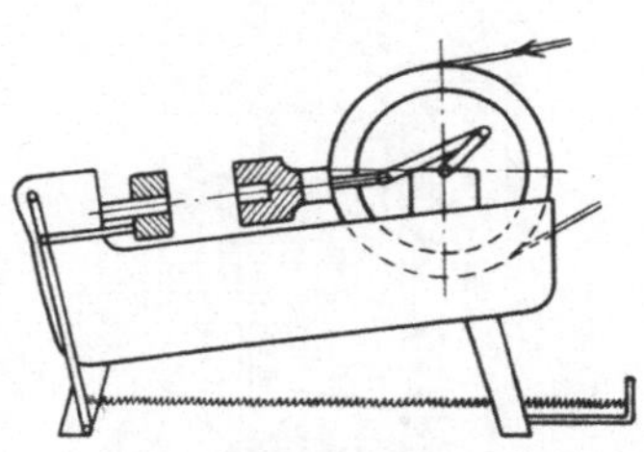

Abb. 317a. Liegende Kurbelpresse (grundsätzliche Anordnung). (Brasch.)

Grundsätzlich gilt für ihren Bau aber dasselbe wie für die Exzenterpressen.

Die Verlängerung des Stößelwegs gibt den Kurbelpressen je nach dem Betrag der Verlängerung ihre Eignung für Ziehen im Anschlag (s. a. Zickzackpressen) (Abb. 164) und im Weiterschlag. Besonders für den Weiterschlag ohne Niederhalter sind sie sehr beliebt.

Ihre Eignung für Stanz- und Preßarbeiten, für die ein kurzer kräftiger Schlag gebraucht wird, ist noch geringer als die der Exzenterpressen, weil die Energieübertragung von der Welle auf die Schubstange gerade im Totpunkt, also im ungünstigsten Augenblick erfolgen müßte.

Abb. 317b. Kurbelpresse mit selbsttätiger Zuführung mittels Trichters und Kanals. (Emil Linde.)

Die Zwischenschaltung eines Vorgeleges zwischen Schwungrad und Welle verbessert zwar die Eigenschaften, verlängert den Weg, auf dem Arbeit geleistet werden kann und erhöht die Überlastbarkeit, aber verlangsamt die Arbeitsgeschwindigkeit, verteuert die Presse und gefährdet sie bei diesen Arbeiten. Man wird daher für solche Arbeiten besser die Friktionspresse vorziehen.

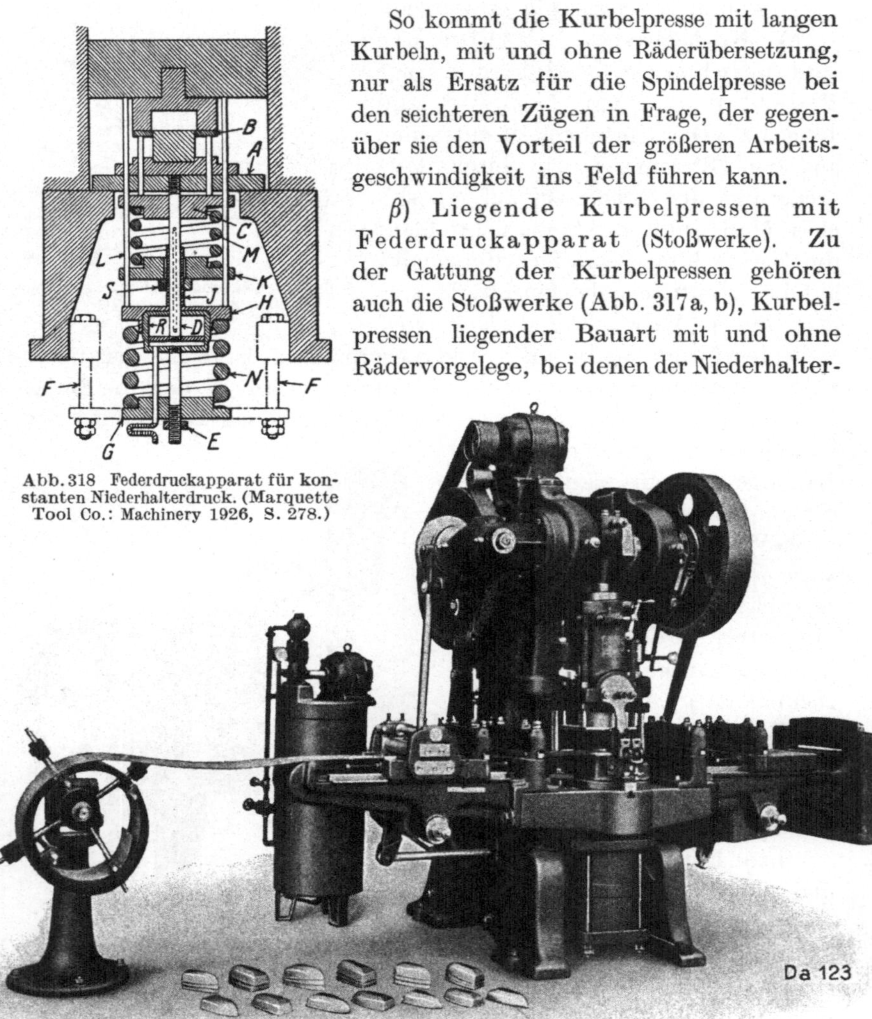

So kommt die Kurbelpresse mit langen Kurbeln, mit und ohne Räderübersetzung, nur als Ersatz für die Spindelpresse bei den seichteren Zügen in Frage, der gegenüber sie den Vorteil der größeren Arbeitsgeschwindigkeit ins Feld führen kann.

β) **Liegende Kurbelpressen mit Federdruckapparat (Stoßwerke).** Zu der Gattung der Kurbelpressen gehören auch die Stoßwerke (Abb. 317a, b), Kurbelpressen liegender Bauart mit und ohne Rädervorgelege, bei denen der Niederhalter-

Abb. 318 Federdruckapparat für konstanten Niederhalterdruck. (Marquette Tool Co.: Machinery 1926, S. 278.)

Abb. 319. Schrägstellbare Kurbelpresse mit vollständiger Preßlufteinrichtung und Verbundwerkzeug zum Schneiden und Ziehen von Hauben für elektrische Bügeleisen. Die Maschine besitzt doppelseitigen Zangenapparat, Richtapparat und Abfallschere. Die fertigen Teile werden mittels Preßluft vom Werkzeug weggeräumt. (Maschinenfabrik Weingarten.)

druck durch Federspannung erzielt wird, aber in einer Anordnung, die eine rasche Verstellung ermöglicht. Der Vorteil der liegenden Bauart liegt in der Art der Werkzeugbewegung, die den Bau ebenso einfacher Niederhalter und Werkzeugunterteile ermöglicht wie bei Ziehpressen, und weiter in der guten Übersicht über den Arbeitsvorgang, der eine rasche Zuführung und Abführung der Werkteile ermöglicht, endlich in der Möglichkeit der Anbringung einfacher Schwerkraftzuführungen nach Abb. 317 b.

Die Ziehergebnisse sind aber wegen des federnden Niederhalters, dessen Druck sich mit zunehmender Ziehtiefe trotz der Länge der Federn doch verändert, beschränkt und daher wird auch das Stoßwerk wie die übrigen Kurbelpressen, unter ihnen die Zickzackpresse, nur für verhältnismäßig geringe Ziehtiefen verwendet.

γ) Aufrechte Kurbelpressen mit Luftpolstern. Der Nachteil der Zunahme des Niederhalterdrucks mit wachsender Ziehtiefe bei Verwendung von Federdruckapparaten, der, wie die Anordnung der Abb. 318 zeigt, auf mechanischem Weg dadurch beseitigt werden kann, daß man die Gegendruckplatte mit dem Stößel senkt, wurde in den letzten Jahren durch Ersatz dieser Apparate durch Druck-

Sellin, Ziehtechnik.

Abb. 320. Große Rahmenpresse mit automatisch gesteuerter Preßluft-Zieh- und Aushebevorrichtung, geeignet für den Chassis-Bau von Personen- und Lastwagen, außerdem für den Karosseriebau von Lastwagen und den Waggonbau. Druckleistung 1000000 kg. Lichte Durchgangsweite zwischen den Ständern 6000 mm. (Maschinenfabrik Weingarten.)

Abb. 321. Friktionsspindelpresse mit 18 Luftpolstern in Stößel und Tisch, damit 3fach wirkend. (Maschinenfabrik Weingarten.)

luftaggregate behoben. Da diese mit einem großen Ausgleichbehälter in Verbindung stehen, wird der Luftdruck in den den Niederhalterdruck ausübenden Luftzylindern durch die beim Niedergang des Stößels nur geringe verdrängte Luftmenge praktisch nicht verändert, so daß der Niederhalterdruck bei einfachster Einstellung während des ganzen Ziehvorgangs konstant bleibt (Abb. 205). Damit wird aus der Kurbelpresse eine vollkommene Ziehpresse, ohne daß sie ihre Eignung zu anderen Stanzereiarbeiten, wie z. B. Schneiden und Stanzen, verliert, und vor allem, ohne daß sie an Arbeitsgeschwindigkeit einbüßt.

Ein Bild für den Vorteil, der mit der Luftpolsteranbringung an eine Kurbelpresse erreicht werden kann, gibt Abb. 319, wonach auf einer Kurbelpresse mit Niederhalterbetätigung durch Preßluft bei selbsttätigem Zangenvorschub Bügeleisenhauben erstellt werden können, deren Form für die Erstellung in einem Ziehgang schwierig ist. Aber auch Abb. 320, die eine Presse für 1000000 kg

Abb. 322. Preßluftanlage zur Betätigung des Niederhalters in Verbindung mit einer Kurbelpresse. (C. Kneusel.)

Druck zeigt. Der Hauptvorteil liegt aber ohne Zweifel in der Möglichkeit des nachträglichen Einbaus an vorhandene Pressen, seien es nun Friktionspressen wie in Abb. 321 oder Exzenterpressen und Kurbelpressen oder endlich auch Ziehpressen; denn dadurch erhält man durch geringeren Geldaufwand, als die Anschaffung einer neueren Maschine verursachen würde, eine leistungsfähigere vielseitiger verwendbare Maschine.

Die übertriebenen Eigenschaften für die Ziehtechnik, die den Luftpolstern nach ihrer Einführung zugeschrieben wurden, haben sich nicht bestätigt, insbesondere wurde mit den Luftpolsterpressen keine größere Stufung als mit den gewöhnlichen Ziehpressen erreicht. Mit diesen aber müssen sie verglichen werden, denn der Hauptvorteil des Federdruckapparats, die mechanische Einfachheit, wurde bei sonst grundsätzlich gleichbleibender Ziehbewegung (umgekehrtes Ziehen) aufgegeben. Die Verwendung der Luftzylinder ist zwar an der Maschine einfach (Abb. 202, 203 u. 322), aber die Erzeugung des Luftdrucks erfordert meist eine ganz besondere Anlage und ist nach den allgemeinen Erfahrungen mit Preßluft nicht billig. Aus diesem Grund dürften die Kurbelpressen mit Luftzylindern, auch wenn sie die Kompressorarbeit selbst verrichten wie die Maschine (Abb. 202a u. b), die ganz mechanisch arbeitenden Ziehpressen nicht verdrängen, sondern nur als Ergänzung dort sich behaupten, wo billigeres, weil ungleichmäßigeres Blech der Gestehungskosten wegen verwendet werden muß oder die Konstanz des Niederhalterdrucks ganz besonders von Bedeutung ist, nämlich beim Ziehen von großen Werkstücken. Tatsächlich wurden die Luftzylinder auch zuerst für solche wie Kotflügel, Rahmen und Karosserieteile im Automobilbau (s. Abschnitt 101b, Abb. 343) eingeführt und deren Verwendung nur in Verkennung der Bedeutung der Niederhalterdruckwirkung während des Ziehvorgangs über ihr eigentliches Arbeitsgebiet hinaus empfohlen und teilweise auch fortgeführt. Der starre Niederhalterdruck der Ziehpressen genügt für gleichmäßige Blechdicke vollauf, denn er wird während des Zugs nicht größer als die Reaktion gegen die Neigung zur Faltenbildung sein muß, er ist aber von Nachteil, wenn die Ziehscheibe über die ganze Fläche oder an einzelnen Stellen dünner oder dicker ist als die bei der Einstellung des Niederhalters verwendete, denn dann wird der Niederhalterdruck entweder zu klein oder zu groß, so daß Falten oder Brüche entstehen. Im ersten Fall wirkt der Niederhalter nicht, es entstehen Falten, wenn auch örtlich begrenzt, die dann an den betreffenden Stellen Bruch verursachen, im zweiten Fall wirkt er zangenartig fest. Für kleinere Ziehstücke, wo Blechbänder verarbeitet werden können, ist die Gleichmäßigkeit der Blechdicke hinreichend gut, so daß die Verwendung starrer Niederhalter keinen Nachteil bringt, bei großen Stücken dagegen, wo Blechtafeln verarbeitet werden müssen, sind die Dickenunterschiede größer und da ist die Verwendung der Luftpolster, die die Dickenunterschiede besser ausgleichen, weil Ausschuß verringernd, vorteilhaft.

Beim Vergleich der ziehtechnischen Eignung der Luftpolsterpressen mit den ganz mechanischen Ziehpressen ist neben den Betriebskosten auch noch die Ausnützung der Kurbelexzentrizität e für die Ziehtiefe h zu betrachten. Da ein Durchziehen der Ziehstücke durch den Pressentisch wegen des meist darunter angebrachten Luftdruckapparates nicht möglich ist und die ganze Bewegung des Stößels $2e$ ist, ist die höchste

20*

erreichbare Ziehtiefe gegeben durch die Gleichung:

$$2\,h = 2\,e \quad \text{oder} \quad h = e, \tag{130}$$

Abb. 323. Ziehwerkzeug mit Preßluftniederhaltung zum Ziehen von Waschkesseldeckeln. Zur Entfernung der fertigen Teile ist das Oberteil ausziehbar.
(Maschinenfabrik Weingarten.)

weil ein der Ziehtiefe mindestens entsprechender Betrag zur Wegnahme des Ziehstücks zur Verfügung gestellt werden muß. Das ist für den Bau

Abb. 324. Einfach wirkende hydraulische Ziehpresse. (L. Schuler.)

der Presse ebenso nachteilig wie für die Verwendung. Für den Weiterschlag sind derartige Luftpolsterpressen ganz unmöglich.

Erhöht werden kann allerdings die Ziehtiefe dadurch, daß man den

Ziehring, bezw. den diesen tragenden Werkzeugteil, in Abb. 323 den Oberteil, ausziehbar macht; aber nur auf Kosten der Abeitsgeschwindigkeit und der Arbeitssicherheit.

f) Einfach wirkende hydraulische Pressen. Zu den einfach wirkenden Pressen gehören auch hydraulische (Abb. 323 u. 324). Bei diesen wird entweder, wenn das Werkzeug nach Abb. 252 u. 253 gebaut ist, ein metallener Stempel durch die Flüssigkeit bewegt, oder aber die Flüssigkeit selber als Stempel zur Betätigung der Formgebungsarbeit benützt. Dabei wird das Werkzeug nach Abb. 255 unmittelbar an die Leitung einer Druckpumpe angeschlossen oder aber bei Ausbildung nach Abb. 257 in einen an diese Leitung angeschlossenen Behälter gesetzt. In solchen Behältern wird dann ein Druck bis zu 4000 at erzeugt, der die Formgebungsarbeit leistet.

Es ist aber auch möglich, die Flüssigkeitsdruckzylinder in einer ähnlichen Anordnung zu verwenden wie die Luftdruckzylinder, doch dürften die Nachteile durch die Verringerung der Arbeitsgeschwindigkeit zu groß sein, als daß diese für größte Drucke allerdings unentbehrliche Einrichtung eine größere Verbreitung gewinnen könnte. Im Gegensatz zu den Luftdruckzylindern kann bei einer solchen Einrichtung der Niederhalterdruck auch vom Maschinenstößel und, wie in Abb. 324, der Ziehdruck vom Zylinderkolben betätigt werden.

98. Doppelt wirkende Pressen (Ziehpressen).

a) Allgemeines. Die doppelt wirkenden Pressen sind die eigentlichen Ziehpressen. Bei ihnen werden 2 Stößel mechanisch ineinander bewegt, und zwar bildet der Niederhalterstößel die Führung des Ziehstößels. Während der Ziehstößel seinem Antrieb und seiner Bewegung nach dem einer Kurbelpresse entspricht, muß mit Rücksicht auf die Zieharbeit dem Niederhalterstößel eine eigenartige Bewegung zugeteilt werden, denn der Niederhalter muß:

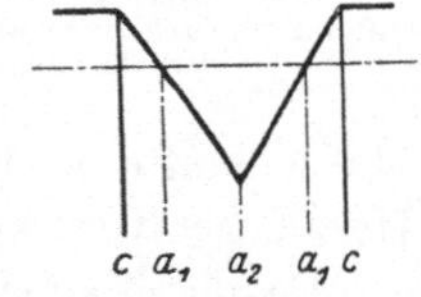

Abb. 325. Bewegungsdiagramm des Stößels einer Kurbelpresse.

1. vor dem Auftreffen des Ziehstempels auf dem Ziehscheibenflansch auftreffen,

2. während des Ziehvorgangs unveränderlich auf dem Ziehscheibenflansch ruhen,

3. nach dem Ziehstempel erst den Werkzeugunterteil verlassen.

Wenn also die Ziehstempelbewegung wie bei Kurbelpressen nach dem Diagramm der Abb. 325 verläuft, dann muß die Niederhalterbewegung nach Abb. 208 erfolgen. Zweckmäßig mit Rücksicht auf die Zubringung der Ziehscheiben ist, wenn der Niederhalter nur ganz kurz vor dem Stempel auf den Ziehscheibenflansch auftrifft, weil dann die Zeit für die Zubringung den größten Wert bekommt.

Zur Steuerung des Niederhalterstößels dienen Kniehebel oder Kurvenscheiben. Man unterscheidet daher die Ziehpressen in Kniehebelziehpressen und Kurvenscheibenziehpressen. Mit Rücksicht auf die Erleichterung der Einstellung und die Unterbrechung der Zieharbeit sind die Ziehpressen zweckmäßig mit Friktionskupplung und Vor- und Rückwärtsgang auszustatten.

b) Kniehebelziehpressen. α) Mit starrem Tisch und bewegtem Niederhalter (Abb. 326). Der Niederhalterstößel wird von der Hauptwelle aus über zwei mittels Lenkern von der Hauptwelle aus angetriebene Hilfswellen und 4 Kniehebel gesteuert. Die Bewegung durch Kniehebel gestattet die Ausübung eines satten, kräftigen Drucks bei sanftem für die Ziehfähigkeit des Blechs nicht nachteilig wirkendem Aufsetzen des Niederhalters. Der Niederhalter ist trotz der starren mechanisch gegebenen Stellung der vielen Bewegungsglieder wegen bis zu einem gewissen Grad auch elastisch, was für den Ziehvorgang infolge der Verdickung des Blechs unter dem Niederhalter nur günstig ist. Andererseits beschränkt die große Gliederzahl die Arbeitsgeschwindigkeit, weil die bei rascher Bewegung auftretenden Massenkräfte in kurzer Zeit einen unzulässig hohen Verschleiß der Hebellager verursachen würde.

Abb. 326. Kniehebelziehpresse mit starrem, ruhendem Tisch und bewegtem Niederhalter. (L. Schuler.)

Da der Niederhalterstößel immer die gleiche, unveränderliche Bewegung macht, erfolgt die Einstellung des Niederhalterdrucks durch Verstellen des Tischs mittels Handrad; während der Arbeit bleibt der Tisch aber still stehen. Dies hat, wenn er durchbohrt ist, den großen Vorteil, daß man die Ziehstücke durch den Werkzeugunterteil durchziehen und durch den Tisch hindurch nach unten fallen lassen kann, wodurch die Verwendung eines Verbundwerkzeugs zum gleichzeitigen Schneiden und Ziehen, aus Streifen bei Zufuhr von Hand oder aus Bändern bei selbsttätiger Zufuhr, begünstigt wird.

Die Verstellung des Ziehstempels, der vor der Geradeführung zusammengesetzt ist, erfolgt wie bei den Exzenterpressen (s. Abb. 146 und 147). Die Stößelverlängerung vergrößert die Ziehtiefe, die Verkürzung ermäßigt sie. Die Kniehebelpressen gestatten nur eine schlechte

Ausnützung der Kurbelexzentrizität zum Tiefziehen. Wenn man annimmt, daß (Abb. 331) der Voreilwinkel des Niederhalters φ ist, dann ist der Stößelweg h' durch die Projektion der Kurbel auf die Richtung der Stößelbahn gegeben. Der Abstand vom Projektionspunkt zum unteren Umkehrpunkt gibt dann den für den Ziehweg verbleibenden Stößelweg. Braucht man davon die Hälfte zur Zuführung der Ziehscheibe, bzw. Wegnahme des gezogenen Werkstücks, so bleibt als erreichbare Ziehtiefe h nur noch

$$h = \frac{e}{2}\,(1 + \cos\varphi)\,. \quad (131)$$

Aus diesem Grund werden Kniehebelziehpressen mit bewegtem Niederhalter hauptsächlich für den Anschlag benützt.

β) Mit starrem Niederhalter und bewegtem Tisch. Der Nachteil der Niederhalterbewegung bei starrem Tisch wird durch die Umkehrung der Arbeitsweise, Festhalten des Niederhalters und Bewegung des Tischs, beseitigt. Doch haben sich die Pressen (Abb. 327) wohl wegen der bei der Bedienung störenden Ausladung der Kniehebel, wegen der ungünstigen Niederhalter-Verstellung und der mangelhaften Tischlagerung nicht durchgesetzt. Deshalb werden die Vorteile der Tischbewegung bei den Kurvenscheibenpressen mit bewegtem Tisch besprochen.

Abb. 327. Kniehebelziehpresse mit bewegtem Tisch und feststehendem Niederhalterträger.

c) **Kurvenscheibenziehpressen.** α) Mit bewegtem Niederhalter. Bei den Kurvenscheibenziehpressen kann der Niederhalterstößel nach Abb. 206 und 328 durch zwei auf die Hauptwelle gesetzte Kurvenscheiben bewegt werden.

Kurvenscheiben haben gegenüber Kniehebeln den Vorteil, daß Ruhezeit und Bewegungszeit fast beliebig gewählt und Voreilung bzw. Nacheilung so klein als möglich bemessen werden kann. Die Bewegung des Niederhalters mit den Kurvenscheiben könnte daher die Kniehebelbewegung, die umständlicher und teurer ist, ganz verdrängen, wenn sie nicht den großen Nachteil hätte, daß durch den Platzbedarf der Kurvenscheiben der Lagerabstand der Hauptwelle vergrößert werden muß, was natürlich einen großen Nachteil für die Festigkeit der Kurbelwelle hat und zum mindesten eine erhebliche Verstärkung der Welle erfordert. Demgegenüber ist die Erleichterung der Aufwärtsbewegung durch Ausgleich des Niederhaltergewichts mittels Federn nach Abb. 328, 336 und 359 oder durch Luftpolster, Abb. 329, ohne Belang. Man ist deshalb sehr bald dazu übergegangen, den Niederhalterstößel stillzusetzen und den Tisch zu bewegen.

β) **Kurvenscheibenpressen mit ruhendem Niederhalter (Abb. 330).** Bei diesen ist die Bewegung zwischen Niederhalter und Tisch getauscht. Der erstere ruht dauernd, während der letztere zur Ermöglichung der Zu- und Abführung der Ziehscheibe oder des vorgearbeiteten Werkstücks bewegt wird. Durch die Tisch-

Abb. 328. Kurvenscheibenziehpresse mit von der Hauptwelle aus durch Kurvenscheiben bewegtem Niederhalterstößel, für den ein Massenausgleich durch Federspannung angestrebt wird. Die Presse ist mit selbsttätigem Walzenvorschub versehen, bei dem die Schwenkbarkeit der Walzenpaare, durch die die Bedienung der Presse erleichtert wird, besondere Beachtung verdient. (Maschinenfabrik Weingarten.)

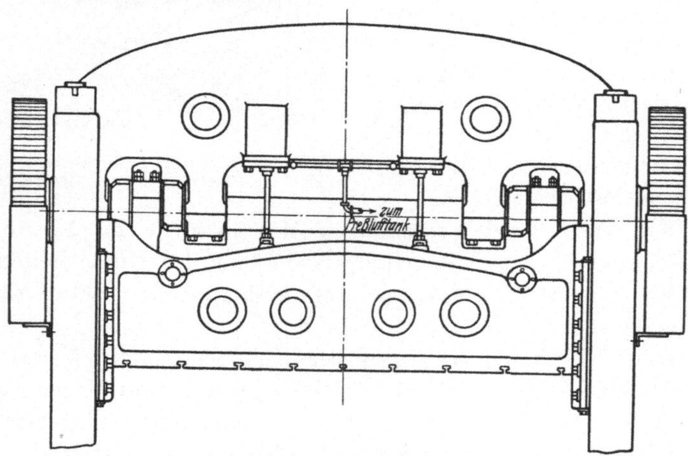

Abb. 329. Ziehpresse mit Niederhalterausgleich durch Luftpolster. (Maschinenfabrik Weingarten.)

bewegung geht allerdings der Vorteil der guten Eignung für Verbundwerkzeuge und selbsttätige Zuführung ohne besondere Blechführung unter dem Niederhalter verloren, dagegen kommt der Sinn der Kurvenscheiben, die Beschleunigung der Tischbewegung, erst zur vollen Auswirkung. Während bei den bisher betrachteten Ziehpressen ein Überholen des Stempels im Niedergang und Rückgang sinnlos gewesen wäre, weil es die Zeit für die Zu- und Abführung doch nicht verlängert hätte, ist dies jetzt anders.

Je rascher, vom Augenblick an gerechnet, wo der Ziehgang beendet ist, der Tisch mit dem Werkzeugunterteil seine tiefste Stellung erreicht und je rascher er hochsteigen kann, desto länger ist einerseits der Zeitraum zum Zu- und Abführen des Werkstücks und desto kürzer andererseits der Zeitraum, während dem nicht gezogen werden kann. Setzt man aber zur Zu- und Abführung einen bestimmten Zeitraum an, der kleiner ist als der bei einer bestimmten Hubzahl der Presse in der Zeiteinheit zur Verfügung stehende, so kann dieser durch Erhöhung der Hubzahl bis auf die Größe des, wie festgelegt,

genügenden verringert werden. Die Kurvenscheibenziehpressen mit bewegtem Tisch ermöglichen daher eine Erhöhung der Betriebsgeschwindigkeit gegenüber den Pressen mit bewegtem Niederhalterträger wegen der schnelleren von der Ziehstempelbewegung unabhängigen Zu- und Rückbewegung des Tischs.

Aber auch der Verwendungsbereich der Ziehpresse wird erweitert, weil durch die Verkürzung des Zeitraums, in dem nicht gezogen werden kann, der unproduktive Ziehweg verkürzt wird. Die Gesamtzeit, die zur Ausführung eines Arbeitshubs zur Verfügung steht, ist gegeben durch die Dauer eines Umlaufs der Kurbelwelle. Nimmt man an, der Umlauf erfolge mit gleichförmiger Geschwindigkeit, was praktisch zulässig ist, und vergegenwärtigt sich, daß dann, Abb. 331, gleiche Bogenlängen gleichen Zeitabschnitten und die Projek

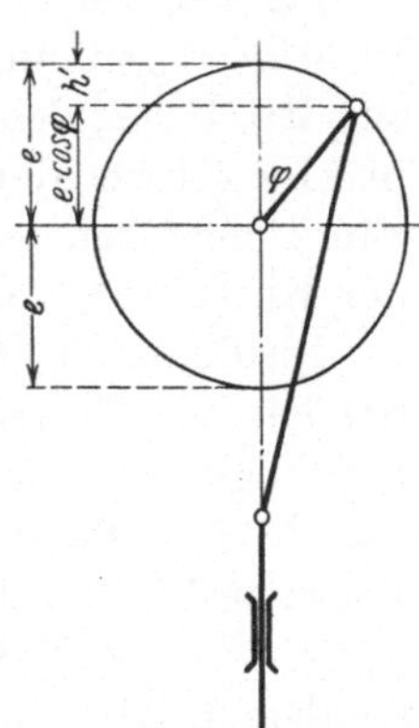

Abb. 331. Arbeitshub und Kurbeldrehung.

tionen der Bogenlängen den Stößelstellungen entsprechen, so sieht man, daß die Ziehtiefe h am größten sein kann, wenn mit $h = 2e$, wo e die Exzentrizität des Kurbelzapfens ist, der Ziehbeginn mit der höch

sten Stellung des Stößels zusammenfällt, also die ganze Umlaufzeit für
die Zieharbeit zur Verfügung steht und daß die Ziehtiefe um so kleiner
wird, je größer der Zeitabschnitt, während dem nicht gezogen werden
darf, und zwar wird dann, wenn dieser Zeitabschnitt durch den Bogen
des Winkels φ gegeben ist:

$$h = 2\,e - (e - e\cos\varphi) = e\,(1 + \cos\varphi) \tag{132}$$

Wenn der Tisch sich ebenso weit und rascher nach unten wie der
Stempel nach oben bewegt, dann geht für die Zubringung keine Zeit
und für den Stößelweg nur der Betrag verloren, der dem Voreilwinkel φ
entspricht, so daß die angeführte Gleichung tatsächlich die erreichbare
Ziehtiefe angibt und das Bewegungsdiagramm für Kurvenscheibenziehpressen mit bewegtem Tisch den Verlauf der Abb. 332 hat. Danach
ist mit Kurvenscheibenziehpressen bei
gleicher Kurbelexzentrizität mit großer Annäherung die doppelte Ziehtiefe
gegenüber Kniehebelziehpressen und
allgemein gegenüber Ziehpressen mit
bewegtem Niederhalter zu erreichen.

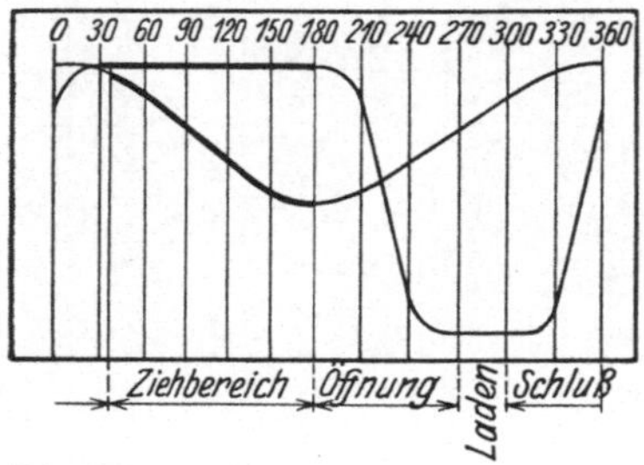

Abb. 332. Idealer Bewegungsverlauf von
Tisch und Ziehstempel einer Kurvenscheibenziehpresse.

Aus diesem Grund und wegen
der günstigeren Zuführung werden
die Kurvenscheibenziehpressen mit
bewegtem Tisch hauptsächlich zum
Ziehen einzeln zugeführter Scheiben
und zu Weiterschlägen verwendet.

Da man zur Bewegung des Tischs die Kurbelwelle in den Fuß der
Presse verlegen muß, ist es zweckmäßiger, auf eine zweite Kurbelwelle
zur Betätigung des Ziehstößels zu verzichten und den Ziehstößel wie
in Abb. 330 von der unteren Welle aus durch Schubstangen zu bewegen.
Ein Durchfallen der Ziehstücke durch den Tisch ist bei der Anordnung
der Kurbelwelle aber nicht mehr möglich.

Die Einstellung der Ziehtiefe erfolgt wie bisher durch Verstellung des
Stößels, die Einstellung des Niederhalters durch Verstellung der 4 Ver-
bindungsstangen des Niederhalterträgers zum Pressengestell, entweder —
wie bei Feinstellung immer — durch Handrad und Schnecke oder
maschinell im Vorwärts- oder Rückwärtslauf der Stellwelle.

Ein in der Zwischenzeit erloschenes Unternehmen hat durch besondere Einrichtung für die Auslösung des Stößelniedergangs durch
den Tisch erreicht, daß die Voreilbewegung des Tisches die Ziehtiefe
nicht beeinträchtigt. Der Stößel braucht allerdings eine besondere
Kurbelwelle, die etwas rascher umläuft als die des Tisches, nach jedem
Umlauf ausgerückt wird und zum Stillstand kommt, bis sie wieder
durch den Tisch ausgelöst wird, wenn er seine höchste Lage erreicht

hat. Hier ist also tatsächlich die Ziehtiefe

$$h = 2\,e \qquad\qquad (133)$$

und die Umlaufsgeschwindigkeit der Kurbelwelle des Stößels ohne Einfluß auf die Arbeitszeit. Diese allerdings ist nur bestimmt durch die Umlaufsgeschwindigkeit der Kurbelwelle für die Tischbewegung. Die Anordnung hat daher, abgesehen von der besseren Ausnutzung der Exzentrizität für die Ziehtiefe, nur den Vorteil, daß man die Zeit für die Zu- und Abführung beliebig wählen und der Ziehtiefe anpassen kann.

Offenbar hat diese Einrichtung den Bau so sehr verwickelt und verteuert, daß der an sich gute Gedanke, der den Ziehbeginn mit der Geschwindigkeit o ermöglichen würde, nicht mehr weiter verfolgt wurde, ebensowenig wie der Einbau von Druckreglern, die einer Überlastung der Kurbelwellen vorbeugen sollten.

d) Doppelt wirkende hydraulische Ziehpressen. Der Arbeitsbereich rein mechanisch arbeitender Pressen ist mit Rücksicht auf die Beanspruchung, die diese erfahren dürfen, begrenzt. Je höher die Beanspruchung, desto ungünstiger wirkt sich die Verwendung einer Kurbelwelle zur Übertragung des Ziehdrucks aus. Man verwendet daher für ganz schwere Zieharbeiten hydraulische Pressen, bei denen wie in Abb. 256 sowohl der Niederhalterstößel als auch der Ziehstößel hydraulisch bewegt werden.

Die Zieharbeit mit hydraulischen Ziehpressen verläuft allerdings langsamer als die mit mechanischen Pressen, kann aber der Druckleistung nach beliebig gesteigert werden und hat nebenbei den Vorteil, daß der Ziehdruck von Anfang an seine volle Höhe hat und die Ziehbewegung mit gleichmäßiger Geschwindigkeit verläuft. Hydraulische Ziehpressen haben auch den Vorteil, daß sie der Einfachheit der Flüssigkeitsbewegung und der axialen Druckrichtung wegen bei einer gegebenen oberen Druckgrenze eine große Ziehtiefe zu erreichen gestatten, was sie namentlich auch für Weiterschläge sehr geeignet macht.

99. Einfach wirkende Folgepressen.

a) Revolverziehpressen. Wie beim Werkzeugbau Folgearbeit möglich ist durch Anordnung mehrerer Arbeitsstellen in einem Werkzeugkasten, die beim Vorschub des Blechstreifens nacheinander bedient werden, wenn das vorgearbeitete Werkstück bis zur letzten Arbeitsstufe im Streifen bleibt, oder aber durch besondere Schieber weitergeleitet wird, wenn es schon früher ausgeschnitten worden war, so läßt sich auch bei den Ziehpressen eine Folgearbeit einrichten dadurch, daß man eine Reihe vollständiger Werkzeuge nach Abb. 333a oder b hintereinander reiht und mittels einer besonderen selbsttätigen Zuführungseinrichtung (Abb. 334) speist. Der ganze Unterschied gegen-

über den Folgewerkzeugen liegt also einmal darin, daß die Werkzeuge
für die einzelnen Arbeitsstufen vollständig sind und ebensogut für sich
arbeiten könnten, und zum andern in der Art der Zuführung.

Die Trennung der Arbeitsstufen nach selbständigen Werkzeugen
erleichtert sowohl die Ausführung und die Einstellung der Werkzeuge,
als auch ganz besonders die Übersicht über die einzelnen Arbeitsstufen.
Da aber an den Werkzeugen selbst nichts Besonderes ist, ist es verständlich, daß nicht die Art der Werkzeuganordnung, sondern die Art
der Zuführung den Namen gegeben hat, und so spricht man allgemein

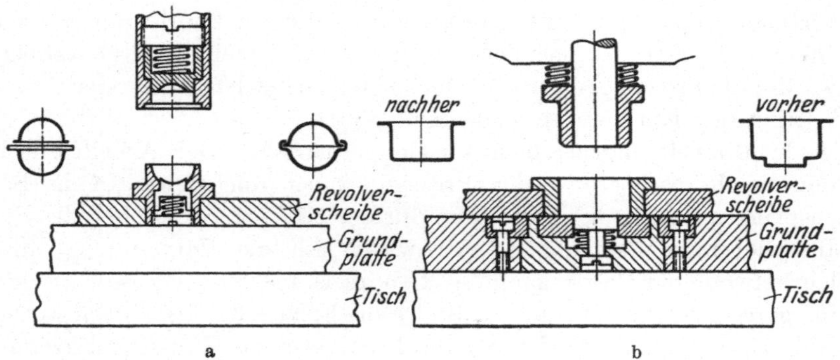

Abb. 333a und b. Werkzeugbau in einer Revolverpresse.
a Unterteil, in der Revolverscheibe eingebaut, ist gleichzeitig Ladestelle, daher so viele Unterteile
nötig, als Ladestellen (Öffnungen) im Revolverteller vorhanden sind. b Unterteil in der Grundplatte
und Führungsbuchse im Revolverteller, daher nur je ein Unterteil zu einem Oberteil. (Jones:
Diemaking and Die Design.)

bei den einfach wirkenden Pressen von Revolverpressen. Dabei wird
nicht unterschieden, ob es sich nur um eine Presse handelt, bei der
nur ein Werkzeug vom Stößel bewegt wird, also eigentlich um eine
einfach wirkende „Exzenter- oder Kurbelpresse mit Revolverzuführung“,
wie in Abb. 335, eine „doppelt wirkende Kurbelpresse (Ziehpresse) mit
Revolverzuführung“, wie in Abb. 336, oder eine Presse, bei der der
Stößel gleichzeitig mehrere Werkzeugstempel betätigt, wie in Abb. 334,
die allein Folgearbeit verrichtet und zur Unterscheidung von den vorgenannten, streng genommen „Einfach wirkende Folgepresse“ heißen
müßte.

Die Abb. 333a und b zeigen die beiden Arten des Werkzeugeinbaus
bei Revolverpressen, wobei für Folgepressen angenommen werden muß,
daß bei der Einbauweise a, wie in Abb. 334, mehrere Stempel gegen
den in die Revolvertelleröffnung eingebauten Werkzeugunterteil arbeiten, während bei der Einbauweise b die Revolverscheibe mit ihren
Öffnungen nur Mitnehmer der Werkstücke ist und in der Grundplatte
verschiedene Unterteile sitzen können, die auch gegen verschiedene
Stempel arbeiten können.

Die Zuführung heißt deswegen „Revolverzuführung", weil ihr Hauptteil ein Teller mit einer großen Zahl von Löchern ist (Revolverscheibe), deren Abstände mit denen der Werkzeuge übereinstimmen müssen. Der Teller ist von der Hauptwelle aus angetrieben und wird bei jedem Stößelhub um eine Teilung, d. h. einen Lochabstand weitergeschoben und in seiner neuen Stellung verriegelt.

Werden die Werkstücke, die bearbeitet werden sollen, ob Scheiben oder vorgezogene Hohlgefäße, in eines der Löcher eingeführt, so werden sie vom Revolvertisch mitgenommen und nacheinander den verschiedenen Arbeitsstellen zugeführt (Abb. 334).

Daß es zweckmäßig ist, bei Revolverpressen die Beanspruchung bei jeder Arbeitsstufe klein zu halten, versteht sich von selbst, denn Ausschuß und aus ihm folgende Störungen sind nach Möglichkeit zu vermeiden, weil die Einstellarbeit viel Zeit erfordert und während dieser nicht nur ein oder das andere Werkzeug ruht, das wieder in Ordnung gebracht werden muß, sondern auch die ganze übrige Zahl. Die Einrichtung von Folgepressen lohnt sich aus diesem Grund nur für ganz große Massen, hauptsächlich kleiner Zieh- und Stanzteile, wie sie auf einer einfach wirkenden Presse möglich sind.

Der Aufbau der Werkzeuge auf eine Stößelfläche ist begreiflicherweise für die Werkzeugfertigung ungünstig, weil er die Verlegung der Verstellbarkeit an die Werkzeuge oder deren Verbindung mit dem Revolvertisch verlangt. Man kann diesen

Abb. 334. Revolverpresse mit mehreren hintereinander gereihten Werkzeugen und verschiedenen Ziehstufen angepaßten Federdruckapparaten. Der Werkzeugeinbau im Revolverteller ist nach Abt. 333 b durchgeführt. (L. Schuler.)

Abb. 335. Kurbelpresse mit Revolverzuführung.

Nachteil durch Verwendung einer Mehrstößelpresse vermeiden, einer Presse, bei der mehrere Stößel nach Abb. 337 von einer Hauptwelle aus angetrieben werden.

b) Einfach wirkende Stufenpresse. Die Abb. 338 zeigt die grundsätzliche Werkzeuganordnung der einfach wirkenden Folgepressen, wenn auch die Werkzeugreihe hier in der Richtung der Kurbelwellenachse verläuft, während sie bei der Revolverpresse im Kreisbogen gestellt war. Die andere Anordnung der Reihe fordert lediglich eine andere Ausbildung der Zuführungseinrichtung, denn der Revolverteller kann höch-

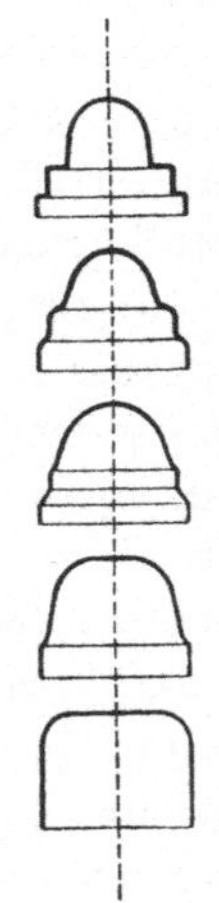

Abb. 336a. Doppelt wirkende Kurbelpresse (Ziehpresse) mit Revolverzuführung. (Maschinenfabrik Weingarten.)

Abb. 336b. Ziehstufen.

stens noch zur Beschickung der ersten Arbeitsstelle Verwendung finden. Von dieser ab zu den folgenden erfolgt die Weiterleitung durch zwei hin und her gehende Zangenschienen, an denen verstellbare Greifer zum Erfassen der Werkstücke beim Schließen der Zangen angebracht sind (Abb. 339).

Zur Beschickung der ersten Arbeitsstelle wird häufig eine besondere Greifereinrichtung genommen. Der Greifer (Abb. 338 und 359) ist schwenkbar und saugt vom Stapel der Ziehscheiben die oberste Scheibe, die immer auf die gleiche Höhe gestellt wird, an, bringt sie zur ersten Ziehstelle und läßt sie dort los. Diese Einrichtung hat gegenüber dem Revolverteller große Vorzüge. Zunächst geht die Beschickung rascher

Abb. 337. Mehrstößelpresse mit Revolverzuführung.
(Reiß und Martin.)

Abb. 338. Einfach wirkende Folgepresse oder Stufenpresse mit selbsttätiger Sauggreiferzuführung
vom Ziehscheibenstapel weg und verschiedenen den Ziehgängen angepaßten Federdruckapparaten.
(Hiltmann und Lorentz.)

vor sich, denn man kann die Ziehscheiben in Stapeln von der Schnittpresse wegnehmen und auf die Ziehpresse bringen, dann aber, und das ist das wesentliche, ist der Arbeiter von jeder regelmäßigen Arbeit entbunden und ganz frei zur Überwachung der Pressenarbeit. Diese Überwachung ist notwendig, denn, wenn auch die Stufen zur Verringerung der Störung durch Bruch von Ziehstücken klein gehalten sind, so entspricht doch jede Arbeitsstelle einer Maschine und die Folgepresse einer Gruppe — je nach der Stufenzahl — von 4 bis 8 Maschinen mit der Häufigkeit der bei dieser Maschinenzahl insgesamt vorkommenden Störungen. Je schneller eine Störung bemerkt wird, desto kürzer ist der Stillstand der Maschine, denn desto weniger ist verstellt. Dafür muß gesorgt wer

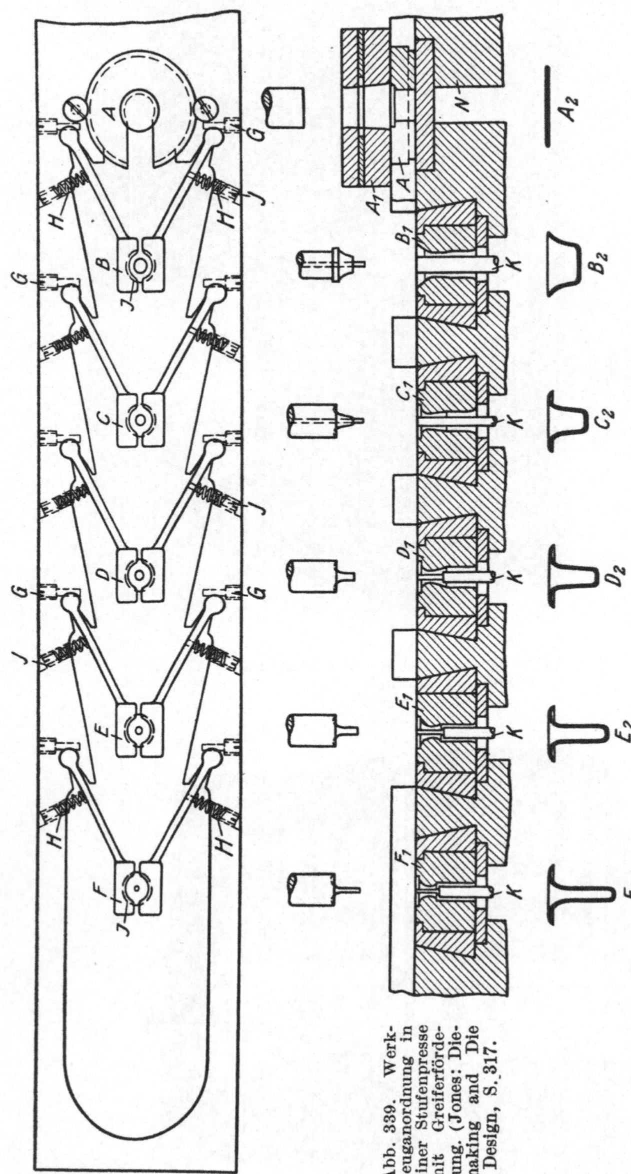

Abb. 339. Werkzeuganordnung in einer Stufenpresse mit Greiferförderung. (Jones: Diemaking and Die Design, S. 317.

den, denn die Stufenpresse ist erst dann wirtschaftlich, wenn die Lohnersparnis in der tatsächlich erreichten Arbeitsstundenzahl eines Jahres die Jahreskosten der Maschine übersteigt, oder richtiger, wenn die

Summe der Gestehungskosten bei der Arbeit mit der Stufenpresse die mit einer ihr entprechenden Maschinengruppe mindestens nicht übersteigt.

Noch größer als bei der Greiferzuführung ist der Vorteil der Beschickung durch selbsttätigen Walzenvorschub eines Blechbandes und

Abb. 340. Doppelt wirkende Folgepresse (Stufenpresse), bei der der Niederhalter durch Kniehebel bewegt wird. (Hiltmann und Lorentz.)

Ausschneiden der Scheiben aus diesem. Diese Anordnung bringt noch einen Arbeitsgang mehr auf die Folgepresse, ohne den Wartungslohn zu erhöhen, ist aber der Greiferzuführung nur dann vorzuziehen, wenn man durch das direkte Ausschneiden den Werkstoffverbrauch nicht erhöht.

Für die Massenfertigung bringt die Stufenpresse fließende Fertigung auf kleinstem Platz, bei geringster Wartung und geringstem Ausschuß. Sie stellt, wenn sie dauernd beschäftigt werden kann, wohl das Vollkommenste dar, was heute zur wirtschaftlichen Durchführung von Folgearbeiten geboten werden kann. Nachteilig ist allerdings noch die Verwendung der Federdruckapparate, an deren Stelle aber auch Luftdruckapparate eingebaut werden können, die den Anwendungsbereich

Sellin, Ziehtechnik. 21

der Pressen noch wesentlich erweitern und die schwierige und zeitraubende Einstellung kürzen.

100. Doppelt wirkende Folgepressen.

Als einzige ist die Stufenpresse mit mechanisch bewegtem Niederhalterstößel zu nennen (Abb. 340), bei der die Werkzeugunterteile einzeln verstellt werden können. Die Entwicklung der Stufenpresse steckt trotz aller schon erreichten Erfolge, wie in Abb. 341 gezeigt, noch im Anfang und wird erst mit fortschreitender Typisierung der Erzeugnisse in der Metallwarenindustrie rascher weiterschreiten können.

101. Verbundpressen.

a) **Allgemeines.** Als Verbundwerkzeuge haben wir solche kennengelernt, bei denen mehrere Arbeitsstufen in ein Werkzeug so zusammengelegt wurden, daß die in einer Stufe arbeitenden Elemente zum Teil auch Arbeitsglieder der nächsten Stufe waren. Folgerichtig müßten Verbundpressen Stößelbewegungen bei einer Umdrehung der Hauptwelle ausführen, die zur Bewegung von Werkzeuggliedern dienen, die in zwei oder mehr Stufen arbeiten. Das sind gewissermaßen alle Ziehpressen, bei denen der Niederhalter als Schnittstempel arbeitet, wenn man den Schnitt als Arbeitsstufe in Anrechnung bringt, das sind aber zweifelsohne alle Pressen, die mehrere Ziehstufen in einer Umdrehung der Hauptwelle ausbilden, also doppelt wirkende Pressen mit zusätzlichem Federdruckapparat oder Luftpolster und dreifach wirkende Pressen.

Die Vereinigung zweier Ziehstufen auf einer Presse hat etwas Bestechendes, denn man erspart, wenn man die Presse dauernd beschäftigen kann, mit den verhältnismäßig geringen Mehrkosten eines dritten Stößels eine ganze Presse, arbeitet mit der Verbundpresse also nicht nur wegen der Verringerung der Lohnkosten vorteilhafter. Aber die Ver-

Abb. 342. Kniehebelziehpresse mit Luftpolster (3fach wirkend). (L. Schuler.)

wendung der Verbundpressen ist beschränkt. Durch die Verbindung der beiden Ziehstufen ist die bei der gleichen Kurbelexzentrizität erreichbare Ziehtiefe geringer als auf getrennten Maschinen, bzw. bei Arbeitstrennung erreichbare. Bezeichnet man die Exzentrizität der Ziehstößelkurbel mit e_1 und die des zum Anschlag verwendeten Niederhalterstößels mit e_2, dann ist, wenn Durchzug möglich ist, die höchste mit der Verbundpresse erreichbare Ziehtiefe

$$h = 2\,(e_2 - e_1) \quad \text{bzw.} \quad h = 2\,e_2 - h_1\,, \tag{134}$$

wo h_1 die Ziehtiefe im Anschlag bedeutet, und, wenn kein Durchzug möglich ist, und also in der Ruhestellung zwischen Oberteil und Unterteil zum Entfernen des Ziehstücks mindestens der Abstand h sein muß, wie bei Verwendung der Luftpolster:

$$h' = (e_2 - e_1) \quad \text{bzw.} \quad h' = e_2 - h_1\,. \tag{135}$$

21*

Entsprechend wird bei Arbeitstrennung und Verwendung von Kurvenscheibenziehpressen mit bewegtem Tisch:

$$h = 2\,e_2 = h' , \qquad (136)$$

da nicht durchgezogen werden braucht.

Man erkennt aus diesen Zusammenhängen, daß die dreifach wirkende Presse nicht überall verwendbar ist, wo dem Anschlag ein Weiter-

Abb. 343. Kniehebel-Breitziehpresse mit Preßluftpolster zum Ziehen von Kotflügeln.
(Maschinenfabrik Weingarten.)

schlag folgt, sondern mit der Einschränkung, daß der Weiterschlag von der Presse erreichbar sein muß. Und weiter, daß die Maschine unnötig schwer gebaut werden muß, wenn sie zugleich als einfache Ziehpresse verwendet werden soll, weil sie nie bis an die Grenze ihrer Leistungsfähigkeit beansprucht wird, solange sie als einstufige Ziehpresse arbeitet. Der Gewinn der Maschinenkosten, der in der Verbindung der Ziehstufen liegen könnte, geht also durch die Überdimensionierung mindestens teilweise wieder verloren; bei der Maschine mit Luftpolstern weiter als bei der mechanisch dreifach wirkenden. Schließlich erleichtert aber

das Vorhandensein einer dreifach wirkenden Presse in den Fällen, wo
im Anschlag bis an die Grenze der Ziehfähigkeit gegangen wird, den
Entschluß, an Stelle dieses einen Zugs einen Doppelzug auszuführen,
wobei das Ziehblech geschont und der Ausschuß verringert wird und
vielleicht sogar billigeres Blech verwendet werden kann.

b) Verbundpressen mit Luftpolstern (Abb. 342 bis 344). Diese werden
erst seit kurzem gebaut und sind aus den doppelt wirkenden Ziehpressen

Abb. 344. Tischansicht einer Kniehebel-Breitziehpresse mit Werkzeug zum Ziehen von
Karosserie-Rückwänden mittels Preßluft. (Maschinenfabrik Weingarten.)

durch nachträgliche Anordnung des Luftdruckaggregats entstanden.
Der Ziehstempel für den Anschlag, der zugleich Ziehring ist, sitzt
(Abb. 342) im Werkzeugunterteil und mit diesem starr auf dem Pressentisch, durch diesen hindurch gehen wie bei der einfachen Kurbelpresse
die Druckbolzen vom Niederhalter zum Luftpolster. Die Ziehform für
den Anschlag trägt der durch die Kniehebel bewegte Stößel. Bei seinem
Niedergang legt sich die Ziehform auf den Ziehring, drückt diesen tiefer,
bis der Anschlag vollendet ist, und bleibt dann auf ihm ruhen, während
der Ziehstößel für den Weiterschlag tiefer geht und im Stülpzug
das vorgezogene Gefäß in den Werkzeugunterteil, die Ziehform des
Weiterschlags, drückt. Ein Auswerfer muß das Hohlgefäß nach dem
Weiterschlag aus der Ziehform herausheben. Die Abb. 343 und 344
zeigen das große Tätigkeitsfeld, das den Verbundpressen offen steht,

und ihre hohe Bedeutung für wirtschaftliche Fertigung größter Werkstücke.

c) Mechanische Verbundpressen (Abb. 345). Die mechanisch dreifach wirkenden Pressen sind die älteren Verbundpressen. Sie wurden vor etwa 25 Jahren nach dem Patent Schimmelbusch (Wien) von der Firma Mönkemöller in Bonn a. Rh. gebaut, haben sich aber wenig ein-

Abb. 345 und 346. Mechanisch arbeitende dreifach wirkende Verbundpresse.
(Bonner Maschinenfabrik, Mönkemöller.)

geführt. Ob es an der fehlenden Beschäftigung lag, oder die Störungen beim Bruch des Blechs im Anschlag infolge der ungünstigen Wirkung der Blechtoleranzen die Verwendung der Pressen unbeliebt macht, steht nicht fest. Man möchte fast eher das erste annehmen, da die amerikanische Pressenfabrik Bliß ihre dreifach wirkenden Pressen noch heute vielfach empfiehlt, also sie offenbar gut eingeführt hat.

Die Bewegung erfolgt so, daß erst der Tisch hochgeht und sich gegen den Niederhalter legt, dann der erste Stempel niedergeht, der durch Kniehebel bewegt wird, den Anschlag ausführt und als Niederhalter wirkt, während der zweite Stößel den Weiterschlag ausführt.

102. Mehrfachpressen.

Mehrfachpressen im Sinn der Mehrfachwerkzeuge gibt es nicht, denn diese können in gewöhnliche einfach wirkende oder doppelt wirkende Pressen eingebaut werden, je nach dem Entwurf der Ziehwerkzeuge. Selbstverständlich könnten auch die Revolverpressen mit größerer Stößelzahl als Mehrfachpressen angesehen werden, doch liegt das Kennzeichen der Mehrfacharbeit in der Zahl der gleichen Arbeitsstellen und nicht in der Zahl der aufeinanderfolgenden Arbeitsstellen, und Revolverpressen mit mehreren Werkzeugen dienen so gut wie ausschließlich der letzten Forderung, wenn auch ihre Verwendung als Mehrfachpresse grundsätzlich möglich ist. Peinliche Arbeit kann bei Mehrfachziehen, ob mit Einfach- oder Verbundwerkzeugen, nur geleistet werden, wenn die Arbeitsstellen austauschbar genau gearbeitet sind, weil die Einstellung des Niederhalterdrucks nicht für jede Arbeitsstelle getrennt, sondern nur für alle gemeinsam erfolgen kann.

XX. Die Zieharbeit.

103. Arbeitsvorbereitung und Arbeitslauf.

Nachdem die Grundlagen zur Durchführung der Zieharbeit durch das technische Büro und die Werkzeugmacherei festgelegt und der Arbeitsstätte, bzw. dem Werkzeuglager übergeben sind, hat der Meister, der sowohl zur Entwicklung der Grundlagen herangezogen war als auch von der Fertigstellung in Kenntnis gesetzt ist, den Weg frei zur Ausführung der Zieharbeit. Der Auftrag ist ihm in der Zwischenzeit vom Bestellbüro zugegangen, das seinerseits vom Verkauf über den Bestellungseingang, vom technischen Büro über die Gliederung der Erzeugnisse, den Arbeitslauf und den Werkstoffbedarf der Einzelteile unterrichtet wird und danach einerseits für die rechtzeitige Anlieferung des Rohstoffs, andererseits für die vorgeschriebene Durchführung der Werkstattsarbeit zu sorgen hat.

Der Auftragszettel (Abb. 347), der dem Meister zugestellt wird, muß alle Angaben enthalten, die dieser braucht, um alle in seinem Arbeitsbereich vorkommenden Arbeitsstufen ohne Rückfragen erledigen zu können, also:

1. die Bezeichnung des Ziehstücks, Nummer der Stückliste, Nummer der Zeichnung,
2. die Bezeichnung der Arbeitsstufen in der richtigen Arbeitsfolge,
3. Maschinennummer für jede Arbeitsstufe,
4. Werkzeugnummer für jede Arbeitsstufe,
5. die Einspannzeit für jede Arbeitsstufe,
6. die Stückzeit für jede Arbeitsstufe,

Auftrag Nr.: .... von Abteilung: .... für Abteilung Nr.: ....

Datum	Gegenstand			Zahl		Abliefg. an Abteilg.	Werkstoffverbrauch		Brutto-Gew.	Abfall-gewicht		Werk-zeug-Nr.	Masch.-Nr.	Ausführung		Stück je Stde.	Ge-samt-zeit	Ausschuß		fertig am	Meister
	Be-zeichnung	Nr.	Arbeit	Soll	Ist		Art.	Maß	Gew.	Soll	Ist			Arbeiter Geschl.	Alter			Zahl	Ursache		

Abb. 347. Bestellschein von Werkstücken für die Betriebsabteilungen.

7. die Zahl der zu fertigenden Stücke a) vorgeschrieben, b) erreicht,

8. die Art des Werkstoffs,

9. den Bruttobedarf,

10. die Abfallmenge,

11. eine Spalte für die Zahl der Ausschußteile a) zulässig, b) erreicht,

12. Name des Arbeiters,

13. Spalte für Beginn der Arbeit,

14. Spalte für Beendigung der Arbeit,

15. Störungen, Art und Dauer.

Auf Grund dieses Auftrags läßt sich der Meister im Werkstoffmagazin den Werkstoff zuwiegen und, wenn nötig, zuschneiden. Die Ziffer der abgegebenen Menge wird, wenn sie nicht mit der des Auftragszettels übereinstimmt, berichtigt. Nun wird Werkstoff und Werkzeug dem Arbeiter übergeben, der von dem Betrag der Einspannzeit und der Stückzeit in Kenntnis gesetzt wird. Nach Ausführung des Auftrags wird die Stückzahl der gefertigten Ware festgestellt, entweder dadurch, daß man die Veränderung eines Zählapparates an der Presse abliest oder aber die Ware mittels einer Gewichtswaage zählt. Im ersten Fall ist die besonders ermittelte Zahl der Ausschußstücke von der ermittelten Ziffer abzuziehen. Die Güte der geleisteten Arbeit wird vom Meister geprüft, insbesondere zu Beginn und am Ende der Arbeit, damit Gewähr für eine richtige Einstellung und eine sorgfältige Ausführung gegeben ist und auch ein Schluß auf den Arbeitszustand des Werkzeugs möglich ist. Wenn die Arbeit für gut befunden wurde, wird der Name des Arbeiters, Arbeitsbeginn und Arbeitsende (Störungen nach Art und Dauer getrennt), die Zahl der guten Stücke und die Zahl der schlechten Stücke in den Auftragszettel eingetragen, der zunächst ins Bestellbüro wandert, wo die erreichte Arbeitsstufe und die Stückzahl verbucht wird. Von dort wird er ins Lohnbüro zur Verrechnung weitergegeben, die ihn zum Schluß zur Nachkalkulation abliefert, wo die erreichten Ziffern des Werkstoffverbrauchs und der durchschnittlichen Stückzeit nachgeprüft werden, was Unterlagen zur Bestätigung, Berichtigung, Ergänzung oder Überprüfung der Zeitstudienergebnisse vermittelt.

104. Arbeitsausführung.

a) Arbeitskräfte. Wenn man unter Pressenarbeit nur die Handzuführung versteht, die das Schneiden aus Streifen oder leichte Formgebungsarbeit mit einfachen Werkzeugen in Einzelarbeit umfaßt, so ist sie wohl eine der leichtesten mechanischen Arbeiten der Metallindustrie. Sobald es sich aber um Einstellen von Werkzeugen, selbsttätige Zuführung von Werkstoff und vorgearbeiteten Werkstücken, also Bewältigung von Massen und auch schwierige Formgebung in Einzelarbeit oder Folgearbeit handelt, gehört zur sorgfältigen Ausführung gutes technisches Verständnis und mit Rücksicht auf die Arbeitsgeschwindigkeit eine schnelle Entschlußfähigkeit. Die letztere besonders dann, wenn es sich um Arbeiten handelt, die für den Arbeiter bei Unaufmerksamkeit oder Nachlässigkeit die Gefahr einer Körperbeschädigung bringen können. Schon aus diesen Gründen, aber auch mit Rücksicht auf die Hochwertigkeit der Maschinen (selbsttätige Pressen und Stufenpressen) und den Kosten, die aus einer Beschädigung infolge falscher Bedienung erwachsen würden, wird man für diese Arbeiten nur gewissenhafte und erprobte Arbeiter verwenden, die zwar keine eigentliche Lehrzeit aber doch eine längere Betriebsschulung hinter sich haben, während für die einfachen und leichten Arbeiten, Hilfsarbeiter jeden Alters, weibliche und männliche, herangezogen werden können. So wird man also in den Stanzwerkstätten Arbeiter aller Gruppen, aller Alter und aller Güte finden.

b) Einstellen der Ziehwerkzeuge. α) Zentrieren des Werkzeugunterteils nach dem Ziehstempel und dem Niederhalter. Bei Verbundwerkzeugen für Schnitt und Zug, bei denen der Schnittstempel im Niederhalter geführt wird, wird zuerst der Ziehstempel, wo nötig, mit Paßglied, in den Maschinenstößel geschraubt, der Niederhalter über den Ziehstempel geschoben und mittels Spannpratzen an den Niederhalterstößel geschraubt. Nun läßt man den Stößel durch wiederholtes Ein- und Ausrücken langsam bis dicht über den Werkzeugunterteil niedergehen, so daß man diesen, genauer den Schnittring, in richtige Stellung zum Niederhalter, dem Schnittstempel, bringen kann, treibt den Stößel, wenn die Lage zweifelhaft ist, von Hand noch etwas tiefer, so daß der Schnittstempel in den Schnittring eindringen kann. Damit ist der Werkzeugunterteil auch zum Ziehstempel zentriert und kann, ähnlich wie der Niederhalter an seinem Stößel, mit Spannpratzen und Schrauben auf dem Pressentisch befestigt werden. Hat man sich überzeugt, daß das Anschrauben die Stellung des Unterteils durch Ausgleich der beim Anziehen der Schrauben etwa entstandenen Spannungen nicht verändert hat, kann mit der Einstellarbeit weiter geschritten werden.

Bei einfach wirkenden Ziehwerkzeugen, bei denen eine genaue Führung zwischen Oberteil und Unterteil und u. U. nicht einmal zwischen Niederhalter und Ziehstempel gegeben ist, muß man diese Führung künstlich herstellen, entweder so, daß man den eingeschraubten Ziehstempel, dem man ein von einer früheren Einstellung her zurückbehaltenes Ziehstück übergestülpt hat, mit diesem, das die Ziehöffnung ausfüllt, in den Unterteil eindringen läßt. Dadurch wird der Unterteil zentriert, so daß man ihn festschrauben kann. Wenn das Ziehstück wie bei Ersteinstellung nicht zur Verfügung ist, drückt man eine Ziehscheibe ohne Niederhalterwirkung in die Ziehöffnung, wodurch sich der Unterteil in Richtung des kleinsten Widerstands, also achsial einstellt und sich auch zentriert. So muß auch bei Verbundschnitten vorgegangen werden, wenn der Ziehstempel im Niederhalter nicht genau geführt ist. Der Niederhalter, der die Größe und die Form der Ziehscheibe hat, wird durch die Ziehscheibenführung geführt, auf den Werkzeugunterteil aufgesetzt und auf den niedergelassenen Niederhalterstößel wie oben angeschraubt. Es ist dabei darauf zu achten, daß zwischen Niederhalter und Ziehstempel keine Klemmung auftritt.

β) **Die Einstellung des richtigen Niederhalterdrucks.** Bei luftbetätigten Niederhaltern ist es wohl möglich, sich den für die einzelnen Zieharbeiten nötigen Druck zu merken und sich in der Folge die Einstellung dadurch zu erleichtern — der Hauptvorteil dieser Art der Niederhalterbetätigung bei kleineren und mittleren Ziehstücken —, aber die erste Einstellung muß doch gerade so wie bei den ganz mechanischen Ziehpressen nach dem Aussehen der Ziehstücke erfolgen, also grundsätzlich in der gleichen nachstehend beschriebenen Weise.

Wenn der Werkzeugunterteil zentriert ist, wird der Niederhalter mit Kraft- oder Handbetrieb zuerst so hoch gestellt, daß er beim völligen Niedergang nicht auf dem Ziehring aufsitzt, dann die Maschine eingerückt, daß Stempel und Niederhalter ihre obere Ausgangstellung einnehmen, eine Scheibe eingelegt, wieder eingerückt, und ausgerückt, wenn der Niederhalter seine untere Totlage erreicht hat. In dieser Stellung wird der Niederhalter auf die Ziehscheibe niedergelassen. Bei neuen Pressen, die noch ohne Spiel in den Gelenken arbeiten, wird damit schon annähernd der richtige Niederhalterdruck erreicht sein — der zwangsläufig geführte Niederhalter arbeitet demnach nicht anders als die starre schwenkbare Platte —, während bei längere Zeit im Betrieb befindlichen Pressen, das Gelenkspiel zum gleichen Ziel noch eine Nachstellung zu seiner Beseitigung erfordert, deren Richtung und Größe durch Erfahrung leicht zu ermitteln ist.

Bevor nun zum ersten Ziehversuch geschritten wird, ist darauf zu achten, daß die Möglichkeit des Durchziehens (freier Platz unter dem Werkzeug) oder des Hochhebens des Ziehstücks (richtige Stellung des von der Presse betätigten) Auswerfers gegeben ist.

Im ersten Fall kann unbedenklich gezogen werden, während im zweiten Fall der Ziehstempel vorsichtig niedergeführt und, bei Gefahr des frühzeitigen Aufsitzens auf den Auswerfer, zurückgeschraubt werden muß. Ist der erste Versuch glücklich vollendet, so kann aus ihm das weitere Vorgehen abgeleitet werden.

Möglich sind, richtiger Entwurf und Bau des Werkzeugs vorausgesetzt, 4 Fälle:

1. der Niederhalterdruck ist zu groß,
2. der Niederhalterdruck ist richtig,
3. der Niederhalterdruck ist zu klein,
4. der Niederhalterdruck ist einseitig.

Ist der Niederhalterdruck zu groß, dann reißt entweder der Boden des Hohlgefäßes nach Abb. 348 oder das Gefäß wird zwar durchgezogen, es zeigt aber, insbesondere in Bodennähe starke Narbenbildung, ein Gradmesser für die Blechbeanspruchung. In diesem Fall muß der Niederhalter vom Scheibenflansch entfernt werden.

Ist der Niederhalterdruck richtig, dann darf die Narbenbildung nur schwach und örtlich begrenzt sein. Der Rand des Ge-

Abb. 348. Der Niederhalterdruck ist zu groß, der Gefäßboden ist gerissen.

Abb. 349. Der Gefäßrand ist eben und parallel zum Boden, der Niederhalterdruck ist also richtig.

fäßes wird wie in Abb. 349 annähernd eben und parallel zum Boden verlaufen und die Gefäßwand glatt und sauber aussehen.

Ist der Niederhalterdruck zu klein, dann entstehen unter dem Niederhalter Falten. Fehlt nur wenig bis zum richtigen Niederhalterdruck, dann werden sie durch die Ziehöffnung gestreckt und deuten sich dadurch an, daß am Rand kleine Zacken entstehen wie die Hohlgefäße der Abb. 350 sie in verschiedener Gestalt zeigen. So lange sie klein sind wie in Abb. 350 und die Gefäßwand glatt ist, stören sie nicht und können geduldet werden, denn dann deuten sie an, daß der Niederhalterdruck die untere zulässige Grenze erreicht hat. Das ist nicht unerwünscht, sofern man weiß, daß die Blechdicke nicht mehr weiter nach unten abweicht, sonst wird man eine kleine Erhöhung des Niederhalterdrucks durch Tieferschrauben des Blechhalterstößels vornehmen. Bei weichen Werkstoffen wie Messing werden die Falten, die bei nicht zu großer Stufung, aber zu kleinem Niederhalterdruck entstehen, noch geglättet werden, wenn auch noch viel zum richtigen Druck fehlt. In solchen Fällen werden die Zacken groß (Abb. 351), und die Gefäßwand unsauber und fleckig sein, weil an den Stellen, wo die Zacken entstehen, die Hauptstreckarbeit geleistet werden muß, zufolge der diese, im Gegen-

Abb. 350. Der Rand ist wenig gezackt, der Niederhalterdruck also annähernd richtig.

satz zu den benachbarten, die der geringeren Reibung wegen viel dunkler bleiben, geradezu poliert aussehen. Abgesehen von der Unsauberkeit brächte die ungleiche Beanspruchung des Werkstoffs für die Verwendung der Hohlgefäße die Gefahr der Rißbildung. Man wird sich daher bei diesem Aussehen die Verstärkung des Niederhalterdrucks nicht lange überlegen

Die Streckung der Falten in der Ziehöffnung ist allerdings nur möglich, wenn ihre Weite w gleich der Blechdicke s ist. Ist sie größer, so werden die Falten nicht mehr gestreckt, sondern übereinander geschoben, wie Abb. 352 zeigt. In diesem Fall ist der Niederhalterdruck viel zu schwach.

Abb. 351. Der Gefäßrand ist stark gezackt, der Niederhalterdruck also zu klein.

Abb. 352. Der Rand ist gezackt, die Gefäßwand trägt überworfene Falten, der Niederhalterdruck ist zu klein, die Werkzeugweite zu groß.

Die Weite ist meist bei den härteren Ziehblechen größer als die Blechdicke. Bei diesen ist eine Streckung der Falten seltener als bei den weicheren Ziehblechen. Dafür tritt eine Erscheinung auf, die bei zu schwachem Niederhalterdruck noch nicht besprochen wurde, der Bruch des Bodens vor Erreichen der Ziehtiefe. Das Aussehen des Bruchs unterscheidet sich aber leicht von dem bei zu starkem Druck durch die Faltenbildung von der Ziehringrundung aus über den Flansch hin.

Ist endlich der Niederhalterdruck einseitig, so wird an der Stelle, wo der Druck am größten ist, das Blech langsamer in die Ziehöffnung gezogen bzw. mehr gestreckt als auf der Seite mit dem schwachen Druck. Dadurch ist der Gefäßrand nicht mehr parallel zum Boden, sondern schief (Abb. 353). Diese Erscheinung tritt dann auf, wenn die Fläche des Niederhalters nicht parallel zur Fläche des Werkzeugunterteils ist. Früher wurde die Parallelität der Flächen dadurch hergestellt, daß man auf der Seite des schwachen Drucks dem Werkzeugunterteil einen einfachen oder gefalteten Papier- oder Blechstreifen unterschob. Neuerdings ist auf diese Einstellung schon beim Pressenbau gedacht. An den Niederhalterstößel ist an seinem unteren Ende eine nach oben konvexe Platte mit 4 Schrauben geschraubt, deren untere ebene, den Niederhalter aufnehmende Fläche demnach durch Verstellen der Schrauben in ihrer Lage zu dem Pressentisch verändert werden kann. Ist auf einer Seite der Niederhalterdruck zu groß, so werden auf der gegenüberliegenden Seite die Befestigungsschrauben etwas herausgeschraubt, denn dadurch hebt sich der Niederhalter auf der bisher stark gedrückten Seite hoch und geht auf der entgegengesetzten tiefer.

Abb. 353. Die Gefäßwand ist glatt, der Rand hat aber eine Zunge, d. h. der Niederdruck ist an der Stelle der Zungenbildung zu groß.

Die Einstellung des richtigen Niederhalterdrucks ist sicher die schwierigste Arbeit bei dem Einstellen des Ziehwerkzeugs überhaupt, aber die Grenzen des zulässigen sind nicht so eng gezogen, wie man manchmal glauben mag. Weit mehr Fehler als durch ungenügend sorgfältige Einstellung des Niederhalterdrucks kommen von falscher Ausbildung der Werkzeugrundungen auf der einen Seite und von zu großen Dicken- und Güteunterschieden der Ziehbleche auf der andern. Und zwar Güteunterschiede innerhalb desselben Bandes oder innerhalb derselben Tafel.

γ) Einstellung der richtigen Ziehtiefe. Die ersten Zugversuche geben auch ein Bild für die notwendige Verstellung des Ziehstößels. Wird zu tief gezogen, was eigentlich nur bei Werkzeugen möglich ist, bei denen die Ziehstücke nach oben gehoben werden müssen, wird der Ziehstößel so kräftig verkürzt, daß der Flansch nicht ganz in die Ziehöffnung gezogen wird, also absichtlich seichter als zum Schluß gewünscht wird, weil man dann den Fehlbetrag feststellen und die ihm entsprechende Stößelverlängerung mit der Schieblehre messen kann. So kommt man jedenfalls rascher zum Ziel als durch bloßes Versuchen. Dasselbe wird natürlich ohne jedesmaliges Messen auch erreicht, wenn man die Steigung des Stößelgewindes festhält und den Fehlbetrag in Mutternumgängen ausdrückt.

Der Auswerfer wird so gestellt, daß er den Hohlgefäßboden in Höhe der obersten Fläche des Werkzeugunterteils bringt oder etwas darüber, damit das Ziehstück leicht weggestoßen oder mit Preßluft weggeblasen oder mechanisch weggeführt werden kann.

Bei den Durchziehwerkzeugen wird eine zu große Ziehtiefe keinen Fehler verursachen, doch wird man auch dort darauf achten, daß der Ziehstempel nicht unnötig tief geht, sondern nur so tief, daß die Abstreifer sicher greifen, damit die Abstreifarbeit möglichst sanft erfolgt, weil sie nahe am Umkehrpunkt, also annähernd bei der Stempelgeschwindigkeit o erfolgt.

Am genauesten muß die Einstellung der Ziehtiefe sein, wenn auf der Ziehpresse gleichzeitig geprägt werden soll, denn dann muß die Prägung mit dem Umkehrpunkt des Stempels zusammenfallen. Erfolgt sie früher, dann muß entweder Werkstoff vom Boden weg verdrängt oder der Stoß durch die Elastizität der Pressenteile aufgefangen werden, wenn nicht bei zu kräftigem Stoß ein Bruch eines Pressenteils eintritt oder der Antriebsriemen abfällt, weil er nicht mehr durchzuziehen vermag. Diese genaue Einstellung ist natürlich schwer zu erreichen, und wenn sie erreicht wird, nicht für den Bereich der Dickentoleranzen gültig. Aus diesem Grund werden Prägungen auf Kurbelpressen selten gut gelingen und immer besser auf der Reibspindelpresse ausgeführt.

c) **Schmierung der Ziehbleche.** Bei Handzufuhr gehört auch die Schmierung mit zur Ausführung der Zieharbeit. Durch das Schmiermittel wird die Reibung zwischen dem Blechflansch, dem Niederhalter und der Werkzeugauflage verringert. Im allgemeinen wird die gute Schmierung nicht größere Zieherfolge bringen, also keine Vergrößerung der Stufung ermöglichen, denn der Werkstoff muß in den Fließzustand kommen und für die Herbeiführung dieses Zustands kann sie nichts beitragen und andererseits ist die Reibung, wenn er erreicht ist, sicher eine andere, wahrscheinlich geringere als im festen Zustand. Aber in den Fällen, die an die Grenze der Ziehfähigkeit führen, wird auch der geringe Einfluß von Bedeutung sein. In allen anderen dient die Schmierung zur Glättung der Werkzeugoberfläche, damit zur Verringerung der Gefahr des Festfressens kleiner Teile des Ziehblechs und so zur Erhaltung der Arbeitsfähigkeit des Ziehwerkzeugs und zur Aufrechterhaltung ungestörten Betriebs.

Als Schmiermittel eignen sich die verschiedensten Stoffe: Seifenwasser, Maschinenöl, Rüböl, Talg, Graphit oder Mischungen aus diesen Stoffen. Nach den vorausgegangenen Erklärungen über die Aufgabe und die Wirkung der Schmiermittel, am besten porenfüllende und festhaftende, also z. B. Mischungen mit Graphit.

Zahlentafel 32 gibt eine Zusammenstellung der Werkstoffe mit den für die einzelnen bestgeeigneten Schmiermittel.

Nach Ermittlungen von Dr.-Ing. Fischer soll sich Muzin, ein Schmiermittel, das von tierischen Schleimen gebildet wird, zum Ziehen

Zahlentafel 32. Werkstoff und Schmiermittel.

1.	Platin	Rüböl oder Muzin oder starke Seifenlauge
2.	Gold	do.
3.	Silber	do.
4.	Nickel	Mischung von starker Seifenlauge mit Öl
5.	Monel	für dünne Bleche: Maschinenöl „ dicke „ Talg mit Graphit
6.	Neusilber	wie Nickel
7.	Kupfer	Rüböl rein oder mit starker Seifenlauge vermischt
8.	Messing	wie Kupfer oder Muzin oder Gemisch von Schmierfett und Bohremulsion
9.	Walzbronze	wie Kupfer
10.	Zink	wie Messing, aber Schmierflüssigkeit erwärmt auf $100 \div 120^{0}$
11.	Aluminium u. Legierungen . .	billiges Vaselin
12.	Elektron	flüssiges Palmin
13.	Eisenblech	bei leichten Zieharbeiten wie Messing, bei schwerem Zylinderöl, Rüböl oder Talg mit Graphit gemischt
14.	Nichtrostendes Stahlblech . .	Wasser mit Graphit in Breiform

ganz besonders eignen und schon bei einem Niederhalterdruck von 4,5 atm und nur 9% Blechdehnung faltenloses Ziehen ermöglichen, gegenüber einem Druck von 14 atm und 16 bis 17% Dehnung bei Rübölschmierung und gar einem Druck von 16 atü und 18% Dehnung bei Maschinenölschmierung. Wenn auch die Ziffern mit Rücksicht auf die oben gemachten grundsätzlichen Betrachtungen vor einem abschließenden Urteil der genauen Nachprüfung bedürfen, so ist doch auch der Vorteil des Muzin, der für die weitere Verarbeitung in der Abwaschbarkeit der Muzinreste mittels warmem Seifenwasser liegt, der Beachtung wert.

Bei selbsttätigen Pressen ist gewöhnlich eine selbsttätige Schmierung vorgesehen, je nachdem vorgeschnittene Scheiben zugeführt werden, der einzelnen Scheiben, die durch Schmierrollen durchlaufen müssen oder der Blechbänder, die ebenso behandelt oder aber von oben betropft und von unten angefeuchtet werden.

Schließlich sei noch auf die Möglichkeit hingewiesen, daß die Schmierung durch zu hohen Niederhalterdruck unwirksam gemacht wird, weil dieser das zuvor aufgebrachte Schmiermittel herauspreßt.

105. Maschinenwartung.

Da zur ordnungsgemäßen Aufrechterhaltung der Arbeitsbereitschaft ein guter Zustand der Presse gehört, ist die Wartung, Reinigung und Schmierung von dem an ihr tätigen Arbeiter zu übernehmen. Die dazu notwendige Zeit ist bei der Ermittlung der Stückzeit zu berücksichtigen, so daß der für den Zustand der Maschine die Verantwortung tragende Meister von seinem Arbeiter die peinlichste Ausführung der mit der Wartung verbundenen Vorrichtungen verlangen kann. Vereinfacht wird die Arbeit durch Ausrüstung der Pressen mit Zentralschmierung, die angesichts der großen Zahl von 40—50 Schmierstellen bei verwickelten Pressen sehr zu empfehlen ist.

XXI. Arbeitsbeschleunigung, Arbeitssicherheit, Förderung.

106. Allgemeines.

Mittel zur Arbeitsbeschleunigung wurden schon beim Entwurf der Ziehwerkzeuge kennengelernt, mit ihrer Ausbildung als Folge-, Verbund-, Mehrfachwerkzeuge, ferner bei dem Überblick über den Pressenbau, mit der Anordnung der Pressen zur Verrichtung von Folgearbeiten als Revolverpressen und Stufenpressen. Mittelbar gestreift wurden dabei auch die selbsttätigen Zuführungen; aber gar nicht erwähnt in diesem Zusammenhang die Frage der Sicherheit des Arbeiters, die Bedeutung der Aufstellung der Maschinen und des Transports und nicht der Einfluß der Ziehgeschwindigkeit.

107. Selbsttätige Zuführungen.

a) Grundsätzliches. Eine Gruppe der selbsttätigen Zuführungen, die für den Vorschub von Blechen in Rohform, in Bändern und Tafeln dienen und daher die allgemeinste Verwendung und die beste Entwicklung gefunden haben, nämlich:

1. die Walzenzuführung und die Greiferzuführung für Bandmaterial,
2. die Zickzackzuführung von Tafelmaterial

wurde schon bei der Besprechung der Exzenterpressen gewürdigt. Es bleibt noch die zweite Gruppe, die für die eigentlichen Zieharbeiten größere Bedeutung hat, weil sie vorgearbeitete Teile entweder halbautomatisch oder ganzautomatisch zuführt.

Die halbautomatische Zuführung fordert eine regelmäßig mit jedem Stößelhub der Maschine erfolgende Beschickung, aber nicht unter den arbeitenden Stempel, sondern an ganz freier Stelle, so daß erstens die Beschickung einfacher und daher rascher ist als die direkte Einzelbeschickung des Werkzeugs, zweitens die Beschickungsdauer im Verhältnis zur vollen Kurbelwellendrehung länger und drittens die Beschickung meist für mehrere Werkzeuge und Arbeitsstufen vorgesehen ist.

Die ganzautomatische erfordert nur eine Beschickung in gewissen Zeitabständen, in denen jeweils eine größere Zahl Werkstücke auf einmal zugebracht werden, die dann von der Zuführungseinrichtung geordnet und einzeln weitergeführt werden. Die Arbeitsleistung der vollautomatischen ist daher weitergehend und fesselt den Arbeiter weniger an einen bestimmten Platz.

Zur Gruppe der halbautomatischen gehören: Schaltscheiben und Revolverkopfzuführungen, zur Gruppe der ganz- oder vollautomatischen: Reibscheiben, Magazine, Trichter, saugende und mechanische Greifer, sowie deren Verbindungen. An den Bau aller Zuführungen sind aber die gleichen Forderungen zu stellen:

1. Zwangsläufigkeit der Bewegung.
2. Einfachheit und Starrheit des Baus.
3. Möglichste Beschränkung der Massenbewegung, keine Stoßbewegung.
4. Verstellbarkeit:
    a) der Höhe gegenüber dem Pressentisch,
    b) des Vorschubs,
    c) der Führungsform.
5. Einfachheit des Anbaus.

Auch die Anwendung ist dieselbe. Anwendung bei schnellaufenden Pressen zur höchsten Ausbringung auf einem gegebenen Raum bei gleichmäßig genauer Zuführung der Werkstücke; doch sind die verschiedenen Sorten nicht für alle Pressen gleich geeignet. Schaltscheiben können nicht an Doppelständerpressen angebracht werden, Reibscheiben eher, aber nicht ohne besondere Hilfsmittel. Nur die übrigen können für alle Pressearten Verwendung finden.

Der Antrieb erfolgt immer von der Kurbelwelle aus, doch kann er nicht immer gleich sein, denn die Zuführung kann nur solange arbeiten, als der Stempel das Werkzeug frei gibt. Diese Zeit ist aber bei den verschiedenen Pressen verschieden. Um sie genau zu ermitteln, zeichnet man am besten die Bewegungsdiagramme auf, aus denen man für die Stößelarbeit von den 360° des Kurbelkreises nach den Abbildungen 354a bis d braucht:

a) bei Exzenter- und Kurbelpressen . . . . . 180°, und zwar von 90 bis 270°
b) „ doppelt wirkenden Kniehebelpressen . 225°, „   „   „ 60 „ 285°
c) „   „   „ Kurvenscheibenpressen
    mit bewegtem Niederhalter . . . . 205°, „   „   „ 75 „ 280°
d) „   „   Tisch . . . . 220°, „   „   „ 30 „ 250°.

Die Ziffern sagen, daß der Abschnitt, der für die Zuführungsarbeit bleibt, ganz verschiedene Dauer hat. Der Antrieb muß also je nach dieser gestaltet werden, da immer der ganze verfügbare Abschnitt zur Betätigung ausgenützt werden soll, um die Geschwindigkeit der Zuführungsglieder, die alle eine unterbrochene Bewegung haben, trotz hoher Kurbelwellengeschwindigkeit, so nieder als möglich zu halten, denn nur dann behalten auch die Massenkräfte ihr mögliches Kleinstmaß und mit ihnen die Abnützung in den Gelenken und der tote Gang. In ähnlicher Weise hat die Verteilung des verfügbaren Abschnitts auf die Bewegung unter dem Gesichtspunkt zu erfolgen, daß Beschleunigung und Verzögerung in gleichen Abschnitten erfolgt.

Im allgemeinen erfolgt der Antrieb von der Kurbelwelle aus mittels Kurbel, Kulisse und Verbindungsstange, deren Bewegungswinkel verändert werden kann, direkt zum meist als geschlossene Einheit gebauten Zuführungsapparat oder indirekt über zwischengeschaltete Zahnräder.

Der Kurbelantrieb ist gegenüber dem auch möglichen Nockenantrieb vorzuziehen, weil er einfacher und unempfindlicher ist und eine größere Steigerung der Bewegungsgeschwindigkeit gestattet.

Die Vorteile der selbsttätigen Zuführung gegenüber der Handzuführung sind:

1. Verringerung des Lohns durch mögliche

a) schnellere und sicherere Zuführung und daher größere Ausbringung der Maschinen bei halbautomatischen Zuführungen,

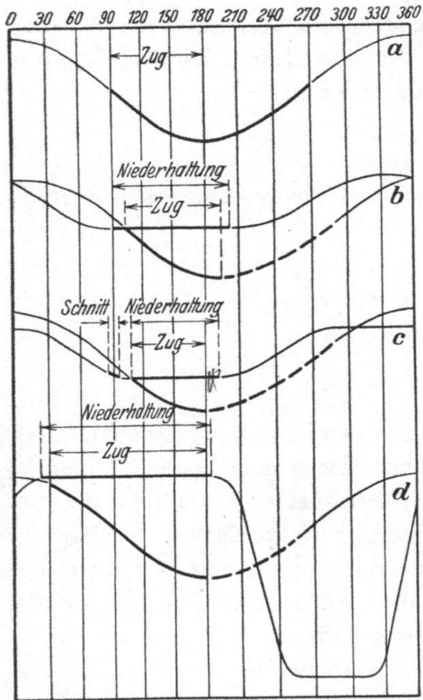

Abb. 354 a bis d. Bewegungsdiagramme von Stößel und Niederhalter.

b) schnellere und sicherere Zuführung und daher größere Ausbringung, dazu Überwachung einer größeren Pressenzahl bei vollautomatischen Maschinen.

2. Verringerung der Maschinen- und Platzkosten durch die höhere Ausbringung auf einer Maschine und kleinem Platz.

3. Erhöhung des Schutzes des Arbeiters gegen Unfall.

Die vorstehend aufgeführten Zuführungen können selbständig, also jede für sich verwendet werden oder auch zu besonderen Zwecken mehrere gleichzeitig in bestimmter Verbindung. Diese Verbindung findet man vorwiegend bei Folgepressen.

b) Halbautomatische Zuführungen. α) Ladescheibenzuführung (Revolverscheibe) (Abb. 334). Die von der Exzenterscheibe betätigte

Verbindungsstange bewegt einen Lenkhebel, der über einen Schlitten mittels einer an diesem angebrachten Schaltklinke die Ladescheibe um einen bestimmten, immer gleichen Winkel weiterschiebt. Zur Sicherung der Stellung nach jedem Schub und also zur Einhaltung des Schaltwegs sind auf dem Pressentisch zwei Schaltklinken angebracht, von denen die eine gegen zu weiten Vorschub, die andere gegen ungewollten Rückwärtslauf sichert. Die erste muß natürlich jeweils vor Beginn der Schaltbewegung angehoben werden. Will man noch ein übriges zur Sicherung des störungsfreien Verlaufs tun, so kann man noch an jeder Schaltstelle ein Loch anbringen, in das ein vom Stößel bewegter Führungsstift eintreten muß, der, wenn er nicht eintreten kann, zurückgedrückt wird und die Kupplung löst, so daß der Stößelhub nicht beendet wird.

Die Schaltscheibe trägt an jeder Teilstelle eine Bohrung, in die je nach der Form ein Werkzeugunterteil gesetzt wird nach Abb. 333a, oder eine Führungsbüchse

Abb. 355. Ladetrommelzuführung an alter Presse. (Bliss.)

nach Abb. 333b. In beiden Fällen ist die Wirkungsweise die, daß mit jeder Schaltung ein anderes Werkstück entweder mit dem Unterteil oder durch die Büchse unter den Werkzeugoberteil bzw. zwischen Werkzeugoberteil und -unterteil gebracht wird. Im ersten Fall ist dafür zu sorgen, daß das Werkstück zum störungsfreien Weitertransport im Unterteil bleibt, im zweiten Fall, daß der Boden mit der unteren Fläche der Schaltscheibe in einer Ebene liegt. Das Auswerfen erfolgt bei dieser Anordnung einfach dadurch, daß die Schalt-

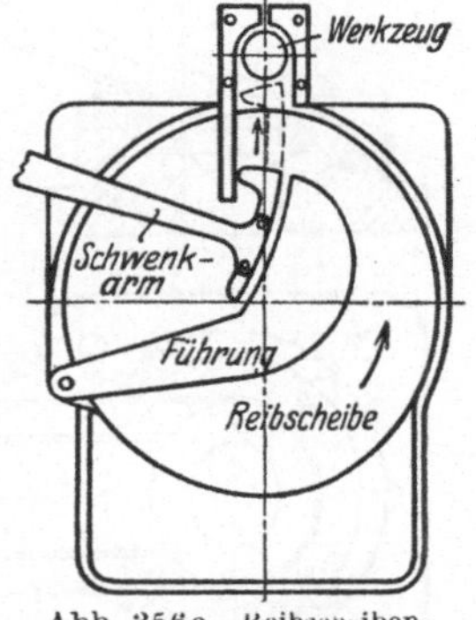

Abb. 356a. Reibscheibenzuführung.
(Crane: Machinery 13.I. 1927.)

scheibe das Werkstück nach Beendigung der Arbeit, die an einer oder mehr Stellen geleistet werden kann, über eine Öffnung im Pressentisch bringt, die das Werkstück in eine Kiste fallen

22*

Abb. 356 b. Reibscheibenzuführung an einer Stufenpresse zur Beschickung der ersten Arbeitsstelle. (Erdmann Kircheis.)

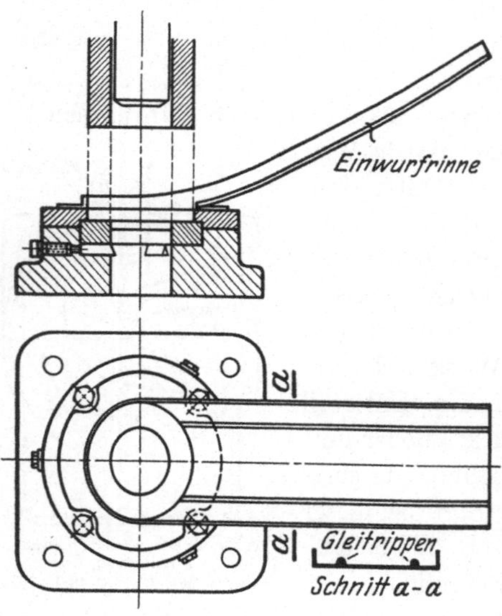

Abb. 357. Selbsttätige Rutschzuführung.
(Gärttner: Pressen und Fallhämmerschutz.)

läßt. Bei der Anordnung der Werkzeugunterteile, die alle gegeneinander austauschbar sein müssen, muß eine besondere Auswerfervorrichtung angebracht sein, oder aber sind die Werkstücke von Hand abzunehmen.

β) Ladetrommelzuführung (Revolverkopf) (Abb. 355). Die Zuführung entspricht in allen Teilen der der Schaltscheibe, nur liegt die Drehachse hier nicht senkrecht, sondern wagrecht. Diese Anordnung hat den Vorteil, daß etwas höhere Werkzeuge eingebaut werden können und das Auswerfen erleichtert wird, weil man die Werkstücke durch ihr eigenes Gewicht fallen lassen kann.

c) Vollautomatische Zuführungen. α) Reibscheibenzuführungen (Abb. 356 a und b). Bei diesen werden die Werkstücke auf einer Seite der Scheibe willkürlich, aber mit der Achsstellung, die sie im Werkzeug haben sollen, aufgesetzt, von der Scheibe durch Reibung mitgenommen, durch eine entsprechende Führung in Reihe geordnet, so daß ein Schwenkarm, der den Lauf der Reihe auch begrenzt, ein Werkstück um das andere erfassen und dem Werkzeug zubringen kann.

Bedingung ist, daß die Werkstücke den Schwerpunkt so tief haben, daß sie nicht leicht umfallen können und daß sie von solcher Form sind, daß die Einordnung in die Reihe ohne Klemmung vor sich geht. Ist dies aber erfüllt, dann ist die Zuführung sehr einfach und zuverlässig.

β) Magazinzuführungen. Die einfachste Magazinzuführung ist die Rutsche, die entweder bei neigbarer oder liegender Presse gerade (Abb. 317b), oder bei stehender Presse gebogen sein kann (Abb. 357). Die erste Ausführung ist die zuverlässigere, weil Klemmungen vermieden werden können, was bei der zweiten trotz Anpassung der Biegungen an die Scheibengröße nicht unbedingt zutrifft.

Die beiden Arten der Magazinzuführungen haben aber den Nachteil, daß sie nur das Laden einer beschränkten Anzahl von Werkstücken gestatten. Um diesem Nachteil abzuhelfen, werden die Magazine auch so ausgebildet, daß ein großer Stapel eingeführt werden kann, von dem ein Schieber jeweils das unterste Werkstück weg-, dem Werkzeug zuschiebt (Abb. 358).

Für vorgezogene Hohlgefäße ist die Anwendung dieser Magazine sehr beschränkt und auch für Scheiben nur von einer gewissen Dicke an zulässig, denn der Schieber muß bei genügen-

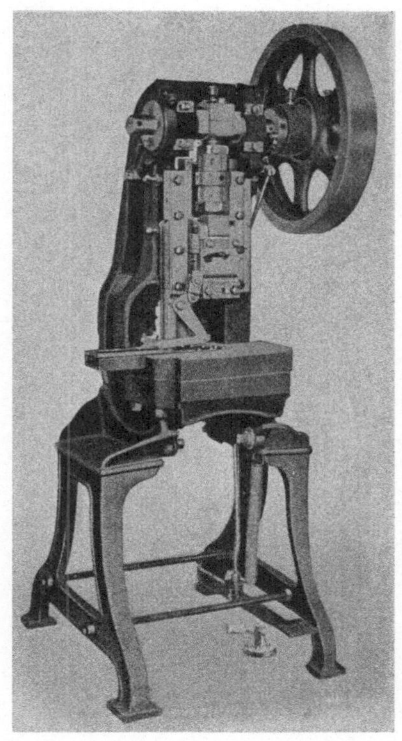

Abb. 358. Vereinigung von Stapel und Schieberzuführung.

der Starrheit noch dünner und der Scheibendurchlaß im Magazin etwas höher sein können, als die Scheibe dick ist.

γ) Trichterzuführung (Abb. 317b und 359). Die Trichterzuführung wird gewöhnlich in Verbindung mit der Magazinzuführung zum Ordnen vorgearbeiteter Werkstücke verwendet, so insbesondere bei der Herstellung von Patronenhülsen. Sie ist aber nur für den Sonderzweck zu gebrauchen, für den sie entworfen ist, und hat deshalb nicht die allgemeine Bedeutung wie die einfachen Magazinzuführungen.

δ) Saugzuführung (Abb. 360 und 361). Auch die Saugzuführung nimmt ein Magazin zu Hilfe. Sie ersetzt den Schieber des Stapelmagazins durch einen Schwenkhebel, der in der einen Endstelle seines Drehwegs sich auf den Stapel niederläßt, mittels eines Tellers am Ende, der an einen Unterdruckkessel angeschlossen ist, die oberste Scheibe oder Streifen ansaugt und zur andern Endstelle bringt, entweder direkt unter das Werkzeug oder meist in die Ladestelle einer Greiferzuführung, von der sie dann unter das Werkzeug weiterbewegt wird. Die Saugzuführung ist mechanisch nicht einfach, aber sie eignet sich ganz besonders gut, besser als jede andere, für die Bewegung dünner Scheiben und Blechstreifen. Zur Bewegung der letzteren braucht sie allerdings mehrere Saugteller.

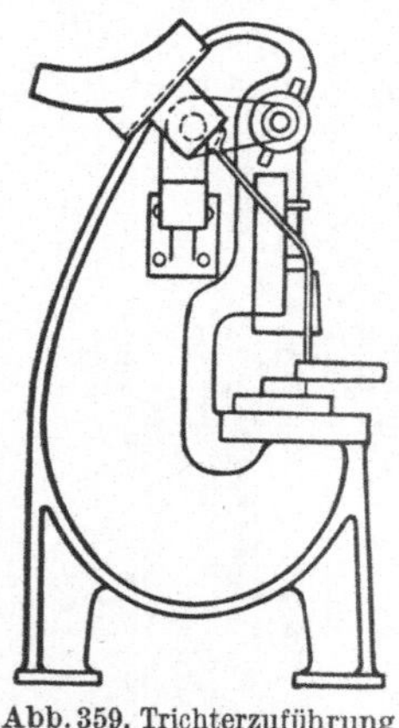

Abb. 359. Trichterzuführung in Verbindung mit einer gebogenen Schwerkraftzuführung (Kanal).
(Gärttner: Pressen und Fallhämmerschutz.)

Abb. 360. Saugzuführung an einer Ziehpresse.
(L. Schuler.)

ε) **Greiferzuführung.** Die Greiferzuführung ist wieder eine Sonderausführung, die von geringerer allgemeiner Bedeutung ist, weil sie nur in Verbindung mit den Maschinen, für die sie entworfen und gebaut wurde, arbeitet, gewöhnlich Stufenpressen, bei denen die Werkstücke durch Greifer, die an einem hin- und hergehenden Schlitten beweglich angebracht sind, von einer Arbeitsstufe zur nächsten gebracht werden. Wegen der Bedeutung der Pressen ist der Schlitten mit den Greifern in Abb. **339** wiedergegeben. Der Schlitten bewegt sich, wenn der Stempel das Werkzeug verlassen hat, nach vorwärts und geht zurück, wenn der Stempel der folgenden Arbeitsstelle das Werkstück erfaßt hat.

108. Sicherheitsvorrichtungen.

Auf den Vorteil der selbsttätigen Zuführungen für die Sicherheit des Arbeiters, der bei diesen gar nicht zwischen Werkzeugunterteil und -oberteil, die gefährliche Stelle, greifen muß — die Einstellzeit ausgenommen —, wurde schon hingewiesen. Da aber die automatischen Zuführungen nur bei Massenfertigung möglich sind, bleibt für die Einzelarbeit immer noch sehr viel übrig und gerade bei ihr sind die Ge-

Abb. 361. Sauggreiferzuführung für im Magazin gestapelte Blechstreifen. (Erdmann Kircheis.)

fahren besonders groß. Ohne Zweifel kommen die meisten Unglücksfälle von einer Unvorsichtigkeit oder einer Unachtsamkeit, aber die Arbeitsverhältnisse sollten doch so sein, daß auch durch solche gewiß ungewöhnliche Bedingungen eine Körperverletzung nicht möglich ist, die für den Verletzten von schwerwiegender Bedeutung für sein ganzes Leben sein wird. Darum haben alle die einfachen Hilfsmittel wie Zangen, Stäbe, Sauggreifer und dgl. nur beschränkte Bedeutung, weil die Bedienung der Presse auch bei Verzicht auf diese Hilfsmittel möglich ist, die meist den Nachteil haben, daß sie die Bedienungszeit verlängern und daher den im Stücklohn beschäftigten Arbeiter dazu locken, zur Beschleunigung ohne sie zu arbeiten.

Diesen Nachteil haben auch mit der Presse verbundene Schutzvorrichtungen mit den einfachen Hilfsmitteln gemeinsam, wie z. B. Handabweiser, weil sie die zur Bedienung der Presse außerhalb der

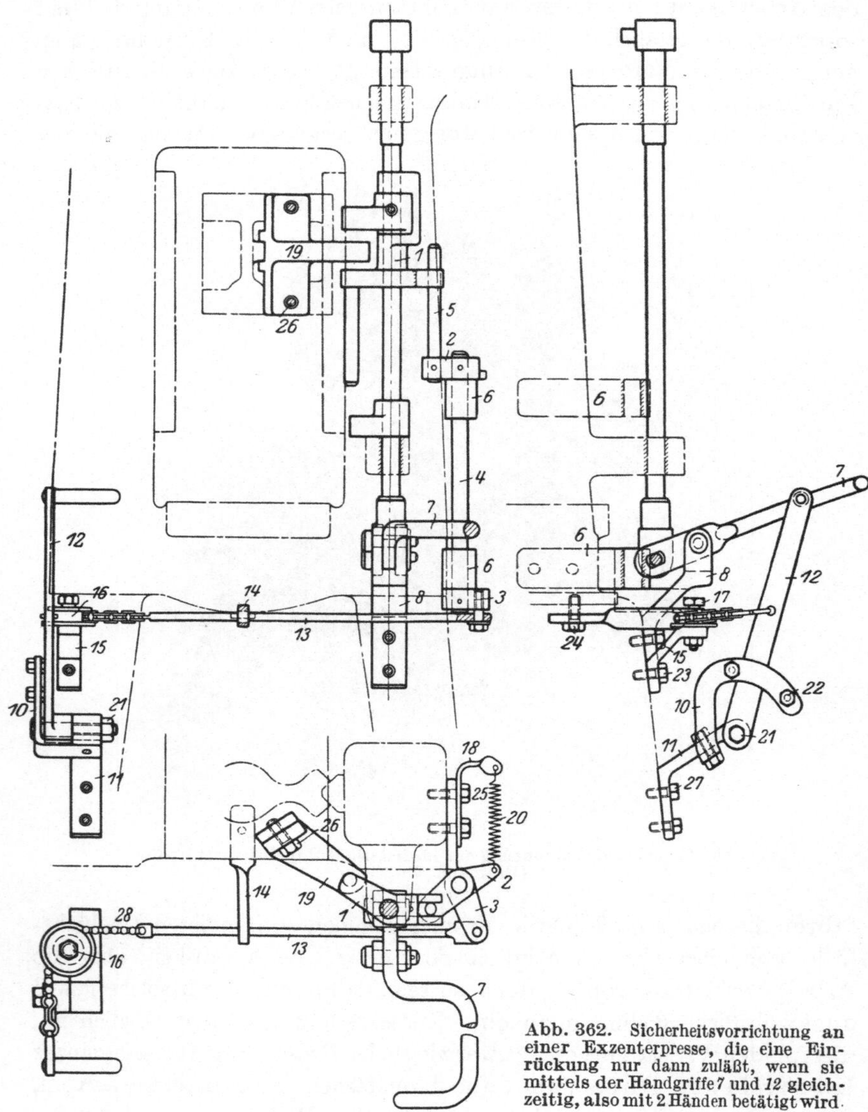

Abb. 362. Sicherheitsvorrichtung an einer Exzenterpresse, die eine Einrückung nur dann zuläßt, wenn sie mittels der Handgriffe 7 und 12 gleichzeitig, also mit 2 Händen betätigt wird.

Stößelarbeit verfügbare Zeit verkürzen. Besser sind schon Auslösevorrichtungen, die nicht mit einer Hand allein, sondern mit beiden zu gleicher Zeit an zwei verschiedenen Stellen tätigen Händen eingerückt werden können (Abb. 362). Wenn man den Abstand der Griffe vom

Werkzeug so wählt, daß sie zwar mit dem Unterarm betätigt werden können, aber erst erreicht werden, wenn die Hände .ganz vom Werkzeug weg sind, so wird die Arbeitsgeschwindigkeit keine Verringerung erfahren. Solche Schutzvorrichtungen sind zum Anbau an alle Pressen geeignet, werden heute vorwiegend an Exzenterpressen und Reibspindelpressen angebaut, könnten aber auch mit Ziehpressen verbunden werden.

Der Nachteil aller Zuführungen ist heute noch, daß sie nicht organisch mit den Pressen verbunden, sondern nur angebaut sind und daher ist ihre Ausschaltung leicht möglich. Am vollkommensten wäre zweifelsohne eine Schutzvorrichtung, die dem Stempel voreilt und, ähnlich wie die Sicherung der Schaltscheibenzuführung gegen den Stempelniedergang bei falscher Scheibenstellung, die Kupplung löst und den weiteren Niedergang aufhält, wenn sie gegen ein auch noch so schwaches Hindernis trifft. Voraussetzung für eine solche Vorrichtung ist aber eine sehr empfindliche Kupplung und schnellwirkende Bremsung und

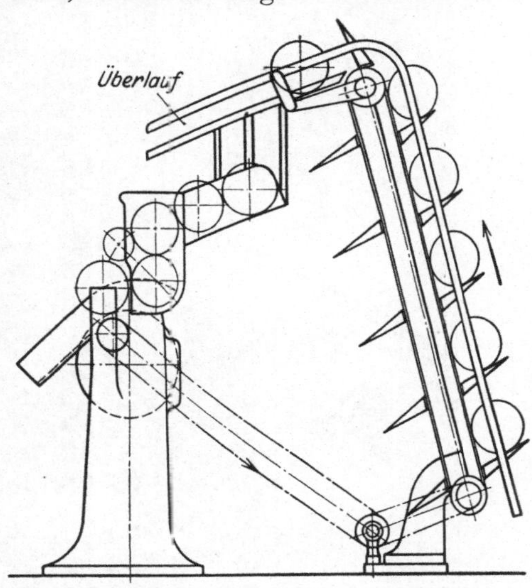

Abb. 363. Hubwerk. (Erdmann Kircheis.)

andererseits die Bereitschaft der Maschinenfabrikanten, dieser Forderung auch Rechnung zu tragen. Wenn die Schutzvorrichtungen die Bedienungszeit nicht verkürzen, dann werden sich ihre Kosten durch die Erhöhung der Ausbringung und entsprechende Lohnersparnis ausgleichen, die möglich ist, weil der Arbeiter von einer Nervenanspannung befreit, seine ganze Aufmerksamkeit der Schnelligkeit der Bedienung schenken kann. Darum sind zweckmäßige Schutzvorrichtungen nicht nur aus sozialen Rücksichten, sondern auch wegen der Fertigung erwünscht.

109. Maschinenaufstellung und Werkstatttransport.

Die Maschinenarten, die für eine Werkstatt gebraucht werden, richten sich nach den Erzeugnissen, die von ihr verlangt werden, und daher kann weder für sie noch für ihre Aufstellung ein genauer Plan gegeben werden. Ganz allgemein kann aber gesagt werden, daß mit

Rücksicht auf den Transport die Erkenntnis, die sich im Maschinenbau durchgesetzt hat, auch in der Stanzereiwerkstatt angewendet werden muß, wonach die Maschinen nicht nach der Art, sondern nach dem

Abb. 364. Lose Maschinenkopplung durch Kanäle, Hubwerke und selbsttätige Zuführungen. (Erdmann Kircheis.)

Arbeitsfluß aufgestellt werden müssen, so daß bei der Weiterleitung der Werkstücke nur kleine Transportwege zurückzulegen sind.

Am vollkommensten wird diese Forderung von den Folge- und Verbundwerkzeugen einerseits und den Revolver- und Stufenpressen andrerseits erfüllt, weil durch sie eine unmittelbare und kürzeste Verbindung mehrerer Arbeitsstufen erreicht wurde. Diese Kopplung ist aber starr, zu starr, weil sie der ersten folgende Arbeitsstellen immer mit dieser verbinden und eine andere Verbindung gar nicht zulassen. Deshalb wird man manchmal die losere und daher eher umstellbare vor-

ziehen, die durch Förderbänder und Hubwerke (Abb. 363) in Verbindung mit Füllmagazinen nach Abb. 364 zu erreichen ist und den Kreis der Verbindungsmöglichkeit erweitert. Die lose Kopplung ist allerdings teurer, denn sie braucht für jede Presse einen größeren Aufwand an Fördermitteln und beansprucht mehr Platz. Dafür ist andererseits eine räumliche Nachbarstellung nicht unbedingt erforderlich und doch die fließende Förderung erreicht. Die loseste Kopplung ist aber die unterbrochene, zeitweilige Förderung größerer Mengen durch Handwagen allein oder in Verbindung mit Förderbahnen und Flaschenzügen. Sie läßt die willkürliche Verbindung jeder Presse und bindung jeder Presse und

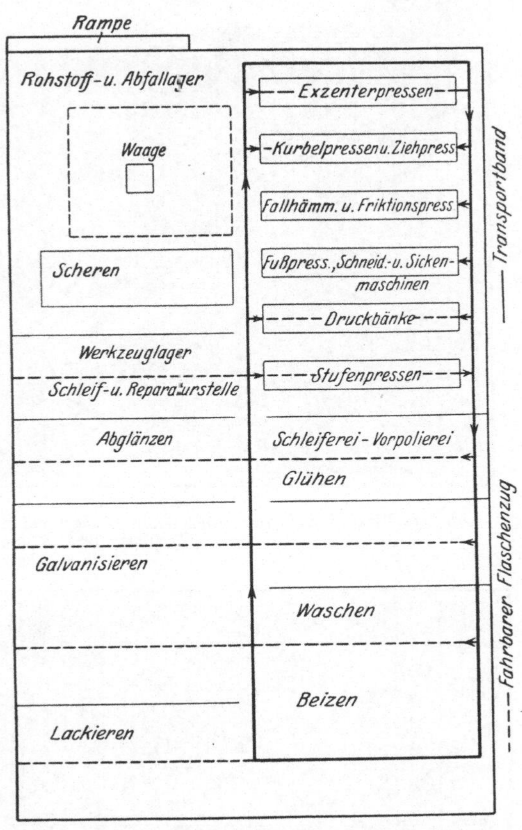

Abb. 365. Plan für die Maschinen-Aufstellung und Einrichtung einer Stanzerei - Werkstatt.

jeder Maschine zu, ist also die am allgemeinsten verwendbare und daher auch verbreitetste. Bei ihrer Anlage ist vor allem darauf zu achten, daß zur Förderung eines Stapels oder Wagens immer nur ein Mann notwendig ist. Trotz der Möglichkeit der willkürlichen Kopplung ist auch bei dieser allgemeinen Beförderungsart die Aufstellung der Maschinen in der Art anzustreben, daß Doppelwege vermieden werden und deshalb kann der Plan der Abb. 365, der eine Verbindung eines Schaukelförderers mit laufenden Lastzügen zeigen soll, im allgemeinen eine Anregung geben, wobei angedeutet werden soll, daß

die räumliche Verbindung von Werkstofflager und Werkzeuglager die
gleichzeitige Bereitstellung von Werkstoff und Werkzeug erleichtern.
Aber nicht nur die Förderung von Maschine zu Maschine kann zur

Abb. 366. Parallelschere mit Förder-Einrichtung für den Streifenstapel zum Rollbahngleis.
(Machinery 1926, S. 485.)

Abb. 368. Stapelung der Blechstreifen an einer Exzenterpresse zum leichten Abnehmen mittels
Sauggreifer. (Machinery 1926, S. 485.)

Beschleunigung des Arbeitslaufs beitragen, auch die zweckmäßigen Einrichtungen an jeder Maschine, so daß zur Bewegung des Werkstoffs und der Werkteile ein Minimum von Zeit und Energie gehört. Solche Einrichtungen zeigen die Abb. 366 bis 368, und zwar Abb. 366 eine Fördereinrichtung des Stapels der geschnittenen Streifen an einer Schere zur Bewegung des Stapels an eine Gleisanlage, so daß der Stapel ohne Veränderung der Höhenlage auf einfache Weise auf den Rollwagen geschoben werden kann, (Abb. 367) Förderwalzen an der gleichen Schere zum selbsttätigen Wegführen des Reststreifens einer Tafel auf einen besonderen Stapel und Abb. 368 die Stapelung der zugeschnittenen Streifen hinter einer Exzenterpresse auf einem verstellbaren Bock, der entsprechend der Werkzeughöhe verändert werden kann und die Wegnahme mit Sauggreifern erleichtert.

Abb. 367. Parallelschere mit Förderrollen zum Beladen eines Transportwagens. (Machinery 1926, S. 485.)

Zur Förderung gehört schließlich auch die schnelle Wegführung des Abfalls, der vom Arbeiter gefaltet in Kisten gelegt wird, sofern er nicht

Abb. 369. Hydraulische Presse zum Formen (Paketieren) des Stanzabfalls zur Transporterleichterung und Raumersparnis. (Lindemann.)

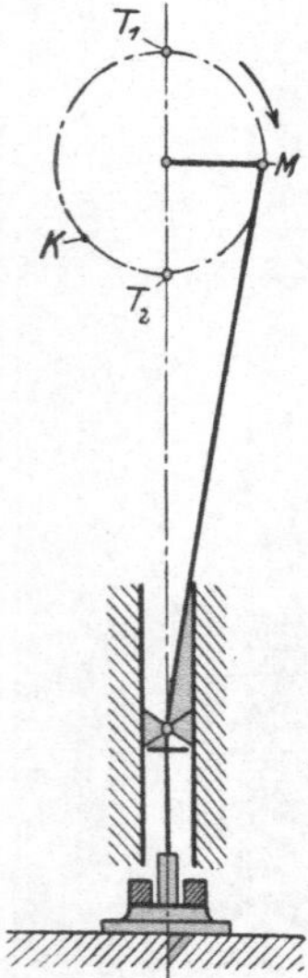

Abb. 370. Bewegungsbild der Ziehstößel.

von der Maschine zerschnitten, ohne weiteres in Kisten fällt. Vom Arbeitsplatz weg kommen sie unter die Paketierpressen (Abb. 369), die ihn so zusammendrücken, daß er weniger Raum einnimmt und ohne besondere Behälter oder Packungen weiterbefördert werden kann.

110. Ziehgeschwindigkeit.

Neben all den verschiedenen unproduktiven Hilfsmitteln zur unmittelbaren und mittelbaren Beschleunigung des Durchlaufs darf das erste und nächste nicht vernachlässigt werden: die Beschleunigung der produktiven, der eigentlichen Formgebungsarbeit. Ohne Zweifel ist die Geschwindigkeit des Ziehens deswegen von Einfluß, weil es bei einer übertriebenen Steigerung nicht mehr zur Übertragung des Fließzustands über den ganzen Körper, sondern infolge örtlicher Kontraktion zu einem frühzeitigen Bruch kommt.

Wenn man unter diesem Gesichtspunkt die Kurbelpressen betrachtet, so muß man sagen, daß alle, mit Ausnahme der Kurvenscheibenpressen mit bewegtem Tisch und insbesondere der verbesserten Presse, auf den Einfluß der Ziehgeschwindigkeit keine Rücksicht nehmen, denn sie legen alle den Ziehbeginn in die Mittellage der Kurbelbewegung, für die die Stößelgeschwindigkeit am größten ist, weil diese in der oberen Totlage T_1 (Abb. 370) von 0 ansteigen und in der unteren auf 0 zurücksinken muß.

Allerdings scheint der Einfluß der Ziehgeschwindigkeit in den mit Rücksicht auf die Massenbewegung der Pressenteile gezogenen Grenzen nicht besonders groß, denn nach den Versuchen von Dr. Willi Sellin war es möglich, die Ziehgeschwindigkeit von 7,65 auf 12 m/min ohne Nachteil für die Stufung zu steigern.

Es liegt daher die Vermutung nahe, daß, wenn die Rundungen genügend groß sind, genügend Werkstoff zur Aufnahme der Stempelwucht vorhanden ist und damit die Zeit zur Übertragung des Fließzustands auf den Blechflansch.

Aus diesem Grund liegt die Begrenzung der Pressengeschwindigkeit weniger in der eigentlichen Zieharbeit als in der Länge der zum mindesten notwendigen Bedienungszeit. Damit erhöht sich die Bedeutung der einfachen selbsttätigen Zuführungen.

XXII. Veredlungsarbeiten.

Die aus Blech in spanloser Umformung gefertigten Metallwaren erfahren gewöhnlich noch eine Reihe von Veredlungsarbeiten durch:

Beizen, Lackieren, Schleifen, Polieren, Waschen, Galvanisieren u. a., doch würde die Behandlung der dazu notwendigen Einrichtungen und Arbeitsverfahren den Rahmen dieses Buches überschreiten, weshalb darauf verzichtet und auf schon bestehende Werke verwiesen werden muß.

XXIII. Schluß.

Ohne Zweifel ist die Entwicklung der spanlosen Formgebung von Blech noch stark im Fluß. Wenn nun an dieser Stelle der Kern des heutigen Stands herausgeschält und daraus ein Hinweis auf das Schwergewicht des weiteren Verlaufs abgeleitet werden darf, so ist zunächst festzustellen, daß das Wesentliche der Ziehtechnik darin beruht, daß der Fließzustand unter dem Niederhalter durch den Zug vom Stempel her eingeleitet wird. Dieses Prinzip besteht unverändert seit den ersten Anfängen der Ziehtechnik. Der heutige Stand ist also nichts anderes als der Ausbau dieses Prinzips, sowohl hinsichtlich des Entwurfs der Werkzeuge und der technischen Entwicklung der Pressen, als auch vor allem der Verbesserung der Ziehgüte und der Gleichmäßigkeit des

Blechs. Diese hat den Werkzeug- und Pressenbau zu immer kühneren
Wegen ermutigt, besonders seit es gelungen ist, im Kaltwalzverfahren
die Ziehgüte des Bandeisens auf die höchste Stufe zu bringen.

Wenn man auch sagen kann, daß diese Entwicklung allmählich dem
Ende des Erreichbaren zustrebt, so sind bis dahin mit dem Fortschreiten
der Normung der Erzeugnisse noch recht schöne Erfolge, wenn auch
nur Einzelerfolge, einerseits durch die weitere Verbesserung der Blech-

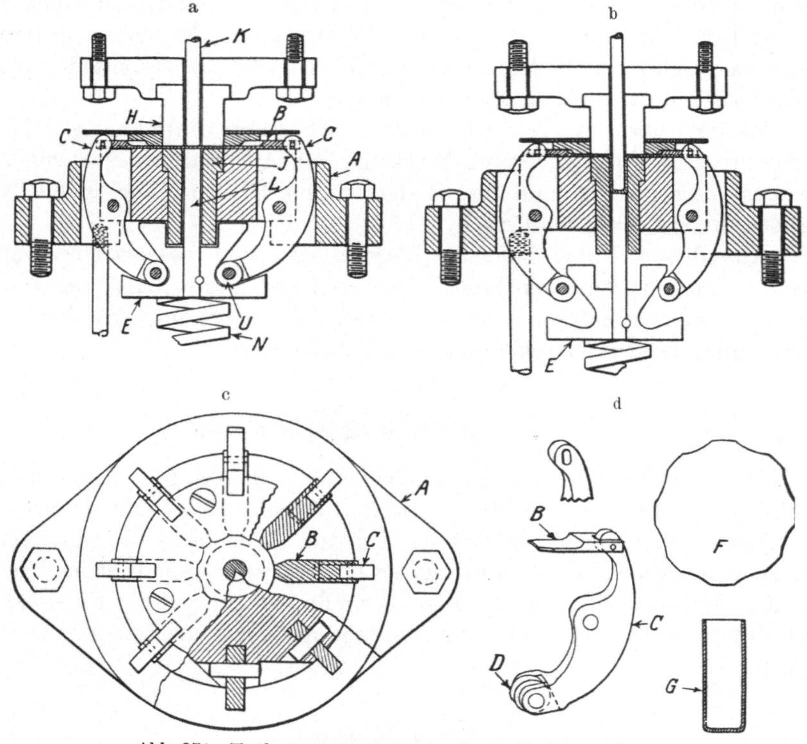

Abb. 371. Entlastung der Zugspannung durch Druckschieber.
a bei Ziehbeginn, b während des Zugs.
(I. I. K.: Machinery 1926, S. 526.)

eigenschaften hinsichtlich Ziehgüte, Dickengenauigkeit und Gleichmäßigkeit der Erzeugung, andererseits durch den besonderen Bau der
Maschinen und Werkzeuge, zu erreichen. Das beste Beispiel geben die
Erfolge der Ziehtechnik im Automobilbau durch das Ziehen mit luft-
gepolsterten Niederhaltern, deren Verwendung nichts anderes als eine
Anpassung des Pressenbaus an die Unvollkommenheiten des Blechs bedeutet.

Eine grundsätzliche Weiterentwicklung kann aber nur in der Weiterentwicklung des Ziehprinzips selbst gesehen werden, für den ein Versuch

in der Anordnung der Abb. 371 erblickt werden kann, nach der der Stößel nicht nur den Zug von innen zur Entwicklung des Fließzustands benützen soll, sondern auch den Druck von außen, durch sein Einwirken auf den Winkelhebel, der über zwischengeschaltete Federn mittels Schiebern die Ziehscheibe unter dem Blechhalter nach innen drückt. Wenn es möglich ist, durch Ausbau dieses Gedankens oder mit andern, vielleicht nicht mechanischen Mitteln, das Erreichen des Fließzustands unter dem Niederhalter zu erleichtern und so die Spannung, die zu seiner Erzeugung notwendig ist, ganz oder zum Teil vom Querschnitt des Hohlgefäßes wegzubringen, dann dürfte ein neuer Abschnitt für die Erfolge der Ziehtechnik beginnen.

Diese Mittel und Wege zu suchen, dürfte die dankbarste Aufgabe sein, die die Ziehtechnik der Zukunft zu stellen hat; es wäre daher zu wünschen, daß sich die Wissenschaft mit ihr befassen würde, um mit ihrer Lösung auch in der Ziehtechnik die ihr gebührende Krone zu erringen.

Literaturverzeichnis.

A. Inlandsliteratur.

1. Bücher.

Brasch, Hans, Dr.-Ing.: Das Ziehen unregelmäßig geformter Hohlkörper. VDI-Verlag 1925.

Boas, Ernst, Dipl.-Ing.: Über das Drücken von Gewinden in Eisenblech. Berlin: Julius Springer 1920.

Callenberg: Das Zuschneiden von gedrückten und gezogenen Gegenständen.

Christoph, Karl, Dipl.-Ing.: Prüfung von Feinblechen, Dissertat. an der T. H. München 1929.

Draeger, H.: Einfluß der Abrundungen beim Ziehen von Hohlkörpern aus dünnen Blechen. Berichte über betriebswissenschaftliche Arbeiten Bd. 2. VDI-Verlag 1929.

Fischer, Friedrich, Dipl.-Ing.: Über Oberflächendehnung, Faltenbildung und -verhinderung beim Hohlgefäßziehen. Selbstverlag 1927.

Gärttner, W., Dipl.-Ing.: Pressen und Fallhämmerschutz. Bonz' Erben 1921.

Georgi u. A. Schubert: Schnitte und Stanzenbau, die Technik der Stanzerei, Blechbearbeitung. Leipzig: Steiger.

Göhre, Ernst, Betr.-Ing.: Schnitte und Stanzen. Leipzig: Otto Spamer 1929.

Goerens, Paul, Prof. Dr.: Einführung in die Metallographie.

Gugel, Chr., Dr.-Ing.: Materialzuführungsvorrichtungen an Exzenterpressen. Berlin: Julius Springer 1912.

Guntaris, Ing.: Vom Ziehen und vom Sicken. F. Stoll jun. 1926.

Kaczmarek, Eugen, Ing.: Die moderne Stanzerei. Berlin: Julius Springer 1929.

Kühner, Otto, Dr.-Ing.: Wirkungsgrad und Wirtschaftlichkeit der Friktionspressen. Göppingen: Selbstverlag 1926.

Kurrein, Max, Prof. Dr.-Ing.: Die Werkzeuge und Arbeitsverfahren der Pressen. Berlin: Julius Springer 1927.

Litz, V., Dr.-Ing.: Spanlose Formung. Berlin: Julius Springer 1926.

Ludwik, Prof.: Elemente der technologischen Mechanik.

Musiol, Karl, Ing.: Rechnerische und zeichnerische Methode der Zuschnittsermittlung in der Ziehpressentechnik. F. Stoll jun. 1902.

Nádai, A., Prof. Dr.-Ing.: Der bildsame Zustand des Werkstoffs. Berlin: Julius Springer 1927.

Pomp u. Walther: Einfluß der Stichabnahme und der Glühtemperatur auf kaltgewalzte Feinbleche. Mitt. Eisenforsch. Bd. 2, S. 31. 1929.

Riebensahm-Traeger: Werkstoff-Prüfung. Werkstattsbücher Nr. 34. Berlin: Julius Springer 1928.

Pomp u. Siebel: Ein neues Prüfverfahren für Feinbleche. Mitt. Eisenforsch. 1929, S. 91. — Über den Kraftverlauf beim Tiefziehen und der Tiefungsprüfung. Mitt. Eisenforsch. 1929, S. 139.

Rohde, Hans: Stanz- und Ziehwerkzeuge. Karl Pataky.

Ruhrmann, E., Dr.-Ing.: Bördeln und Ziehen in der Blechbearbeitungstechnik. VDI-Verlag 1926.

Schubert, A.: Die Stanz-, Zieh- und Prägetechnik. Jänecke 1929.

Sellin, Walter, Dr.-Ing.: Die Ziehtechnik. Werkstattsbücher Nr. 25. Berlin: Julius Springer 1926.
Sellin, Willi, Dr.-Ing.: Über den Einfluß der Rundung von Ziehring und Ziehstempel im Anschlag. Forsch.-Arb. Ing. 1930.
Simon, Eugen: Härten und Vergüten. Werkstattsbücher 7 u. 8. Berlin: Julius Springer 1929.
Sommer, Dr.-Ing.: Versuche über das Ziehen von Hohlkörpern.
Verband deutscher Berufsgenossenschaften: Neuartige Schutzvorrichtungen.
Walther, Fr., Dr.-Ing.: Versuch über Arbeitsbedarf und die Widerstände beim Blechbiegen. Forsch.-Arb. Ing. H. 113. 1912.
Wencelides, Franz, Ing.: Hilfsmaschinen und Werkzeuge für Eisen- und Metallbearbeitung. Wien: Faesy u. Frick 1877.
Werkstoffhandbuch: Stahleisen.
Werkstoffhandbuch: Die Nichteisenmetalle.
Wildener, A: Der Werkzeug-, Schnitt- und Stanzenbau in der Massenfabrikation.

2. Zeitschriften.

AEG-Mitteilungen 1927.
AWF-Mitteilungen 1925 bis 1930, Ausschuß für wirtschaftliche Fertigung, Berlin NW 6.
Illustrierte Zeitschrift für Blechbearbeitung und Installation 1925—30.
Loewe-Notizen 1928.
Maschinenbau.
Metallwaren-Industrie u. Galvanotechnik, Die.
Metallwirtschaft.
Stahl und Eisen 1907; 1920; 1924; 1925; 1926.
Werksleiter, Der.
Werkstattstechnik, Die.
Werkzeug, Das.
Werkzeugmacher, Der.
Werkzeugmaschine, Die.
Zeitschrift des Vereins deutscher Ingenieure.
Zeitschrift für Feinmechanik und Präzision.
Zeitschrift für Metallkunde.

B. Auslandsliteratur.

1. Bücher.

Franklin, Jones D.: Diemaking and Die Design. New York The Industrial Press, 1923.
Lucas, J. L.: Dies and Die Making. 1897.
Smith Oberlin: The press working on Metals.
Woodworth: Dies, their construction and use.

2. Zeitschriften.

Machinery.

Sachverzeichnis.

Abfall 33, 160, 179, 350.
Abfallgewinnung 36, 78.
Abschreiben 284.
Abschreibung 180.
Abstreifer 149, 279, 283.
Abstufung 26, 28, 185.
Achterform 127.
Aëron 46.
Ähnliche Hohlgefäße 131.
Altern 46.
Aludur 46.
Aluminium 33.
Aluminiumlegierungen 33.
Analyse 57.
Anfahrwiderstand 12, 222.
Anschlag = 1. Zug 7, 21, 198, 224, 226. 269.
Anschläge (Begrenzung) 148, 279, 283.
Anreißen 285.
Arbeitsbeschleunigung 265, 336, 345.
Arbeitsfluß s. Arbeitslauf.
Arbeitskräfte 329.
Arbeitslauf 327.
Arbeitssicherheit 336.
Arbeitsstufen s. Folgearbeit.
Arbeitsvorbereitung 327, 346.
Arbeitsunterlagen s. Bestellung.
Ätzen 63.
Aufspannen 146, 163, 227.
Auftragszettel 327.
Ausbauchen 236, 249, 262.
Ausschuß 317, 321, 325.
Auswahl 31.
Auswerfer 244, 254, 268, 274, 276, 279, 283, 325, 340.
Automatischer Vorschub 174.

Bandeisen (-Stahl, kaltgew.) 49.
Beanspruchung 6, 16, 218, 222, 331.
Bearbeitung 32, 285.
Bearbeitungskoeffizient 294.
Beizen 73.
Beliebig geformte Hohlkörper 117, 129.

Beschleunigung s. Arbeitsbeschleunigung.
Bestellung 181, 327.
Betriebsgliederung 181.
Betriebsunkosten 178, 182, 183, 184.
Biegekraft 17, 188, 282.
Biegeprobe 65.
Biegung 12, 16, 118, 206, 245.
Blankglühen s. Glühen 76.
Blechbedarf 138, 152, 219.
Blechdehnung 105, 110, 223.
Blechersparnis 116, 224.
Blechformen (handelsübliche) 54.
Blechhalter s. Niederhalter.
Blechprüfung 56, 59, 67, 71.
Blechrichtmaschine 135.
Blechschwächung s. Blechdehnung.
Blechstärke 188, 197, 201.
Blechverbrauch s. Blechbedarf.
Bleibende Verformung 58.
Blume 16.
Bogenpresse 166.
Brasch 207, 215.
Brinellhärte 30, 60.
Bruch 13, 168, 218, 226, 271, 307, 326, 334, 350.
Bruchgrenze 7, 58.

Dauerschnitt 164.
Dehnung 13, 15, 20, 58, 105, 200, 218, 260, 335.
Dehnungsfähigkeit 12, 38, 222.
Dehnungsziffer 79, 106.
Doppelständerpresse 166.
Doppeltschneiden 133.
Doppeltwirkende Presse 309.
Drehen 263.
Druck 16, 19.
Druckmessing 38.
Druckqualität 38.
Druckregler 315.
Drücken 260, 261, 262.
Duraluminium 46.

Eckenrundung 17, 215.
Edelmetalle 33.
Einfachschneiden 152.
Einkaufskosten 179.
Einrichtezeit 181, 310, 314, 327, 329.
Einsatzhärte 283.
Einspannen s. Einrichtezeit und Aufspannen.
Einständerpresse 166.
Einstellen s. Einrichtezeit und Aufspannen.
Einzelschnitt 138.
Eisen 48.
Elastizitätsgrenze 6, 12.
Elektron 47.
Elliptische Hohlkörper 119.
Endloses Band 55.
Entwerfen 226.
Erfahrungswerte 200.
Erichsen-Blechprüfungsapparat 67.
Exzenterpresse 144, 162, 228, 258, 302.

Färbung 39.
Fallhammer 258, 301.
Falten 1, 2, 11, 186, 216, 221, 227, 232, 261, 281, 307.
Faltenverhütung s. Niederhalter 1, 186.
Falzblech 33.
Federdruckapparate 128, 267, 269, 302, 303.
Federung (der Presse) 167.
— (des Ziehstücks) 219.
Fehler 270, 331, 332.
Feilmaschine 288.
Feinblech 49.
Feingehalt 37.
Fertigung 321, 346.
Fertigschlag 216, 222, 262, 266, 278.
Fett 254.
Flachstanzen 258, 277.
Flanschen 245, 263.
Fließen 7, 9, 15, 351.
Fließgrenze 6.
Fließlinien 10.
Flüssigkeit 254, 256.
Flußstahl 48.
Förderung 179, 181, 182, 336, 345.
Folgearbeit 237, 269, 315, 327.
Folgepressen 315.
Folgewerkzeuge 265.
Formgüte 219.
Formrolle 263.
Formschlagen 278, 282.

Formzug s. Fertigschlag.
Freischnitt 145.
Friktionspresse 258, 278, 301.
Führungen 149, 244, 249, 265, 279.
Führungsschnitt 149.
Fußhebelpresse 142, 143, 258.

Gefäßdurchmesser 115, 201, 205, 207.
Gefüge 56, 62, 63, 283.
Gesamteinrichtezeit s. Einrichtezeit.
Geschwindigkeit 12, 15, 132, 301, 350.
Gestehungskosten s. Selbstkosten.
Gewicht 31.
Gewichtserhaltung 33.
Glätten 263, 290.
Gliederung s. Betriebsgliederung.
Glühen 72, 213.
Glühtemperaturen 73.
Gold 33.
Golddoublee 37.
Graphisches Rechnen 93.
Grat 272, 275.
Greifer 336.
Grundzeit 182.
Guillery-Maschine 68.
Guldinsche Regel 96.
Gummi 231, 250.
Gußeisen 281.

Härte 39, 48, 60.
Härten 282, 283.
Härtetemperatur 282.
Halbtombak 38.
Halterkraft 17, 21, 23.
Handelsformen des Blechs 55.
Handhebelpresse 142.
Handschere 133.
Hauptzeit 181.
Hilfsstoffe 181, 182.
Höchstspannung 25.
Huberpressung 256.
Hubwerke 345.
Hubzahlen 173.
Hydraulische Pressen 256, 308, 315.

Instandhaltung 182.
Integralgleichungen für Mantelflächen 97.
Istpreis 179.

Kaczmarek 125, 188, 211, 223.
Kalibrierzug 262.
Kalthärtung 65.

Kaltstauchen s. Pressen.
Kaltwalzen 20.
Kantenrundung 106, 288.
Karat 37.
Karosserieblech 49.
Kegelform 221.
Kennzahlen (von Pressen) 173.
Kläranlage 36.
Kniehebelziehpressen 310.
Konjunktur 180.
Kopplung 346.
Korngröße 63, 74.
Korrosion 31, 38, 57.
Kräfteplan 104.
Kreisschere 136.
Kristalle s. Gefüge.
Kritische Verformung 53.
Kugelform 221.
Kupfer 19, 25, 33, 38.
Kurbelpresse 162, 303.
Kurbelschere 133.
Kurrein 9.

Ladescheibe 338.
Ladetrommel 339.
Lagerhaltung 33.
Lautal 46.
Lebensdauer (der Schnitte) 167.
Leistungsfähigkeit der Werkzeuge 299.
Leistungsvergleich der Pressen 172.
Lochen 265.
Lohn 272.
Lokalelemente 39, 46.
Luft 226, 257.
Luftpolster 231, 269, 305.

Magazinzuführung 341.
Magnesiumlegierung 47.
Makroskopische Prüfung 62.
Mantelflächen 80, 97.
Marktfähigkeit 180.
Maschinenaufstellung 345.
Maschinenkosten 178, 180, 184, 324, 335.
Maschinenstahl 48, 281, 283.
Maschinenwartung 335.
Maßgenauigkeit 5.
Mehrfachpressen 327.
Mehrfachschnitte 152, 161, 184.
Mehrfachwerkzeuge 278.
Mehrfachzüge 278.
Messing 33, 38.
Meßmaschine 286.

Mikroskopische Prüfung 62, 75.
Mittelbleche 49.
Monelmetall 33.
Musiol 8, 210.

Nachwirkung (elastische) 12, 13, 219, 226.
Narben 331.
Nebenzeit 182.
Neusilber 33.
Nickel 33.
Nickeleisen 33.
Nickellegierungen 33.
Niederhalter 4, 12, 16, 227, 231, 261, 269, 310, 330.
Normen 57, 297.

Offener Schnitt 142.
Ohlsen-Maschine 68.
Öl 254.
Organisation s. Betriebsgliederung.

Paketierpresse 350.
Palladium 37.
Parallelschere 13, 31.
Paßglied 299, 329.
Planieren 262.
Platin 33.
Polieren 263.
Prägen 257, 277, 282.
Pressen 258.
Pressenbau (Entwicklung) 4.
Preßluft 280, 282, 302, 307, 334.
Preßsitz 283.
Preßwerkzeug 359.
Produktionshöhe 32.
Prüfung s. Blechprüfung.

Rachenpressen 168.
Randverschiebung 24.
Rechteckige Hohlgefäße 120.
Reckgrad 225.
Reckzug 223.
Reibung 16, 218, 281, 334.
Reibungskraft 17.
Reibungszahl 17, 21, 27.
Reißen 75, 216, 232, 246, 331, 332.
Rekristallisation 72.
Reliefkopiermaschine 292.
Revolverpresse 315, 338.
Richtmaschine s. Blechrichtmaschine.
Rockwellhärte 61.
Rollen 245.

Rost 13.
Rostsicherer Stahl 49.
Rostschutz 54.
Ruhrmann 27.
Rundschnitt 142.
Rundungen 30, 90, 92, 106, 185, 203, 219, 222, 246.

Sägemaschine 288.
Säulenführung 244.
Saugzuführung 341.
Scheibenform 55.
Scheideanstalt 36.
Schermesser 132.
Scherrollen 132.
Schieberzuführung 341.
Schlagwerkzeug 186, 221.
Schleifen 263, 283.
Schmieren 105, 334, 335.
Schneiden 132, 141, 237, 263, 271.
Schnitt s. Schneiden.
Schnittbau 145.
Schnittdruck 172, 173.
Schnittlohn 181, 184.
Schnittplatte 142.
Schnittstempel 142.
Schrittstellung 156.
Schwerpunktabstand 100.
Selbstkosten 178, 184, 199, 321.
Seileck 104.
Sicherheitsvorrichtungen 336, 343.
Sicken 260.
Silber 33.
Skleron 46.
S.M.-Eisen 48.
S.M.-Stahl 48, 281.
Sommer 17.
Sonderblech 49.
Sonderguß 281.
Sozialabgaben 182.
Spannklauen 146, 227, 330.
Spannung s. Spannungszustand.
Spannungsdiagramm 7, 19, 20, 58, 60.
Spannungseignung 6.
Spannungsrisse s. Reißen.
Spannungszustand 20, 28, 284.
Spezifisches Gewicht 12.
Spezifische Ziehfläche 112.
Spindelpresse 301.
Stahlblech 49.
Stanzblech 49.
Stanzen 1, 241, 276.
Stapelzuführung 341.

Stauchen 247, 260.
Stauchbeanspruchung 19, 27, 221.
Stauchkraft 17, 19, 21, 23.
Stegbreite 148, 280.
Stempeldichtung 256.
Stempelfräsmaschine 307.
Stempelhobelmaschine 289, 293.
Störungen 272, 317, 320, 326.
Stoßwerk 304.
Strecken (s. Dehnung) 58, 260.
Stückliste 293.
Stücklohn 293.
Stückzeit 181.
Stufenpresse 318.
Stufung 6, 28, 59, 185, 198, 205, 207, 223, 224, 320.
Stützstangen 168.

Tafelblech 31.
Tafelscheren 133.
Tiefung 68, 69.
Tiefziehblech 49.
Tiefziehfähigkeit 72.
Toleranzen 54.
Tombak 38.
Transport s. Förderung.
Trichterzuführung 341.

Überwachung 33, 182, 299.
Umdrehungshohlgefäße 79.
Umformung 283.
Umschlag-Schneiden 144, 153.
Umstülpen 236, 269, 325.
Umwandlungstemperatur 283.
Unkosten s. Betriebsunkosten.

Verbilligung 265, 325.
Verbundpressen 322.
Verbundwerkzeuge 32, 269, 310.
Verchromen 283.
Veredlung 32, 38, 351.
Verformungsgrad 74, 188, 254, 260.
Vergüten 46.
Verlustzeit 181.
Versuchswerkzeug 29.
Verzinsung 180.
Vibrieren 167.
Vielfachschneiden 157, 184.
Vorrichtungsbohrmaschine 287.
Vorschub 174, 265, 280.

Wärmeleitfähigkeit 31.
Walzbronze 33, 39.

Walzen 260.
Walzenzuführung 173, 175, 336.
Wartung 181, 325, 335.
Wasser 254.
Wazau-Tiefzugprüfmaschine 71.
Weißblech 49.
Weite s. Werkzeugweite.
Weiterschlag 207, 214, 234, 245, 269.
Werkstoffeigenschaften 32.
Werkstoffersparnis 55, 185, 200.
Werkstoffkosten 157, 179.
Werkstoffverbrauch 138, 152, 179, 328.
Werkstoffwanderung 2, 13.
Werkzeugbau 230, 281.
Werkzeugfertigung s. Werkzeugbau.
Werkzeugkarte 296.
Werkzeugkosten 179, 184, 279.
Werkzeugstahl 281.
Werkzeugweite 106, 109, 205, 218, 223.
Wirtschaftlichkeit 184, 199, 299, 320, 326.
Wulstziehen 222.

Zacken 332.
Zahl der Züge 106, 205, 207.
Zangenvorschub 115, 174, 175.
Zeitrechner 293.
Zentralschmierung 336.
Zerreißdiagramm eff. 21.
Zickzackpresse 175, 176, 336.

Ziehblech 5.
Ziehdruck s. Ziehkraft.
Ziehen 1, 185.
Ziehfähigkeit 6, 32, 188.
Ziehflansch 186.
Ziehgeschwindigkeit 106, 199, 205, 350.
Ziehkanten 17, 185, 234, 288.
Ziehkraft 16, 27, 29, 39, 185, 218.
Ziehöffnung 2, 186, 219.
Ziehpressen 300, 309.
Ziehproben 71.
Ziehring 106, 188, 227.
Ziehscheibe s. Zuschnitt 1, 78.
Ziehstempel 1, 12, 227, 235, 282, 310.
Ziehteile 2, 322.
Ziehtiefe 26, 110, 207, 308, 311, 314, 333.
Ziehwiderstand 13, 223.
Zink 33, 39.
Zuführungen 181, 302, 305, 313, 316, 318, 336.
Zugbeanspruchung 221.
Zugfestigkeit 18.
Zugkraft s. Ziehkraft 18, 22, 27.
Zugspannung 25, 198.
Zunder 49, 56, 75.
Zusammenbau 295.
Zuschnitt 54, 104.
Zuschnittsermittlung 78, 98, 104, 218.
Zuschnittsform 121.
Zweiständerpressen 166.

Spanlose Formung. Schmieden, Stanzen, Pressen, Prägen, Ziehen. Bearbeitet von Dipl.-Ing. **M. Evers**, Dipl.-Ing. **F. Großmann**, Dir. **M. Lebeis**, Dir. Dr.-Ing. **V. Litz**, Dr.-Ing. **A. Peter**. Herausgegeben von Dr.-Ing. **V. Litz**, Betriebsdirektor bei A. Borsig G. m. b. H., Berlin-Tegel. (Bildet Band IV der „Schriften der Arbeitsgemeinschaft Deutscher Betriebsingenieure".) Mit 163 Textabbildungen und 4 Zahlentafeln. VI, 152 Seiten. 1926.
Gebunden RM 12.60

Mechanische Technologie für Maschinentechniker. (Spanlose Formung.) Von Dr.-Ing. **Willy Pockrandt**, z. Zt. komm. Oberstudiendirektor bei der Staatlichen Maschinenbau- und Hüttenschule Gleiwitz. Mit 263 Textabbildungen. VII, 292 Seiten. 1929.
RM 13.—; gebunden RM 14.50

Die moderne Stanzerei. Ein Buch für die Praxis mit Aufgaben und Lösungen. Von Ing. **Eugen Kaczmarek**. Dritte, vermehrte und verbesserte Auflage. Mit 186 Textabbildungen. VIII, 209 Seiten. 1929.
RM 13.—; gebunden RM 14.40

Die Werkzeuge und Arbeitsverfahren der Pressen. Mit Benutzung des Buches „Punches, dies and tools for manufacturing in presses" von Joseph V. Woodworth von Professor Dr. techn. Max Kurrein, Berlin. Zweite, völlig neubearbeitete Auflage. Mit 1025 Abbildungen im Text und auf einer Tafel sowie 49 Tabellen. IX, 810 Seiten. 1926.
Gebunden RM 48.—

Schmieden und Pressen. Von P. H. **Schweißguth**, Direktor der Teplitzer Eisenwerke. Mit 236 Textabbildungen. IV, 110 Seiten. 1923.
RM 4.—

Die Berechnung des Werkstoffverbrauches bei gestanzten, gezogenen und gedrehten Gegenständen im Bereich der Metallindustrie. Von Ing. **Leonhard Glück**. Mit 125 Textabbildungen und 10 Zahlentafeln. V, 91 Seiten. 1923.
RM 3.20; gebunden RM 4.—

Der Modellbau, die Modell- und Schablonenformerei. Von **Richard Löwer**. Mit 669 Abbildungen im Text. V, 229 Seiten. 1931.
Gebunden RM 17.50

Die Dreherei und ihre Werkzeuge. Handbuch für Werkstatt, Büro und Schule. Von Betriebsdirektor **Willy Hippler**. Dritte, umgearbeitete und erweiterte Auflage. Erster Teil: Wirtschaftliche Ausnutzung der Drehbank. Mit 136 Abbildungen im Text und auf zwei Tafeln. VII, 259 Seiten. 1923.
Gebunden RM 13.50

Über Dreharbeit und Werkzeugstähle. Autorisierte deutsche Ausgabe der Schrift "On the art of cutting metals" von **Fred W. Taylor**, Philadelphia, von Professor **A. Wallichs**, Aachen. Vierter, unveränderter Abdruck. Mit 119 Figuren und Tabellen. XII, 231 Seiten. 1920.
Gebunden RM 8.40

Spanabhebende Werkzeuge für die Metallbearbeitung und ihre Hilfseinrichtungen. Bearbeitet von Dir. R. Bussien, Oberingenieur A. Cochius, Prokurist K. Güldenstein, Ingenieur E. Herbst, Direktor W. Hippler, Dr.-Ing. R. Koch, Ingenieur H. Mauck, Direktor Dr.-Ing. e. h. J. Reindl, Professor Dr.-Ing. O. Schmitz, Dipl.-Ing. E. Simon, Professor E. Toussaint. Herausgegeben von Dr.-Ing. e. h. J. Reindl, Technischem Direktor der Schuchardt & Schütte A.-G. (Bildet Band III der „Schriften der Arbeitsgemeinschaft Deutscher Betriebsingenieure".) Mit 574 Textabbildungen und 7 Zahlentafeln. XI, 455 Seiten. 1925.
Gebunden RM 28.50

Grundzüge der Zerspanungslehre. Eine Einführung in die Theorie der spanabhebenden Formung und ihre Anwendung in der Praxis. Von Dr.-Ing. Max Kronenberg, Beratendem Ingenieur, Berlin. Mit 170 Abbildungen im Text und einer Übersichtstafel. XIV, 264 Seiten. 1927.
Gebunden RM 22.50

Die Blechabwicklungen. Eine Sammlung praktischer Verfahren, zusammengestellt von Oberingenieur **Johann Jaschke**, Graz. Siebente, umgearbeitete Auflage. Mit 312 Abbildungen im Text und auf einer Tafel. IV, 95 Seiten. 1929.
RM 3.20

Die Werkzeugstähle und ihre Wärmebehandlung. Berechtigte deutsche Bearbeitung der Schrift "The heat treatment of tool steel" von Harry Brearley, Sheffield, von Dr.-Ing. Rudolf Schäfer. Dritte, verbesserte Auflage. Mit 226 Textabbildungen. X, 324 Seiten. 1922.
Gebunden RM 12.—

Die Konstruktionsstähle und ihre Wärmebehandlung. Von Dr.-Ing. **Rudolf Schäfer.** Mit 205 Textabbildungen und einer Tafel. VIII, 370 Seiten. 1923.
Gebunden RM 15.—

Rostfreie Stähle. Berechtigte deutsche Bearbeitung der Schrift "Stainless Iron and Steel" von J. H. G. Monypenny, Sheffield, von Dr.-Ing. **Rudolf Schäfer.** Mit 122 Textabbildungen. VIII, 342 Seiten. 1928.
Gebunden RM 27.—

Die Edelstähle. Ihre metallurgischen Grundlagen. Von Dr.-Ing. F. Rapatz, Leiter der Versuchsanstalt im Stahlwerk Düsseldorf, Gebr. Böhler & Co., A.-G. Mit 93 Abbildungen. VI, 219 Seiten. 1925.
Gebunden RM 12.—

Die natürliche und künstliche Alterung des gehärteten Stahles. Physikalische und metallographische Untersuchungen von Dr.-Ing. Andreas Weber, München. Mit 105 Abbildungen im Text und auf 12 Tafeln. IV, 78 Seiten. 1926.
RM 7.50; gebunden RM 9.—

Prüfbuch für Werkzeugmaschinen. (Die Arbeitsgenauigkeit der Werkzeugmaschinen). Von Dr.-Ing. G. Schlesinger, Professor an der Technischen Hochschule zu Berlin. Zweite, erweiterte Auflage. Mit 18 Einzelfiguren und 34 Figurengruppen. VII, 56 Seiten. 1931. Gebunden RM 12.—
Mit Schreibpapier durchschossen und gebunden RM 13.—

Die Werkzeugmaschinen, ihre neuzeitliche Durchbildung für wirtschaftliche Metallbearbeitung. Ein Lehrbuch von Professor **Fr. W. Hülle,** Dortmund. Vierte, verbesserte Auflage. Mit 1020 Abbildungen im Text und auf Textblättern, sowie 15 Tafeln. VIII, 611 Seiten. 1919. Unveränderter Neudruck 1923. Gebunden RM 24.—

Die Grundzüge der Werkzeugmaschinen und der Metallbearbeitung. Von Professor **F. W. Hülle,** Dortmund. In zwei Bänden.

Erster Band: **Der Bau der Werkzeugmaschinen.** Sechste, vermehrte Auflage. Mit 512 Textabbildungen. IX, 269 Seiten. 1928.
RM 6.50; gebunden RM 7.75

Zweiter Band: **Die wirtschaftliche Ausnutzung der Werkzeugmaschinen.** Vierte, vermehrte Auflage. Mit 580 Abbildungen im Text und auf einer Tafel sowie 46 Zahlentafeln. VIII, 309 Seiten. 1926.
RM 9.—; gebunden RM 10.50

Elemente des Werkzeugmaschinenbaues. Ihre Berechnung und Konstruktion. Von Professor Dipl.-Ing. **Max Coenen,** Chemnitz. Mit 297 Abbildungen im Text. IV, 146 Seiten. 1927. RM 10.—

Moderne Werkzeugmaschinen. Von Ingenieur **Felix Kagerer.** Zweite, verbesserte und erweiterte Auflage. (Bildet Band 3 der „Technischen Praxis".) Mit 155 Abbildungen und 16 Tabellen. 265 Seiten. 1923.
Gebunden RM 3.—

Automaten. Die konstruktive Durchbildung, die Werkzeuge, die Arbeitsweise und der Betrieb der selbsttätigen Drehbänke. Ein Lehr- und Nachschlagebuch. Von Oberingenieur **Ph. Kelle,** Berlin. Zweite, umgearbeitete und vermehrte Auflage. Mit 823 Figuren im Text und auf 11 Tafeln sowie 37 Arbeitsplänen und 8 Leistungstabellen. XI, 466 Seiten. 1927.
Gebunden RM 26.—

Werkzeuge und Einrichtung der selbsttätigen Drehbänke. Von Oberingenieur **Ph. Kelle,** Berlin. Mit 348 Textabbildungen, 19 Arbeitsplänen und 8 Leistungstabellen. V, 154 Seiten. 1929.
RM 15.—; gebunden RM 16.50

Elektro-Werkzeuge, Kleinwerkzeugmaschinen mit Einbaumotor und biegsame Wellen. Von Dr.-Ing. **Hans Fein,** Stuttgart. Mit 164 Textabbildungen. V, 112 Seiten. 1929. RM 6.90